"十四五"国家重点出版物出版规划项目

长江水生生物多样性研究丛书

长江流域 水生生物多样性及其现状

危起伟 段辛斌 王 琳 等著

科 学 出 版 社 ｜ 山东科学技术出版社
北 京 　　　　　济 南

内 容 简 介

本书的研究依托"长江渔业资源与环境调查（2017—2021）"项目，全面完成长江干支流及附属湖泊的水系多样性现状、渔业生态环境现状、鱼类栖息地现状、渔业资源现状的调研，并对长江鲟类、江豚种群动态、现状及保护措施，以及水生/湿生植物、浮游生物、底栖动物现状及遗传多样性等进行了深入考察。并针对长江流域渔业资源及生态环境发生的变化，提出了长江渔业资源保护与利用措施。

本书可供渔业管理人员、教育科研工作者、政府管理人员、大专院校学者等参考使用。

审图号：GS 京（2025）0408 号

图书在版编目（CIP）数据

长江流域水生生物多样性及其现状 / 危起伟等著 .-- 北京 ： 科学出版社，2025. 3. --（长江水生生物多样性研究丛书）. -- ISBN 978-7-03-081115-8

Ⅰ . Q178. 51

中国国家版本馆 CIP 数据核字第 202529FX24 号

责任编辑：王 静 朱 瑾 白 雪 陈 昕 徐睿璠／责任校对：严 娜
责任印制：肖 兴 王 涛／封面设计：懒 河

科学出版社和山东科学技术出版社 联合出版
北京东黄城根北街 16 号
邮政编码：100717
http://www.sciencep.com
北京中科印刷有限公司印刷
科学出版社发行 各地新华书店经销

*

2025 年 3 月第 一 版 开本：787×1092 1/16
2025 年 3 月第一次印刷 印张：24 3/4
字数：647 000
定价：268.00 元
（如有印装质量问题，我社负责调换）

"长江水生生物多样性研究丛书"

组织撰写单位

组织单位　中国水产科学研究院

牵头单位　中国水产科学研究院长江水产研究所

主要撰写单位

中国水产科学研究院长江水产研究所

中国水产科学研究院淡水渔业研究中心

中国水产科学研究院东海水产研究所

中国水产科学研究院资源与环境研究中心

中国水产科学研究院渔业工程研究所

中国水产科学研究院渔业机械仪器研究所

中国科学院水生生物研究所

中国科学院南京地理与湖泊研究所

中国科学院精密测量科学与技术创新研究院

水利部中国科学院水工程生态研究所

国家林业和草原局中南调查规划院

华中农业大学

西南大学

内江师范学院

江西省水产科学研究所

湖南省水产研究所

湖北省水产科学研究所

重庆市水产科学研究所

四川省农业科学院水产研究所

贵州省水产研究所

云南省渔业科学研究院

陕西省水产研究所

青海省渔业技术推广中心

九江市农业科学院水产研究所

其他资料提供及参加撰写单位

全国水产技术推广总站

中国水产科学研究院珠江水产研究所

中国科学院成都生物研究所

曲阜师范大学

河南省水产科学研究院

《长江流域水生生物多样性及其现状》

著者委员会

主 任　危起伟

副主任　段辛斌　王　琳

成 员（按姓氏笔画排序）

田辉伍　朱挺兵　向枝远　刘明典　阮　瑞

苏胜齐　杜　娟　李云峰　李君轶　李学梅

杨　健　杨德国　吴金明　吴湘香　何勇凤

汪登强　张　晶　陈大庆　姜　涛　姚维志

倪朝辉　高　雷　唐梓钧　梅志刚　梁志强

蒲　艳　熊嘉武　魏　念

《长江流域水生生物多样性及其现状》
参与单位与人员

中国水产科学研究院长江水产研究所

杨德国　刘绍平　倪朝辉　张　辉　杜　浩　杨海乐　沈　丽

胡飞飞　龚进玲　杜红春　张　燕　吴　凡　茹辉军　杨俊琳

周运涛　方冬冬　邓华堂　朱峰跃　俞立雄　杨　浩

中国科学院水生生物研究所

王剑伟　刘　飞　张瑶瑶　范　飞

中国水产科学研究院资源与环境研究中心

李应仁　杨文波　袁立来　曹　坤

中国水产科学研究院淡水渔业研究中心

刘　凯　王银平　蔺丹青　杨彦平　李佩杰　刘思磊

中国水产科学研究院东海水产研究所

赵　峰　庄　平　王思凯　张　涛　杨　刚

中国水产科学研究院渔业工程研究所

徐　硕　刘慧媛

湖南省水产研究所

王崇瑞　李　鸿　袁希平　杨　鑫

江西省水产科学研究所

傅义龙　张燕萍　章海鑫　陶志英　王　生

九江市农业科学院水产研究所

高小平

南昌大学

金斌松

青海省渔业技术推广中心

李柯懋　王国杰　简生龙　李英钦

云南省渔业科学研究院

薛晨江　雷春云　薛绍伟　孙　昳

水利部中国科学院水工程生态研究所

朱　滨　邵　科　董微微　胡兴坤　熊美华

四川省农业科学院水产研究所

杜　军　何　斌　颜　涛　黄颖颖

内江师范学院

邹远超　谢碧文　王永明　李　斌

西南大学

王志坚　黄　静　辜浩然　葛海龙

重庆市水产科学研究所

但 言 李 燕 王恕桥 张 闯

贵州省水产研究所

周 路 王 雪 曾 圣 向 燕

华中农业大学

何绪刚 覃剑晖 夏成星 侯 杰

湖北省水产科学研究所

石义付 高立方 朱志强

陕西省水产研究所

沈红保

中国科学院精密测量科学与技术创新研究院

杜 耘

中国科学院南京地理与湖泊研究所

段学军

国家林业和草原局中南调查规划院

熊嘉武

"长江水生生物多样性研究丛书"

序

长江，作为中华民族的母亲河，承载着数千年的文明，是华夏大地的血脉，更是中华民族发展进程中不可或缺的重要支撑。它奔腾不息，滋养着广袤的流域，孕育了无数生命，见证着历史的兴衰变迁。

然而，在时代发展进程中，受多种人类活动的长期影响，长江生态系统面临严峻挑战。生物多样性持续下降，水生生物生存空间不断被压缩，保护形势严峻。水域生态修复任务艰巨而复杂，不仅关乎长江自身生态平衡，更关系到国家生态安全大局及子孙后代的福祉。

党的十八大以来，以习近平同志为核心的党中央高瞻远瞩，对长江经济带生态环境保护工作作出了一系列高屋建瓴的重要指示，确立了长江流域生态环境保护的总方向和根本遵循。随着生态文明体制改革步伐的不断加快，一系列政策举措落地实施，为破解长江流域水生生物多样性下降这一世纪难题、全面提升生态保护的整体性与系统性水平创造了极为有利的历史契机。

为了切实将长江大保护的战略决策落到实处，农业农村部从全局高度统筹部署，精心设立了"长江渔业资源与环境调查（2017—2021）"项目（简称长江专项）。此次调查由中国水产科学研究院总牵头，由危起伟研究员担任项目首席专家，中国水产科学研究院长江水产研究所负责技术总协调，并联合流域内外24家科研院所和高校开展了一场规模宏大、系统全面的科学考察。长江专项针对长江流域重点水域的鱼类种类组成及分布、鱼类资源量、濒危鱼类、长江江豚、渔业生态环境、消落区、捕捞渔业和休闲渔业等8个关键专题，展开了深入细致的调查研究，力求全面掌握长江水生生态的现状与问题。

"长江水生生物多样性研究丛书"便是在这一重要背景下应运而生的。该丛书以长江专项的主要研究成果为核心，对长江水生生物多样性进行了深度梳理与分析，同时广泛吸纳了长江专项未涵盖的相关新近研究成果，包括长江流域分布的国家重点保护野生两栖类、爬行类动物及软体动物的生物学研究和濒危状况，以及长江水生生物管理等有关内容。该丛书包括《长江鱼类图鉴》《长江流域水生生物多样性及其现状》《长江国家重点保护水生野生动物》《长江流域渔业资源现状》《长江重要渔业水域环境现状》《长江流域消落区生态环境空间观测》《长江外来水生生物》《长江水生生物保护区》《赤水河水生生物与保护》《长江水生生物多样性管理》共 10 分册。

　　这套丛书全面覆盖了长江水生生物多样性及其保护的各个层面，堪称迄今为止有关长江水生生物多样性最为系统、全面的著作。它不仅为坚持保护优先和自然恢复为主的方针提供了科学依据，为强化完善保护修复措施提供了具体指导，更是全面加强长江水生生物保护工作的重要参考。通过这套丛书，人们能够更好地将"共抓大保护，不搞大开发"的要求落到实处，推动长江流域形成人与自然和谐共生的绿色发展新格局，助力长江流域生态保护事业迈向新的高度，实现生态、经济与社会的可持续发展。

中国科学院院士：陈宜瑜

2025 年 2 月 20 日

前　言

长江是中华民族的母亲河，是我国第一、世界第三大河。长江流域生态系统孕育着独特的淡水生物多样性。作为东亚季风系统的重要地理单元，长江流域见证了渔猎文明与农耕文明的千年交融，其丰富的水生生物资源不仅为中华文明起源提供了生态支撑，更是维系区域经济社会可持续发展的重要基础。据初步估算，长江流域全生活史在水中完成的水生生物物种达4300种以上，涵盖哺乳类、鱼类、底栖动物、浮游生物及水生维管植物等类群，其中特有鱼类特别丰富。这一高度复杂的生态系统因其水文过程的时空异质性和水生生物类群的隐蔽性，长期面临监测技术不足与研究碎片化等挑战。

现存的两部奠基性专著——《长江鱼类》（1976年）与《长江水系渔业资源》（1990年）系统梳理了长江206种鱼类的分类体系、分布格局及区系特征，揭示了环境因子对鱼类群落结构的调控机制，并构建了50余种重要经济鱼类的生物学基础数据库。然而，受限于20世纪中后期的传统调查手段和以渔业资源为主的单一研究导向，这些成果已难以适应新时代长江生态保护的需求。

20世纪中期以来，长江流域高强度的经济社会发展导致生态环境急剧恶化，渔业资源显著衰退。标志性物种白鱀豚、白鲟的灭绝，鲥的绝迹，以及长江水生生物完整性指数降至"无鱼"等级的严峻现状，迫使人类重新审视与长江的相处之道。2016年1月5日，在重庆召开的推动长江经济带发展座谈会上，习近平总书记明确提出"共抓大保护，不搞大开发"，为长江生态治理指明方向。在此背景下，农业农村部于2017年启动"长江渔业资源与环境调查（2017—2021）"财政专项（以下简称长江专项），开启了长江水生生物系统性研究的新阶段。

长江专项联合24家科研院所和高校，组织近千名科技人员构建覆盖长江干流（唐古拉山脉河源至东海入海口）、8条一级支流及洞庭湖和鄱阳湖的立体监测网络。采用20km×20km网格化站位与季节性同步观测相结合等方式，在全流域65个固定站位，开展了为期五年（2017～2021年）的标准化调查。创新应用水声学探测、遥感监测、无人机航测等技术手段，首次建立长江流域生态环境本底数据库，结合水体地球化学技术解析水体环境时空异质性。长江专项累计采集 25 万条结构化数据，建立了数据平台和长江水生生物样本库，为进一步研究评估长江鱼类生物多样性提供关键支撑。

本丛书依托长江专项调查数据，由青年科研骨干深入系统解析，并在唐启升等院士专家的精心指导下，历时三年精心编集而成。研究深入揭示了长江水生生物栖息地的演变，获取了长江十年禁渔前期（2017～2020 年）长江水系水生生物类群时空分布与资源状况，重点解析了鱼类早期资源动态、濒危物种种群状况及保护策略。针对长江干流消落区这一特殊生态系统，提出了自然性丧失的量化评估方法，查清了严重衰退的现状并提出了修复路径。为提升成果的实用性，精心收录并厘定了 430 种长江鱼类信息，实拍 300 余种鱼类高清图片，补充收集了 130 种鱼类的珍贵图片，编纂完成了《长江鱼类图鉴》。同时，系统梳理了长江水生生物保护区建设、外来水生生物状况与入侵防控方案及珍稀濒危物种保护策略，为管理部门提供了多维度的决策参考。

《赤水河水生生物与保护》是本丛书唯一一本聚焦长江支流的分册。赤水河作为长江唯一未在干流建水电站的一级支流，于 2017 年率先实施全年禁渔，成为长江十年禁渔的先锋，对水生生物保护至关重要。此外，中国科学院水生生物研究所曹文宣院士团队历经近 30 年，在赤水河开展了系统深入的研究，形成了系列成果，为理解长江河流生态及生物多样性保护提供了宝贵资料。

本研究虽然取得重要进展，但仍存在监测时空分辨率不足、支流和湖泊监测网络不完善等局限性。值得欣慰的是，长江专项结题后农业农村部已建立常态化监测机制，组建"长江流域水生生物资源监测中心"及沿江省（市）监测网络，标志着长江生物多样性保护进入长效治理阶段。

在此，谨向长江专项全体项目组成员致以崇高敬意！特别感谢唐启升、陈宜瑜、朱作言、王浩、桂建芳和刘少军等院士对项目立项、实施和验收的学术指导，感谢张显良先生从论证规划到成果出版的全程支持，感谢刘英杰研究员、林祥明研究员、方辉研究员、刘永新研究员等在项目执行、方案制定、工作协调、数据整合与专著出版中的辛勤付出。衷心感谢农业农村部计划财务司、渔业渔政管理局、长江流域渔政监督管理办公室在"长江渔业资源与环境调查（2017—2021）"专项立项和组织实施过程中的大力指导，感谢中国水产科学研究院在项目谋划和组织实施过程中的大力指导和协助，感谢全国水产技术推广总站及沿江上海、江苏、浙江、安徽、江西、河南、湖北、湖南、重庆、四川、贵州、云南、陕西、甘肃、青海等省（市）渔业渔政主管部门的鼎力支持。最后感谢科学出版社编辑团队辛勤的编辑工作，方使本丛书得以付梓，为长江生态文明建设留存珍贵科学印记。

危起伟　研究员　　　　　　　　　曹文宣　院士

中国水产科学研究院长江水产研究所　中国科学院水生生物研究所

2025 年 2 月 12 日

前　言

- -

　　长江作为中华民族的母亲河，承载着丰富的生态系统功能，其水生生物多样性不仅是维系区域生态平衡的核心要素，更是国家生态安全的重要战略资源。作为我国第一大河，长江流域面积达 180 万 km²，占国土面积的 18.8%，横跨西南、华中、华东三大地理区域，涵盖 19 个省（自治区、直辖市），纵贯中国地势三大阶梯，形成由长江干流及雅砻江、岷江、嘉陵江、乌江、汉江等八大支流与洞庭湖、鄱阳湖等通江湖泊构成的完整水系网络。该流域内气候呈现显著的纬度梯度变化，年降水量为 800 ～ 1600 mm，复杂的地貌条件塑造了从高原亚寒带到中亚热带的多元生态系统，孕育出占全国淡水鱼类总数 33% 的物种资源，堪称我国生物基因宝库的重要组成部分。

　　然而，自 20 世纪中期以来，人类活动，如围湖造田、河道采砂、航道建设及水电站开发等，导致长江流域生态环境持续恶化，生境碎片化加剧，水生生物资源大幅衰退。数据显示，上游受威胁鱼类占比达 27.6%，白鱀豚、白鲟、鲥等特有物种灭绝或绝迹，长江江豚、中华鲟、长江鲟、川陕哲罗鲑等一批水生物种极度濒危，经济鱼类种群数量显著下降。面对这一严峻形势，2016 年 1 月习近平总书记在重庆召开的推动长江经济带发展座谈会上明确提出"共抓大保护，不搞大开发"的战略方针，为长江生态保护奠定了顶层设计基础。

　　在此背景下，农业农村部于 2017 年启动"长江渔业资源与环境调查（2017—2021）"项目。该项目由中国水产科学研究院牵头，联合流域内外 24 家权威机构，涵盖中国水产科学研究院长江水产研究所、中国科学院水生生物研究所、中国水产科学研究院资源与环境研究中心、中国水产科学研究院淡水渔业研究中心、中国水产科学研究院东海水产研究所、中国水产科学研究院渔业工程研究所、湖南省水产研究所、江西省水产科学研究所、九江市农业科学院水产研究所、南昌大学、青海省渔业技术推广中心、云南省渔业科学研究院、水利部中国科学院水工程生态研究所、四川省农业科学院水产研究所、内江师范学院、西南大学、重庆市水产科学研究所、贵州省水产研究所、华中农业大学、湖北省水产科学研究所、陕西省水产研究所、中国科学院精密测量科学与技术创新研究院、中国科学院南京地理与湖泊研究所及国家林业和草原局中南调查规划院。组建跨学科研究团队，系统开展涵盖从长江源至长江口的 6300 km 长江干流、八大主要支流及两大通江淡水湖泊的七大专题调查研究。

"长江渔业资源与环境调查（2017—2021）"构建了覆盖长江干流及其八大支流及洞庭湖和鄱阳湖的空间监测网络，重点调查鱼类组成与分布格局、鱼类资源量及濒危物种现状等核心议题。作为时隔 44 年的系统性研究，其成果不仅为"长江十年禁渔"政策实施提供了关键基准数据，更为流域生态修复与生物多样性保护奠定了科学基础。需要特别说明的是，本次调查以长江干流、雅砻江、岷江、嘉陵江、乌江、汉江、洞庭湖、鄱阳湖为核心范围，未涵盖云贵高原独立性高原湖泊（如滇池、洱海）及洞庭湖湘资沅澧"四水"与鄱阳湖赣抚信饶修"五河"等次级水系。因此，调查数据虽为长江流域生态现状提供了重要参考，但仍存在一定的局限性。

本书整合专项研究成果与最新科研进展，首次系统阐述了长江生境多样性、物种多样性和遗传多样性三层次特征。全书 12 章内容凝聚了多学科专家智慧的结晶：第 1 章"长江水系多样性"由王琳研究员执笔系统论述；第 2 章"长江水系水质及特征元素现状"由倪朝辉研究员、李云峰副研究员与杨健研究员团队联合主笔完成；第 3 章"长江流域鱼类栖息地历史变迁与现状"、第 10 章"长江鱼类遗传多样性研究进展"及第 12 章"长江鱼类保护与利用成功案例"由陈大庆研究员、段辛斌研究员团队主笔完成；第 4 章"长江鱼类物种多样性及其地理分布和现状"由杨德国研究员、李学梅研究员团队主导完成；第 5 章"长江鲟类历史与现状调查"与第 11 章"长江代表性鱼类全基因组研究进展"由危起伟研究员领衔的鲟类专项研究组撰写；第 6 章"长江江豚种群动态、现状与保护"由梅志刚教授牵头的江豚保护科研团队主笔；第 7 章"水生 / 湿生植物现状"由西南大学苏胜齐教授、湖南省水产研究所梁志强研究员及国家林业和草原局中南调查规划院共同撰写；第 8 章"浮游生物现状"与第 9 章"底栖动物现状"由倪朝辉研究员、李云峰副研究员团队执笔。此外，书末附 5 个专题数据库，为学术研究与社会应用提供数据支撑。

历史文献记载显示，长江流域分布有水生生物 4300 多种，包括 424 种鱼类、约 1950 种浮游生物、约 1000 种底栖动物及同等规模的水生植物。根据"长江渔业资源与环境调查（2017—2021）"数据，现调查到长江流域鱼类 323 种、浮游生物 1163 种及底栖动物 548 种。与历史记载数据相比，调查物种数量减少的原因可能包括：第一，本次调查中存在物种同物异名，部分历史记录中存在同物异名现象；第二，人类活动干扰导致一些物种消失或难以被监测到；第三，在时间和空间维度上存在局限性，本次调查范围主要聚集在长江干流、重要支流及一些典型湖泊等区域，而对一些小型支流、小型湖泊等区域的调查相对较少，导致对整个长江流域水生生物的认识不够全面。

在本书所列项目参与单位及人员之外，长江沿岸各地的渔政管理部门、高校及研究机构也为本次调查和数据分析提供了重要支持。在此，我们谨向所有参与相关工作的单位和研究人员表示诚挚感谢。

本书在撰写过程中力求全面整合各方研究成果，但仍可能存在不足之处，恳请学界同仁批评指正，共同推动长江流域生态保护的理论发展与实践创新。

危起伟　段辛斌

2024 年 8 月 10 日

目 录

- - - - - - - - - - - - -

第1篇　长江流域水生生物生境多样性

第1章　长江水系多样性·· 3
1.1　长江流域自然与社会发展概况····································· 4
1.2　长江水系概况··· 5
　　1.2.1　河源区·· 12
　　1.2.2　金沙江及雅砻江水系·································· 13
　　1.2.3　岷江及大渡河水系···································· 14
　　1.2.4　长江上游干流及其支流································ 15
　　1.2.5　嘉陵江水系·· 16
　　1.2.6　长江中游干流及其支流································ 16
　　1.2.7　汉江水系·· 18
　　1.2.8　洞庭湖及其"四水"·································· 19
　　1.2.9　鄱阳湖及其"五河"·································· 20
　　1.2.10　长江下游干流及其支流······························ 21
　　1.2.11　长江口区··· 21
1.3　各类型水域基本情况及环境特征··································22
　　1.3.1　河流·· 22
　　1.3.2　溪流·· 25
　　1.3.3　地下河·· 28
　　1.3.4　湖泊和湿地·· 29
　　1.3.5　河川水库·· 30
　　1.3.6　消落区·· 33

1.3.7　河口和滩涂 ……………………………………………………… 34

第2章　长江水系水质及特征元素现状 ……………………………………………… 37

2.1　长江流域水质现状调查 …………………………………………………… 38

2.1.1　调查范围 ………………………………………………………… 38

2.1.2　调查与评价方法 ………………………………………………… 39

2.1.3　渔业生态环境现状 ……………………………………………… 40

2.2　长江水系特征环境元素调查 ……………………………………………… 41

2.2.1　长江流域环境元素概况 ………………………………………… 41

2.2.2　河源区 …………………………………………………………… 42

2.2.3　上游区 …………………………………………………………… 44

2.2.4　中游区 …………………………………………………………… 50

2.2.5　下游区 …………………………………………………………… 54

2.2.6　河口区 …………………………………………………………… 58

2.2.7　长江流域特征环境元素总体分析 ……………………………… 62

2.2.8　研究展望 ………………………………………………………… 66

第3章　长江流域鱼类栖息地历史变迁与现状 ……………………………………… 67

3.1　概述 ………………………………………………………………………… 68

3.2　鱼类产卵场 ………………………………………………………………… 68

3.2.1　产卵场定义 ……………………………………………………… 68

3.2.2　产卵场调查方法 ………………………………………………… 68

3.2.3　四大家鱼产卵场 ………………………………………………… 69

3.2.4　中华鲟产卵场 …………………………………………………… 74

3.2.5　主要经济鱼类产卵场 …………………………………………… 74

3.3　鱼类索饵场 ………………………………………………………………… 75

3.3.1　索饵场定义 ……………………………………………………… 75

3.3.2　长江上游 ………………………………………………………… 76

3.3.3　长江中游 ………………………………………………………… 76

3.3.4　长江下游 ………………………………………………………… 77

3.3.5　通江湖泊 ………………………………………………………… 78

3.4　长江几种典型鱼类洄游需求与洄游通道研究进展 ……………………… 80

3.4.1　洄游型鱼类资源量简介 ………………………………………… 80

3.4.2　长江干流洄游型鱼类洄游需求 ………………………………… 80

3.4.3　通江湖泊洄游型鱼类洄游需求 ………………………………… 80

3.4.4　关键鱼类洄游需求 ……………………………………………… 81

3.4.5　过鱼通道概况 …………………………………………………… 81

第2篇　一江两湖七河一口水生生物多样性及其现状调查

第4章　长江鱼类物种多样性及其地理分布和现状⋯⋯⋯⋯⋯⋯⋯⋯**85**

  4.1　长江鱼类物种多样性概述⋯⋯⋯⋯⋯⋯⋯⋯⋯⋯⋯⋯86

    4.1.1　长江鱼类调查史略⋯⋯⋯⋯⋯⋯⋯⋯⋯⋯⋯⋯86

    4.1.2　长江鱼类物种多样性特点⋯⋯⋯⋯⋯⋯⋯⋯⋯90

  4.2　长江鱼类种类现状调查⋯⋯⋯⋯⋯⋯⋯⋯⋯⋯⋯⋯⋯93

    4.2.1　长江专项调查概况⋯⋯⋯⋯⋯⋯⋯⋯⋯⋯⋯⋯93

    4.2.2　长江鱼类物种组成⋯⋯⋯⋯⋯⋯⋯⋯⋯⋯⋯⋯97

    4.2.3　长江鱼类多样性格局⋯⋯⋯⋯⋯⋯⋯⋯⋯⋯⋯100

    4.2.4　珍稀特有鱼类分布现状⋯⋯⋯⋯⋯⋯⋯⋯⋯⋯100

    4.2.5　长江鱼类历史分布与多样性演变趋势⋯⋯⋯⋯101

  4.3　长江重点禁捕水域鱼类物种多样性特征⋯⋯⋯⋯⋯⋯102

    4.3.1　长江干流鱼类物种多样性⋯⋯⋯⋯⋯⋯⋯⋯⋯102

    4.3.2　大型通江湖泊鱼类物种多样性⋯⋯⋯⋯⋯⋯⋯108

    4.3.3　长江重要支流鱼类物种多样性⋯⋯⋯⋯⋯⋯⋯110

  4.4　长江专项调查未发现鱼类物种评述⋯⋯⋯⋯⋯⋯⋯⋯115

    4.4.1　未发现鱼类物种概况⋯⋯⋯⋯⋯⋯⋯⋯⋯⋯⋯115

    4.4.2　鱼类物种未被发现的原因分析⋯⋯⋯⋯⋯⋯⋯117

    4.4.3　未发现鱼类物种评述⋯⋯⋯⋯⋯⋯⋯⋯⋯⋯⋯117

第5章　长江鲟类历史与现状调查⋯⋯⋯⋯⋯⋯⋯⋯⋯⋯**119**

  5.1　概述⋯⋯⋯⋯⋯⋯⋯⋯⋯⋯⋯⋯⋯⋯⋯⋯⋯⋯⋯120

  5.2　中华鲟⋯⋯⋯⋯⋯⋯⋯⋯⋯⋯⋯⋯⋯⋯⋯⋯⋯⋯120

    5.2.1　种群分布及资源量变动⋯⋯⋯⋯⋯⋯⋯⋯⋯⋯120

    5.2.2　保护成效⋯⋯⋯⋯⋯⋯⋯⋯⋯⋯⋯⋯⋯⋯⋯120

    5.2.3　存在的问题⋯⋯⋯⋯⋯⋯⋯⋯⋯⋯⋯⋯⋯⋯121

    5.2.4　保护对策及建议⋯⋯⋯⋯⋯⋯⋯⋯⋯⋯⋯⋯122

  5.3　长江鲟⋯⋯⋯⋯⋯⋯⋯⋯⋯⋯⋯⋯⋯⋯⋯⋯⋯⋯123

    5.3.1　种群分布及资源量变动⋯⋯⋯⋯⋯⋯⋯⋯⋯⋯123

    5.3.2　保护成效⋯⋯⋯⋯⋯⋯⋯⋯⋯⋯⋯⋯⋯⋯⋯124

    5.3.3　存在的问题⋯⋯⋯⋯⋯⋯⋯⋯⋯⋯⋯⋯⋯⋯125

    5.3.4　保护对策及建议⋯⋯⋯⋯⋯⋯⋯⋯⋯⋯⋯⋯125

第6章　长江江豚种群动态、现状与保护⋯⋯⋯⋯⋯⋯⋯**127**

  6.1　长江江豚种群历史⋯⋯⋯⋯⋯⋯⋯⋯⋯⋯⋯⋯⋯⋯128

    6.1.1　长江江豚概述⋯⋯⋯⋯⋯⋯⋯⋯⋯⋯⋯⋯⋯128

    6.1.2　长江江豚的历史种群动态⋯⋯⋯⋯⋯⋯⋯⋯⋯128

6.1.3　长江江豚面临的主要威胁 ………………………………………… 131

6.2　长江江豚资源现状调查 ………………………………………………… 134

6.2.1　长江江豚的种群调查方法 …………………………………………… 134

6.2.2　长江江豚的种群现状及趋势 ………………………………………… 136

6.2.3　长江江豚的分布 ……………………………………………………… 138

6.3　长江江豚的保护实践及未来发展趋势 ………………………………… 141

6.3.1　长江江豚的保护现状 ………………………………………………… 141

6.3.2　长江江豚保护面临的新挑战 ………………………………………… 145

6.3.3　长江江豚的保护建议 ………………………………………………… 147

第7章　水生/湿生植物现状 ……………………………………………… 151

7.1　长江上游 ………………………………………………………………… 152

7.1.1　概述 …………………………………………………………………… 152

7.1.2　水生维管束植物现状 ………………………………………………… 152

7.1.3　问题与建议 …………………………………………………………… 154

7.2　长江中游 ………………………………………………………………… 155

7.2.1　历史数据收集情况 …………………………………………………… 155

7.2.2　调查范围及方法 ……………………………………………………… 156

7.2.3　调查结果与分析 ……………………………………………………… 158

7.3　洞庭湖 …………………………………………………………………… 164

7.3.1　概述 …………………………………………………………………… 164

7.3.2　现状调查 ……………………………………………………………… 164

7.3.3　问题与建议 …………………………………………………………… 175

第8章　浮游生物现状 ……………………………………………………… 177

8.1　概述 ……………………………………………………………………… 178

8.2　调查时间及样品采集和处理 …………………………………………… 178

8.2.1　调查时间 ……………………………………………………………… 178

8.2.2　样品采集和处理 ……………………………………………………… 178

8.3　浮游植物现状调查 ……………………………………………………… 179

8.3.1　资源密度及生物量 …………………………………………………… 183

8.3.2　优势种属 ……………………………………………………………… 184

8.4　浮游动物现状调查 ……………………………………………………… 184

第9章　底栖动物现状 ……………………………………………………… 187

9.1　概述 ……………………………………………………………………… 188

9.2　调查时间及样品采集 …………………………………………………… 188

9.2.1　调查时间 ……………………………………………………………… 188

9.2.2　样品采集 ·· 188

9.3　现状调查 ··· 188

　9.3.1　资源密度及生物量 ······················· 190

　9.3.2　优势种 ··· 192

9.4　问题与建议 ··· 192

　9.4.1　存在的问题 ····································· 192

　9.4.2　初步建议 ··· 192

第3篇　长江流域水生生物遗传多样性及其保护与利用

第10章　长江鱼类遗传多样性研究进展 ······ **195**

10.1　概况 ··· 196

10.2　主要鱼类遗传多样性状况 ···················· 196

　10.2.1　中华鲟 ·· 196

　10.2.2　胭脂鱼 ·· 197

　10.2.3　鲢 ··· 198

　10.2.4　草鱼 ·· 199

　10.2.5　青鱼 ·· 199

　10.2.6　鳙 ··· 200

　10.2.7　团头鲂 ·· 201

　10.2.8　圆口铜鱼 ······································· 201

　10.2.9　铜鱼 ·· 202

　10.2.10　长吻鮠 ··· 202

　10.2.11　鳤 ·· 203

　10.2.12　异鳔鳅鮀 ······································ 203

　10.2.13　宜昌鳅鮀 ······································ 203

10.3　威胁长江鱼类遗传多样性的主要因素 ······ 204

　10.3.1　过度捕捞 ······································· 204

　10.3.2　水利工程建设 ································· 204

　10.3.3　增殖放流 ······································· 205

　10.3.4　外来物种 ······································· 205

第11章　长江代表性鱼类全基因组研究进展 ··· **207**

11.1　概述 ··· 208

11.2　14种长江鱼类全基因组研究进展 ············ 208

　11.2.1　中华鲟 ·· 208

　11.2.2　刀鲚 ·· 209

　11.2.3　青鱼 ·· 211

11.2.4 草鱼 212

11.2.5 鲢 214

11.2.6 鳙 215

11.2.7 鲤 216

11.2.8 团头鲂 218

11.2.9 黄颡鱼 219

11.2.10 黄鳝 219

11.2.11 长吻鮠 221

11.2.12 南方鲇 222

11.2.13 大鳍鱯 223

11.2.14 黑尾近红鲌 224

第 12 章 长江鱼类保护与利用成功案例 **227**

12.1 胭脂鱼 228

12.1.1 分布 228

12.1.2 资源量 228

12.1.3 人工繁殖 228

12.1.4 增殖放流 230

12.1.5 保护区 230

12.1.6 误捕与救治 230

12.1.7 相关研究 231

12.1.8 养殖技术 233

12.1.9 渔药使用 233

12.2 刀鲚 234

12.2.1 濒危等级 234

12.2.2 经济价值 234

12.2.3 分布 235

12.2.4 资源量 235

12.2.5 人工繁殖 236

12.2.6 增殖放流 236

12.2.7 保护区及法律法规 237

12.3 圆口铜鱼 237

12.3.1 研究概况 237

12.3.2 种群分布 238

12.3.3 生物学特征 238

12.3.4 渔业资源 238

12.3.5 鱼类早期资源 239

12.3.6 遗传多样性 239

　　　　12.3.7　资源保护 ……………………………………………… 239
　　12.4　岩原鲤 ………………………………………………………… 240
　　　　12.4.1　研究概况 ……………………………………………… 240
　　　　12.4.2　种群分布 ……………………………………………… 240
　　　　12.4.3　生物学特征 …………………………………………… 241
　　　　12.4.4　人工繁殖 ……………………………………………… 241
　　　　12.4.5　苗种培育 ……………………………………………… 241
　　12.5　四大家鱼 ……………………………………………………… 242
　　　　12.5.1　分类地位 ……………………………………………… 242
　　　　12.5.2　资源量 ………………………………………………… 242
　　　　12.5.3　人工繁殖 ……………………………………………… 243
　　　　12.5.4　增殖放流 ……………………………………………… 243
　　　　12.5.5　生态调度 ……………………………………………… 243

参考文献 …………………………………………………………………… **245**

附表 1　长江鱼类名录 …………………………………………………… **265**

附表 2　长江主要经济甲壳动物名录 …………………………………… **286**

附表 3　长江流域浮游植物名录 ………………………………………… **289**

附表 4　长江流域浮游动物名录 ………………………………………… **323**

附表 5　长江流域底栖动物名录 ………………………………………… **344**

第1篇

长江流域水生生物生境多样性

01

第1章　长江水系多样性

长江水系是指由长江流域内所有河流、湖泊、水库等水域组成的水生态系统。长江水系无论是流域面积、水量还是长度等都居于中国首位，是我国的第一大河，它发源于青藏高原唐古拉山脉各拉丹东雪山的西南侧，注入东海，全长约 6300 km，流域面积约 180 万 km²，占中国国土面积的 18.8%。本章重点阐述了长江流域从河源区至长江口区各水系的基本概况，包括流域范围、流域面积、水系构成、重点水系的水生境分布与变化等；分析了长江流域的河流、溪流、地下河、湖泊、湿地、河川水库、消落区、河口和滩涂等的各类型水域的基本情况及其环境特征。

1.1 长江流域自然与社会发展概况

长江流域地形复杂多样，涵盖了高原、山地、丘陵和平原等多种地形类型，孕育了丰富多样的生态系统。自然环境丰富多样，气候从高原亚寒带到亚热带湿润地区变化显著，形成了丰富的动植物资源。据不完全统计，长江流域有淡水鲸类 2 种、鱼类 443 种、浮游植物 1200 余种（属）、浮游动物 753 种（属）、底栖动物 1008 种（属）、水生高等植物 1000 余种。流域内分布有白鱀豚、中华鲟、长江鲟、白鲟、长江江豚等国家重点保护野生动物，圆口铜鱼、岩原鲤、长薄鳅等特有物种，以及"四大家鱼"等重要经济鱼类。目前，长江流域已建立自然保护区、水产种质资源保护区 332 个，其中国家级自然保护区 12 个，国家级水产种质资源保护区 250 个。

长江流域面积不足全国总面积的 1/5，而生存人口超过全国总人口的 1/3。其中四大城市重庆、武汉、南京、上海与众多中小城市比肩林立形成著名的经济带、资源带与产业带。作为经济带，其广义上包括了上海、浙江、江苏、安徽、江西、湖北、湖南、重庆、四川、云南与贵州等 11 省市，总面积为 205.23 万 km²，占全国陆地面积的 21.4%。从经济总量上看，长江经济带 11 省市近 5 年年平均地区生产总值占全国的比例均达到 46% 以上，并在绿色发展理念的指引下，长江经济带的国内生产总值（GDP）逐年上升，经济规模持续扩大，发展势头强劲。作为资源带，长江上游穿过青藏高原、云贵高原、四川盆地和川鄂山地等峡谷型河段；中游流经两湖平原；下游通过皖苏平原，如网的支流、多样的地形，使长江流域内具有丰富的水资源、矿产资源和生物资源。长江流域多年平均水资源量近 1 万亿 m³，总量占全国的 36%，居全国七大江河之冠；水能资源约占全国的 40%；年发电量约 1 万亿 kW·h，占全国的 48%；矿产资源 109 种，在 38 种主要矿产中，储量占全国总量 60% 以上的就有 13 种。作为产业带，它既是我国的粮棉基地，又具有以现代化工业为主导的产业体系，是我国重要的冶金、建材、汽车、石化工业基地和高新技术产业集中带。

然而，快速的经济发展和人为活动的显著影响，导致长江流域水生生物多样性急剧降低。例如，长江流域长期围湖造田、挖砂采石、交通航运及干支流部分已建、在建水电站，压缩了水生生物生存空间，导致水生生物栖息地破碎化；污废水排放导致部分水域水污染问题突出；外来入侵物种种类数量不断增加，影响范围不断扩大；过度捕捞加剧渔业资源衰退，主要经济鱼类种群数量明显减少。总体而言，长江流域水生生物多样性正呈现逐年降低的趋势，上游受威胁鱼类种数占总数的 27.6%，重点保护物种濒危程度加剧，白鱀豚、白鲟、鲥已功能性灭绝，长江江豚、中华鲟成为极危物种。

1.2 长江水系概况

　　长江流域跨越我国地势三大阶梯和 6 种气候类型（Sayre et al.，2020），海拔从河源区河流的平均 5700 m 至长江口的平均 –15 m[采用 Shuttle Radar Topography Mission (SRTM) 30 m digital elevation model(DEM) 数据处理获得，https://www.usgs.gov/centers/eros/science/usgs-eros-archive-digital-elevation-shuttle-radar-topography-mission-srtm-1，DEM 为数字高程模型]，巨大的落差使其形成了由穿越高原夷平面的、峡谷的、丘陵的、平原的各种类型河段构成的，包含了河流总长度约 28.8 万 km 的由沱沱河、通天河、金沙江、长江等干流，雅砻江、岷江、嘉陵江、汉江等 4 个一级支流，大渡河、乌江、沅江、湘江、赣江等 5 条二级支流，以及 60 条三级支流和 524 条四级支流等（传统河流分级系统下）组成的（由 Open Street Map 获得，https://download.geofabrik.de/），以及由鄱阳湖、洞庭湖、太湖、巢湖、洪泽湖等众多湖泊所构成的庞大水系（图 1.1）。

　　水系作为流域的一部分，其特性归根结底是由流域的特性决定的(钱宁等，1987)。表 1.1 列出了与流域形态特征有关的各种因素，表 1.2 中对应长江流域各种因素的分析结果。较早的经典研究中已揭示了流域中的很多特点均与流域面积有关（Strahler，1964；Gregory and Walling，1973；钱宁等，1987）。长江流域也呈现出这些特点，如图 1.2 所示的长江流域长度、流域高差与流域面积的关系。数据分析表明，沿长江干流的长度（L_q）与沿干流不断延伸的流域面积（A）之间存在如下关系：

$$L_q = 1.57A^{0.58}$$

表 1.1　流域形态特征因素

因素	符号	计算方法	量纲
一、流域几何形态			
1. 流域面积	A_u	通过子流域分析获得各子流域面积	L^2
2. 流域长度	L_b	以流域出水口为圆心作同心圆，在同心圆与流域分水线相交处绘出许多割线，各割线中点的连线即流域长度	L
	L_q	以穿过子流域的干流长度为流域长度	L
3. 流域宽度	B_r	A_u/L_b	L
4. 流域周长	P	子流域周长	L
5. 流域圆度	R_c	$A_u/$ 具有同一周长的圆面积	O
6. 流域狭长度	R_e	具有同一面积的圆的直径 $/L_b$	O
7. 流域形状要素	R_f	B_r/L_b	O
8. 流域对称度	R_s	流域中主流右半侧与左半侧面积之比	O
二、高差			
1. 流域高差	ΔH_b	流域内最高点高程与流域出水口高程差	L
2. 地面坡度	J_c	$\Delta H_b/L_b$	O
3. 流域平均坡度	J_v	$\Delta H_b/L_q$	O

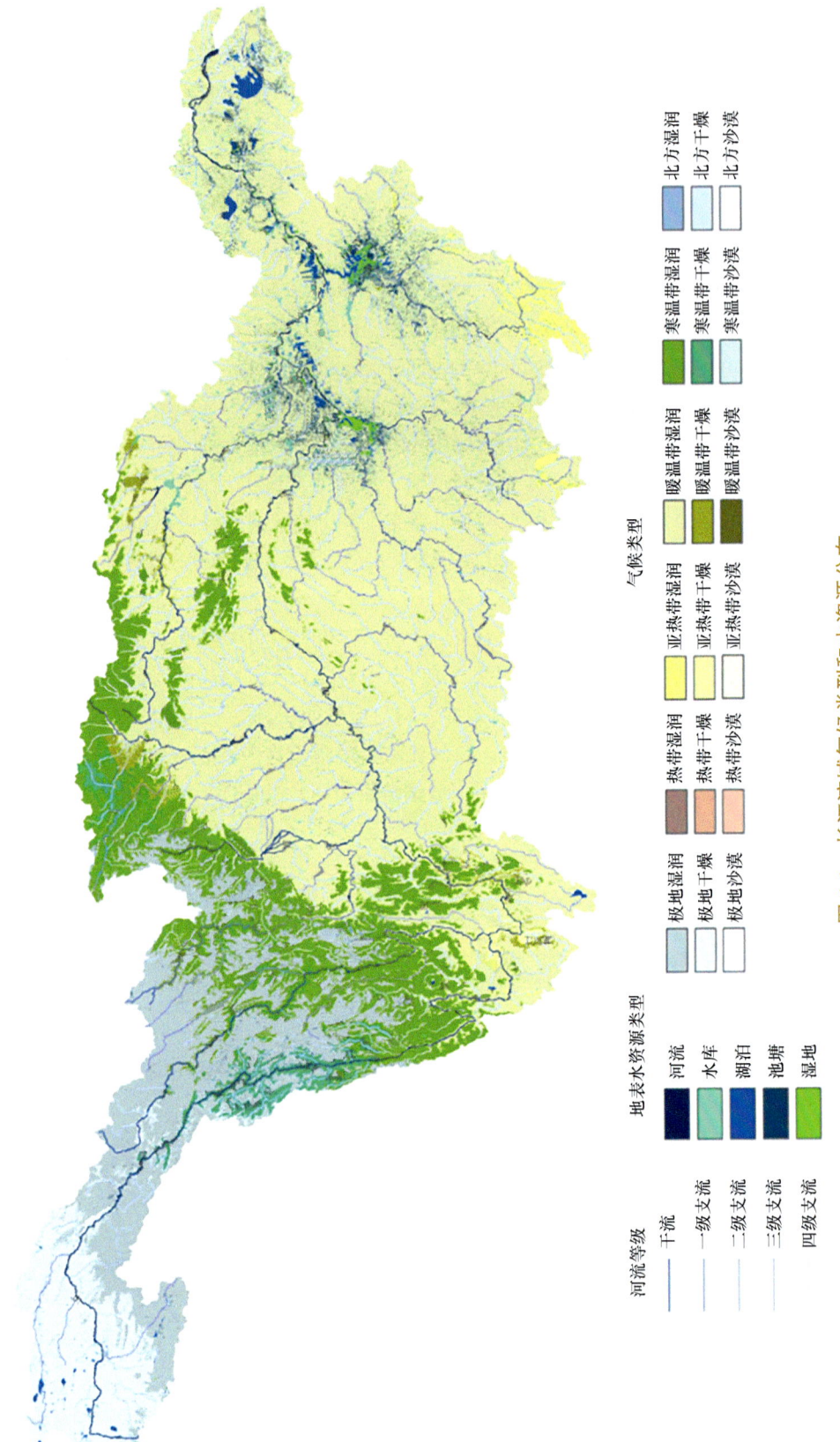

图 1.1　长江流域气候类型和水资源分布

河流等级

干流
一级支流
二级支流
三级支流
四级支流

地表水资源类型

河流
水库
湖泊
池塘
湿地

气候类型

极地湿润　亚热带湿润　暖温带湿润　寒温带湿润　北方湿润
极地干燥　亚热带干燥　暖温带干燥　寒温带干燥　北方干燥
极地沙漠　亚热带沙漠　暖温带沙漠　寒温带沙漠　北方沙漠
　　　　　热带湿润
　　　　　热带干燥
　　　　　热带沙漠

表 1.2　长江流域形态特征因素监测结果

FID	WRRCD	WRRNM	A_u/km²	L_b/km	L_q/km	B_b/km (L_b)	B_q/km (L_q)	P/km	R_s	$R_s(L_b)$	$R_s(L_q)$	$R_f(L_b)$	$R_f(L_q)$	ΔH_b/m	J_c	J_v
1	F010100	沱沱河和通天河	146 536.85	710.41	1 697.04	206.27	86.35	2 492.98	0.30	0.61	0.25	0.29	0.05	3 054	4.30	1.80
2	F010200	直门达至石鼓干流	74 668.70	684.20	990.12	109.13	75.41	2 005.95	0.23	0.45	0.31	0.16	0.08	4 324	6.32	4.37
3	F020100	雅砻江	129 683.98	906.74	1 772.64	143.02	73.16	2 774.26	0.21	0.45	0.23	0.16	0.04	4 917	5.42	2.77
4	F020200	石鼓以下干流	127 876.23	588.40	1 329.37	217.33	96.19	3 123.63	0.16	0.69	0.30	0.37	0.07	5 660	9.62	4.26
5	F030100	大渡河	76 401.11	588.80	1 046.71	129.76	72.99	2 214.91	0.20	0.53	0.30	0.22	0.07	6 791	11.53	6.49
6	F030200	青衣江和岷江干流	59 954.56	473.40	895.87	126.65	66.92	1 924.30	0.20	0.58	0.31	0.27	0.07	5 880	12.42	6.56
7	F030300	沱江	26 442.45	315.56	612.93	83.80	43.14	1 070.08	0.29	0.58	0.30	0.27	0.07	4 731	14.99	7.72
8	F040100	广元昭化以上干流	59 466.22	449.03	562.87	132.43	105.65	1 558.44	0.31	0.61	0.49	0.29	0.19	4 416	9.83	7.85
9	F040200	涪江	35 910.77	413.34	697.72	86.88	51.47	1 315.75	0.26	0.52	0.31	0.21	0.07	5 336	12.91	7.65
10	F040300	渠江	42 029.95	367.26	671.44	114.44	62.60	1 256.38	0.33	0.63	0.34	0.31	0.09	2 531	6.89	3.77
11	F040400	广元昭化以下干流	21 355.58	295.58	608.38	72.25	35.10	984.89	0.28	0.56	0.27	0.24	0.06	2 152	7.28	3.54
12	F050100	思南以上干流	45 637.00	403.94	590.82	112.98	77.24	1 366.53	0.31	0.60	0.41	0.28	0.13	2 501	6.19	4.23
13	F050200	思南以下干流	41 813.86	320.10	400.91	130.63	104.30	1 169.55	0.38	0.72	0.58	0.41	0.26	2 409	7.53	6.01
14	F060100	赤水河	18 674.20	227.36	423.56	82.13	44.09	794.59	0.37	0.68	0.36	0.36	0.10	1 967	8.65	4.64
15	F060200	宜宾至宜昌干流	82 333.19	779.86	1 050.30	105.57	78.39	2 615.29	0.15	0.42	0.31	0.14	0.07	3 026	3.88	2.88
16	F080100	丹江口以上干流	95 024.99	574.79	784.73	165.32	121.09	1 915.95	0.33	0.61	0.44	0.29	0.15	3 451	6.00	4.40
17	F100100	清江	17 377.41	308.60	429.19	56.31	40.49	906.75	0.27	0.48	0.35	0.18	0.09	2 259	7.32	5.26
18	F070100	澧水	19 892.88	268.51	490.51	74.09	40.56	804.19	0.39	0.59	0.32	0.28	0.08	2 215	8.25	4.52
19	F070200	沅江浦市以上干流	54 426.52	411.21	756.75	132.36	71.92	1 482.50	0.31	0.64	0.35	0.32	0.10	2 458	5.98	3.25
20	F070300	沅江浦市以下干流	35 333.18	322.28	298.60	109.64	118.33	1 149.35	0.34	0.66	0.71	0.34	0.40	1 909	5.92	6.39
21	F070400	资江冷水江以上干流	16 826.70	213.70	378.13	78.74	44.50	706.99	0.42	0.68	0.39	0.37	0.12	1 871	8.76	4.95
22	F070500	资江冷水江以下干流	10 048.92	170.24	277.38	59.03	36.23	513.24	0.48	0.66	0.41	0.35	0.13	1 564	9.19	5.64
23	F070600	湘江衡阳以上干流	53 439.93	361.11	541.86	147.99	98.62	1 403.35	0.34	0.72	0.48	0.41	0.18	2 060	5.70	3.80

续表

FID	WRRCD	WRRNM	A_w/km²	L_f/km	L_q/km	B_f/km (L_b)	B_f/km (L_q)	P/km	R_c	$R_s(L_b)$	$R_c(L_q)$	$R_f(L_b)$	$R_f(L_q)$	ΔH_f/m	J_c	J_v
24	F070700	湘江衡阳以下干流	41 926.04	319.55	317.44	131.20	132.08	1 131.15	0.41	0.72	0.73	0.41	0.42	2 057	6.44	6.48
25	F070800	洞庭湖环湖区	32 883.25	353.60	372.80	93.00	88.21	1 355.95	0.22	0.58	0.55	0.26	0.24	1 600	4.52	4.29
26	F080200	唐白河	24 811.93	237.35	348.45	104.54	71.21	878.96	0.40	0.75	0.51	0.44	0.20	2 094	8.82	6.01
27	F080300	丹江口以下干流	36 916.79	416.96	609.84	88.54	60.54	1 309.70	0.27	0.52	0.36	0.21	0.10	3 091	7.41	5.07
28	F090100	修河	15 416.62	189.62	302.45	81.30	50.97	621.86	0.50	0.74	0.46	0.43	0.17	1 772	9.34	5.86
29	F090200	赣江栋背以上干流	40 758.62	314.72	383.49	129.51	106.28	1 374.77	0.27	0.72	0.59	0.41	0.28	2 041	6.49	5.32
30	F090300	赣江栋背至峡江干流	23 148.14	216.55	184.62	106.89	125.38	725.97	0.55	0.79	0.93	0.49	0.68	1 876	8.66	10.16
31	F090400	赣江峡江以下干流	17 674.30	221.51	128.12	79.79	137.95	730.85	0.42	0.68	1.17	0.36	1.08	1 914	8.64	14.94
32	F090500	抚河	16 550.94	183.49	280.58	90.20	58.99	691.71	0.43	0.79	0.52	0.49	0.21	1 664	9.07	5.93
33	F090600	信江	15 302.17	194.56	289.62	78.65	52.84	725.20	0.37	0.72	0.48	0.40	0.18	2 089	10.74	7.21
34	F090700	饶河	14 253.48	168.43	217.98	84.63	65.39	668.33	0.40	0.80	0.62	0.50	0.30	1 596	9.48	7.32
35	F090800	鄱阳湖环湖区	23 452.85	259.08	324.39	90.52	72.30	927.61	0.34	0.67	0.53	0.35	0.22	1 475	5.69	4.55
36	F100200	宜昌至武汉左岸	21 616.06	350.70	423.62	61.64	51.03	1 161.57	0.20	0.47	0.39	0.18	0.12	1 813	5.17	4.28
37	F100300	武汉河口左岸	34 313.60	348.83	335.96	98.37	102.14	1 247.82	0.28	0.60	0.62	0.28	0.30	1 710	4.90	5.09
38	F100400	城陵矶至湖口右岸	23 081.03	298.04	511.79	77.44	45.10	995.41	0.29	0.58	0.33	0.26	0.09	1 762	5.91	3.44
39	F110100	巢滁皖及沿江诸河	42 844.16	465.68	785.67	92.00	54.53	1 386.09	0.28	0.50	0.30	0.20	0.07	1 740	3.74	2.21
40	F110200	青弋江和水阳江及沿江诸河	36 217.31	416.12	562.40	87.04	64.40	1 381.79	0.24	0.52	0.38	0.21	0.11	1 885	4.53	3.35
41	F110300	通南及崇明岛诸河	10 277.39	258.41	367.38	39.77	27.97	717.14	0.25	0.44	0.31	0.15	0.08	219	0.85	0.60
42	F120100	湖西及诸河	17 803.02	214.38	365.17	83.05	48.75	947.14	0.25	0.70	0.41	0.39	0.13	1 613	7.52	4.42
43	F120200	武阳镇	8 432.31	147.55	130.40	57.15	64.66	566.21	0.33	0.70	0.79	0.39	0.50	389	2.64	2.98
44	F120300	杭嘉湖区	7 499.49	143.99	124.78	52.08	60.10	416.80	0.54	0.68	0.78	0.36	0.48	393	2.73	3.15
45	F120400	黄浦江区	4 762.35	96.08	82.78	49.57	57.53	317.70	0.59	0.81	0.94	0.52	0.69	124	1.29	1.50

注:"FID"为序号;"WRRCD"为子流域编号;"WRRNM"为子流域名称

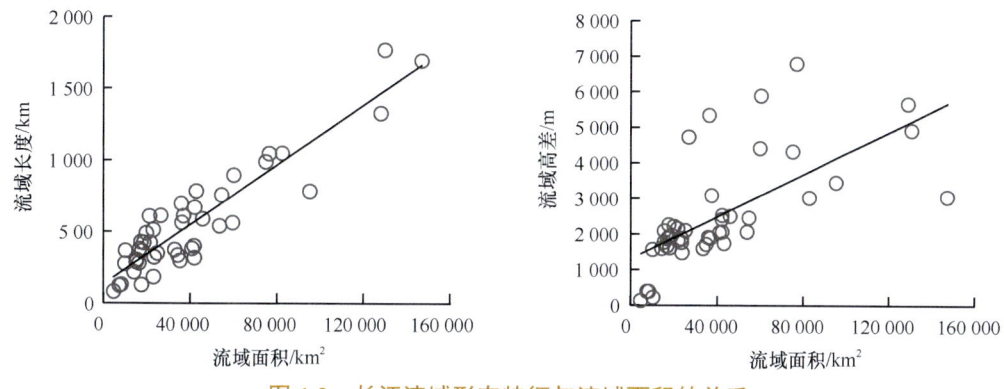

图 1.2　长江流域形态特征与流域面积的关系

　　长江流域面积较大的子流域基本分布在河源区，如沱沱河和通天河水系、金沙江石鼓以下江段；另外，岷江和大渡河、长江上游和三峡库区干流段及嘉陵江和汉江的河源区等均是流域面积较大的区域（图1.3）。同时，由于岷江和大渡河流域、金沙江石鼓以下江段、嘉陵江水系同时具有较大的流域地面坡度，其地表径流量、洪水期流量与其他子流域相比更大，泥沙输送能力也更强，因此在涨水季和洪水季将具有更高的河流流速及较低的水体透明度，水系平面形态多以羽毛状和树枝状为主。而流域地面坡度较小、流域形状均匀的子流域如宜宾至宜昌干流江段、武汉至湖口江段流域、青弋江和水阳江等，则主要发育平行状水系。

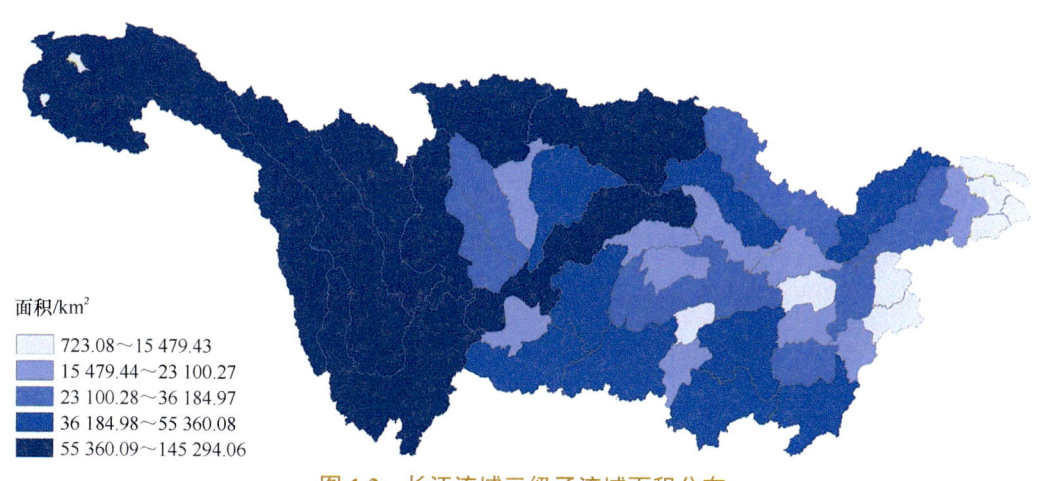

面积/km²
- 723.08～15 479.43
- 15 479.44～23 100.27
- 23 100.28～36 184.97
- 36 184.98～55 360.08
- 55 360.09～145 294.06

图 1.3　长江流域三级子流域面积分布

　　长江流域常年性有水河流长度约占全流域河流总长度的76%，包括常年有水的地面自然河流、地下河段的出入口，或流经沼泽、沙地等地区而没有明显的地面河床但常年有水的河段。季节性河流长度约占全流域河流总长度的11%，主要包括季节性有水的自然河流、降水或融雪后短时间内有水的河床或河流改道后遗留的故道，或降水或融雪后短时间内有水但无明显河床的河段等。人工河渠长度约占全流域河流总长度的13%，包括跨流域人工开凿的可供调水、航运的水道，引水、排水干支渠道，以及干旱地区引用地下水及雪水的暗渠等。

植被覆盖度作为水生生物重要的生境因子，其特征及动态变化在一定程度上反映了生物多样性状况及人类活动干扰强度的大小，直接或间接地影响着水生生物栖息地适宜性、鱼类多样性及资源量等。以 2018 年度为例，表 1.3 和图 1.4 给出了长江流域的年最大植被覆盖度均值及其空间分布情况。长江流域 45 个三级子流域中，共 11 个子流域的植被覆盖度小于整个长江流域的平均植被覆盖度，特别是长江源及入海口区域。长江上游源头所处子流域由于海拔、气候的影响，且植物种类大多为灌木和草甸，整体植被覆盖度较低。而长江下游由于城市化发展，流域周边植被覆盖度受人类活动的显著影响。植被覆盖度较高的子流域主要分布在长江中上游干流两侧（如汉江丹江口以上、嘉陵江广元昭化以上、渠江、清江、沅江、资江冷水江以下、思南以下、澧水等）和鄱阳湖入湖河流所经流域（图 1.5）。

表 1.3　2018 年度长江流域各子流域年最大植被覆盖度及其比较

子流域	面积 /km²	平均植被覆盖度 /%	与长江流域整体平均植被覆盖度比较
沱沱河和通天河	146 536.85	46.33	−1.00
直门达至石鼓干流	74 668.70	75.21	−0.22
雅砻江	129 683.98	82.52	−0.02
石鼓以下干流	127 876.23	84.52	0.13
大渡河	76 401.11	83.80	0.06
青衣江和岷江干流	59 954.56	85.40	0.21
沱江	26 442.45	81.18	−0.05
广元昭化以上干流	59 466.22	91.24	0.78
涪江	35 910.77	86.61	0.33
渠江	42 029.95	91.16	0.77
广元昭化以下干流	21 355.58	87.13	0.38
思南以上干流	45 637.00	87.88	0.45
思南以下干流	41 813.86	91.72	0.82
赤水河	18 674.20	90.84	0.74
宜宾至宜昌干流	82 333.19	89.77	0.64
丹江口以上干流	95 024.99	93.49	0.99
清江	17 377.41	93.55	1.00
澧水	19 892.88	90.59	0.71
沅江浦市以上干流	54 426.52	92.02	0.85
沅江浦市以下干流	35 333.18	91.81	0.83
资江冷水江以上干流	16 826.70	88.93	0.55
资江冷水江以下干流	10 048.92	92.27	0.88
湘江衡阳以上干流	53 439.93	89.08	0.57

续表

子流域	面积 /km²	平均植被覆盖度 /%	与长江流域整体平均植被覆盖度比较
湘江衡阳以下干流	41 926.04	87.53	0.42
洞庭湖环湖区	32 883.25	84.09	0.09
唐白河	24 811.93	88.52	0.51
丹江口以下干流	36 916.79	88.73	0.53
修河	15 416.62	92.15	0.86
赣江栋背以上干流	40 758.62	89.23	0.58
赣江栋背至峡江干流	23 148.14	90.32	0.69
赣江峡江以下干流	17 674.30	85.03	0.18
抚河	16 550.94	90.51	0.71
信江	15 302.17	90.21	0.68
饶河	14 253.48	93.18	0.97
鄱阳湖环湖区	23 452.85	80.23	−0.08
宜昌至武汉左岸	21 616.06	84.47	0.12
武汉至湖口左岸	34 313.60	85.78	0.25
城陵矶至湖口右岸	23 081.03	81.00	−0.06
巢滁皖及沿江诸河	42 844.16	83.08	0.00
青弋江和水阳江及沿江诸河	36 217.31	84.08	0.09
通南及崇明岛诸河	10 277.39	70.73	−0.34
湖西及湖区	17 803.02	71.23	−0.32
武阳镇	8 432.31	60.38	−0.62
杭嘉湖区	7 499.49	71.42	−0.32
黄浦江区	4 762.35	58.70	−0.66
长江流域整体	1 801 097.03	83.19	

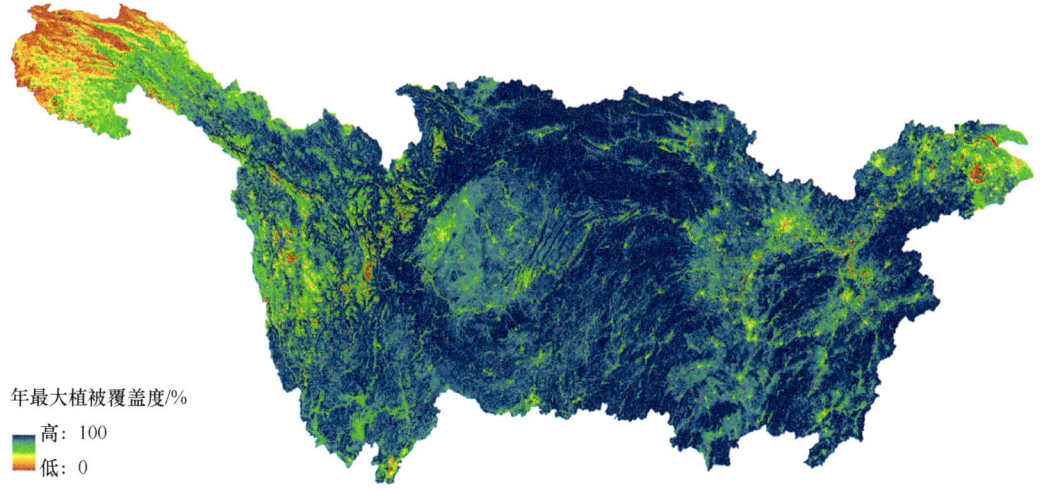

年最大植被覆盖度/%
高：100
低：0

图 1.4 长江流域 2018 年度最大植被覆盖度分布图

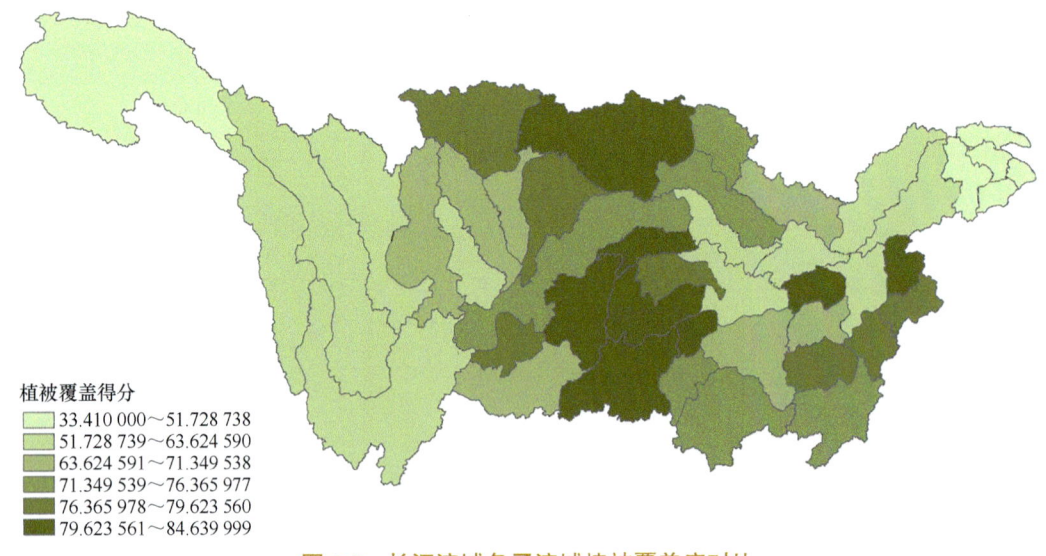

植被覆盖得分
- 33.410 000～51.728 738
- 51.728 739～63.624 590
- 63.624 591～71.349 538
- 71.349 539～76.365 977
- 76.365 978～79.623 560
- 79.623 561～84.639 999

图 1.5　长江流域各子流域植被覆盖度对比

1.2.1　河源区

　　本研究中长江河源区是指玉树巴塘河入长江干流汇口以上，地处青藏高原腹地的羌塘高原，涉及青海省玉树藏族自治州治多县、杂多县、曲麻莱县、称多县、玉树市，海西蒙古族藏族自治州的格尔木市等，分布有大面积的雪山冰川、高寒湿地、高寒荒漠，为世界具有独特生物基因物种资源的生态圈之一。

　　长江河源区内水系发达，湖泊湿地众多，总流域面积约 14.3 万 km^2。干流源头分南源、北源和正源。其中，南源为当曲，子流域面积约 3.1 万 km^2；北源为楚玛尔河，子流域面积约 2.2 万 km^2；正源也被称为西源，为沱沱河，子流域面积约 1.9 万 km^2；另外还包括干流通天河子流域，面积约 6.2 万 km^2；北麓河子流域，面积约 0.9 万 km^2 等。当曲子流域内 5 级支流包括尕尔曲、布曲、冬曲、天曲等；通天河子流域内 5 级支流包括日阿尺曲、勒池曲、色吾曲、德曲、莫曲、牙哥曲、宁恰曲、登艾龙曲、叶曲、巴塘河等，水系总长度约 29 997.4 万 km。

　　河源区有大小湖泊近 2000 个，总面积约 1284 km^2。面积超过 50 km^2 的主要包括多尔改错（也称错仁德加、叶鲁苏湖，面积约 211 km^2）、雀莫错（面积约 91 km^2）、错达日玛（面积约 75 km^2）、玛章错钦（面积约 64 km^2）和特拉什湖（也称查瓦玛错，面积约 62 km^2）。河源区湿地总面积 5227 km^2，连片面积最大的主要分布在当曲、莫曲、牙哥曲上游。

　　河源区正源沱沱河发源于唐古拉山脉主峰各拉丹东雪山（6621 m）西南侧的姜古迪如冰川，河床高程均值为 4733 m，多股散乱河槽河流总长度为 739.6 km，按深泓线计算的单股河长为 348.6 km。基本为游荡型河流，仅 14% 的河段存在河道束窄；河床宽度为 38～4170 m，河面宽度为 38～2880 m。在纵向上，河流比降较陡，河槽平均比降为 3.5‰，河流弯曲系数为 1.2，整体为顺直的陡峭山区河流；在横向上，其宽深比变化幅度可达

12～700，在缺乏束窄作用的游荡型河段中，多重复合滩总数高达1509个，河道中单个剖面的沙洲数量可多达23个，单个沙洲面积小，沉积物颗粒粗，从而导致植被覆盖度较低；最大消落区面积约77.9 km²，占丰水期总面积的67%，为正常水文节律型河段，在水位和流量变化时，河道内沙洲形态随之改变，外形散乱。河流两岸景观主要由高寒草甸、湿地、荒漠、冰雪等构成。

河源区长江干流通天河的河床高程均值为4062 m，计入多股河槽的河流总长度为957.4 km，按深泓线计算的单股河长为784.6 km。该江段河型类型丰富，从上游到下游为游荡型—分汊型—弯曲型—顺直型的纵向河型序列结构，河段长度占比分别为37.8%、14.9%、42.7%和4.6%，游荡型河段和分汊型河段之间由束窄弯曲型河段进行过渡连接。河床宽度为25～6300 m，河面宽度为25～2460 m。在纵向上，河槽平均比降约1.8‰，河流弯曲系数为1.4，整体属于中等比降的曲流河；在横向上，在游荡型河段中，多重复合滩总数达1211个，而在分汊型河段、弯曲型河段及顺直型河段中，江心洲和边滩数量约208个，最大消落区面积约125.9 km²，占丰水期总面积的47%，为正常水文节律型河段。河漫滩的数量与河宽也存在良好的沿程变化的一致性，河流两岸景观主要由高寒草甸和荒漠组成，受人类活动影响较小。

河源区河流在过去的近40年，整体呈现出非束窄河段的河槽不断展宽、地表水面积不断增加的趋势，其中沱沱河和通天河净增水面约370 km²，楚玛尔河增加约270 km²，当曲增加约40 km²，这与气候变化造成冰川融水增加密切相关。

1.2.2 金沙江及雅砻江水系

金沙江流域范围自玉树巴塘河入长江干流汇口以下至岷江入长江干流汇口以上，涉及青海、西藏、云南、四川的近100个县市，涵盖了青藏高原、四川盆地和云贵高原的多种地貌类型。雅砻江流域是汇入金沙江干流唯一的二级子流域，是金沙江的最大支流，它发源于青藏高原的巴颜喀拉山脉南麓，流经四川省西南部的险峻山区。金沙江和雅砻江是中国西南地区的重要水系。

金沙江总流域面积约47.32万 km²，金沙江干流总长度为3481 km，其中雅砻江所在的子流域面积约12.9万 km²。除此之外，金沙江流域还包括普渡河、牛栏江、横江等3个四级子流域，其流域面积分别约1.2万 km²、1.3万 km²和1.5万 km²；以及增曲、中岩曲、松麦河、水落河、渔泡江、龙川江、普隆河、小江、黑水河、西溪河、美姑河等40多个五级子流域。雅砻江子流域包括鲜水河、理塘河、安宁河等3个四级子流域，流域面积分别为1.9万 km²、1.9万 km²、1.1万 km²；以及麻摩柯河、德差河、力丘河等15个五级子流域，水系长度约2.5万 km。

金沙江和雅砻江流域湖泊总面积约680 km²。其中，面积超过50 km²的湖泊主要包括滇池（面积约293 km²）、程海（也称黑乌海，面积约76 km²）、泸沽湖（面积约50 km²），此外还有邛海、纳帕海、草海等，面积均在20余平方千米。

金沙江干流总长度约2319 km，在流过石鼓和中甸下桥头附近后，进入世界著名大峡谷——虎跳峡河段。根据鱼类区系组成的显著差异，虎跳峡河段被认为是长江在青藏高原上的分界（李思忠，1981），河流生境也迥然不同。例如，石鼓以上干流的河床高程均值为 2635 m，而在石鼓以下河床高程均值骤降至 935 m，河槽比降也从 2.5‰ 下降为 1.5‰。金沙江干流在竹巴笼和巴塘附近及云南奔子栏至石鼓河段，谷地开阔，特别是石鼓附近水流更为平缓，河流中犬牙交错的侧向滩及纵向沙洲心滩充分发育，河面宽度在 130～380 m；然而，河流在经过石鼓镇所处的长江第一湾进入虎跳峡河段之后，河谷骤然束窄，江中岩滩和碛滩林立，江水汹涌澎湃，河面宽度仅为 30～40 m，平均流速达 16 m/s。雅砻江干流总长度约 1772 km，在理塘河口（海拔 1656 m）附近的大拐弯被认为是该河在中亚高山区和岭南山麓区鱼类区系的分界点（李思忠，1981），由甘孜至理塘河口河段落差集中，多险滩急流，河谷狭窄，谷坡陡峭；理塘河口以下基本为顺直型河段。金沙江及雅砻江河流两岸景观主要由森林、草甸组成，有少量农田。

1.2.3 岷江及大渡河水系

岷江是长江自金沙江以下汇入干流的第一条大型支流，发源于四川省阿坝藏族羌族自治州的岷山，流域范围除其大渡河支流的上游源头之外，均位于四川省境内。大渡河一直被认为是岷江的最大支流（《中国河湖大典》编纂委员会，2010），它发源于青藏高原东缘的青海省果洛藏族自治州达日县，最上源河流为玛尔曲，源头海拔 4579 m，在其上游支流热尔卡河汇入玛尔曲处，进入四川省境内。

岷江总流域面积约 13.5 万 km²。其中，大渡河所在的子流域面积约 9.0 万 km²，它也是岷江流域唯一的三级子流域，由大渡河干流、杜柯河、青衣江等 3 个四级子流域构成，三者流域面积分别约 6.1 万 km²、1.6 万 km² 和 1.3 万 km²；从水系构成上，除岷江、大渡河、杜柯河、青衣江等 1～3 级支流外，还包括黑水河、杂谷脑河、大南河、马边河、越溪河，以及阿科河、梭磨河、色曲、俄日河、小金川、牛日河等 30 多个 4 级支流，水系总长度约 2.7 万 km。岷江大渡河流域湖泊总面积仅 65 km²，除木格措、冬鄂措、叠溪海子等少数几个湖之外，大部分湖泊面积不超过 1 km²。

岷江干流从四川省阿坝藏族羌族自治州松潘县安备村至河口宜宾市汇入长江，河床高程从 3260 m 降至 252 m，均值为 1096 m，干流总长度约 711 km。河槽平均比降处于长江流域二级河流之首，达 4.8‰，河流弯曲度为 1.2，为典型的陡峭型河流，河型主要为顺直型和分汊型。河面宽度为 18～3000 m，均值约 305 m，丰水期河流平均宽度约 283 m，占河床宽度的 66%，冬夏消落区面积为 43.6 km²，占丰水期总面积的 23.3%。位于岷江干流在成都冲积扇平原顶点、岷江刚出山口的都江堰水利工程，是我国秦国时期修建的自然分水工程，它既无堰坝拦水，也无闸门控制，但两千多年来一直发挥着巨大的引水防洪作用，使成都平原两千多年来"水旱从人，不知饥馑"，是世界水利史上一项瑰伟的奇迹（钱宁等，1987）。目前，人们在岷江干流已修建了 20 座大型水利工程设施，在梯级水库的影响下，河流水文节律表现出自然-人为调控的复合型变化特征。最大连通距离为南—北方向的下游新津区至河口江段，连通距离约 140 km，最大连通面积约 132.0 km²，连通度均值为 0.4，占岷江干流总面积的 67%。河流两岸景观类型以农田、森林和城市建成区为主，上游森林占比较大，为 49.2%；中、下游农田占比较大，分别为 58.8%、40.3%。

大渡河干流，从四川省甘孜藏族自治州丹巴县至河口乐山市汇入岷江，河床高程从 1860 m 降至 354 m，均值 958 m，干流总长度约 1053 km。河槽平均比降为 3.7‰，河流弯曲度为 1.2，整体为比降较陡的顺直型河流，河型为顺直型和分汊型。河床宽度为 19~3130 m，丰水期河流平均宽度约 245 m，占河床宽度的 82%，冬夏消落区面积为 63.1 km²，占丰水期总面积的 25.2%，生态水文为正节律型。大渡河干流共分布有 14 个水利工程设施，最大连通距离为西北—东南方向，约 160 km，该方向连通度均值为 0.30；其次为南—北方向，连通距离约 145 km。干流最大连通河段为石棉县上游江段至瀑布沟水库，最大连通面积约 78.1 km²，占岷江干流总面积的 30%；第二大连通河段为河源区至丹巴水电站，连通面积约 65.8 km²，占干流总面积的 26%，目前仍有拟建电站。河流两岸景观类型以森林、草地、农田和城市建成区为主，其中上游以植被覆盖为主，森林和草地占比高达 89.7%，农田占 4.6%；中游植被占比下降，森林和草地占比 63.7%，农田和城市建成区占比上升为 17.9% 和 18.4%；下游农田和城市建成区占比进一步上升为 35.9% 和 23.9%，森林和草地占比为 23.9% 和 16.3%。

1.2.4 长江上游干流及其支流

本书中长江上游干流的流域由长江干流岷江汇入口以下至嘉陵江汇入口以上的干流段及其支流水系所构成，涉及四川、重庆、云南、贵州 4 省市的 55 个县区，总流域面积约 7.4 万 km²。除包含两个直接汇入这一段长江干流的沱江、赤水河所在的四级子流域之外（子流域面积分别为 2.8 万 km² 和 1.9 万 km²），还包括南广河、长宁河、永宁河、塘河、笋溪河、綦江、璧南河等支流所在的五级河流所在的子流域，水系总长度约 1.6 万 km。

长江上游干流的河床高程均值，进一步从金沙江石鼓以下的 935 m 降至约 200 m，该段干流总长度约 422.7 km。河槽平均比降进一步从金沙江下游段的 1.5‰ 下降至仅 0.4‰，且河流弯曲度也从金沙江下游的 1.18 上升为 1.48，整体表现为流速较缓的弯曲型河流，主要河型为弯曲型和分汊型。河面宽度为 275~1600 m，丰水期河流平均宽度约 754 m，占河床宽度的 91%，冬夏消落区面积为 91.3 km²，仅为丰水期总面积的 14%。河流两岸景观类型以农田、森林和城市建成区为主。自长江上游干流开始，单个消落区斑块增大，但斑块之间距离较远。另外，该干流段河流连通性优，东—西方向的最大连通距离约 110 km，其次是西南—东北方向的约 80 km。

沱江水系从四川省德阳市绵竹市断岩头大黑湾（正源绵远河）至河口泸州市汇入长江，主要支流包括湔江、青白江、毗河、资水河、球溪河、蒙溪河、大清流河、釜溪河、濑溪河等，水系长度约 6913.9 km。沱江干流河床高程从 1699 m 降至 219 m，高程均值 395 m，河流总长度约 622.7 km。河型以顺直型和分汊型为主，河面宽度为 10~1260 m。在纵向上，河槽平均比降约 3‰，河流弯曲度为 1.43，整体为比降较大的曲流河。丰水期河流平均宽度约 210 m，占河床宽度的 78%，冬夏消落区面积为 22.9 km²，占丰水期总面积的 17%，生态水文为正节律型。河流两岸景观类型以农田（占比 62.7%）和城市建成区（占比 19.3%）为主。

赤水河水系从云南省昭通市镇雄县赤水源镇至四川省泸州市合江县汇入长江，主要支流包括二道河、桐梓河、大同河、习水河等，水系长度约3823.8 km。赤水河干流河床高程从1353 m降至202 m，高程均值516 m，长度约424.2 km。河流弯曲度为1.15，河槽平均比降为3.6‰，整体为比降较陡的直流河。河面宽度为19～220 m，丰水期河流平均宽度约83.4 m，河床宽度占比达98%，即基本无水平形式的消落区，冬夏消落区面积仅9.0 km²，占丰水期总面积的28.8%，从上游到下游均有分散分布。赤水河干流是长江上游唯一没有修建水坝、水库的直接汇入长江的支流，河水涨落受人为干扰影响较小，生态水文为正节律型。河流两岸景观类型以森林（占比67.5%）、农田（占比17.7%）和草地（占比8.1%）为主。

1.2.5 嘉陵江水系

嘉陵江流域涉及陕西、甘肃、四川、重庆4个省市的79个县区，总流域面积约15.9万 km²。由嘉陵江干流二级子流域，以及白龙江、涪江、渠江等3个四级子流域组成，子流域面积分别为5.2万 km²、3.2万 km²、3.6万 km²和3.9万 km²。其中，嘉陵江干流子流域除干流外，还包括永宁河（白家河）、青泥河、西汉水、燕子河、广坪河、西河等五级子流域；白龙江、涪江、渠江等子流域还包括白水河、清江河、通口河、平通河、凯江、琼江河、梓潼江、巴河、通江和大（小）通江、渐滩河、州河、明月江、铜钵河等众多的五级子流域，水系总长度约3.4万 km。

嘉陵江干流从陕西省宝鸡市凤县至河口重庆市朝天门汇入长江，河床高程从2027 m降至155 m，高程均值476 m，河段总长度为1114 km，是长江流域典型的弯曲型河流，河流弯曲度达1.6；河槽平均比降为1.2‰，河面宽度为9～2500 m，丰水期河流平均宽度约365 m，占河床宽度的87%，冬夏消落区面积为37.2 km²，占丰水期总面积的9.8%，消落区以自然水文情势类型为主。河流两岸景观类型以森林、农田和城市建成区为主，其中上游森林占比较大，为63.8%。遥感解译结果表明，嘉陵江干流共分布有18个水利工程设施。其中，最大连通距离为南—北方向，为重庆市至南充市江段，连通距离仅60 km，最大连通面积约139.9 km²，占嘉陵江干流总面积的37%，连通度均值为0.23；其次为东北—西南方向，连通距约40 km。嘉陵江干流的河流连通度受到严重破坏。

1.2.6 长江中游干流及其支流

本书中长江中游干流的流域由长江干流三峡大坝以下至湖口以上的干流段及其支流水系所构成，涉及湖北省的55个县区，以及江西省瑞昌市、柴桑区等地，总流域面积约10万 km²（流域面积不包含汉江流域和两湖流域）。主要由4个子流域组成，即三峡大坝至宜昌左岸子流域、城陵矶至湖口右岸子流域、武汉至湖口左岸子流域及清江子流域，各子流域的面积分别为2.6万 km²、2.3万 km²、3.4万 km²和1.7万 km²。长江中游干流主要汇入支流包括清江（干流长度429 km）、沮漳河（干流长度495 km，包括沮水、漳河及二者汇合后的沮漳河）、府河（干流长度337 km）等及其所在的四级子流域，以及干流左岸的黄柏河、内荆河、滠水、倒水、举水、巴河、浠水、蕲水和干流右岸的陆水、金水、富水、金水河等支流所在的五级子流域，水系总长度约2.2万 km。

长江中游干流及其支流所在流域共有大小湖泊近1.5万个，面积约4879.4 km²。其中，面积超过50 km²的湖泊主要包括洪湖（主湖区面积约313 km²）、梁子湖（主湖区面积约218 km²）、长湖（主湖区面积约114 km²）、斧头湖（主湖区面积约91 km²）、西凉湖（主湖区面积约69 km²）、黄盖湖（主湖区面积约66 km²）、大冶湖（主湖区面积约53 km²）等，此外还有牛山湖、赤湖、鲁湖等十余个面积超过20km²的湖泊。长江中游干流及其支流所在流域共有水库800多个，面积约4879.4 km²。其中，位于河川上的水库约200座，面积较大的有如位于沮漳河子流域的漳河水库（面积约81 km²）、位于清江干流的水布垭水库（面积约62 km²）、位于府河子流域的徐家河水库（面积约55 km²）、位于城陵矶至湖口干流段子流域内的富水水库（面积约46 km²）和陆水水库（面积约34 km²）等。

另外，长江中游下荆江河道蜿蜒摆动，部分河段经历多重裁弯，在其周边形成了牛轭湖群（图1.6）。长江中游故道群湿地的形成与演化主要受荆江河曲的自然演变及人为扰动的影响。唐宋以前下荆江段是典型的分汊型河床，到明隆庆时下荆江单一河床基本形成。单一河床形成后，由于下游壅水和洞庭湖的顶托，河曲自由发展。清代时监利境内河段最多时曾有8处弯曲。由于下荆江弯道多，从19世纪末到20世纪末，荆江河曲经过了几次重大的裁弯过程，最终在自然和人为作用下形成了现在的故道群湿地（蔡晓斌等，2013）。目前，长江中游牛轭湖故道湿地群主要包括碾子湾故道、黄家拐湖、天鹅洲故道、黑瓦屋故道、上车湾故道、东港湖、老江河故道及老湾故道等8处。其中，除老湾故道湿地位于洪湖以下江段，其他7处集中分布在石首至城陵矶之间。另外，仅黄家拐湖位于荆江右岸，其余7个均分布于荆江左岸。

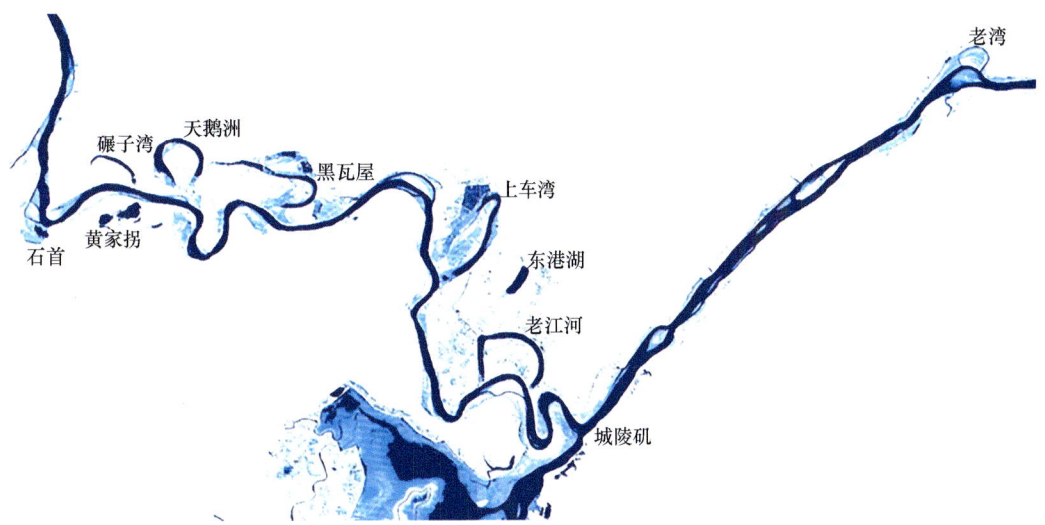

图1.6 长江中游干流下荆江段牛轭湖故道

长江中游干流段河床高程均值约22 m，河流总长度为1120 km（包含分汊型河道）。河槽平均比降仅为0.05‰，河流弯曲度均值约1.4，最大弯曲度可达3.8，较少的河流含沙量和很低的河流比降，使长江中游干流成为典型的分汊型河流。河面宽度为670～3320 m，丰水期河流平均宽度约 1600 m，占河床宽度的 82%，冬夏消落区面积为 332.4 km²，占丰水期总面积的 21.6%，生态水文为正节律型。河流两岸景观类型以农田（占比 48.2%）、种养殖水面（占比 35.1%）、城市建成区（占比 12.1%）等为主。长江中游干流段水体最大连通距离为东—西方向，约 400 km，最大连通面积约 1369.5 km²，占河段总面积的 96.7%，河流连通性优；未连通水域主要为裁弯取直的长江故道牛轭湖，如老江河、天鹅洲、黑瓦屋等。

1.2.7 汉江水系

汉江流域从陕西省汉中市勉县至河口武汉市汇入长江，涉及陕西、湖北、河南的 75 个县区，以及四川的万源市、重庆的城口县等地，总流域面积约 15.7 万 km²。主要由 5 个子流域组成，分别为汉江丹江口水库上游子流域、汉江丹江口水库下游子流域、堵河子流域、丹江子流域和唐白河子流域，子流域面积分别为 6.6 万 km²、3.8 万 km²、1.3 万 km²、1.6 万 km² 和 2.4 万 km²。汉江干流主要汇入支流除堵河（干流长度为 340 km）、丹江（干流长度为 376 km）、唐白河（干流长度为 349 km）等及其四级子流域水系外，还有襄河、胥水河、酉水河、子午河、牧马河、池河、任河、岚河、旬河、坝河、夹河、天河、南河、小清河、蛮河、汉北河，以及连接汉江干流和长江干流的东荆河等众多的五级子流域水系，水系的总长度约 3.5 万 km。

汉江流域湖泊总面积超过 1400 km²，但单个湖泊面积均不超过 50 km²，且种养殖开发利用程度很高，基本分布于丹江口水库下游子流域内。单个面积较大的湖泊有如汈汊湖（面积约 40 km²）、五湖（面积约 29 km²）、王家涉湖（面积约 18 km²）、后官湖（面积约 16 km²）、沉湖（面积约 14 km²）等。汉江流域水库总面积约 1650 km²，其中丹江口水库面积占比达 52%。位于河川径流上的水库 300 余座，除丹江口水库之外，较大的有如位于唐白河干流的鸭河口水库（面积约 54 km²）、丹江口水库下游的王甫洲水库（面积约 40 km²）、位于堵河干流的潘口水库（面积约 39 km²）等。

汉江干流河床高程从 597 m 降至 16 m，高程均值为 186 m，河流总长度为 1538 km。河流的沿程河型序列为弯曲型（安康水库以上）—顺直型（安康水库至丹江口水库）—库区展宽段—分汊型和顺直型（丹江口至钟祥）—弯曲型（钟祥至泽口）—人工限制性弯曲（泽口以下）。丹江口水库以上河段河槽比降均值为 1.6‰，河面宽度为 10～3600 m，均值约 520 m，河流弯曲度为 1.32，整体为曲流河；丹江口水库下游的河槽比降仅为 0.5‰，河面宽度为 84～3600 m，均值 790 m，河流弯曲度为 1.27。另外，丹江口水库以上（包括水库）河段冬夏消落区面积为 232.4 km²，占该河段丰水期总面积的 21.5%，其中库区的消落带以反季节性为主；丹江口水库以下河段冬夏消落区面积为 67.7 km²，占该河段丰水期总面积的 19.8%，消落区基本为自然水文情势类型。河流两岸景观类型以农田、森林和城市建成区为主，其中上游农田占比 31.9%、森林占比 39.5%、城市建成区 5.2%；下游农田占比 62.3%、城市建成区占比 13.7%。

遥感解译结果表明，汉江丹江口水库以上分布有 11 个水利工程设施。最大连通距离为东—西方向，约 185 km，连通度指数均值为 0.85；其次为南—北方向，约 60 km。干流最大连通斑块为蜀河汇入口至丹江口江段，连通面积为 874.2 km²。受丹江口水库水面所占比例影响，这一段连通水域面积占汉江干流总面积的 81.3%，但连通河段的长度仅占丹江口水库以上干流长度的 35%；连通面积最小的为勉县江段，面积仅 6.68 km²，占汉江干流总面积的 0.6%。汉江丹江口水库以下，最大连通距离为东—西方向，约 165 km，连通度均值为 0.76；其次为西北—东南方向，约 95 km。汉江干流的河流连通性已受到一定程度的破坏。

1.2.8 洞庭湖及其"四水"

洞庭湖位于长江中游南岸，是中国第二大淡水湖。清咸丰十年（1860年）全盛时期湖面面积达 6000 km²，经过一百多年的泥沙淤积，湖泊面积丰水期下降为 2100 km²，总容积 220 亿 m³，现分为东洞庭湖、南洞庭湖和西洞庭湖三部分。洞庭湖接纳"四水"，即湖南省境内湘、资、沅、澧，以及汨罗江、新墙河等中小型河流汇入湖区。洞庭湖吞吐长江，连接长江干流的松滋河、虎渡河、藕池河等三口河系，再从城陵矶注入长江。洞庭湖流域包括湘江、资江、沅江和澧水四大水系在内，总流域面积约 26.2 万 km²，年均径流量约为 3000 亿 m³。汇入洞庭湖主湖区的河流除湘江（干流长度为 859 km）、资江（干流长度为 659 km）、沅江（干流长度为 1048 km）、澧水（干流长度为 413 km），汇入沅江干流的酉水（干流长度为 479 km）、潕阳河（干流长度为 441 km），以及汇入湘江的潇水（干流长度为 346 km）、耒水（干流长度为 311 km）、洣水（干流长度为 279 km）等 3～4 级河流外；还有灌江、春陵水、蒸水、涟水、渌水、浏阳河、捞刀河、沩水，以及㮶水、重安江、巴拉河、六洞河、渠水、巫水、锦江、淑水、武水、娄水、溇水等众多的五级河流，水系总长度约 5.8 万 km。

洞庭湖湖区流域面积约 3.3 万 km²，丰水期湖水最大面积约 2100 km²，枯水期最小面积约 900 km²，消落区面积达 1200 km²，为自然水文情势的消涨类型。洞庭湖枯水期最大连通面积仅收缩为通江水道区域，随着水位的上升，连通面积逐渐增大。东—西方向最大连通距离约 118 km，南—北方向最大连通距离为 82 km，西北—东南方向最大连通距离为 42 m，东北—西南方向最大连通距离为 71 m。湖区主要植被包括杨、柳、防护林滩地等林地、芦苇、南荻等滩地高草草甸、薹草、藨草、萎蒿等优势种群的滩地，以及无明显植被生长的泥滩裸土地等。

洞庭湖多年（1960～2014年）平均入湖径流量为 2733.9×10⁸ m³，其中四水入湖径流量为 1658.5×10⁸ m³，占 60.7%，三口入湖径流量为 790.7×10⁸ m³，占 28.9%，区间入湖径流量为 284.7×10⁸ m³，占 10.4%。四水中以湘江、沅江径流量较大。在径流的年内分配上，湘江、资江汛期为 4～6 月，沅江、澧水汛期稍后，为 5～7 月，三口汛期与长江上游相同，为 7～9 月。1960 年以来，四水径流量总体上无明显趋势性变化。三口径流量则随着三口河道的萎缩不断减少，其中以藕池口减少最多。伴随流量的减少，三口河道出现断流加长、年内径流量分配更集中于汛期的现象。洞庭湖出湖径流量多年变化也呈减少趋势，其减少值与三口减少值基本相当，说明洞庭湖的径流量减少主要由三口径流量的减少所致。2000 年后洞庭湖流域进入枯水期，四水径流量与多年（1960～2014年）平均值相比减少 3.1%，在径流的年内分配上则呈现出秋季减少、冬季增加的特点。洞庭湖及其环湖区近40年最大水面约5590 km²，近40年来洞庭湖及环湖区水体出现频率总体呈现减少的总水面面积约3580 km²，占最大水面的64%，而20世纪80年代与21世纪20年代相比，净减少水面约1600 km²，占最大水面的29%。

1.2.9 鄱阳湖及其"五河"

鄱阳湖是中国第一大淡水湖，与洞庭湖并称长江中游"两湖"。鄱阳湖接纳"五河"，即江西省境内的赣江、抚河、信江、饶河、修河，以及博阳河、西河（漳田河）、潼津河等区间来水，是一个典型的过水性、吞吐型、季节性变化的通江浅水湖泊。鄱阳湖流域包括赣江、抚河、信江、饶河、修河等五大江河水系在内，总流域面积约16.2万 km²。汇入鄱阳湖主湖区的河流除赣江（干流长度为737 km）、抚河（干流长度为385 km）、信江（干流长度为379 km）、饶河（干流长度为285 km）、修河（干流长度为337 km）、昌江（干流长度为267 km）等3～4级河流外，还有濂水、梅江、平江、桃江、章水、遂川江、蜀水、禾泸水（乐水）、孤江、恩江、袁河、锦河、崇宜水（宜黄水）、黎滩河、白塔河、东津水、山口水（武宁水）、潦河（南潦河）等五级河流，水系总长度约3.5万 km。鄱阳湖湖区流域面积约2.3万 km²，主湖区多年最大水体面积约5400 km²，枯水期面积最小，为800 km²，消落区面积为4600 km²，为自然水文情势类型。

每年因水情变化，最大水面和消落区面积的年际间变化幅度较大。鄱阳湖洪泛湿地生境类型包括通江水道、入湖河流、湖盆敞水区、碟形子湖、人控湖汊、洪泛调节区等，如通江水道为松门山岛以北连接湖泊与长江的狭窄水道区域；湖盆敞水区为松门山岛以南且与长江自然连通的主湖盆区域；碟形子湖为湖盆敞水区周边连接五河与湖区的浅水碟形洼地，在丰水期与湖盆敞水区连接成为一体；人控湖汊为鄱阳湖主湖区周边由人工圩堤围垦与主湖区失去连通性的汊湖；洪泛调节区位于主湖区外围。

鄱阳湖"枯水一线，丰水一片"，湖面的连通水域在冬季枯水期收缩至通江水道区域，随着水位的上升，连通面积与洞庭湖一样，也是逐渐增大，各个碟形子湖依据其湖底高程、子湖水域管理策略等，也逐渐与主湖区相连。鄱阳湖东—西方向最大连通距离约100 m，洪水期水位快速上升，连通曲线转为下凹型。南—北方向最大连通距离为140 m，且南北连通距离自100 m至140 m范围为洪水快速淹没范围。在枯水期，以薹草（*Carex* spp.）为优势种的湿生植物群落和以芦苇、南荻等为优势种的挺水植物群落为鄱阳湖湿地的主要景观，而洪水期，洲滩淹没，则以眼子菜、苦草、黑藻等为主体的沉水植物群落和以菱、荇菜等为主体的浮叶植物群落成为鄱阳湖湿地的主要景观，这种周期性植物群落演替现象是鄱阳湖湿地植物的主要特点。植物自身丰富的季相变化及由水位波动引起的地表覆盖类型的变化使鄱阳湖在各个季节呈现出丰富多彩的景观特征。

近40年来，鄱阳湖及环湖区水体出现频率总体呈现减少趋势，总水面面积约3200 km²，占最大水面的59%，20世纪80年代与21世纪20年代现状相比，净减少水面约580 km²，占最大水面的11%。其中，湖泊永久性水体面积减少超过1600 km²，其中近一半的减少量发生在2001～2010年，而同期季节性水体面积（包含自然水文情势消落区、反季节性消落带）增加了近一倍。其中，永久性水体面积的锐减主要来自湖盆敞水区，其面积从 2000 年之前的 900 km² 下降至 2016～2020 年时段的不足 200 km²，下降率达 77.8%。同时，各水域生境中的季节性水体均呈现出增加的趋势，且主湖区的季节性水体面积的增加主要来自永久性水体出现频率下降，通江水道、湖盆敞水区、蝶形子湖和人控湖汊永久性水体面积减少及区域内季节性水体面积增加呈现出显著的对称性特点。通江水道和湖盆敞水区在 2000 年之前，永久性水体面积原本超过季节性水体面积的一倍之多，自 2000 年特别是 2006 年之后这种组成结构被彻底改变，且随时间推移二者差距不断拉大，至 2016～2020 年永久性水体面积已不足季节性水体面积的 1/5（王琳等，2023）。

1.2.10　长江下游干流及其支流

本书中长江下游干流的流域由长江干流湖口以下至长江口以上的干流段及其支流水系所构成，涉及安徽、江苏、浙江，以及湖北省武穴市、黄梅县和江西省柴桑区、湖口县、彭泽县等地，总流域面积约 12.3 万 km²。长江下游干流汇入支流基本为五级及以下级别的河流，如干流左岸的华阳河、皖河、大沙河、裕溪河、滁河、秋浦河、漳河、青弋江、水阳江、京杭大运河及其连通的运河网，水系总长度约 2.6 万 km。

长江下游干流及其支流所在流域拥有丰富的湖泊资源，湖泊总面积约 8747.0 km²。其中，面积超过 100 km² 的湖泊主要包括太湖（面积约 2489.1 km²）、巢湖（面积约 807.4 km²）、龙感湖（面积约 273.9 km²）、石臼湖（面积约 220.6 km²）、南湖（面积约 176.9 km²）、菜子湖（面积约 162.3 km²）、漷湖（面积约 153.1 km²）、泊湖（面积约 135.1 km²）、阳澄湖（面积约 124.2 km²）、黄湖（面积约 121.4 km²）、大官湖（面积约 119.8 km²）、升金湖（主湖区面积约 114.3 km²）等。长江下游干流及其支流所在流域共有水库 700 多个，面积约 581.2 km²。其中，位于河川上的水库有 150 余座，面积较大的有如位于裕溪河上游杭埠河干流的龙河口水库（面积约 44 km²）、位于水阳江上游西津河干流的港口湾水库（面积约 20 km²）、位于裕溪河上游南淝河干流的董铺水库（面积约 16 km²）等。

长江下游干流河床高程均值仅 2 m，河流总长度 1213 km（包含分汊型河流），主流河长约 734 km。河槽平均比降仅 0.013‰，河流弯曲度为 1.3，与长江中游干流段类似，也是典型的分汊型河流。河面宽度为 845～6700 m，丰水期河流平均宽度约 2371 m，占河床宽度的 71%，冬夏消落区面积为 271.1 km²，占丰水期总面积的 11.6%，生态水文为正节律型。河流两岸景观类型以农田（占比 38.7%）、种养殖水面（占比 39.8%）和城市建成区（占比 18.7%）为主。长江下游干流全部连通，最大连通距离为西南—东北方向，约 240 km，最大连通面积为 1644.9 km²，占河段总面积的 98.5%；其次为东—西方向，约 225 km。

1.2.11　长江口区

20 世纪 80 年代之前，在丰沛的水量和入海泥沙的影响下，长江发育形成了巨大的河口三角洲。长江口是一个受到中等强度潮汐作用影响的河口，潮差为 2～3m，径流带来的泥沙在三角洲前缘的扩散和沉积受径流及潮流相互作用的影响，形成了典型的径流 - 潮汐型三角洲。地貌形态上，长江口三级分汊、四口入海，包括以崇明岛为界的北支与南支，南支下游因长兴、横沙诸沙洲的分割而分为北港和南港，南港下首又因九段沙出露水面而分为北槽和南槽。

通过北支庙港断面和南、北港断面的进潮量达 266 300 m^3/s，为多年平均径流量的 8.8 倍，大潮时进潮总量可达 4.5×10^9 m^3。由于长江口河流水面比降十分平缓，枯水大潮期来自外海的潮波长驱直入，潮波的影响最远可上溯至距入海口 650 km 的安徽大通，使长江口成为我国河口潮深入内陆最远的河口（沈焕庭和潘定安，1979）。同时，由于长江丰沛的上游来水，在入海后形成了范围很广的径流扩散影响，如在洪水期，长江入海水流逐步扩散，最远可达距口门约 45 km 之处（钱宁等，1987）。

长江入海泥沙量及其分布也是影响河口演变的重要因素之一。遥感分析显示，长江入海泥沙的影响范围极广，横向扩散范围在近岸 30～50 km 的海域，纵向最南可达闽江口，最北甚至可达连云港的海州湾（恽才兴等，1981）。上游径流来沙及海域来沙在河口区受比降变平、河宽加大、盐水异重流和风浪等的共同作用在河口淤积，堆积形成沙洲浅滩及河口拦门沙。因丰富的流域来沙堆积，2000 年以来长江口一直遵循南岸边滩扩展、北岸沙洲并岸、河口整体向东南延伸的演变模式（陈吉余等，1979），逐步形成了崇明东滩、横沙浅滩、九段沙及南汇东滩（早期称为铜沙浅滩，即长江口的拦门沙所在）等四大滩涂。然而，最近几十年来流域水沙条件发生了明显变化，研究表明当长江口输沙量低于临界值，口门外水下三角洲将出现大范围侵蚀（李从先等，2004；黎兵等，2015）。

1.3 各类型水域基本情况及环境特征

1.3.1 河流

本书中河流是指长江流域传统河流分级系统下，五级及五级以上河流所在流域包含的全部地表径流。Vannote 等（1980）提出河流连续体概念（river continuum concept，RCC），描述了河流系统从源头至河口物理条件的自然梯度。其中，河流上游是河流营养物质的生产区，是构成营养通道的基础；河流中游是营养物质的传递区，通常表现为生境的高度异质性和生物种群的较高丰度，喜流水性和偏好在砾石、卵石产卵的鱼类是该区域的优势类群；河流下游是营养物质的积蓄区，河宽较大、水深较深、流速较缓，大型植物光合作用强，河道沿纵向变化蜿蜒曲折，鱼类种群数量丰富，尤其是在与牛轭湖相连的蜿蜒河段。然而，大坝和水库的建设、河流的渠化、滩地利用等造成了河流系统的不连续性（Ward and Stanford，1983；Fryirs and Brierley，2022）及河床底质环境的恶化，导致河流水文情势、河床颗粒组成及粒径分布、年平均水温、日水温、浮游植物生产力等要素产生一系列变化。

长江流域 1～4 级重点河流近 40 年水体最大总面积约 16 900 km^2。2000 年前后两时段相比，水体出现频率保持不变的仅约 2100 km^2，净增加水面约 6200 km^2，净减少水面约 2060 km^2。其多年水面消涨也与整个长江流域水面变化相似，呈现出总体增加的趋势。

其中除位于长江上游的通天河、楚玛尔河、当曲、金沙江上游干流、杜柯河、鲜水河及赤水河等水域面积的约 770 km² 的增量，以及主要来自气候变暖造成高山雪水融化导致的河流径流增加之外，其余增量基本均为水库充填造成的河流水面增加所致，约占总增量的89%。河流水面减少主要集中在长江中下游干流，其中长江下游干流、长江中游干流、汉江下游干流、赣江下游干流、府河、澧水、抚河、资江下游干流等水域的水体面积减少最为显著。除长江下游干流外，减少的河段集中分布在大型水库的下游，成为受上游水库调度影响而形成的减水河段或刷深河段。金沙江石鼓以下至宜昌的长江干流江段梯级水库建设造成的水面增加，以及宜昌以下至长江口干流江段的水面减少的空间分布对比特征十分显著（图 1.7）。另外，长江下游干流的地表水面减少还同时来自城市化建设对沿江水面的侵占（王琳等，2023）。

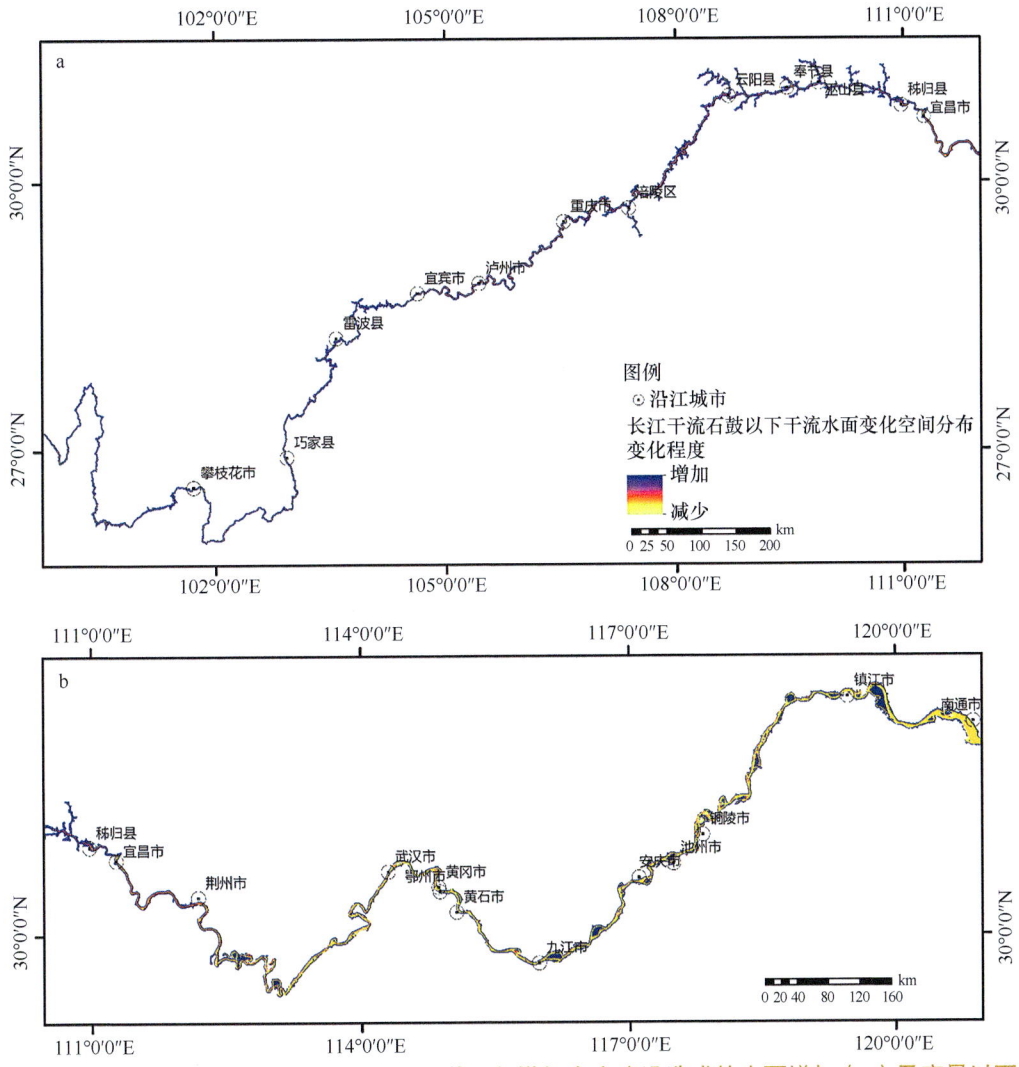

图 1.7　宜昌至金沙江石鼓的长江干流上游江段梯级水库建设造成的水面增加（a）及宜昌以下至长江口干流江段的水面减少（b）

以河流流经的地形进行划分，可将河流划分为平原河流和山区河流。平原河流所处地区的地形变化小，河槽比降低，其中广阔的河漫滩有助于河流调节洪水、储存泥沙、影响主槽冲淤并形成类型多样的大、小成型淤积体（钱宁等，1987），并在为鱼类等水生生物提供栖息地等方面起到了重要的作用。并且，不同河型的平原河流可为水生生物提供多样化的栖息地。例如，汉江下游平原河流（如龚家湾和肖家湾）中分布的凸岸边滩和凹岸深槽，以及两个交替活动边滩之间连接部位的各类浅滩，为该河段鱼类的产卵、育幼、索饵、洄游等重要生活史过程提供了重要的栖息场所（李倩，2013）。再如，长江中游干流下荆江段，河流蜿蜒摆动形成畸弯后，再通过撇弯切滩或自然裁弯形成牛轭湖及周边湿地，其中天鹅洲长江故道中具有丰富的鱼类区系，包括湖泊型、河湖洄游型及江河型三大类群；湖泊型定居性鱼类有如鲤、鲫和乌鳢等；河湖洄游型鱼类有如青、草、鲢、鳙；江河型鱼类有如三角鲂及铜鱼等，水陆相间的洲滩生境是麋鹿及众多珍稀鸟类的自然栖息地，孕育了丰富的物种。

山区河流则是受到构造运动的影响而形成的，流域内水系格局通常表现为受构造方向限制的格状水系，或支流垂直入江的特征。受不同方向交叉断裂的控制，山区河流干流通常形成大规模的几乎近直角的转折河湾（沈玉昌，1965）。河道沿程的构造和岩性变化，使得河道宽窄相间，呈现出"藕节状"的平面形态。在两岸受峡谷地形限制的河段，山谷陡峭，岸坡垂直，河床基岩裸露，水体的涨落呈垂直型；而在开阔的宽谷江段，两岸坡度平缓，或存在阶地发育现象，在这样的环境下，河道通常会形成分汊结构，其间纵向心滩和江心洲发育，此外沿岸区域常分布着宽阔的河漫滩，因此人们常用"大水阻于峡，小水阻于滩"来描述山区河流独特的水文地理特征。山区河流主要受上游来水来沙情况的影响，同样也形成了多样化的河流生境类型，为有不同生活史需求的鱼类和其他水生生物提供了特殊的河床物理结构及水文环境条件。例如，山区河流的纵向水面线上通常存在很多折点，这些折点即急滩所处，据统计，金沙江下游梯级水电站建设之前，自石鼓以下至新市镇段，共有滩险400余处，这些滩险曾为生于该江段的圆口铜鱼、裂腹鱼类等提供了丰富的栖息生境（湖北省水生生物研究所鱼类研究室，1976；刘乐和等，1990；陈永祥和罗泉笙，1997；颜文斌等，2017）。然而，随着金沙江下游梯级电站的建成，这1000多千米河段内目前仅尚存梨园水电站上游的31处滩险，梨园库尾至向家坝电站之间已无自然流水河段，而自巧家至宜宾柏溪之间的江段，已不能发现圆口铜鱼产卵场分布（何勇凤等，2022）。同样，历史上整个金沙江干流的河弯凸岸砾石滩均散布有裂腹鱼类的产卵场，而今已基本不存在裂腹鱼类产卵的适宜场所。

按河流的几何形态划分，可将河流划分为弯曲型、游荡型、分汊型、顺直型等几种类型。在实施长江十年禁渔的主要河流中，长江荆江段（特别是下荆江）、嘉陵江、沱江、汉江为典型的弯曲型河流。其中，荆江、汉江下游为平原自由河湾的弯曲型河流；嘉陵江上游及其支流渠江、沱江上游、通天河登艾龙曲汇入口以下等河段是深切弯曲型河曲；沱沱河、通天河中则可见到典型的游荡型河流；而长江自城陵矶至江阴、赣江自峡江以下、湘江自株洲以下则为分汊型河流；另外，金沙江、岷江、乌江、赤水河是典型的顺直型河流。不同河型河流生境的沿程变化特征也不相同，为喜好不同底质、流速的鱼类提供了丰富多样的生境。例如，分汊型河流河岸底质的粒径组成通常较粗，且通常会受到两岸节点对河道摆动最大宽度的限制，具有较少的含沙量和很低的河流比降；而在河床物质通常缺乏黏性颗粒的游荡型河流，其扛冲能力很弱，并且经常发生淤积，导致其复合滩和散滩处于极不稳定的状态。

1.3.2 溪流

本书中溪流是指传统河流分级系统下，五级以下（不包括五级）河流所在流域包含的全部地表径流（图 1.8）。溪流主要依靠雨水、山泉水、溪沟径流为补给来源，整体流域面积较小，水量的季节变化较为显著。长江流域溪流众多，分布广泛。通常情况下，山区溪流流程稍长，流域形状狭窄，平均坡度较大，流速快，水质优良；而处于高原夷平面的河源区及平原区的溪流流程则较短，流域形状均匀，流速中等，水质易受气候变化或人类活动影响而发生较大改变。

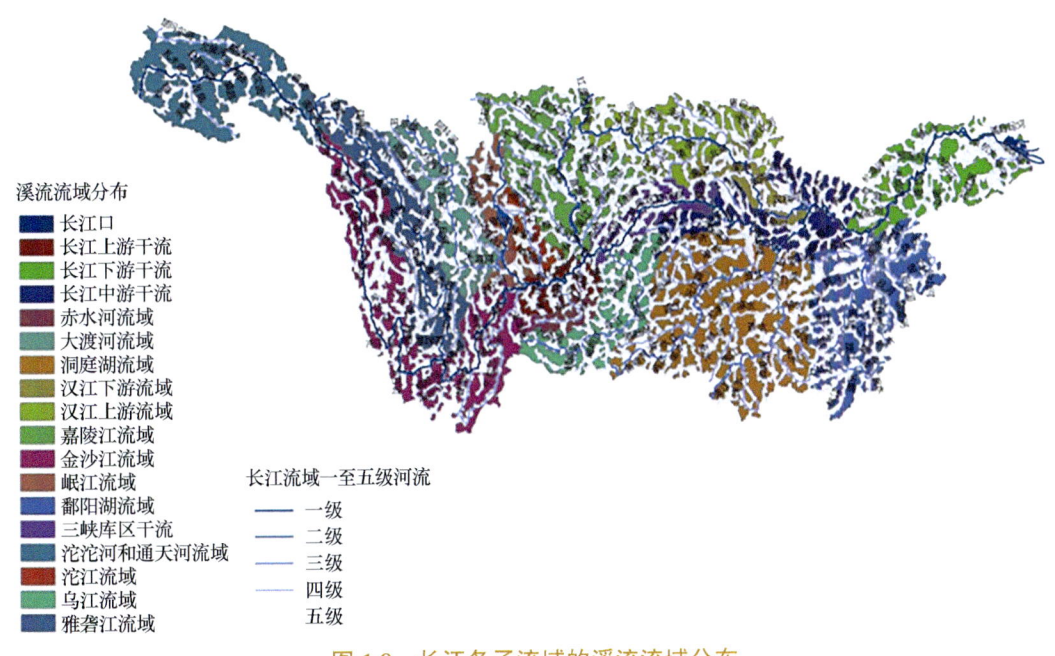

图 1.8　长江各子流域的溪流流域分布

长江流域溪流的总流域面积约 89.1 万 km²。溪流的生境与大江大河相比有其自身的特点。例如，在茂密林区中穿行的溪流，由于其两岸大量的落叶、树干等落入河流，并随水流被带向下游，在河身束窄处发生聚集，形成透水性坝工坝，为水生生物栖息提供了天然遮蔽场所和随机深潭。透水性坝工坝还可能造成河流下游局部河流分汊、引发裁弯取直、造成下游河道淤积，从而形成连续跌水生境等，生活在林区溪流中的鱼类往往对这类生境有一定的偏好性。长江流域各类林地分布如图 1.9 所示，其中，溪流所在子流域范围内，处于繁茂（植被覆盖度 > 0.4）水平的落叶阔叶林且覆盖面积超过 0.5 万 km² 的包括汉江流域、嘉陵江流域、洞庭湖及其"四水"流域、长江中游干流流域、乌江流域及金沙江流域等（表 1.4）。这些溪流的上游大多在茂密的林区中穿行，大型树干、大量落叶等为河流带来了丰富的有机物质输入，遮蔽物为鱼类营造了丰富的产卵和索饵等场所。

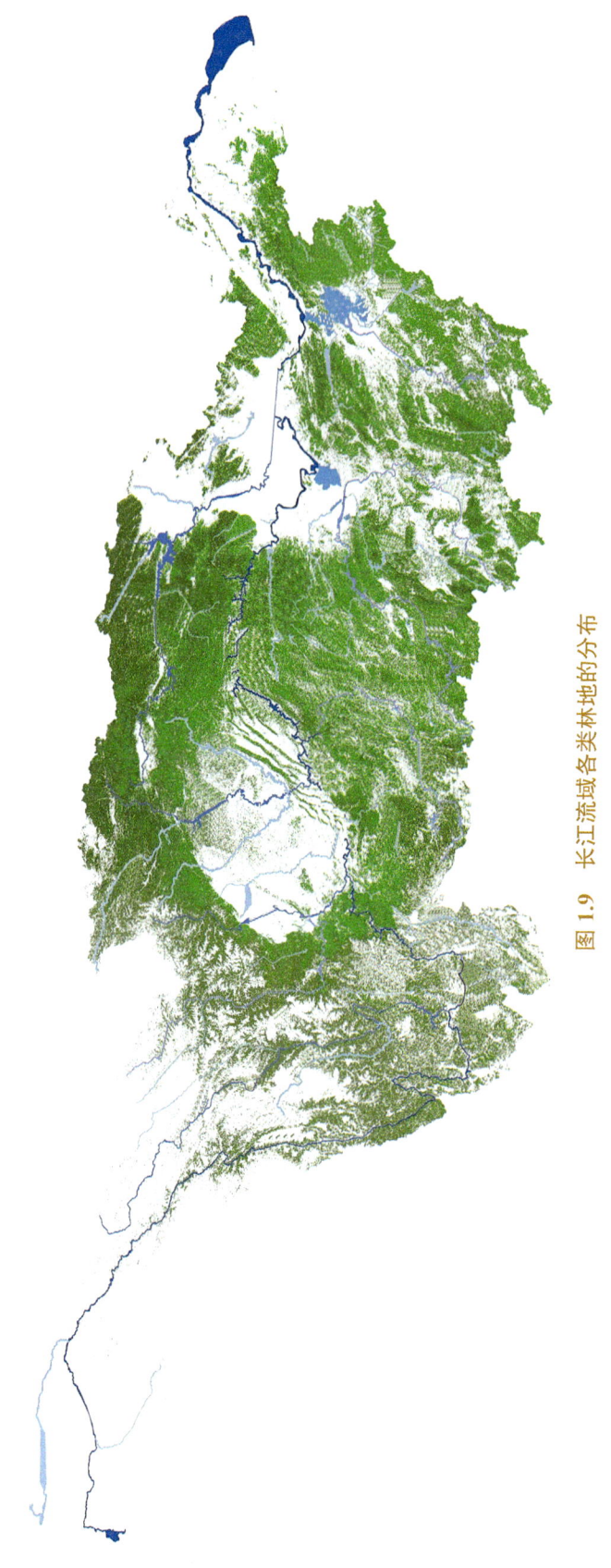

图 1.9　长江流域各类林地的分布

表 1.4 溪流流域处于繁茂水平的各类林区的面积

排序	溪流所在流域	繁茂的落叶阔叶林地 /km²	溪流所在流域	繁茂的常绿阔叶林地 /km²	溪流所在流域	繁茂的常绿针叶林地 /km²
1	汉江	23 805.9	洞庭湖	45 325.2	金沙江	32 764.2
2	嘉陵江	12 569.7	鄱阳湖	30 322.5	洞庭湖	21 336.2
3	洞庭湖	9 989.8	汉江	14 927.9	雅砻江	19 515.7
4	长江中游干流	7 200.2	乌江	13 298.2	鄱阳湖	16 107.3
5	乌江	6 842.3	长江中游干流	12 789.3	大渡河	14 587.8
6	金沙江	5 127.5	嘉陵江	12 273.9	嘉陵江	14 198.7
7	长江下游干流	3 326.0	长江下游干流	10 379.1	乌江	6 607.9
8	鄱阳湖	3 155.5	三峡库区	8 335.0	岷江	5 793.3
9	三峡库区	2 824.4	金沙江	6 145.8	汉江	3 623.3
10	赤水河	1 490.8	长江上游干流	4 381.8	三峡库区	3 048.0
11	大渡河	1 388.5	赤水河	3 877.7	长江中游干流	2 463.2
12	岷江	1 213.7	岷江	3 208.1	长江上游干流	1 520.3
13	雅砻江	998.5	大渡河	2 787.9	赤水河	1 398.4
14	长江上游干流	684.3	雅砻江	1 047.8	长江下游干流	967.6
15	沱江	107.7	沱江	573.4	沱江	722.0
16	河源区	5.8	长江口	1.8	河源区	346.4
17	长江口	0.3	河源区	0.0	长江口	0.0

注："繁茂"是指植被覆盖度 > 0.4，本表采用中国科学院空天信息创新研究院土地覆盖和土地利用数据进行统计

还有一些溪流由于受到泥石流、大型滑坡等自然灾害的影响，呈现出特殊的景观和生境特征。例如，金沙江流域的小江，其所在的东川地区是我国受泥石流灾害影响的主要地区之一。小江河谷沿程分布有大小溪沟几十条（图 1.10），这些溪沟在泥石流发生时，一次便会搬运数百万立方米的固体颗粒堆积物进入小江流域，成为金沙江泥沙的重要来源。泥石流不仅塑造了小江河谷特殊的流域景观，如沿程分布的由沟口泥石流堆积扇造成的葫芦状河道平面形态，还导致了河槽纵向水面线折点对应的急滩 - 缓流纵剖面形态特征，其河床淤积速度甚至超过黄河下游堆积速度的一倍（赵席文，1983）。此外，大型泥石流或滑坡等地质灾害会造成大量粗颗粒沉积物向下游倾泻，易引发大个体鱼类的大量死亡，而底栖动物主要由具有风险躲避能力和快速恢复能力的物种组成，故受影响较小（朱鹏辉，2020）；当洪水不能疏导泥石流或滑坡带来的堆积物时，这些堆积物会堵塞河道，导致上游水位急剧抬升数十米，甚至形成长期存在的堰塞湖，严重影响溪流的水生态系统。

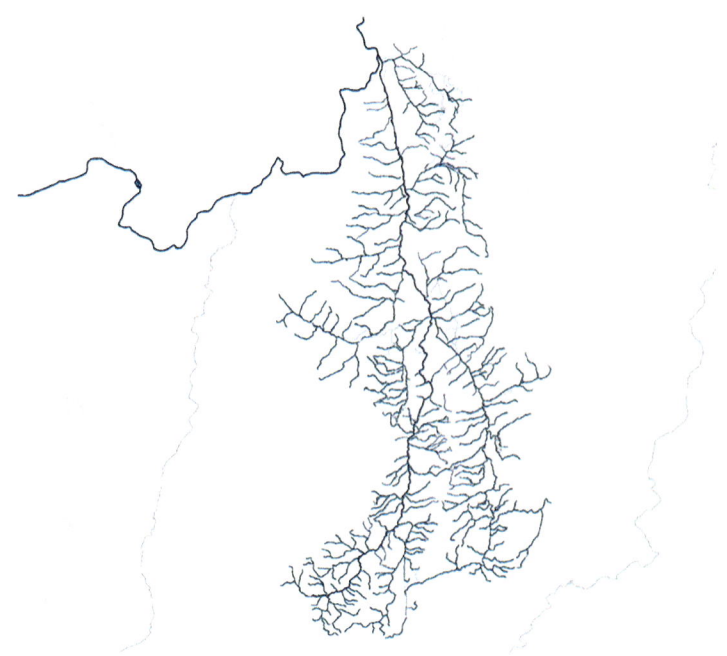

图 1.10　金沙江小江流域的溪沟分布

1.3.3　地下河

地下河生态系统独特，生物种类丰富。长江流域内的地下河分布较广，主要集中在喀斯特地貌区，如贵州、四川等地。长江流域多年平均地下水资源量约占全国地下水资源量的30.3%，其中山丘区地下水资源量为2255.8亿 m^3，平原区地下水资源量为247.6亿 m^3（黄长生等，2021）。从年际变化来看，根据2006~2020年《中国水资源公报》和自然资源部地下水资源量统计结果，2016年是此期间长江流域地下水资源量最丰富的年份，达2706.5亿 m^3，而2011年则由于旱情严重，地下水资源量下降幅度较大，仅为2138亿 m^3，丰枯水年份间地下水资源量变化范围约570亿 m^3。另外，长江流域地下水资源量在空间分布上具有一定的不均匀性，2020年长江上游（宜昌以上）地下水资源量为1132.19亿 m^3，占全流域地下水资源量的46.8%；长江中游（宜昌至湖口）地下水资源量为1125.67亿 m^3，占全流域地下水资源量的46.5%；长江下游（湖口以下）地下水资源量为163.84亿 m^3，占全流域地下水资源量的6.7%（黄长生等，2021）。

长江流域各行政区和流域分区的地下水资源评价结果显示，地下水资源量最丰富的地区是四川省，为608.2亿 m^3/a，其次是湖南、湖北、江西、云南；从二级流域来看，金沙江流域区、洞庭湖水系区和四川盆地汇流区地下水资源量丰富，平均地下水资源量可达414.5亿 m^3。2020年，中国首次完成全国地下水储存量变化年度评价。地下水储存量变化计算结果显示，除乌江流域、南阳—襄阳盆地等区域呈轻微减少外，长江流域2020年地下水储量较2019年整体上呈增加趋势。其中四川盆地浅层地下水增加最为明显，共增加23.72亿 m^3（黄长生等，2021）。

从长江流域地下水开采情况来看，其整体开发利用程度较低，2006~2019年年均地下水开采量仅为地下水资源量的 3.21%。按水资源二级区统计，地下水开采总量最多的为洞庭湖水系，其开采量为 20.82 亿 m³，占长江流域地下水开采总量的 25.14%；其次为汉江，开采量为 16.48 亿 m³，占长江流域地下水开采总量的 19.90%。

1.3.4 湖泊和湿地

根据自然资源部下属的数据平台"全国地理信息资源目录服务系统"提供的基础地理信息要素数字字典中 1∶250 000 比例尺 HYDA 数据集统计结果，长江流域湖泊总面积约 23 961.2 km²，内陆淡水湿地总面积约 8164.3 km²[《基础地理信息要素数据字典 第 4 部分：1∶250 000 1∶500 000 1∶1 000 000 比例尺》（GB/T 20258.4—2019），以及 https://www.webmap.cn/commres.do?method=result25W]。

长江流域湖泊和湿地较为集中地分布在河源区和长江中下游流域。如前所述，河源区湖泊面积约 1284 km²，长江中游干流及其支流所在流域湖泊面积约 4879.4 km²，长江下游干流及其支流所在流域湖泊总面积约 8747.0 km²，汉江流域湖泊总面积超过 1400 km²，两湖湖泊总面积在 1700～7500 km² 范围内吞吐变化，以上流域湖泊面积占全流域湖泊面积的 75% 以上。

近 40 年来，长江流域未受改变的永久性湖泊水面约 9200 km²，未受改变的湖泊消落区面积约 1660 km²；另外，河源区表现为显著的湖泊永久性水面的增加趋势（图 1.11），主要原因是高山雪水融化造成的河源区湖泊面积增加；而长江两湖流域的主湖区则表现为永久性水面显著减少的趋势（图 1.12）。

图 1.11　河源区位于楚玛尔河上游的多尔改错近 40 年来永久性水体面积增加的空间分布

绿色代表水体出现频率增加

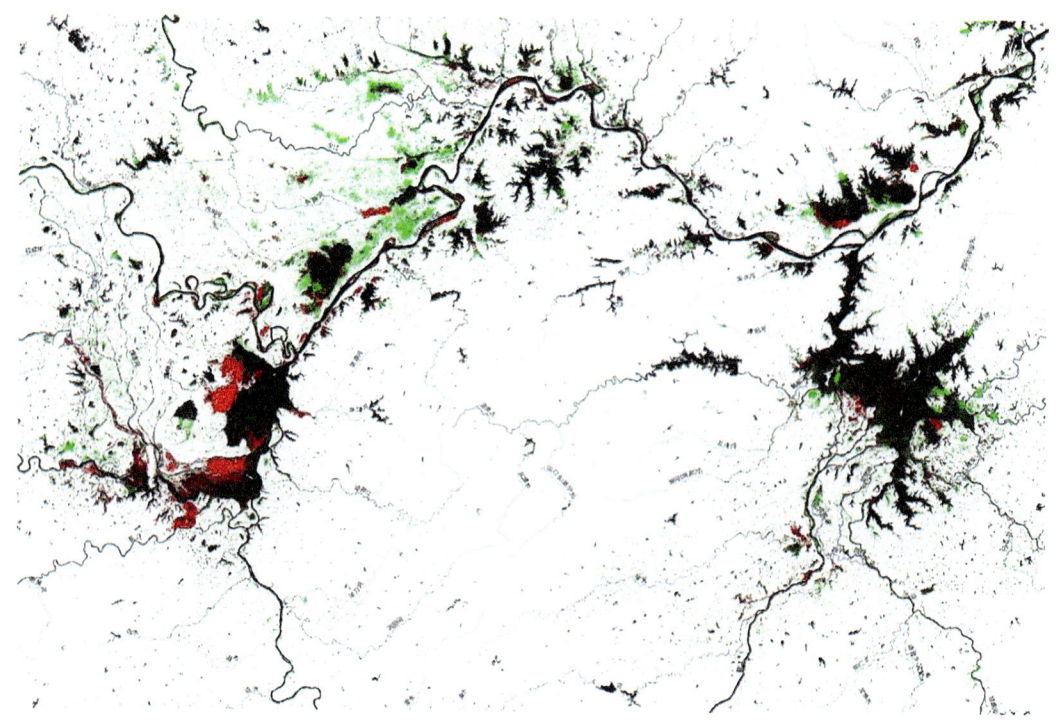

图 1.12　近 40 年来长江流域典型湖泊水体出现频率增减变化空间分布
绿色代表增加，红色代表减少，色彩饱和度代表变化的强度

以两湖流域为例，它们作为中国最大的洪泛平原淡水湖泊，因其枯水一线、丰水一片的自然水体消落变化景观享誉世界（Dronova et al.，2011；Wang et al.，2012），同时它们也是长江流域资源现存量和捕捞量最大的水域（杨海乐等，2023）。长江流域近 40 年水域变化分析结果显示，两湖主湖区永久性水体淹没面积在不断下降（Li et al.，2021），且秋季水位显著下降，而同时期的水体面积也明显减少（Wang et al.，2014；Zhang et al.，2015）。随着主湖区永久性水体向消落区的转变，在每年 4～6 月需要一定水深支持的鱼类产卵季节，特别是 5 月，两湖水体出现频率近 40 年来也呈现出显著的下降趋势。湖区永久性水体萎缩，新形成的周期性出露的区域以自然水文节律的消落区为主，这一过程使湖区越来越多的地形低洼之处的年际暴露时间延长，并逐步被湿地草洲前缘地带的先锋植物物种所定植占领（游海林等，2016；谭志强等，2016；Han et al.，2018；Mu et al.，2020），此消彼长，湿地植被生物量的增加进一步造成泥沙淤积而抬高湖底高程，使其所处区域暴露于水体的时间更长，因此主湖区水文节律的下降区域向着湖心地带逐步推进。根据长江水生生物资源与环境本底状况调查结果（杨海乐等，2023），实施长江十年禁渔之前，长江中下游四大家鱼的年产卵总量仅相当于 20 世纪 80 年代的 24.9%，早期资源量的衰退较长江流域总资源量的下降更为严重。

1.3.5　河川水库

长江流域水库总面积约 7400 km²（1∶25 万全国基础地理数据库，https://www.web-map.cn/commres.do?method=result25W）。其中由于拦河筑坝，在河川上修建水库无疑是人类改造自然活动中规模最大、影响最深远的活动之一，也是影响和改变流域水生生物多样性最重要的因素之一。不像天然的河床演变需要经历很长的时间，河川水库的建设往往一下子就改变了河流的原有生境，使水生生物的物种组成和结构也发生相应的改变。国际上，19 世纪中叶即开始了修建水库的工程，至 20 世纪 70 年代达到最高峰，而中国的水利建设至 20 世纪 80 年代才开始蓬勃发展，但此后发展速度相当快，至 2000 年初世界上在建的 60 m 以上的大坝中，中国约占 1/4（贾金生等，2004）。从 1980 年到 2011 年，长江流域的水库总数从 4.80 万个增加到 5.16 万个，其中大型水库从 105 个增加到 282 个，总库容从 6.7×10^{10} m³ 增加到 1.8×10^{11} m³（陈进，2018）。特别是长江上游流域，主要表现为水电开发规模大、梯级密、水坝高等特点（姚磊等，2016）。

水库及其他河道整治工程的修建，可以改善水资源空间分布不均、减少洪涝灾害风险及充分开发和调节水资源利用，但同时也会对水生生物及生态平衡产生许多负面影响。例如，原生境中枯水期河流既有水深流缓的深槽，也有水浅流急的浅滩，且浅滩类型多样，为鱼类提供了多样化的产卵繁殖和躲避天敌的生境；洪水期存在遮蔽区，可使鱼类免受高速湍流的冲击；在自然浅滩和边滩上，存在底质粒径的自然分选，为多种鱼类提供赖以生存的空间结构和觅食环境；两岸的植被天然倒伏形成的遮蔽环境是鱼类天然的栖息场所。然而，河川水库、河道渠化工程的修建，使库区及其上下游、岸带生境遭到不同程度的破坏，造成物种灭绝及生物和生境多样性的丧失，破坏了生态系统的天然平衡，往往需要开展长期深入的研究对其进行修复和重建。

不同的河川水库类型的修建会对库区、水库上游和水库下游的水文情势、河岸及河床形态、水质等造成不同的影响，进而引发水生生物资源的相应改变。例如，库区内泥沙淤积导致底质沿程分布的改变，进而引起底栖生物物种多样性和丰度的下降，浮游植物群落结构变化（韩德举等，2005）；水体中悬浮泥沙的增加改变水体溶解氧含量，进而造成鱼类资源量的下降。在库区下游，洪峰的削减、枯水期的提前和水量的增加等显著改变了下游河段及附属湖泊的水文情势（柏慕琛等，2017），导致下游湖泊湿地先锋植物物种占领低海拔滩地，加速了湖泊的退化进程等（余莉等，2011）。更值得注意的是，江河或河湖之间的阻隔损害了河流连续性，造成洄游物种上游栖息地的丧失，使其无法完成生活史，导致种群数量下降甚至灭绝（常剑波，1999；危起伟等，2005；张辉等，2007）。与 1984～2000 年相比，2001～2020 年地表水减少水面中超过 80% 来自具有自然水文情势的消落区，而新增水面中，水库充填导致的河流水面增加达 5500 km²，致使长江流域水域类型组成结构发生了巨大转变，自然水体占比不足 20 世纪 80 年代的一半，而同时期的鱼类资源现存量也下降为 20 世纪 80 年代的一半（王琳等，2023）。

汉江丹江口水库自 1968 年蓄水以来，洪峰时出库流量仅为入库流量的 1/10，由于洪峰调平，水库下游的输沙能力减少约 40%（童中均，1982），下游含沙量显著减少，河床冲刷和粗化明显，河流横断面和河宽发生较大改变。据黎力明（1982）研究，自丹江口水库建成至 20 世纪 80 年代，水库下游的河流断面主要以变窄深为主，从黄家港至襄阳江段，河床以下切为主，河槽宽深比减小；而自襄阳至宜城江段，河流展宽，河槽宽深比增加。自 20 世纪 80 年代以来，断面转变的情形又发生了进一步调整。水库下游自丹江口市至宜城市王集镇，河流以展宽为主；宜城市王集镇至钟祥市，河槽以变窄深为主；而钟祥市至泽口主河槽的冲刷加深与河床的展宽同时存在，泽口以下江段由于是受人为控制的限制性弯曲型河段，这一段变化不大。上述变化促使水库下游江段的河型发生转化，河床的纵向和横向变化减小，支汊淤积，原游荡型河段向着分汊型或顺直型河型变化，弯曲型河段则由于洪峰流量调平，主流脱离凹岸，切割凸岸活动点滩，向下游移动，整体河道向着规顺、均一化转变，河流生境多样性下降。

金沙江是我国最大的水电基地，水能资源蕴藏量达 1.124 亿 kW，富集程度居世界之首，水电工程是金沙江流域最为典型的涉渔人类活动之一。根据金沙江电站规划，金沙江分上中下游进行开发。金沙江上游规划有 13 座水电工程，目前大部分处于建设中；中游共布置 10 座水电工程，其中已建成和在建的水电站共有 8 座，分别为梨园水电站、阿海水电站、金安桥水电站、龙开口水电站、鲁地拉水电站、观音岩水电站、金沙水电站、银江水电站；下游规划并且已建有 4 座水电站，分别为乌东德水电站、白鹤滩水电站、溪洛渡水电站和向家坝水电站。总体来看，金沙江干流水电工程开发非常密集，且中下游开发已经进入尾声，上游正处于建设高峰期（表 1.5）。直门达至石鼓段最大连通距离为西北—东南方向的 170 km，连通度均值约 0.99。而石鼓下游江段最大连通距离为西南—东北方向，约 180 km，仅占河段总长度的 13.6%，连通度均值为 0.47；其次是东—西方向，约 165 km。下游干流的 9 段连通域斑块中，最大连通斑块为攀枝花下游至雷波上游江段，连通面积为 233.2 km²，占金沙江河流总面积的 35.5%；连通面积最小的是玉龙至鹤庆江段，面积仅 14.16 km²，占金沙江河流总面积的 2.16%；金沙江石鼓下游段干流连通性被破坏较严重。近 40 年来地表水面积变化及成因分析表明，干流石鼓以下的永久性增加水面达 710 km²，其中由梯级水库充填所造成的净增加地表水面积占比高达 75%。2000 年以后已建成的水电站中，白鹤滩水电站陆域充填面积最大，为 206.27 km²，其次是溪洛渡水电站、乌东德水电站和向家坝水电站，陆域充填面积均超过 70 km²（表 1.5）。

表 1.5　金沙江中下游已建成水电站陆域充填面积

序号	水电站名称	陆域充填面积 /km²	建成年代
1	梨园	11.11	2016 年 8 月
2	阿海	14.12	2014 年 6 月
3	金安桥	12.67	2011 年 3 月
4	龙开口	10.79	2014 年 1 月
5	鲁地拉	42.71	2013 年 6 月
6	观音岩	38.17	2021 年 12 月
7	金沙	1.43	2021 年 10 月
8	银江		2024 年 12 月
9	乌东德	75.21	2021 年 6 月
10	白鹤滩	206.27	2022 年 12 月
11	溪洛渡	105.72	2015 年 10 月
12	向家坝	74.64	2014 年 7 月

注：空白格表示无数据

1.3.6 消落区

消落区（water fluctuation zone）又称消落带，是地表呈现出水相和陆相交互变换的区域。按水体消涨变化频率，水体消落可被分为昼夜、月相、季节、年际或多年消落等几种类型。按形成原因，消落区可被分为自然消落区和人工消落带。二者的区别在于，前者的水体消涨周期通常与降水、高山融雪等自然水文节律一致；而后者的水文情势往往随人为利用方式的调节发生逆转，水体的消涨变化表现为紊乱的或显著的反季节性特征。长江流域消落区分布范围广，类型多样，形成原因和功能各异，数量众多，生境复杂，在维持河、湖（库）岸水生生物多样性及水域生态系统平衡，充当生态安全屏障以保护河流、湖泊和水库生态系统健康，以及支撑区域经济发展等方面，发挥着至关重要的作用。

遥感监测分析结果显示，近 40 年全长江流域历史最大水面约 63 360 km²，最小水面约 26 396 km²，历史最大消落面积约 36 964 km²。上、中、下游水体多年消涨变化表现出不同的结构特征，源于不同的驱动因素。宜昌至河源区的长江上游水体面积呈现出以增加为主的变化趋势，水体面积增加了 6300 km²，主要原因是高山雪水融化造成的河源区湖泊面积增加及水库充填造成河流面积增加；水体面积减少的区域占比约为增加面积的 1/5，主要原因是高山雪水融化造成的河源区湖泊面积增加及水库充填造成的河流面积增加；湖口至宜昌的长江中游流域由约 2∶1 比例的 9000 km² 的水面增加和 4500 km² 的水面减少构成，其中增加的水面以水稻田和养殖池塘的开发为主，而减少的水面则主要受气候变化、湖泊围垦及湿地先锋植物定植扩张等因素影响；另外由河流水坝建设造成的坝下局部河段减脱水也是导致水面减少的一个因素。长江下游流域水面增加和减少的面积均在 4000 km² 左右，比例约 1∶1，其中增加的水面主要来自养殖池塘的开发，而减少的水面除湖泊围垦造成的消落区减少之外，还包括建设用地占用水面等因素。

长江流域重点水域 2019～2020 年最大水面 19 663 km²（包括洞庭湖和鄱阳湖），最小水面约 14 281 km²，年度季节消落区总面积约 6337 km²，其中典型的反季节性消落带约 633 km²。在长江干流中，中游江段的消落区面积最大，约达 329 km²，仍基本为具有自然水文情势的自然消落区。标准河长下金沙江江段的消落区最少，其中尚符合自然水文情势的消落区面积 91 km²，主要分布在攀枝花市以上河段，反季节性消落带 43 km²，主要来自溪洛渡水库。在长江主要支流中，汉江消落区面积最大，约 238 km²，主要为来自丹江口水库的反季节性消落带。

水域类型组成结构和空间分布结构的改变是长江流域近几十年来水域变化最核心的特征之一。长江流域 1984～2020 年减少的 10 000 km² 水体中，超过 80% 来自具有自然水文情势消落区面积的损失；21 世纪 20 年代以来，自然水体的占比不足 30%，与 20 世纪 80 年代相比下降了近 50%。除净减少了 8750 km² 的自然水体之外，还有约 1500 km² 的水面从永久性水衰退为消落区，这是长江流域天然渔业资源环境容量的绝对衰减，并且减少水面基本分布在长江流域渔业资源量最丰富的长江中下游流域，特别是两湖流域。而新增水面中，由于水库充填导致的河流水面增加达 5500 km²，致使长江流域的水域类型组成结构从以自然水体为主导转向以人工水面为主导（20 世纪 80 年代长江流域自然水面和人工水面的比例约为 2 : 1，目前转变为 1 : 2），使得天然渔业资源的栖息环境容量被大幅挤占，鱼类资源现存量衰退至 20 世纪 80 年代的 1/2，而早期资源现存量更仅剩余 80 年代的 1/4。

1.3.7 河口和滩涂

我国东海大陆架宽度约达 520 km，是世界上最宽广的大陆架之一（钱宁等，1987）。长江口在接近陆地的部分，存在一个呈扇形分布的古代水下三角洲，三角洲前缘最远可延伸至水深超过 100 m 的海域（苏映平，1981）。在古代水下三角洲之上叠覆着一个近代水下三角洲，它是由多个亚三角洲，按照形成的先后顺序，有规律地依次排列组成，这些亚三角洲皆是以河口沙洲为主体发育而成，因此沙洲的出现即迫使河流分为南、北两汊，由于北汊与潮流方向不一致，易因泥沙淤积而衰，因此北部沙洲后与北岸合并成陆；而南部汊道则日盛，成为主要的泄洪通道和下一个亚三角洲的主体，并促使河流再次分汊。上述过程在过去两千年来一直是长江口所遵循的演变模式（陈吉余等，1979），亚三角洲平原较为稳定地以 40 m/a 的平均速度伸展（图 1.13）（钱宁等，1987）。

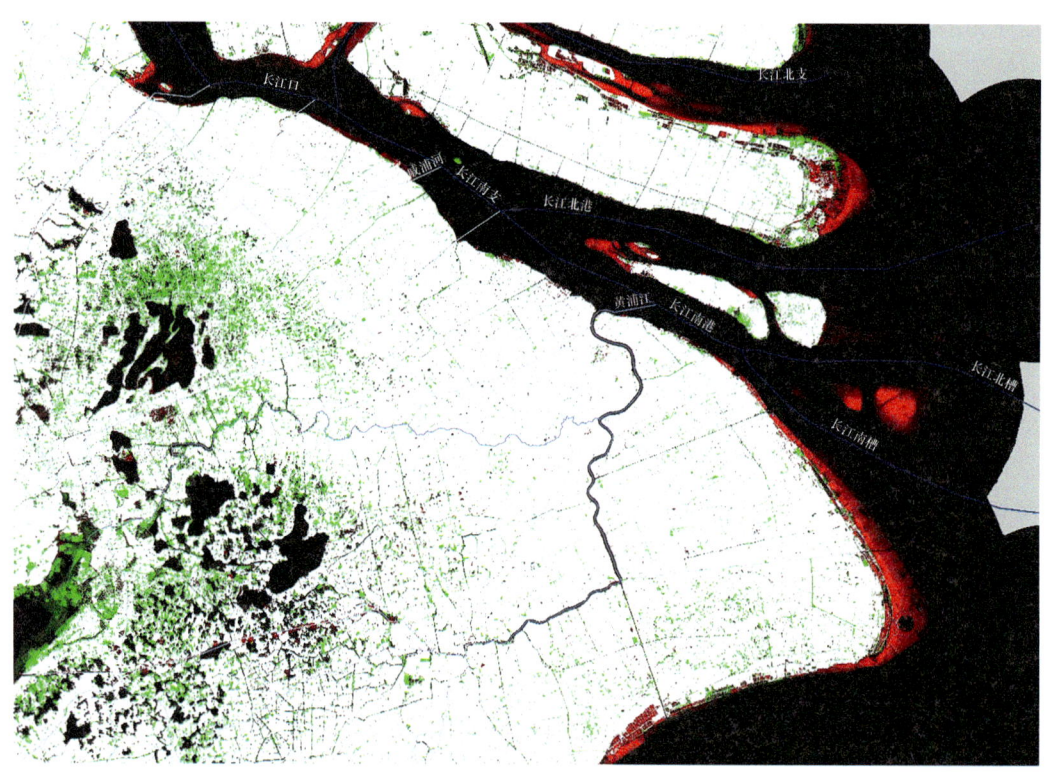

图 1.13　长江口三汊四口及四大滩涂的冲淤变化

绿色代表水体出现频率增加，红色代表水体出现频率减少（滩涂的淤积增长），色彩饱和度代表变化的强度

然而，最近的 20 年以来长江口入海水沙通量变化受中上游的水土保持和水库建设等因素影响十分显著。长江流域来沙锐减，使河口含沙量明显减少、河口由淤积环境向冲刷环境转化、河口水下三角洲前缘大面积冲刷河口拦门沙，水下三角洲泥沙补给出现"源汇

转化"的结构性变化等现象，长江口河势发展已出现明显变化（刘杰等，2021；左书华等，2022）。

实际上，受流域闸坝工程、水土保持和气候环境变化等因素的影响，世界著名河口都不同程度地出现由流域来沙减少引起的水下三角洲侵蚀、岸线后退和滩涂损失等问题，如埃及的尼罗河口、美国的密西西比河口和我国的黄河口和长江口（李从先等，2004；黎兵等，2015；刘杰等，2017）等。长江口近年来在筑堤围垦、航道整治等工程的影响下，河口演变受人工控制的作用也不断增强（陈吉余等，2008；丛宁等，2010）。研究表明，2002~2003 年为长江口南支以下河槽冲淤转变的分界时点，河口冲淤转变对应的流域年输沙量（大通站）临界值约 2.54 亿 t。长江流域未来的来沙量可能长期维持在临界值以下的较低水平，长江口将改变过去总体向海淤涨的演变过程，维持岸滩槽地貌格局稳定条件下的缓慢冲刷趋势（刘杰等，2021）。

长江口四大滩涂 0 m 等深线以上总面积的增长速率从 1977~1983 年时段的 14.5 km²/a 下降到 1983~1994 年时段的 4.9 km²/a，1994~2000 年回升至 12.2 km²/a，2000~2011 年继续增长至 26.4 km²/a；5 m 等深线以上总面积的增长速率从 1977~1983 年的 22.8 km²/a 下降到 1983~1994 年的 –1.4 km²/a，1994~2000 年回升到 5.2 km²/a，2000~2011 年又回落至 0.3 km²/a。前一阶段四大滩涂的淤涨速率总体下降，反映出流域建坝等人类活动引起的入海泥沙减少在滩涂演变中起到控制作用，而后一阶段 0 m 以上滩涂淤涨速率的总体回升，则反映出三角洲的一系列大型工程，特别是促淤工程对潮间带滩涂起到了明显的促淤效果，并且这种效果抵消并超过了流域入海泥沙通量下降的影响而居主导地位（杜景龙等，2013）。在长江来沙显著减少背景下，河口三角洲的淤积减缓和侵蚀后退逐渐成为共识，但这只适用于 0 m 等深线以外的潮下带及水下三角洲，而潮间带滩涂在一系列重大海岸工程的作用下则继续此前的淤积过程。

02

第 2 章 长江水系水质及特征元素现状

2.1 长江流域水质现状调查

2.1.1 调查范围

渔业生态环境调查范围包括长江干流及其 8 条支流和 2 个重要通江湖泊。其中，长江干流为从河源区沱沱河、金沙江、长江上游、三峡库区、长江中游、长江下游至长江口约 6300 km 的 7 个渔业区域，8 条支流自上游至下游分别为雅砻江、横江、岷江（调查区域还包括其支流大渡河）、赤水河、沱江、嘉陵江、乌江和汉江，2 个重要通江湖泊为洞庭湖和鄱阳湖。具体调查站位和断面见图 2.1。

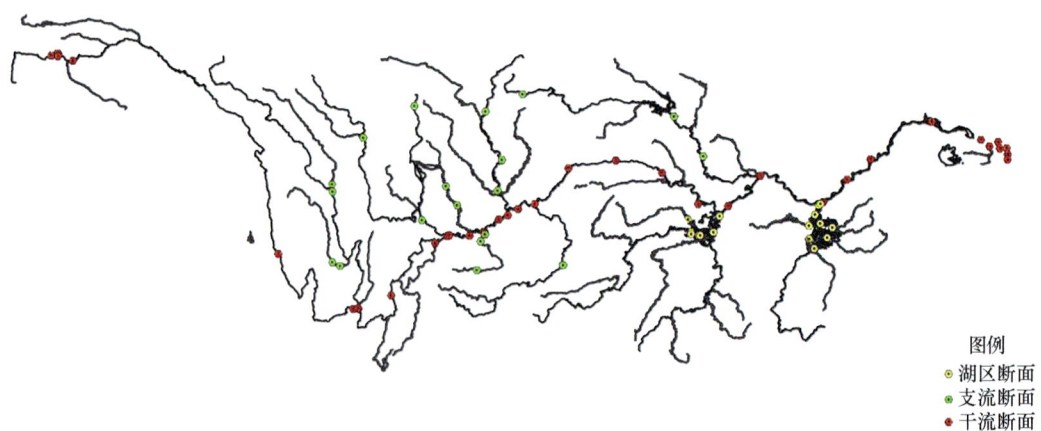

图例
- 湖区断面
- 支流断面
- 干流断面

图 2.1　长江流域渔业生态环境调查站位分布图

1. 长江干流水域

水域一：沱沱河。该区域设置 1 个站位，在该站位自上游至下游分别设置格日罗村、唐古拉山镇和唐古拉山镇下游 3 个断面。

水域二：金沙江。该区域上中下游各设置 1 个站位，共 3 个站位，上游站位设置波罗乡 1 个断面；中游站位设置银江镇、雅砻江河口和金沙村 3 个断面；下游站位设置新市镇 1 个断面。

水域三：长江上游。该区域自上游至下游共设置 5 个站位，分别为挂弓山、泸州（纳溪）、泸州（合江）、江津和巴南，每个站位设置 1 个断面。

水域四：三峡库区。该区域自上游至下游共设置 4 个站位，分别为木洞、涪陵、万州、巫山。其中木洞站设置铜锣峡口、木洞镇和庙咀 3 个断面，涪陵站设置鸣羊嘴、石柱子 2 个断面，万州站设置谭绍村、万州区和瞿塘峡口 3 个断面，巫山站设置下马滩、骡坪镇和巫峡口 3 个断面。

水域五：长江中游。该区域自上游至下游共设置宜昌、石首、洪湖、武汉和湖口 5 个站位，每个站位设置上、中、下 3 个断面。

水域六：长江下游。该区域共设置湖口（长江）、安庆、无为、镇江 4 个站位，每个站位设置 1 个断面。

水域七：长江口。长江口潮下带设置南支、北支、南港和北港 4 个站位，长江口潮间带设置崇西、东滩和九段沙 3 个站位，每个站位设置 1 个断面。

2. 主要支流水域

支流一：雅砻江。雅砻江设置中游和下游 2 个站位，中游设置鲜水河口和两河口坝下 2 个断面，下游设置理塘河口和列瓦乡人民政府 2 个断面。

支流二：横江。横江设置普渡河 1 个站位。

支流三：岷江（含大渡河）。岷江设置上游和下游 2 个站位，包括松潘、桥沟社区和宜宾 3 个断面；大渡河设置上、中、下游 3 个站位，分别为双江口、泸定和沙湾。

支流四：赤水河。赤水河设置上、中、下游 3 个站位，分别为斑鸠井、茅台镇和复兴镇。

支流五：沱江。沱江设置上、中、下游 3 个站位，分别为资阳、四美桥村和泸州。

支流六：嘉陵江。嘉陵江设置上、中、下游 3 个站位，分别为广元、南充和合川。

支流七：乌江。乌江设置 1 个站位，包括上游维新、中游思南和下游和平 3 个断面。

支流八：汉江。汉江设置上、中、下游 3 个站位，上游设置勉县和紫阳断面，中游设置老河口断面，下游设置钟祥断面。

3. 大型通江湖泊水域

本研究对洞庭湖和鄱阳湖两个大型通江湖泊水域开展调查。

湖泊一：洞庭湖。洞庭湖湖体设置西、南、东 3 个站位，同时湘江、资江、沅江、澧水 4 条支流各设置 1 个入湖口站位。

湖泊二：鄱阳湖。鄱阳湖设置湖口、湖区和上游 3 个站位，分别为湖口站、星子站和都昌站，同时抚河、信江、饶河、修河 4 条支流各设置 1 个入湖口站位。

2.1.2 调查与评价方法

本研究在 2019 年繁殖期（3～6 月）、育肥期（7～10 月）和越冬期（11 月至次年 2 月）各进行 1 次水质调查分析，调查和分析技术规范参考《渔业生态环境监测规范 第 1 部分：总则》（SC/T 9102.1—2007）。水质调查结果按照《渔业水质标准》（GB 11607—1989）进行评价，《渔业水质标准》未列出项目，根据《地表水环境质量标准》（GB 3838—2002）Ⅲ类水标准进行评价。水质评价的具体指标见表 2.1。水质采用综合污染指数法和单因子评价法 2 种方法进行评价。综合污染指数计算公式为：

$$P = \frac{1}{n}\sum_{i=1}^{n}P_i$$

$$P_i = C_i/S_i$$

式中，P 为综合污染指数；P_i 为 i 污染物的污染指数；n 为污染物的种类；C_i 为 i 污染物实测浓度平均值（mg/L 或个 /L）；S_i 为 i 污染物评价标准值（mg/L 或个 /L）。

表 2.1　水质评价指标及标准

评价指标		渔业水质标准	地表水水质标准				
			I	II	III	IV	V
pH		6.5～8.5	6～9				
溶解氧		连续 24h 中，16h 以上必须大于 5 mg/L，其余任何时候不得低于 3 mg/L	饱和率 90%（或 7.5 mg/L）	6 mg/L	5 mg/L	3 mg/L	2 mg/L
高锰酸盐指数	≤	—	2 mg/L	4 mg/L	6 mg/L	10 mg/L	15 mg/L
总氮（湖、库，以 N 计）	≤	—	0.2 mg/L	0.5 mg/L	1 mg/L	1.5 mg/L	2 mg/L
总磷（湖、库，以 P 计）	≤	—	0.02 mg/L（湖、库 0.01 mg/L）	0.1 mg/L（湖、库 0.025 mg/L）	0.2 mg/L（湖、库 0.05 mg/L）	0.3 mg/L（湖、库 0.1 mg/L）	0.4 mg/L（湖、库 0.2 mg/L）
氨氮（NH_3-N）	≤	—	0.15 mg/L	0.5 mg/L	1 mg/L	1.5 mg/L	2 mg/L
铜	≤	0.01 mg/L	0.01 mg/L	1 mg/L	1 mg/L	1 mg/L	1 mg/L
镉	≤	0.005 mg/L	0.001 mg/L	0.005 mg/L	0.005 mg/L	0.005 mg/L	0.01 mg/L
铅	≤	0.05 mg/L	0.01 mg/L	0.01 mg/L	0.05 mg/L	0.05 mg/L	0.1 mg/L
汞	≤	0.0005 mg/L	0.000 05 mg/L	0.000 05 mg/L	0.000 1 mg/L	0.001 mg/L	0.001 mg/L
砷	≤	0.05 mg/L	0.05 mg/L	0.05 mg/L	0.05 mg/L	0.1 mg/L	0.1 mg/L
挥发酚	≤	0.005 mg/L	0.002 mg/L	0.002 mg/L	0.005 mg/L	0.01 mg/L	0.1 mg/L
石油类	≤	0.05 mg/L	0.05 mg/L	0.05 mg/L	0.05 mg/L	0.5 mg/L	1 mg/L

注："—"表示《渔业水质标准》无此项指标

2.1.3　渔业生态环境现状

根据《渔业水质标准》和《地表水环境质量标准》III 类水标准，长江流域水质总体较好，基本符合《渔业水质标准》，可以满足鱼类生长繁殖需求。总氮和总磷为主要超标污染物，高锰酸盐指数、pH、挥发酚、重金属铜、重金属汞和石油类仅在部分站位的部分时期超标。水质综合污染指数评价结果表明，长江水域水质基本处于较好到中度污染水平，但横江的水质因重金属汞超标严重而处于严重污染状态。调查区域水体水质整体尚可。

总体来看，长江干流水质情况普遍优于两湖和支流；支流区域水质好于两湖，在部分时期有例外。受人类活动影响较大的支流水域水质比受人类活动影响小的支流水域水质差（图 2.2）。

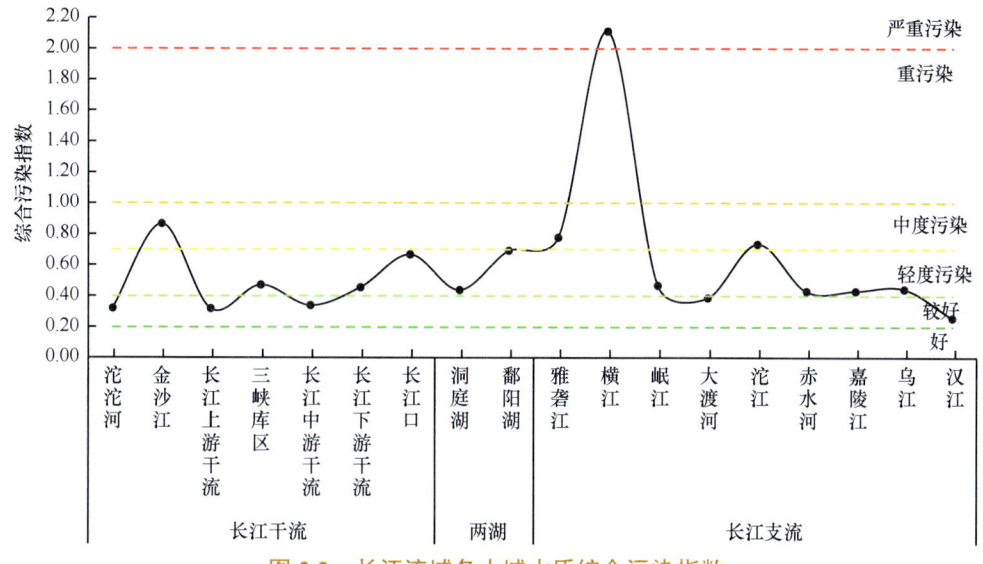

图 2.2　长江流域各水域水质综合污染指数

2.2　长江水系特征环境元素调查

2.2.1　长江流域环境元素概况

　　区别于陆生生物，水生生物作为栖息于水体的生物，在受到水体各种元素影响的同时，也会将这些影响和变化以"生境履历"的形式真实地记录在其组织（主要为硬组织，如耳石、鳍条、骨骼等）内。这些元素中，有的具有明显的环境或者地理分布特征，因此又被称为地理"指纹元素"。通过了解和分析这些"指纹元素"特征，可以破解水生生物的生境履历（Carpenter et al.，2003；Shuai et al.，2023）、洄游模式（Bounket et al.，2021；Hu et al.，2022）、群体关联性（Jiang et al.，2022；Song et al.，2022）、种群组成（Sarakinis et al.，2022；Xuan et al.，2023）、关键栖息地识别和定位（Boscari et al.，2022；肖百义等，2024）等重要信息，甚至可以反演全球历史气候事件（Sakamoto et al.，2022；Pan et al.，2024）。因此，了解和掌握天然水体特征元素情况对破解水生生物生态学谜题、开展科学评估和有效保护等工作均具有重要的意义。

　　河流水环境中的常量和微量元素通常来自流域自然过程和人类输送两个方面，其中前者主要包括大气干湿沉降、沉积物—水界面过程、土壤侵蚀和岩石风化等，包括 Na、Mg、K、Ca、Fe、Mn、Co、Ni、Mo、Cr、V 等；后者主要为人类活动，如农耕、工业和城市污水等，其中 Cu、Zn 和 Pb 主要受工业活动影响，而 Cd 和 As 主要来源于农业活动等（吴文涛等，2019）。长江作为世界第四大河，西起海拔逾 4000 m 的青藏高原唐古拉山，流经 11 个省（自治区，直辖市），由上海汇入东海。由于长江流域地质构造复杂，其中北面主要由火山岩、滨海 - 潟湖相等构成；同时盆地地区为我国重要农业作业区域，而中、下游地区还是我国工业集中区域，农业、工业和生活污水均对长江水系元素变化产生较大的影响（简慧敏等，2010）。

本研究为了更好地了解长江水系特征元素概况，掌握不同水域指纹元素特征，于2019年8～9月进行调查，共收集水样71份。其中长江源（沱沱河）水样4份（唐古拉山镇、格日罗村、唐古拉山镇下游、三岔河）；上游水样33份：干流17份[奔子栏、攀枝花江口5 km、攀枝花江口上游、攀枝花江口下游、巧家、普洱渡、宜宾、挂弓山、泸州（纳溪、江阳、合江）、江津、巴南、木洞、涪陵、万州、巫山]、雅砻江4份（鲜水河口、两河口、利州、列瓦）、岷江3份（松潘、双江口、乐山）、沱江2份（资阳、内江）、赤水河3份（赤水镇、赤水市、合江）、嘉陵江3份（广元、南充、合川）、乌江1份（思南）；中游水样14份：干流4份（宜昌、石首、洪湖、武汉）、洞庭湖7份（澧水入湖口、沅江入湖口、资江入湖口、湘江入湖口、汉寿、沅江、岳阳）、汉江3份（汉中、老河口、钟祥）；下游水样13份：鄱阳湖9份[抚河、赣江、信江、饶河、修河、都昌、湖区、湖口（铁路桥）、湖口（公路桥）]、干流4份（湖口、安庆、无为、镇江）；长江口7份：北支、崇西、南支、北港、东滩、南港、九段沙。

2.2.2 河源区

本次调查在河源区主要采集沱沱河4个水域水样（表2.2）。长江河源区河水化学物质主要来自雨雪、蒸发盐岩、碳酸盐岩和硅酸盐岩，总体表现为化学侵蚀的作用变化较大（赵继昌等，2003）。根据本次调查显示，河源区水体虽然依旧为淡水，但盐度与干流的上、中、下游相比均较高，具体表现为上游的唐古拉山镇段最高（达1.20‰），其次是格日罗村段（0.90‰），唐古拉山镇下游段和三岔河段最低（均为0.30‰）。因此，河源区上述元素除Ag外均有检出。此外，Al除三岔河段（3.17 μg/L）外其余河段均未检出，Co、Ni、Cu、Se和Tl在三岔河段均未检出，Cd仅在三岔河段（0.53 μg/L）有检出，Pb在唐古拉山镇下游段及三岔河段均未检出。与下游其他干流河段及支流相比，河源区具有最高的As（格日罗村段30.81 μg/L），较高的Na（唐古拉山镇段425.91 mg/L、格日罗村段305.50 mg/L）、Se（唐古拉山镇段1.70 μg/L）、Cd（三岔河段0.53 μg/L）、Ca（三岔河段54.44 mg/L）、Sr（唐古拉山镇下游段1747.52 μg/L）、Ba（格日罗村段67.90 μg/L）（表2.3）。

表2.2 河源区水样采样点信息

干/支流	采样点	坐标/（°）	
		北纬	东经
沱沱河	唐古拉山镇	34.2336	92.2324
沱沱河	格日罗村	34.3001	92.4369
沱沱河	唐古拉山镇下游	34.2159	92.4380
沱沱河	三岔河	34.0827	92.9010

表 2.3　河源区水体盐度及特征元素含量情况

样品点	盐度/‰	Na/（mg/L）	Mg/（mg/L）	Al/（μg/L）	K/（mg/L）	Ca/（mg/L）
唐古拉山镇	1.20	425.91	75.05	—	10.25	49.01
格日罗村	0.90	305.50	28.47	—	16.30	54.22
唐古拉山镇下游	0.30	74.24	41.13	—	4.50	36.28
三岔河	0.30	50.66	25.72	3.17	3.74	54.44

样品点	Cr/（μg/L）	Mn/（μg/L）	Fe/（mg/L）	Co/（μg/L）	Ni/（μg/L）	Cu/（μg/L）
唐古拉山镇	0.32	3.06	2.50	0.04	0.62	0.38
格日罗村	0.24	3.25	2.57	0.03	0.45	0.52
唐古拉山镇下游	0.11	3.16	1.70	0.02	0.19	0.25
三岔河	0.15	1.71	3.48	—	—	—

样品点	Zn/（μg/L）	As/（μg/L）	Se/（μg/L）	Sr/（μg/L）	Mo/（μg/L）	Ag/（μg/L）
唐古拉山镇	1.68	5.27	1.70	1094.96	0.53	—
格日罗村	3.40	30.81	0.36	1441.24	1.78	—
唐古拉山镇下游	2.68	4.14	0.69	1747.52	1.58	—
三岔河	3.74	2.67	—	710.71	0.05	—

样品点	Cd/（μg/L）	Ba/（μg/L）	Tl/（μg/L）	Pb/（μg/L）		
唐古拉山镇	—	38.35	0.02	0.01		
格日罗村	—	67.90	0.11	0.01		
唐古拉山镇下游	—	44.07	0.01			
三岔河	0.53	51.72	—			

注："—"表示未检出

比较河源区水域主要元素情况发现，Na 含量变化与盐度变化较一致，依次为唐古拉山镇段（425.91 mg/L）＞格日罗村段（305.50 mg/L）＞唐古拉山镇下游段（74.24 mg/L）＞三岔河段（50.66 mg/L）；与 Na 相比，K 含量变化基本也呈自上至下由高到低，但其中格日罗村段（16.30 mg/L）高于其他各河段，而唐古拉山镇段（10.25 mg/L）＞唐古拉山镇下游段（4.50 mg/L）＞三岔河段（3.74 mg/L）；Mg 分布变化也与盐度基本一致，唐古拉山镇段最高（75.05 mg/L），其后依次为唐古拉山镇下游段（41.13 mg/L）＞格日罗村段（28.47 mg/L）＞三岔河段（25.72 mg/L）；Ca 浓度总体稳定在 36.28 mg/L（唐古拉山镇下游段）至 54.44 mg/L（三岔河段）（表 2.3，图 2.3）。常用地理特征元素 Sr 的调查结果显示，河源区除三岔河段较低（710.71 μg/L）外，其余高于上、中、下游水域，且略低于河口区，依次为唐古拉山镇下游段（1747.52 μg/L）＞格日罗村段（1441.24 μg/L）＞唐古拉山镇段（1094.96 μg/L）；Ba 浓度变化相对复杂，没有明显的规律，含量依次为格日罗村段（67.90 μg/L）＞三岔河段（51.72 μg/L）＞唐古拉山镇下游段（44.07 μg/L）＞唐古拉山镇段（38.35 μg/L）（表 2.3，图 2.3）。常见污染元素中河源区主要有 As（格日罗村段 30.81 μg/L）、Se（唐古拉山镇段 1.70 μg/L）、Cd（三岔河段 0.53 μg/L）等（表 2.3）。

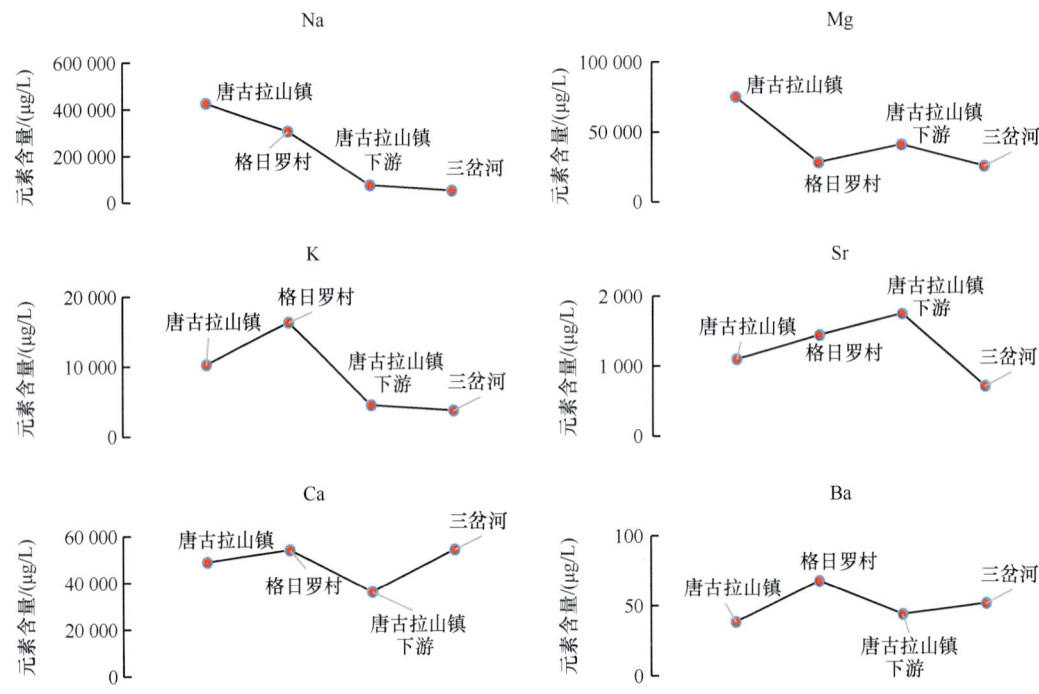

图 2.3　河源区水体常量元素和常用地理特征元素含量变化

综合而言,河源区多数水域除 Al、Cr、Cu、Zn、Ag、Cd、Pb 外其余元素均有较高的含量。其中尤以 Na、Ca、Sr 等元素显著高于上、中、下游主要水域,具有较明显的地理特征,可作为水生生物生境履历"指纹元素"或特征环境元素指标开展相关研究。

2.2.3　上游区

长江上游水系组成最为复杂,除干流外具有众多大型一级支流如雅砻江、岷江、沱江、赤水河、嘉陵江、乌江等汇入(表 2.4)。因此,该水域地理特异性十分明显。上游较其他区域,盐度方面除最上游的奔子栏受河源区较高盐度来水的影响,盐度依旧达 0.30‰ 外,同时内江段(0.20‰)和泸州纳溪段(1.00‰)也检测出一定的盐度,其余均为 0;特征元素方面,上游区水样中 Al(赤水河的赤水镇段最高,达 68.74 μg/L)、Fe(乌江的思南段最高,达 7195.72 μg/L)、Co(干流巧家段最高,达 0.77 μg/L,其次为乌江思南段,为 0.59 μg/L)、Ni[嘉陵江总体最高,其中南充段(2.12 μg/L)>合川段(2.06 μg/L)>广元段(1.76 μg/L)]、Zn(奔子栏段,达 51.16 μg/L,其次为巧家段,为 39.81 μg/L)、Ag(最高为巧家段,达 0.04 μg/L)、Pb(最高为泸州纳溪段,为 0.22 μg/L)等元素与其余水域差异最大,具有明显的地理特征(表 2.5)。总体而言,上游水域的 Al、Cr、Fe、Ni、Zn、Cd 等元素含量均高于其他大部分水域。

表 2.4　上游区水样采样点信息

干/支流	采样点	坐标/(°)	
		北纬	东经
干流	奔子栏	28.2181	99.3241
干流	攀枝花江口 5 km	26.5488	101.6897
干流	攀枝花江口上游	26.5544	101.8529
干流	攀枝花江口下游	26.5754	101.8478
干流	巧家	26.9604	102.8895
干流	普洱渡	28.5412	104.2664
雅砻江	鲜水河口	30.3306	101.0063
雅砻江	两河口	30.0981	101.0227
雅砻江	利州	27.9577	101.0183
雅砻江	列瓦	27.8518	101.2671
岷江	双江口	31.7387	102.0062
岷江	松潘	32.7031	103.6081
岷江	乐山	29.2381	103.8464
干流	宜宾	28.7586	104.6624
干流	挂弓山	28.7804	104.7197
沱江	资阳	30.2714	104.6097
沱江	内江	28.6857	104.9672
干流	泸州（纳溪）	28.7638	105.3509
干流	泸州（江阳）	28.8844	105.7884
干流	泸州（合江）	28.8419	105.8010
赤水河	赤水镇	27.7256	105.5775
赤水河	赤水市	28.5955	105.6929
赤水河	合江	28.8034	105.8280
干流	江津	29.2604	106.2527
干流	巴南	29.3871	106.5311
嘉陵江	四川省广元市朝天区葡萄架	32.5393	105.8426
嘉陵江	四川省南充市蓬安县沈家坝	31.0727	106.3462
嘉陵江	合川	30.1327	106.2146
干流	木洞	29.5781	106.8427
乌江	思南（乌江二桥）	27.8803	108.2528
干流	涪陵（鸣羊嘴）	29.7287	107.3703
干流	万州	30.8252	108.4120
干流	巫山	31.0612	109.8711

表 2.5　长江上游水系元素浓度

采样点	盐度/‰	Na/（mg/L）	Mg/（mg/L）	Al/（μg/L）	K/（mg/L）	Ca/（mg/L）
奔子栏	0.30	51.45	16.13	24.80	1.97	27.92
攀枝花江口 5 km	0.00	20.45	11.89	24.15	1.52	22.61
攀枝花江口上游	0.00	42.97	14.77	20.37	1.85	27.29
攀枝花江口下游	0.00	24.56	12.51	21.10	1.56	23.34
巧家	0.00	23.51	12.39	24.10	2.02	31.45
普洱渡	0.00	3.12	7.12	33.71	1.34	26.54
鲜水河口	0.00	4.29	11.59	18.82	1.16	23.62
两河口	0.00	4.39	11.11	26.02	1.22	22.77
利州	0.00	4.67	5.00	15.41	0.78	16.40
列瓦	0.00	5.72	6.99	7.03	0.98	19.60
双江口	0.00	3.06	8.25	16.44	0.93	21.40
松潘	0.00	3.47	10.20	9.59	0.88	40.56
乐山	0.00	6.23	8.75	33.79	1.98	26.90
宜宾	0.00	28.87	12.99	29.69	2.10	25.23
挂弓山	0.00	23.14	10.63	27.15	1.86	23.09
资阳	0.00	16.91	12.47	14.16	3.96	38.16
内江	0.20	17.94	13.17	13.99	4.09	40.24
泸州（纳溪）	1.00	24.45	11.19	27.07	1.98	24.41
泸州（江阳）	0.00	20.71	11.02	25.63	2.01	30.55
泸州（合江）	0.00	21.32	10.51	25.78	2.03	24.86
赤水镇	0.00	5.41	8.97	68.74	2.37	44.64
赤水市	0.00	6.34	9.02	30.35	2.18	33.05
合江	0.00	18.71	10.95	23.14	2.20	32.43
江津	0.00	19.65	11.20	23.64	2.24	32.91
巴南	0.00	21.08	11.29	31.01	2.23	25.96
广元	0.00	7.66	10.23	10.57	2.12	36.10
南充	0.00	4.89	8.13	10.41	1.67	33.28
合川	0.00	6.00	8.60	9.17	1.85	35.76
木洞	0.00	9.61	8.52	15.67	2.50	26.36
思南	0.00	6.60	12.77	14.18	2.24	38.49
涪陵	0.00	9.88	8.58	19.04	2.42	25.54
万州	0.00	12.98	9.05	12.03	2.09	27.03
巫山	0.00	11.52	9.67	16.13	2.69	29.27

续表

采样点	Cr/（μg/L）	Mn/（μg/L）	Fe/（mg/L）	Co/（μg/L）	Ni/（μg/L）	Cu/（μg/L）
奔子栏	0.34	—	5.03	0.01	0.75	—
攀枝花江口 5 km	0.20	—	4.00	—	0.48	—
攀枝花江口上游	0.29	0.17	4.80	—	0.45	—
攀枝花江口下游	0.20	0.05	3.99	—	0.41	—
巧家	0.32	0.67	2.90	0.77	0.85	1.39
普洱渡	0.49	—	1.95	—	—	—
鲜水河口	0.33	—	1.97	—	—	—
两河口	0.31	—	1.97	—	—	—
利州	0.14	0.77	1.22	—	—	—
列瓦	0.20	0.14	1.52	—	—	—
双江口	0.19	1.17	0.90	0.06	0.31	0.53
松潘	0.20	7.80	1.94	0.10	0.32	0.41
乐山	0.28	2.15	1.18	0.07	0.41	0.90
宜宾	0.47	0.60	0.99	0.00	0.23	0.87
挂弓山	0.38	0.64	1.31	0.04	0.31	1.02
资阳	0.26	—	1.63	—	0.35	0.54
内江	0.32	—	1.72	—	0.30	0.45
泸州（纳溪）	0.36	0.82	1.20	0.01	0.31	0.84
泸州（江阳）	0.49	0.62	1.54	0.07	0.59	0.90
泸州（合江）	0.35	1.12	1.32	0.02	0.36	0.88
赤水镇	0.54	—	2.42	0.07	0.81	0.93
赤水市	0.23	—	1.81	0.06	0.53	0.64
合江	0.50	1.45	1.67	0.09	0.71	1.35
江津	0.50	1.15	1.73	0.10	0.64	1.12
巴南	0.44	1.42	1.81	—	—	—
广元	1.71	0.95	2.27	0.09	1.76	0.60
南充	1.71	0.35	2.06	0.03	2.12	1.24
合川	1.69	0.28	2.25	0.06	2.06	0.36
木洞	0.43	—	1.86	—	—	—
思南	0.16	0.90	7.20	0.59	0.73	—
涪陵	0.42	0.10	1.84	—	—	—
万州	0.21	1.41	1.11	—	—	—
巫山	0.43	—	1.89	—	—	—

采样点	Zn/（μg/L）	As/（μg/L）	Se/（μg/L）	Sr/（μg/L）	Mo/（μg/L）	Ag/（μg/L）
奔子栏	51.16	2.76	0.77	394.88	1.85	—
攀枝花江口 5 km	24.66	1.19	0.63	227.55	1.45	—
攀枝花江口上游	25.94	1.59	0.79	331.08	1.62	—
攀枝花江口下游	28.43	1.42	0.71	247.07	1.46	—
巧家	39.81	1.81	—	272.34	1.29	0.04
普洱渡	2.16	0.88	—	160.21	0.11	—
鲜水河口	6.92	—	—	139.24	0.12	—
两河口	5.39	0.00	—	131.14	0.24	—
利州	6.23	1.63	—	82.23	—	—
列瓦	7.97	1.37	—	158.68	0.04	—
双江口	1.29	0.93	—	175.43	0.30	—
松潘	3.42	1.14	—	343.10	1.16	—
乐山	7.01	0.98	—	188.92	1.32	—
宜宾	4.10	1.32	1.53	253.38	0.65	—
挂弓山	3.11	1.21	0.06	242.49	0.89	—
资阳	15.42	2.40	0.82	297.02	3.00	—
内江	13.40	2.51	0.83	330.34	3.34	—
泸州（纳溪）	4.67	1.12	0.17	250.22	0.64	—
泸州（江阳）	6.75	1.27	—	259.17	1.19	—
泸州（合江）	4.80	1.18	0.15	255.43	0.77	—
赤水镇	1.83	0.31	0.14	506.90	0.66	—
赤水市	3.03	0.38	0.13	435.69	0.38	—
合江	9.98	1.24	—	277.07	1.26	—
江津	6.32	1.25	—	286.74	1.33	0.01
巴南	4.39	1.75	—	234.78	0.47	—
广元	7.34	3.09	1.52	266.72	3.15	—
南充	10.64	2.88	1.64	275.75	3.14	—
合川	16.76	3.36	1.71	289.73	3.13	—
木洞	4.97	2.06	—	207.32	0.70	—
思南	5.43	0.68	1.01	377.74	2.24	—
涪陵	5.89	1.98	—	211.81	0.70	—
万州	9.41	1.89	0.42	271.98	1.70	—
巫山	10.05	2.12	—	252.83	0.77	—

续表

采样点	Cd/（μg/L）	Ba/（μg/L）	Tl/（μg/L）	Pb/（μg/L）	
奔子栏	0.56	37.79	—	—	
攀枝花江口5km	0.51	41.83	—	—	
攀枝花江口上游	0.51	41.26	—	—	
攀枝花江口下游	0.51	40.91	—	—	
巧家	0.05	45.05	0.08	0.10	
普洱渡	0.57	27.45	—	—	
鲜水河口	—	10.19	—	—	
两河口	—	7.85	—	—	
利州	0.53	7.80	—	—	
列瓦	0.54	12.20	—	—	
双江口	0.00	15.41	—	0.02	
松潘	0.00	44.21	—	—	
乐山	0.04	26.92	0.05	0.09	
宜宾	—	42.77	—	—	
挂弓山	0.02	38.97	0.06	0.05	
资阳	0.24	71.25	—	—	
内江	0.26	77.40	—	—	
泸州（纳溪）	—	38.98	0.03	0.22	
泸州（江阳）	0.01	42.28	0.04	0.04	
泸州（合江）	—	42.47	0.03	0.04	
赤水镇	0.00	32.01	0.01	—	
赤水市	0.00	45.75	0.01	—	
合江	0.05	44.50	0.05	0.10	
江津	0.02	44.14	0.06	0.13	
巴南	0.54	41.65	—	—	
广元	0.89	51.04	1.38	—	
南充	0.89	57.20	1.39	—	
合川	0.88	63.35	1.40	—	
木洞	0.54	57.69	—	—	
思南	0.52	39.29	—	—	
涪陵	0.54	54.75	—	—	
万州	0.22	58.80	—	—	
巫山	0.54	60.01	—	—	

注："—"表示未检出

比较上游各支流特征元素发现，雅砻江除 Cd（列瓦段 0.54 μg/L、利州段 0.53 μg/L）外，其余元素浓度较上游其他支流均较低，尤其是 Co、Ni、Cu、Se、Ag、Tl、Pb 等元素均未检出；岷江除 Se 未检出外，其余元素均有检出，且除 Pb 率高于其他支流（乐山段 0.09 μg/L），其余元素没有明显的特征；沱江除 Mn、Co、Ag、Tl、Pb 外其余元素均有检出，其中 Ba 含量明显高于上游其他水域（内江段 77.40 μg/L、资阳段 71.25 μg/L）；赤水具有较高的 Al（赤水镇段最高 68.74 μg/L，其次为赤水市段 30.35 μg/L、合江段 23.14 μg/L）；嘉陵江具有上游水域内最高的 Ni（南充市段 2.12 μg/L）、Se（合川段 1.71 μg/L）、Cd（广元段和南充段 0.89 μg/L）、Tl（合川段 1.40 μg/L），具有极强的地理特征；乌江较上游其他水域具有最高的 Fe（7.20 mg/L）和 Co（0.59 μg/L）（表 2.5）。

比较上游常量元素发现，Na 方面，除去各支流低 Na 浓度特征外，基本表现为自上游（奔子栏 51.45 mg/L）至下游巫山段（11.52 mg/L）逐渐降低；K 方面，除去雅砻江和岷江的低值（雅砻江利州段的 0.78 mg/L 至两河口段的 1.22 mg/L），以及沱江的高值（内江段的 4.09 mg/L、资阳段 3.96 mg/L）外，其余在 1.34 mg/L（普洱渡段）至 2.69 mg/L（巫山段）；Ca 总体较为稳定，最低为 16.40 mg/L（利州段）、最高为 44.64 mg/L（赤水镇段）；Mg 方面表现为干流最上游的奔子栏到攀枝花段较高（11.89～16.13 mg/L）、干流普洱渡段（7.12 mg/L）和雅砻江利州段（5.00 mg/L）最低，其余水域较为稳定（表 2.5，图 2.4）。Sr 和 Ba 方面，两者在雅砻江表现较一致，均为整体较低（Sr 含量为 82.23～158.68 μg/L、Ba 含量为 7.80～12.20 μg/L），在赤水镇段（Sr 含量为 506.90 μg/L、Ba 含量为 32.01 μg/L）和思南段（Sr 含量为 377.74 μg/L、Ba 含量为 39.29 μg/L）表现出与邻近水域变化趋势完全相反的情况，其中 Sr 在赤水镇段和思南段呈波峰特征，而 Ba 在上述两处水域呈波谷特征。此外，雅砻江较低的 Sr 和 Ba 含量特征，岷江、赤水河、乌江较高的 Sr 特征，以及沱江较高的 Ba 特征，均具有较为明显且能区别于本江段其他水域的特征。

整体而言，上游江段 Al、Fe、Ni、Zn、Cd、Tl 等元素具有较高的浓度，表现出较独特的地理特征；此外，较多支流的汇入也为该水域元素的变化增加了复杂性，其中干流奔子栏到攀枝花段的 Zn，乌江的 Fe、Co，以及嘉陵江的 Ni、Cd、Tl 显著高于长江其他水域，呈现出较明显的地理特征。

2.2.4 中游区

与上游区大型一级支流众多的情况相比，中游的大型一级支流只有汉江，此外中游区还分布有我国第二大淡水湖——洞庭湖水域（表 2.6）。盐度特征方面该水域盐度均为 0‰；干流上石首段具有本次所有调查水域中第二高的 Ag 浓度（0.03 μg/L）及宜昌段具有该水域最高的 Cd 浓度（0.54 μg/L）；与干流相比，支流汉江的大部分水域中均未检出 Mn、Co、Ni、Cu、Se、Ag、Cd、Tl、Pb，同时 Al 浓度在老河口段和钟祥段浓度（1.29～3.66 μg/L）也明显低于干流其他水域；而洞庭湖水域则具有该水域相对较低的 Al（1.75～6.19 μg/L）、Ca（17.73～28.78 mg/L）和 Mo（0.86～1.03 μg/L），但具有该水域相对较高的 Zn（11.34～14.72 μg/L）、Se（0.47～1.80 μg/L），此外 Ba 含量（77.00～83.28 μg/L）也表现为该水域最高，并且高于除河口外其他水域的特征（表 2.7）。

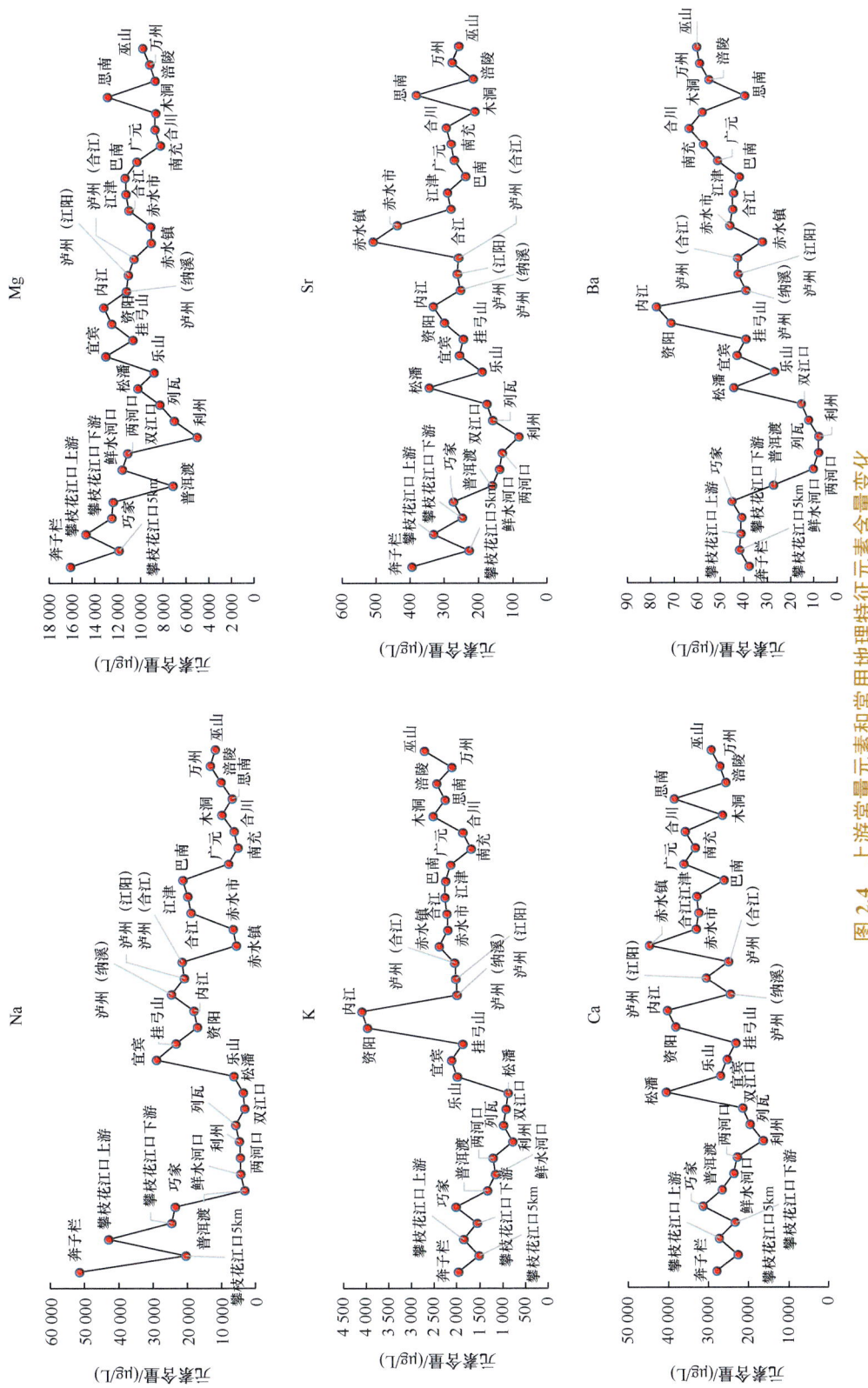

图 2.4 上游常量元素和常用地理特征元素含量变化

表 2.6 中游区水样采样点信息

干 / 支流	采样点	坐标 / (°)	
		北纬	东经
干流	宜昌	30.6867	111.2911
干流	石首	29.7344	112.4053
洞庭湖	安乡（澧水入湖口）	29.2622	112.0872
洞庭湖	坡头（沅江入湖口）	28.8782	112.1934
洞庭湖	汉寿	28.8236	112.1944
洞庭湖	沅江	28.7887	112.4340
洞庭湖	万子湖（资江入湖口）	28.7833	112.4718
洞庭湖	湘阴（湘江入湖口）	28.8797	112.8873
洞庭湖	岳阳	29.3636	113.0771
干流	洪湖	29.6728	113.3383
汉江	汉中	33.0640	106.9883
汉江	老河口	32.3928	111.6628
汉江	钟祥	31.1871	112.5618
干流	武汉	30.6078	114.3367

表 2.7 长江中游水系元素浓度

采样点	盐度 /‰	Na/（mg/L）	Mg/（mg/L）	Al/（μg/L）	K/（mg/L）	Ca/（mg/L）
宜昌	0.00	16.80	10.58	23.92	2.55	27.30
石首	0.00	16.35	9.90	18.66	2.46	32.44
安乡	0.00	15.38	10.12	6.19	2.36	28.40
坡头	0.00	9.90	9.03	1.75	2.21	21.83
汉寿	0.00	18.33	10.74	4.96	2.51	28.78
沅江	0.00	12.00	9.43	2.29	2.25	23.33
万子湖	0.00	11.25	9.30	2.82	2.27	23.03
湘阴	0.00	10.42	9.10	2.93	2.21	22.24
岳阳	0.00	6.17	8.21	2.53	2.29	17.73
洪湖	0.00	15.49	9.46	8.82	2.65	33.07
汉中	0.00	6.00	8.96	13.07	1.90	38.19
老河口	0.00	5.38	7.48	1.29	1.67	32.31
钟祥	0.00	8.35	8.86	3.66	1.99	32.77
武汉	0.00	18.26	9.88	0.00	2.56	26.60

续表

采样点	Cr/（μg/L）	Mn/（μg/L）	Fe/（mg/L）	Co/（μg/L）	Ni/（μg/L）	Cu/（μg/L）
宜昌	0.53	—	1.85	—	—	—
石首	0.45	—	1.79	0.12	0.60	1.57
安乡	0.34	1.35	1.07	0.01	0.27	1.23
坡头	0.19	1.69	0.83	0.01	0.24	0.70
汉寿	0.35	2.09	1.11	0.01	0.29	1.32
沅江	0.22	0.20	0.92	0.01	0.24	0.36
万子湖	0.21	1.17	0.90	0.01	0.25	0.34
湘阴	0.20	0.30	0.86	0.01	0.23	0.84
岳阳	0.14	0.88	0.72	0.01	0.21	0.65
洪湖	0.33	—	1.61	0.07	0.57	1.52
汉中	0.09	—	2.02	—	—	—
老河口	0.00	—	1.71	—	—	—
钟祥	0.00	—	1.73	—	—	—
武汉	0.10	0.01	1.32	0.02	0.68	1.30

采样点	Zn/（μg/L）	As/（μg/L）	Se/（μg/L）	Sr/（μg/L）	Mo/（μg/L）	Ag/（μg/L）
宜昌	4.86	1.85	—	249.10	0.70	—
石首	4.02	1.50	—	280.98	1.80	0.03
安乡	13.52	1.14	0.77	275.11	0.86	—
坡头	12.13	1.79	0.47	156.90	1.01	—
汉寿	13.75	1.72	1.80	282.25	0.93	—
沅江	13.78	1.82	0.82	188.52	1.03	—
万子湖	14.72	1.80	0.90	180.84	1.02	—
湘阴	12.19	1.79	0.58	168.13	0.95	—
岳阳	11.34	2.18	1.22	94.08	0.93	—
洪湖	4.34	1.53	—	272.03	1.61	—
汉中	5.75	1.02	—	150.17	1.27	—
老河口	6.94	1.05	—	159.68	3.67	—
钟祥	7.72	1.84	—	159.82	3.32	—
武汉	3.89	2.36	0.21	230.50	1.71	—

采样点	Cd/（μg/L）	Ba/（μg/L）	Tl/（μg/L）	Pb/（μg/L）		
宜昌	0.54	50.33	—	—		
石首	0.04	57.41	0.09	0.04		
安乡	—	78.79	—	0.01		

采样点	Cd/（μg/L）	Ba/（μg/L）	Tl/（μg/L）	Pb/（μg/L）	
坡头	—	77.60	—	—	
汉寿	—	83.28	—	—	
沅江	—	83.14	—	0.03	
万子湖	—	82.17	—	—	
湘阴	—	77.00	—	—	
岳阳	—	81.64	—	—	
洪湖	0.02	60.39	0.02	—	
汉中	—	53.00	—	—	
老河口	—	62.93	—	—	
钟祥	—	71.75	—	—	
武汉	0.00	60.08	0.01	—	

注："—"表示未检出

比较中游常量元素发现，Na 含量变化中，除汉江为该水域最低值（5.38～8.35 mg/L）外，在洞庭湖坡头（9.90 mg/L）、岳阳（6.17 mg/L）均出现低值，在洞庭湖汉寿段（18.33 mg/L）、干流洪湖段（15.49 mg/L）及武汉段（18.26 mg/L）均出现峰值；K 含量在该水域除汉江外整体较为稳定（2.21～2.65 mg/L），汉江为该水域最低值（1.67～1.99 mg/L）；Ca 含量明显分为两个阶段，其中第一个阶段自宜昌至岳阳含洞庭湖，整体稳定在较低水平（17.73～32.44 mg/L），第二阶段自洪湖至武汉，整体略高于前段（26.60～38.19 mg/L）；Mg 含量在整个水域十分稳定，最低值为汉江的老河口水域（7.48 mg/L），最高值为洞庭湖汉寿段（10.74 mg/L）。常用地理特征元素 Sr 含量变化格局与 Na 相似，分别在洞庭湖坡头（156.90 μg/L）、岳阳（94.08 μg/L）出现低值，而在洞庭湖汉寿段（282.25 μg/L）、干流洪湖段（272.03 μg/L）出现峰值；与 Sr 相比，该水域 Ba 元素表现出极强的地理特征，具体表现为洞庭湖整体 Ba 含量（77.00～83.28 μg/L）要高于其余水域（50.33～71.75 μg/L）（表 2.7，图 2.5）。

整体而言，中游水域除 Ba 元素整体较高外其余特征元素含量变化较小。需要注意的是，洞庭湖水域在 Zn、Se、Ba 上具有明显较高的特征，尤其是 Ba 浓度明显高于除河口外的剩下所有水域，表现出极强的地理特征。

2.2.5　下游区

与上游区和中游区相比，下游区在水系组成上更为简单，除了我国第一大淡水湖——鄱阳湖外，并没有大型一级支流（表 2.8）。盐度方面，该水域均为 0。值得注意的是，下游区具有长江水系中浓度最高的 Mn（修河水域 83.45 μg/L）、Ni（干流湖口段 2.54 μg/L）、Cd（信江和修河水域 0.92 μg/L）、Tl（信江 1.45 μg/L、修河水域 1.44 μg/L），此外该水域干流的 Co（0.03～0.29 μg/L）、Ni（0.81～2.54 μg/L）、Cu（1.56～1.80 μg/L）、Pb（0.04～

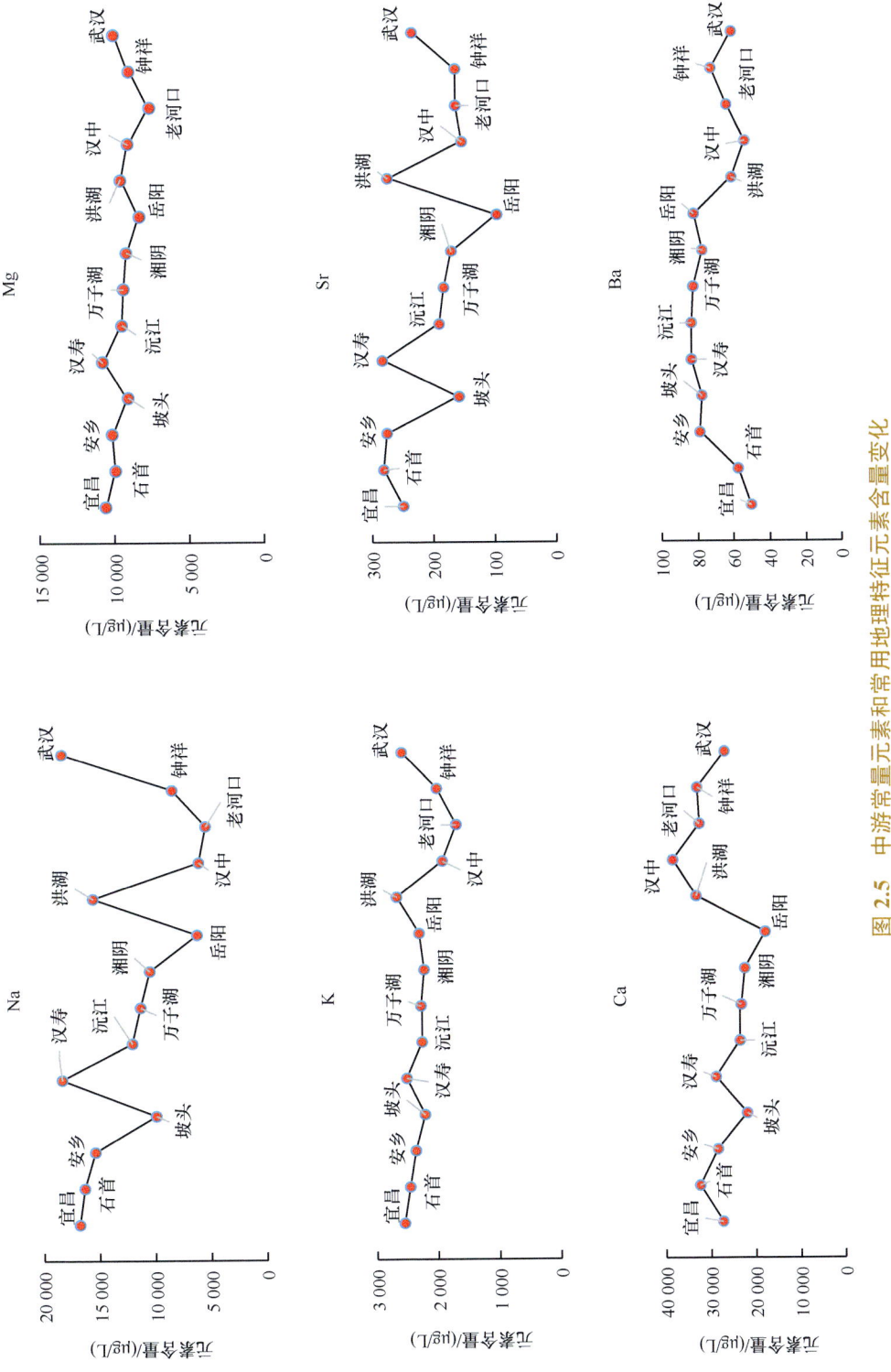

图 2.5 中游常量元素和常用地理特征元素含量变化

0.09 μg/L）等污染元素明显高于鄱阳湖区；而鄱阳湖及其支流大部分水域 Na、Mg、Ca、Zn、Sr 等元素浓度低于干流，而除信江和修河外，Cr、Co、Cu、Cd、Tl 均未检出，但 Al 含量（0.32～26.67 μg/L）要明显高于干流水域（未检出）（表 2.9）。

表 2.8 下游区水样采样点信息

干/支流	采样点	样品号	坐标/（°）	
			北纬	东经
鄱阳湖	抚河	FH	28.3928	116.0250
鄱阳湖	赣江	GJ	28.6827	115.8653
鄱阳湖	信江	XJ	28.7223	116.4226
鄱阳湖	饶河	RH	29.0263	116.5879
鄱阳湖	修河	XH	29.0844	115.8545
鄱阳湖	都昌	DC	29.1506	116.2109
鄱阳湖	鄱阳湖湖区	PY	29.4215	116.0444
鄱阳湖	湖口（铁路桥）	HK	29.7022	116.1634
鄱阳湖	湖口（公路桥）	HKJ	29.7459	116.2152
干流	湖口	HKC	29.8028	116.3064
干流	安庆	AQ	30.4978	117.0401
干流	无为	WW	31.1116	117.7719
干流	镇江	ZJ	32.2425	119.6808

表 2.9 长江下游水系元素浓度

采样点	盐度/‰	Na/（mg/L）	Mg/（mg/L）	Al/（μg/L）	K/（mg/L）	Ca/（mg/L）
抚河	0.00	5.57	2.04	7.27	2.13	6.30
赣江	0.00	5.76	2.22	7.60	2.14	10.36
信江	0.00	8.06	2.53	26.67	2.67	11.72
饶河	0.00	21.07	6.62	0.32	2.61	23.15
修河	0.00	7.82	1.78	3.46	1.35	8.16
都昌	0.00	3.80	1.94	8.09	2.08	8.89
鄱阳湖湖区	0.00	3.98	1.86	6.35	2.18	9.06
湖口（铁路桥）	0.00	10.53	6.11	6.47	2.24	27.62
湖口（公路桥）	0.00	4.51	2.15	2.96	2.47	10.12
湖口	0.00	39.22	6.71	—	2.69	21.86
安庆	0.00	12.36	7.21	—	2.83	35.31
无为	0.00	12.26	7.23	—	2.80	35.56
镇江	0.00	12.45	7.13	—	2.87	35.14

续表

采样点	Cr/（μg/L）	Mn/（μg/L）	Fe/（mg/L）	Co/（μg/L）	Ni/（μg/L）	Cu/（μg/L）
抚河	—	17.27	0.25	—	—	—
赣江	—	2.36	0.44	—	—	—
信江	1.56	30.75	0.63	0.06	2.02	0.27
饶河	—	—	1.90	—	—	—
修河	1.56	83.45	0.37	0.12	1.68	—
都昌	—	3.26	0.34	—	—	—
鄱阳湖湖区	—	—	0.37	—	0.03	—
湖口（铁路桥）	—	0.13	1.29	—	—	—
湖口（公路桥）	—	0.28	0.44	—	0.28	—
湖口	0.10	0.01	0.93	0.03	2.54	1.56
安庆	0.25	0.54	1.06	0.29	0.84	1.80
无为	0.32	0.32	1.08	0.27	0.81	1.65
镇江	0.64	0.48	1.07	0.26	1.07	1.71

采样点	Zn/（μg/L）	As/（μg/L）	Se/（μg/L）	Sr/（μg/L）	Mo/（μg/L）	Ag/（μg/L）
抚河	2.85	0.53	—	41.24	0.71	—
赣江	2.81	1.30	—	47.57	1.55	—
信江	4.39	2.77	1.57	71.69	3.30	—
饶河	2.39	0.56	0.07	89.80	1.87	—
修河	0.99	2.63	1.64	63.58	2.63	—
都昌	3.25	1.39	—	40.45	1.19	—
鄱阳湖湖区	3.04	1.13	—	40.24	1.07	—
湖口（铁路桥）	5.71	1.55	—	193.45	1.15	—
湖口（公路桥）	7.25	1.60	—	51.25	1.33	—
湖口	3.91	1.85	0.15	171.20	1.27	—
安庆	5.00	2.24	0.10	196.87	1.55	—
无为	5.41	2.29	0.16	196.37	1.34	—
镇江	3.23	2.17	—	195.40	1.33	—

采样点	Cd/（μg/L）	Ba/（μg/L）	Tl/（μg/L）	Pb/（μg/L）		
抚河	—	24.55	—	—		
赣江	—	18.12	—	—		
信江	0.92	30.24	1.45	—		
饶河	—	38.51	—	—		
修河	0.92	23.16	1.44	—		

采样点	Cd/（μg/L）	Ba/（μg/L）	Tl/（μg/L）	Pb/（μg/L）		
都昌	—	18.10	—	—		
鄱阳湖湖区	—	19.31	—	—		
湖口（铁路桥）	—	46.25	—	—		
湖口（公路桥）	—	23.16	—	—		
湖口	0.00	42.50	0.02			
安庆	0.06	51.60	0.07	0.09		
无为	0.04	52.07	0.05	0.07		
镇江	0.03	52.96	0.04	0.04		

注："—"表示未检出

比较该水域常量元素发现，Na 含量除干流湖口段（39.22 mg/L）和饶河（21.07 mg/L）有明显的峰值外，其余湖区及支流（3.80～10.53 mg/L）明显低于干流段（12.26～12.45 mg/L）；K 含量在修河水域出现明显低值（1.35 mg/L），其余水域较为稳定；Ca 含量在湖区及其支流中除饶河（23.15 mg/L）和湖口（铁路桥，27.62 mg/L）水域出现 2 个峰值外，整体浓度（6.30～11.72 mg/L）要明显低于干流（21.86～35.56 mg/L）；Mg 含量情况与 Ca 一致，湖区及其支流中除饶河（6.62 mg/L）和湖口（铁路桥，6.11 mg/L）水域出现 2 个峰值外，整体浓度（1.78～2.53 mg/L）要明显低于干流（6.71～7.23 mg/L）。比较常用地理指纹元素的 Sr 含量情况，其中除湖区及其支流的饶河（89.80 μg/L）、湖口（铁路桥，193.45 μg/L）出现 2 个峰值外，其余水域（40.24～71.69 μg/L）均低于干流（171.20～196.87 μg/L）；同时，Ba 与 Sr 浓度分布特征一致，除湖区及其支流的饶河（38.51 μg/L）、湖口（铁路桥，46.25 μg/L）出现 2 个峰值外，其余水域（18.10～30.24 μg/L）均低于干流（42.50～52.96 μg/L）（表 2.9，图 2.6）。

综上所述，长江下游中鄱阳湖及其大部分支流水域的 Na、Mg、Ca、Cr、Fe、Co、Ni、Cu、Sr、Cd、Ba、Tl、Pb 均较低，但需要注意的是，信江和饶河水域在 Cr、Ni、Se、Cd、Tl 均显著高于其余水域；此外，鄱阳湖及其支流水域具有所有水域中最低的 Sr 浓度，表现出极强的地理特征。

2.2.6 河口区

长江口区因为崇明岛等岛屿的存在，被分隔为南支和北支水域。虽然南支水域较北支水域径流量大，但也更容易受到盐潮的影响，从而在元素浓度上具有更多变的特征（表 2.10）。本次调查中，仅最上游的崇西水域盐度为 0，加上北支（0.30‰）、北港（2.8‰）、南支（3.30‰），为淡水水域。南港（8.70‰）和九段沙（8.80‰）虽较东滩更靠外，但由于受到南支冲淡水影响，均为半咸水水域，而东滩则为典型海水水域（24.00‰）（表 2.11）。作为河口水域，河口区除盐度较低的北支和崇西外，多个元素含量为长江水系中最高值（主要是东滩水域），如 Mg（1066.74 mg/L）、K（346.31 mg/L）、

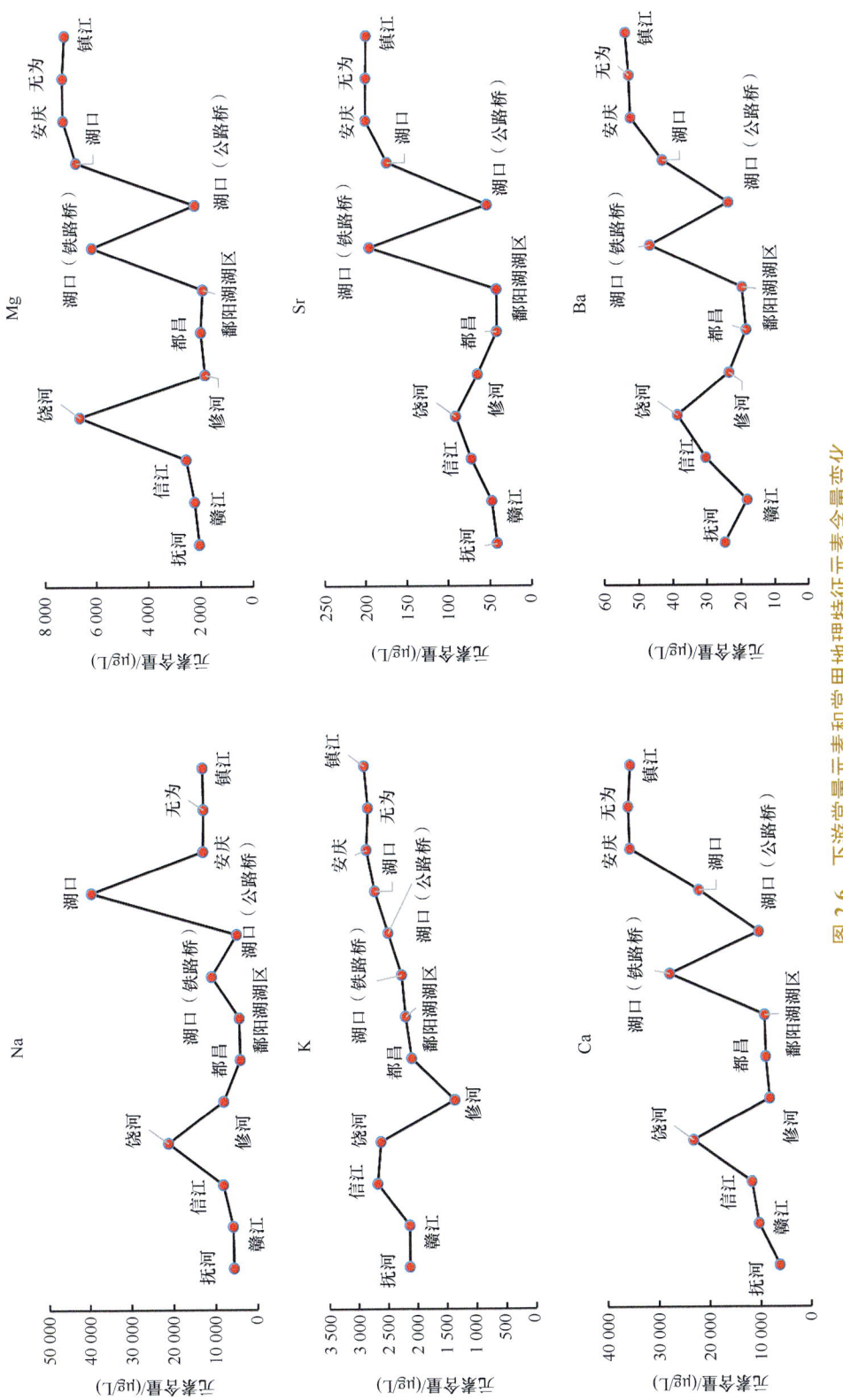

图 2.6 下游常量元素和常用地理特征元素含量变化

Ca（223.20 mg/L）、Cr（26.48 μg/L）、Fe（10.69 mg/L）、Cu（1479.74 μg/L）、Se（3.43 μg/L）、Sr（5901.85 μg/L）、Mo（8.76 μg/L）（表 2.11）。

表 2.10　河口区水样采样点信息

采样点	坐标 /（°）		采样点	坐标 /（°）	
	北纬	东经		北纬	东经
长江口北支	31.6333	121.7500	长江口东滩	31.4417	122.0167
长江口崇西	31.7033	121.2167	长江口南港	31.2550	122.0500
长江口南支	31.5000	121.4833	长江口九段沙	31.1000	122.0417
长江口北港	31.4333	121.8050			

表 2.11　长江口水系元素浓度

采样点	盐度 /‰	Na/（mg/L）	Mg/（mg/L）	Al/（μg/L）	K/（mg/L）	Ca/（mg/L）
北支	0.30	78.07	16.58	0.82	6.31	24.08
崇西	0.00	37.19	11.21	4.02	3.63	24.93
南支	3.30	690.91	155.09	1.79	48.06	51.85
北港	2.80	676.44	139.78	1.79	42.76	48.37
东滩	24.00	637.86	1066.74	17.95	346.31	223.20
南港	8.70	686.86	462.38	0.95	142.26	106.21
九段沙	8.80	701.35	492.04	0.55	150.82	110.83
采样点	Cr/（μg/L）	Mn/（μg/L）	Fe/（mg/L）	Co/（μg/L）	Ni/（μg/L）	Cu/（μg/L）
北支	0.22	0.22	0.98	0.05	0.49	2.50
崇西	0.24	0.02	0.99	0.02	0.41	1.70
南支	0.28	0.86	2.27	0.04	1.29	2.13
北港	0.34	0.82	1.95	0.02	0.50	1.62
东滩	26.48	0.18	10.69	0.00	0.09	1479.74
南港	0.36	0.68	4.20	0.04	0.75	1.65
九段沙	0.33	0.52	4.25	0.04	1.05	1.62
采样点	Zn/（μg/L）	As/（μg/L）	Se/（μg/L）	Sr/（μg/L）	Mo/（μg/L）	Ag/（μg/L）
北支	2.96	2.80	0.82	239.08	1.44	0.00
崇西	3.90	2.47	0.30	232.58	1.38	0.00
南支	7.39	6.79	3.14	1087.21	2.58	0.00
北港	3.93	5.72	1.87	919.67	2.19	0.00
东滩	2.94	3.87	3.43	5901.85	8.76	0.00
南港	4.06	14.12	2.11	2530.84	4.32	0.00
九段沙	3.67	14.25	2.03	2605.63	4.44	0.00

续表

采样点	Cd/（μg/L）	Ba/（μg/L）	Tl/（μg/L）	Pb/（μg/L）		
北支	0.00	15.66	0.00	0.02		
崇西	0.01	44.73	0.00	0.01		
南支	0.05	92.80	0.02	0.11		
北港	0.02	74.36	0.00	0.04		
东滩	0.33	32.17	0.00	0.00		
南港	0.06	70.36	0.00	0.10		
九段沙	0.06	66.88	0.00	0.08		

　　常量元素中，Na 含量明显分为两个水平，其中北支和崇西为低值，分别为 78.07 mg/L、37.19 mg/L，其余水域稳定且较高（637.86～701.35 mg/L）；其余常量元素 K、Ca、Mg 除东滩具有最高值，崇西、南支、南港、九段沙自上而下逐步递增，值得注意的是，由于北港位于南支下游，但可能受到横沙岛和长兴岛的分流影响，上述 3 个常量元素浓度（42.76 mg/L、48.37 mg/L、139.78 mg/L）均低于南支（48.06 mg/L、51.85 mg/L、155.09 mg/L）。常用地理特征元素中，Sr 含量变化与 K、Ca、Mg 一致，东滩具有最高值（5901.85 μg/L），崇西（232.58 μg/L）、南支（1087.21 μg/L）、南港（2530.84 μg/L）、九段沙（2605.63 μg/L）自上而下各常量元素逐步递增，而北港较两侧水域要低（919.67 μg/L）；虽然上述大部分元素中东滩水域均为峰值，但 Ba 含量中东滩处于低值（32.17 μg/L），反映出受海水影响较大的水域在其他元素浓度上升的同时，Ba 含量发生降低的现象（表 2.11，图 2.7）。除此以外，Mg、Sr、Ca 浓度均与盐度呈正相关关系（$R^2 \geqslant 0.9886$），表现出易受到盐

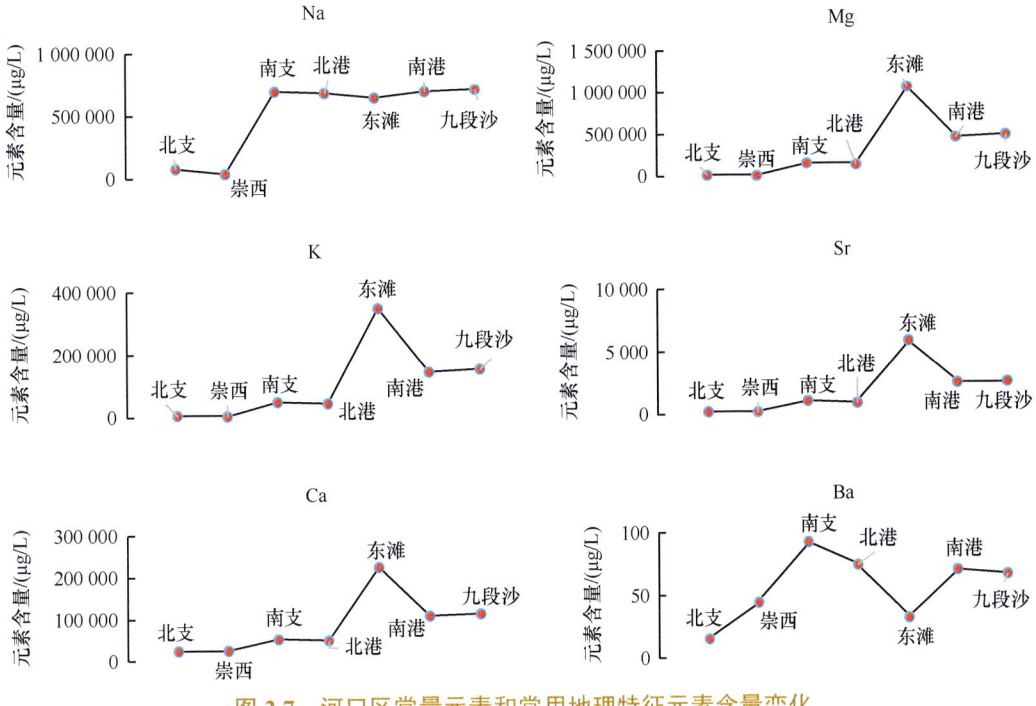

图 2.7　河口区常量元素和常用地理特征元素含量变化

度的影响；而 Ba 浓度与盐度虽呈负相关，但相关性较低（$R^2=0.0277$）（图 2.8）。但在去除盐度最低的崇西和北支水域后，Ba 浓度与盐度负相关，相关系数较高（$R^2=0.8973$）（图 2.9）。由此可见，Ba 浓度虽然同样易受到盐度的影响（负影响），极易被海水稀释，但当有多种来源水体混合时（如该水域的河口区域），需要综合考虑来水的元素背景特征。

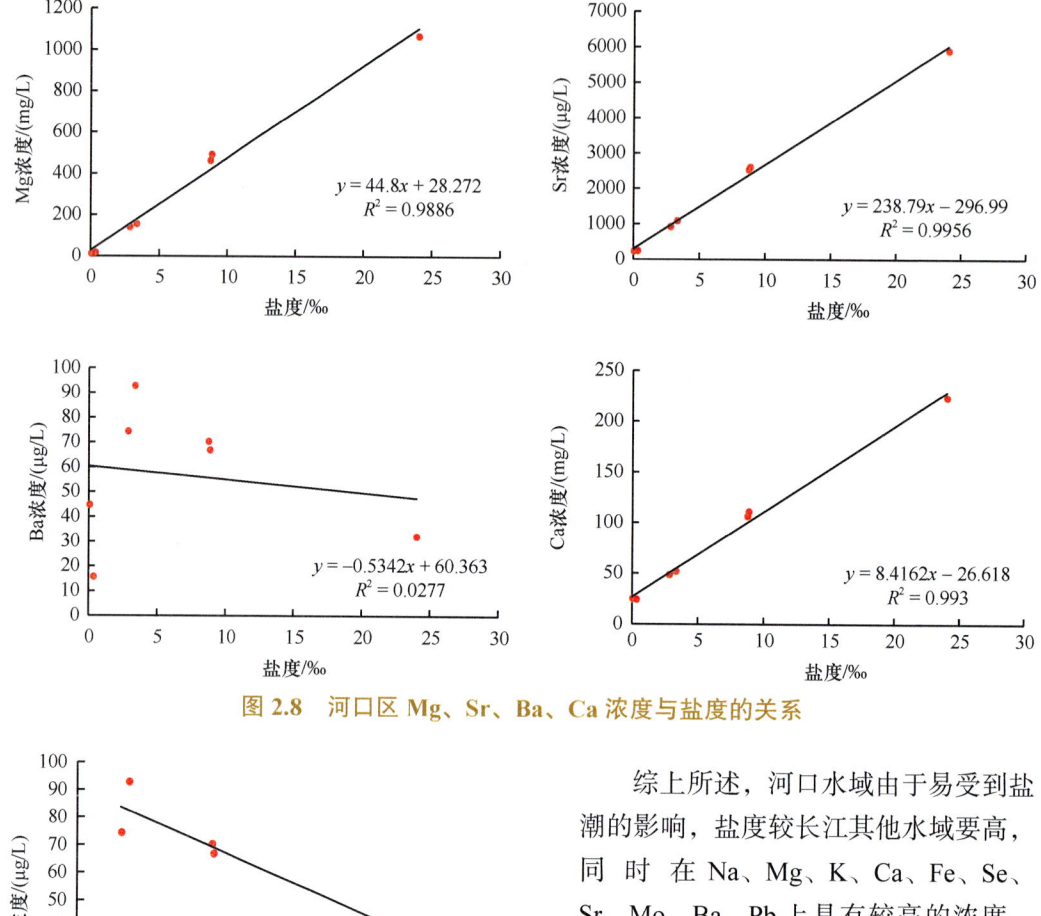

图 2.8　河口区 Mg、Sr、Ba、Ca 浓度与盐度的关系

综上所述，河口水域由于易受到盐潮的影响，盐度较长江其他水域要高，同时在 Na、Mg、K、Ca、Fe、Se、Sr、Mo、Ba、Pb 上具有较高的浓度，可作为该水域的地理特征元素。

图 2.9　河口区 Ba 浓度与盐度的关系（除去崇西和北支）

2.2.7　长江流域特征环境元素总体分析

长江流域水文条件组成复杂，其中上游区支流最多，大型一级支流分别有雅砻江、岷江、沱江、赤水河、嘉陵江、乌江等；中游相对简单，大型一级支流仅有汉江及通江湖泊洞庭湖；下游最为简单，仅有鄱阳湖。这些支流、湖泊的汇入，使得长江流域特征环境元素变化十分复杂。自河源区至河口区，长江流域除 Ag 元素外，其余元素均有较大的波动（图 2.10）。

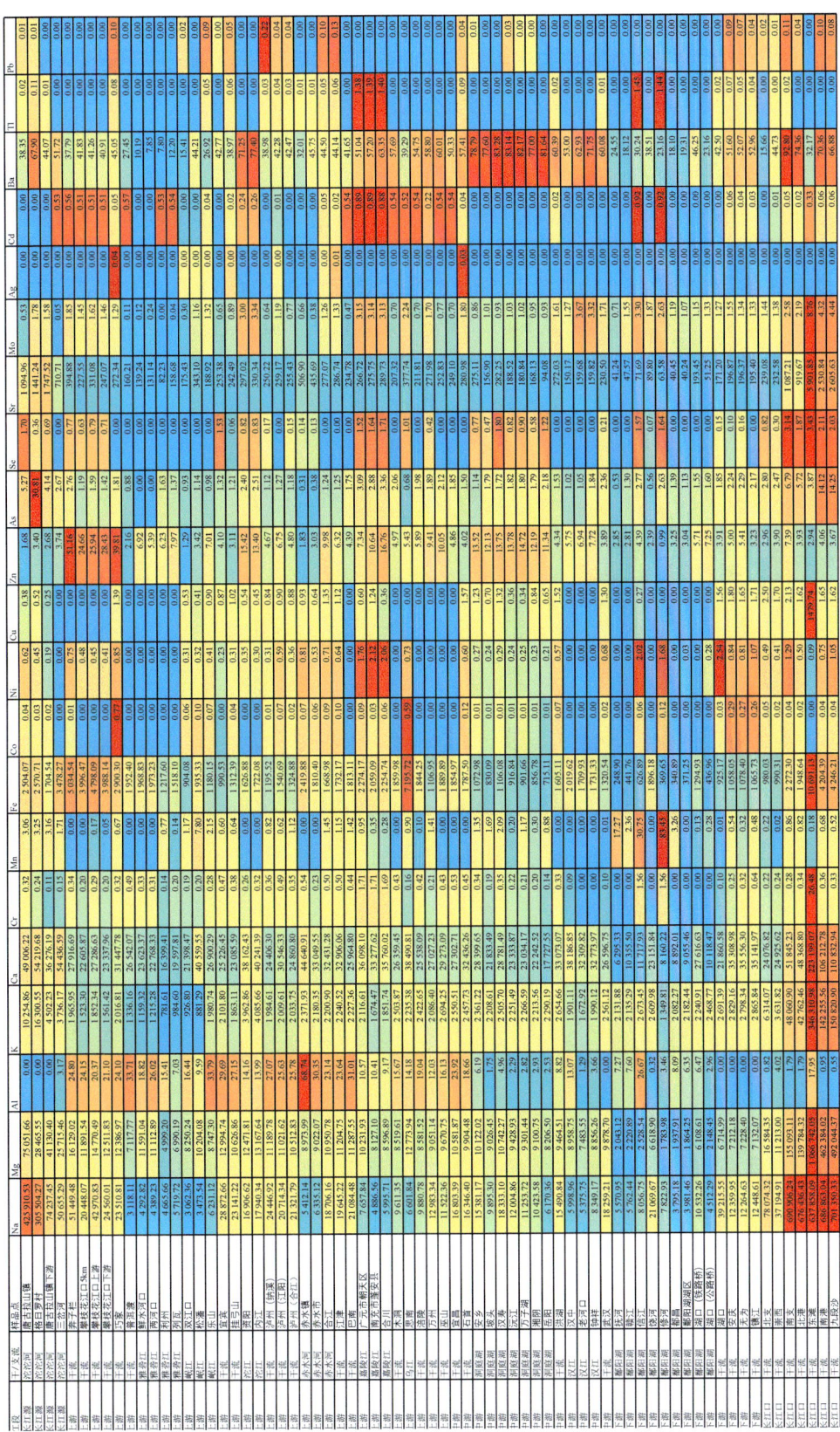

图 2.10 长江各江段、主要支流、湖泊元素含量情况（ppb）

$1ppb = 10^{-9}$。每个样品点 5 份样品。浓度自低到高对应蓝色—黄色—红色

总体而言，长江支流和湖泊水源可能主要来自降水，多数元素浓度低于邻近干流浓度。同时，支流、湖泊的低元素浓度水体与干流混合并稀释，造成了长江流域多数元素浓度分布具有首（河源区）尾（河口区）较高，中间依次递减的特征。

1. 干流

长江干流中 Na、Mg、K、Ca、Fe、As、Se、Sr 等元素（图 2.11）浓度变化主要表现为河源区和河口区要高于上、中、下游，且差异明显的趋势（$P < 0.05$，单因素方差分析）。比较盐度也存在类似的情况（长江源 1.2‰～0.3‰；长江口 0～24‰），其中南港、九段沙及东滩为半咸水、海水。除河源区和河口区外，比较长江干流的上、中、下游江段各元素情况，其中 Na、Mg、Fe、Sr、Cd 表现为依次递减；K、Ca、Ni、Cu、As、Tl 表现为依次递增。

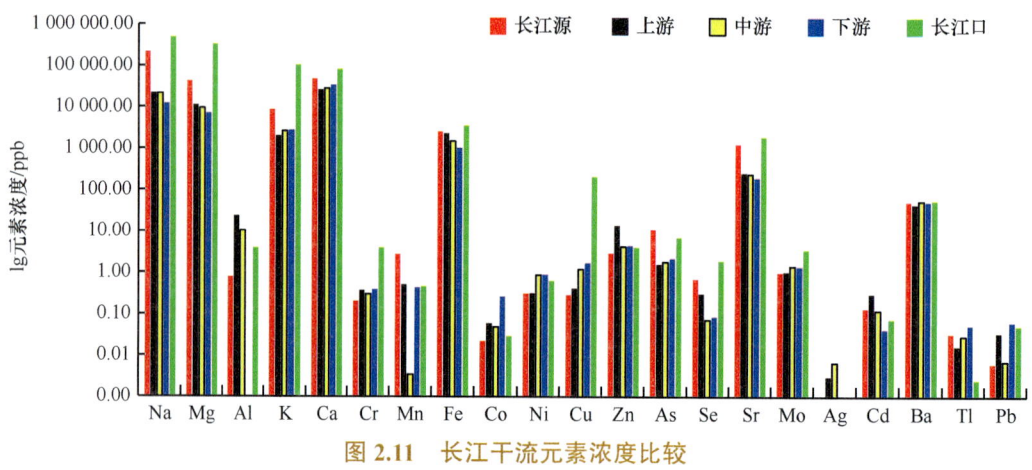

图 2.11　长江干流元素浓度比较

根据《地表水环境质量标准》（GB 3838—2002）及《海水水质标准》（GB 3097—1997）中关于主要污染元素的限定（Cr、Cu、Zn、As、Se、Cd、Pb），各江段除长江口东滩（Cu 1479.74 μg/L，Cr 26.48 μg/L）和奔子栏（Zn 51.16 μg/L）外主要水域均达Ⅰ类水标准。

2. 支流

本次调查支流分为上游江段的雅砻江、岷江、沱江、赤水河、嘉陵江、乌江及中游江段的汉江。其中 Mg、Ca 两元素含量较为稳定，各支流间未见显著差异（$P > 0.05$）。此外，沱江 Na、K 含量显著高于其他支流，乌江 Fe、Co 含量显著较高，嘉陵江 Cr 和 Cd 含量相对较高（Cr 1.69 μg/L±0.08 μg/L～1.71 μg/L±0.07 μg/L、Cd 0.88 μg/L±0.00 μg/L～0.89 μg/L±0.01 μg/L）（$P < 0.05$）。比较主要污染元素发现，所有支流均达Ⅰ类水标准（图 2.12）。

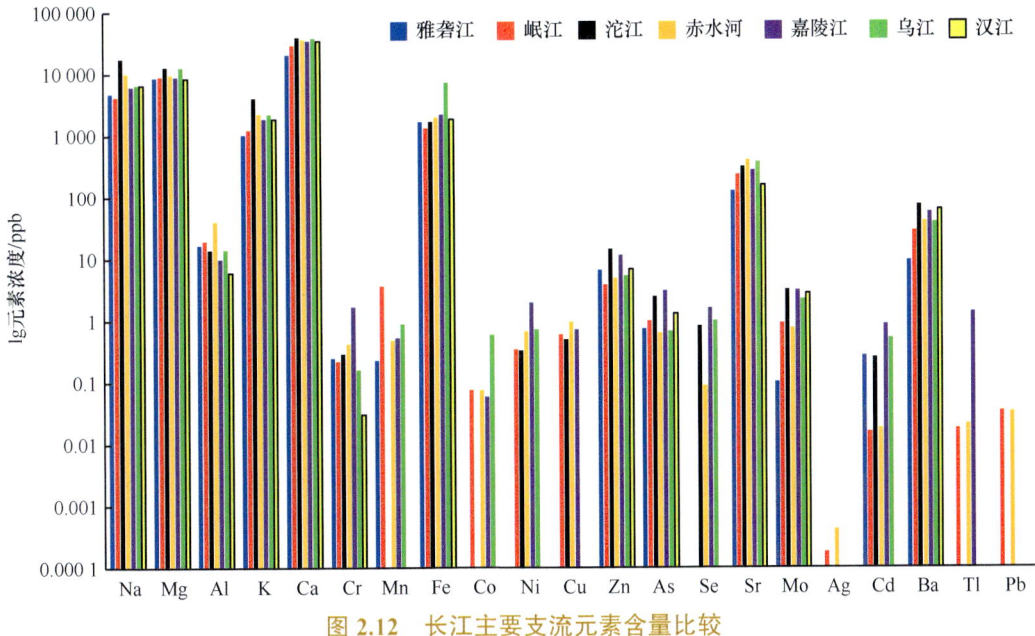

图 2.12　长江主要支流元素含量比较

3. 湖泊

本次调查的湖泊主要为洞庭湖和鄱阳湖。其中两湖间主要元素均以洞庭湖各水样含量较高（如 Na、Mg、Ca、Cu、Zn、Sr、Ba）（$P > 0.05$），而鄱阳湖的 Mo 含量（1.64 μg/L±0.83 μg/L）略高于洞庭湖水样（0.96 μg/L±0.06 μg/L）。比较主要污染元素（Cu、Zn、As、Se、Cd、Pb），洞庭湖各水样均表现出高于鄱阳湖各水样（除信江、修河），但所有水样污染元素含量均达 I 类水标准（图 2.13）。需要注意的是，信江和修河Cd 含量较接近 I 类水界定的 1 μg/L，分别为 0.92 μg/L±0.00 μg/L、0.92 μg/L±0.02 μg/L。此外，鄱阳湖的信江和修河水样中 Mn、Cd、Tl 元素含量为各水样中数值最高，具有明显的地理特征（图 2.13）。

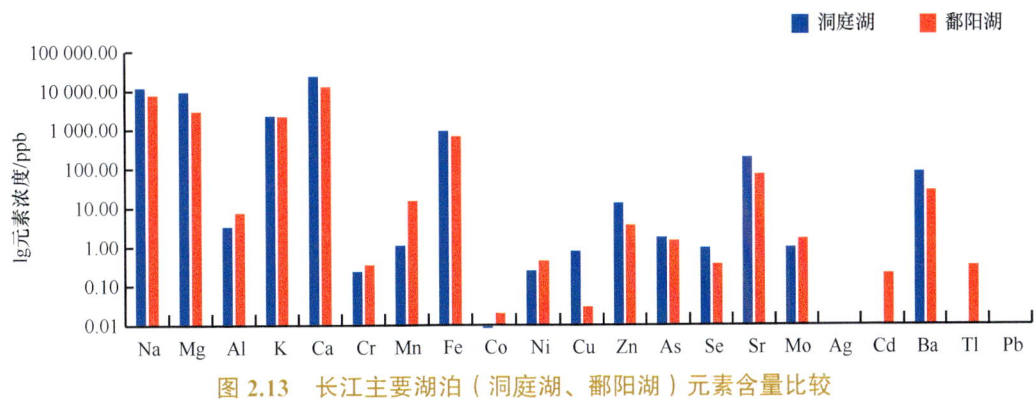

图 2.13　长江主要湖泊（洞庭湖、鄱阳湖）元素含量比较

2.2.8 研究展望

　　水生生物特征环境元素研究集合了分析化学、地球化学、水生生物学、资源学等多个学科。因此，该研究可以从全新的角度揭示传统水生生物生态学、生理学、资源学等较难厘清的"自然之谜"。本研究首次从特征环境元素出发，全面地分析了长江流域干流、大型一级支流及通江湖泊的特征环境元素。在掌握上述水域元素特征的同时，本研究还初步掌握了能反映各水域地理特征的元素含量和组成，为今后破解水生生物的生境履历、洄游模式、群体关联性、种群组成、关键栖息地识别和定位等提供了急需的基础数据。值得注意的是，长江流域除干流外，还有众多支流和湖泊汇入，加之大型水利枢纽对长江径流的调控，使得上述特征元素存在一定程度的波动。因此，在下一步的研究调查中，有必要按不同季节或水文节律开展周年调查，以进一步确认上述特征中较为稳定的地理特征元素。此外，与元素浓度特征易受到径流、降水等的影响不同，稳定同位素比（如 $^{87}Sr/^{86}Sr$ 等）更多地只与来源和当地的矿质特征有关。所以，在今后的调查中也可以增加稳定同位素特征，以进一步确认长江流域各水域的地理特征，从而大幅增加基于上述水域地理特征所开展的研究的准确度和精确度。

03

第 3 章　长江流域鱼类栖息地历史变迁与现状

3.1 概　　述

鱼类栖息地一般是指鱼类的生存环境，是指根据鱼类不同生活阶段，满足不同需要并行使其特定功能的小环境条件组成的单元。它同时能为鱼类提供生存、生长、繁殖等所需的空间，如适于产卵的产卵场、适于越冬的越冬场、适于鱼类生长并可提供丰富食物的索饵场及能满足鱼类在产前和产后休息的栖息地（王龙涛，2015）。

3.2 鱼类产卵场

3.2.1 产卵场定义

产卵场是指鱼虾贝等交配、产卵、孵化及育幼的水域，是水生生物生存和繁衍的重要场所，对渔业资源补充具有重要作用（水产辞典编辑委员会，2007）。

3.2.2 产卵场调查方法

1. 样品采集及处理

1）产漂流性卵鱼类

鱼卵、仔鱼采集按照《河流漂流性鱼卵、仔鱼采集技术规范》（SC/T 9407—2012）及《长江鱼类早期资源》（曹文宣等，2007）进行。调查仔鱼时，使用弶网（网口直径 1.2 m、网长 2 m、网目 50 目、网口面积 0.56 m²）在右岸和左岸进行昼夜连续采集，每天取样 2 次（8:00 和 15:00）。调查鱼卵时，使用圆锥网（网长 2.5 m、网目 50 目、网口面积 0.19 m²）在右岸、江心和左岸进行采集，每次采集 15 min，每天上午、下午各采集 1 次。在网口安装流速仪（LS45A 型）测量网口江水流速。

2）产黏沉性卵鱼类

在沿岸随机选择 8～10 个样方进行采集，覆盖全部生境类型（包括岩石、泥沙、砾石、水草及其不同组合底质），然后采用抄网（网口面积 0.43 m²、网目 40 目）在沿岸带水草区进行作业，作业距离和作业宽度则依据河岸形态及水草覆盖情况而定，每次涉水抄行长度为 10～30 m，宽度为 0.5～1.2 m，作业距离由手持式测距仪（EDKORS AS 600H）现场测定，作业宽度由卷尺现场测定（朱其广等，2023）。

每次采样均记录采样日期、天气状况、采样人、采样起止时间、卵苗数量，使用手持式全球定位系统（GPS）定位仪（Garmin GPSMAP 65）记录作业位点，同步记录水温、溶解氧、透明度、pH 等环境因子。水位和流量数据参考水利部长江水利委员会水文局全国水雨情信息网中水文监测的数值（http://xxfb.mwr.cn/）。现场镜检观察并记录鱼卵发育期，使用线粒体细胞色素b鉴定种类。仔鱼根据外部形态及肌节数目等特征直接进行种类鉴定，并记录各种类的数量。对无法鉴定种类的仔鱼用95%乙醇溶液保存，使用线粒体细胞色素b进行鉴定。仔鱼的鉴别参考《长江鱼类早期资源》（曹文宣等，2007）的方法进行。

2. 数据处理及分析

调查期间卵苗径流量的计算方法参照易伯鲁等（1988）的方法进行，具体如下。

一次采集断面的卵苗径流量（M）：

$$M = (Q/q)mC$$

式中，Q 为调查断面的平均江水流量（m^3/s）；q 为流经网内的江水流量（m^3/s）；m 为断面固定点一次采到的卵苗数量（粒/尾）；C 为断面卵苗流量系数。

断面卵苗流量系数（C）是调查断面各采集点的卵苗平均密度（$\bar{D}$）与常规采集点的卵苗密度（d）之比，即

$$C = \bar{D}/d$$

$$\bar{D} = \sum_{i=1}^{n} d_i / n$$

式中，$\sum_{i=1}^{n} d_i / n$ 为采集断面所设各点密度之和；n 为采集断面所设采集点的数量。

2次采集之间非采集时间内的卵径流量（M'）用插补法计算：

$$M' = t'/2(M_1/t_1) + M_2/t_2$$

式中，M_1 和 M_2 为前后2次采集的卵苗数量（粒/尾）；t_1 和 t_2 为前后2次采集的持续时间（s）；t' 为前后2次采集之间的间隔时间（s）。

一昼夜通过调查断面的卵苗径流量（N_m），是24h内定时采集的卵苗径流量之和（$\sum M$）与前后2次采集间非采集时间内卵苗径流量之和（$\sum M'$）的总和，即

$$N_m = \sum M + \sum M'$$

产卵场位置根据所采集的鱼卵发育时期，并结合当时采集断面的江水流速进行推算，计算公式如下：

$$L = V \times T$$

式中，L 表示鱼卵的漂流距离（m）；V 表示采集江段的平均流速（m/s）；T 表示胚胎发育所经历的时间（s）。

3.2.3 四大家鱼产卵场

1. 20 世纪 60 年代

20 世纪 60 年代，长江干流重庆至彭泽 1695 km 江段分布有四大家鱼产卵场36处，产卵场江段累计长度 707 km，1964~1965 年年均产卵总规模约 1184 亿粒。该时期，长江上游分布有重庆、木洞、涪陵、忠县、万县、云阳、巫山、秭归和宜昌 9 个四大家鱼产

卵场，累计长度 238 km，其中以宜昌产卵场延伸里程最大，为 46 km；长江中游分布有虎牙滩、枝城、江口、荆州、郝穴、石首、新码头、新滩口、监利、下车湾、尺八口、白螺矶、洪湖、陆溪口、嘉鱼、燕窝、簰洲、大咀、白浒山、团风、鄂城、黄石、蕲州、富池口和九江 25 个四大家鱼产卵场，累计长度 442 km，其中以黄石产卵场延伸里程最大，为 37 km；长江下游分布有湖口、彭泽 2 个产卵场，累计长度 27 km。

1964～1965 年，长江上游产卵场年均产卵规模 269 亿粒，占干流总规模的 22.7%，产卵规模以宜昌产卵场最大，为 80 亿粒；长江中游产卵场年均产卵规模 905 亿粒，占干流总规模的 76.4%，产卵规模以黄石产卵场最大，为 68 亿粒；长江下游产卵场年均产卵规模 10 亿粒，占干流总规模的 0.84%（表 3.1）。

表 3.1　1964～1965 年长江干流四大家鱼产卵场的分布和产卵规模

序号	产卵场名称	延伸范围	延伸里程 / km	产卵规模			
				1964 年		1965 年	
				产卵量 / 万粒	占比 /%	产卵量 / 万粒	占比 /%
1	重庆	巴县—重庆	30	193 080	1.79	474 124	3.97
2	木洞	木洞—洛碛	20	128 112	1.19	103 802	0.80
3	涪陵	涪陵—珍溪	25	191 250	1.78	363 430	2.81
4	忠县	忠县—西沱	35	242 130	2.25	249 072	1.93
5	万县	万县—舟溪场	18	121 065	1.13	258 251	2.00
6	云阳	云阳—故陵	20	121 065	1.13	330 458	2.56
7	巫山	巫山—楠木园	38	208 589	1.94	219 921	1.70
8	秭归	泄滩—秭归	6	240 539	2.23	323 160	2.52
9	宜昌	三斗坪—十里红	46	774 029	7.19	834 670	6.46
10	虎牙滩	仙人桥—虎牙滩	3	351 281	3.26	329 715	2.55
11	枝城	枝城—董市	30	162 786	1.51	345 715	2.68
12	江口	江口—浠市	25	573 658	5.33	417 566	3.23
13	荆州	荆州—公安	35	347 437	3.23	289 700	2.24
14	郝穴	郝穴—新厂	15	438 736	4.08	244 268	1.89
15	石首	藕池口—石首	16	635 135	5.91	488 537	3.78
16	新码头	新码头—刘河口	22	499 758	4.64	623 513	4.83
17	新滩口	新滩口—塔市驿	21	378 543	3.52	417 171	3.23
18	监利	监利—陈家码头	13	239 160	2.22	675 477	5.23
19	下车湾	下车湾—砖桥	16	212 520	1.97	398 469	3.09
20	尺八口	反咀—观音洲	35	302 040	2.81	571 186	4.42
21	白螺矶	城陵矶—龙头山	21	302 040	2.81	509 988	3.95

续表

序号	产卵场名称	延伸范围	延伸里程 /km	产卵规模			
				1964 年		1965 年	
				产卵量 / 万粒	占比 /%	产卵量 / 万粒	占比 /%
22	洪湖	洪湖—叶家洲	7	348 475	3.24	382 491	2.96
23	陆溪口	赤壁—陆溪口	7	320 100	2.97	127 497	0.99
24	嘉鱼	嘉鱼岩—嘉鱼夹	16	348 475	3.24	254 995	1.98
25	燕窝	燕窝—汉金关	5	232 938	2.16	396 016	3.07
26	簰洲	簰洲—洪水口	14	420 480	3.91	594 023	4.60
27	大咀	邓家口—大咀	7	210 240	1.95	198 008	1.53
28	白浒山	青山—葛店	29	420 480	3.91	792 032	6.13
29	团风	芭蕉湾—三江口	14	397 800	3.70	333 591	2.58
30	鄂城	樊口—龙王矶	11	225 240	2.09	412 794	3.20
31	黄石	兰溪—岚头矶	37	723 000	6.72	637 289	4.94
32	蕲州	挂河口—笔架山	7	112 620	1.05	79 203	0.61
33	富池口	富池口—下巢湖	6	112 620	1.05	79 203	0.61
34	九江	赤湖—白水湖	30	112 620	1.05	79 203	0.61
35	湖口	湖口—八里江	5	56 310	0.52	39 602	0.31
36	彭泽	中夹口—小孤山	22	56 310	0.52	39 602	0.31

2. 20 世纪 80 年代

1981 年，长江干流重庆至武穴 1520 km 江段共分布有四大家鱼产卵场 24 处，产卵总规模 173 亿粒（表 3.2）。长江上游分布有重庆、木洞、涪陵、高家镇、忠县、大舟溪、云阳、奉节、巫山、秭归和宜昌坝上 11 个四大家鱼产卵场，其中以云阳产卵场延伸里程最大，为 60 km；长江中游分布有宜昌坝下、白洋、枝城、江口、沙市、新厂、石首、监利、螺山、嘉鱼、新滩口、鄂城和道士袱 13 个四大家鱼产卵场，其中以监利产卵场延伸里程最大，为 70 km（长江四大家鱼产卵场调查队，1982）。

表 3.2　1981 年长江干流四大家鱼产卵场的分布和规模

序号	产卵场名称	延伸范围	延伸里程 /km	产卵量 / 万粒	占比 /%
1	重庆	重庆及以上		3 718.0	0.21
2	木洞	木洞上下		16 952.6	0.98
3	涪陵	涪陵上下		22 108.7	1.28
4	高家镇	高家镇上下		11 210.7	0.65
5	忠县	西沱—忠县	47	34 075.5	1.96
6	大舟溪	大舟溪上—小舟溪下	10	66 375.7	3.83

序号	产卵场名称	延伸范围	延伸里程/km	产卵量/万粒	占比/%
7	云阳	小江—云阳下	60	87 659.5	5.05
8	奉节	安坪—奉节上	21	31 521.9	1.82
9	巫山	碚石上—奉节下	47	171 041.5	9.86
10	秭归	巴东下—太平溪	40	135 412.4	7.81
11	宜昌坝上	三斗坪—南津关	35	50 160.0	2.89
12	宜昌坝下	葛洲坝下—宜都上	40	111 371.1	6.42
13	白洋	宜昌—枝城上	16	74 399.0	4.29
14	枝城	枝城—枝江	33	102 393.0	5.90
15	江口	江口—涴市	23	205 637	11.85
16	沙市	沙市—公安	53	203 224	11.72
17	新厂	新厂上下	25	174 896	10.08
18	石首	石首—调关	21	86 983	5.01
19	监利	塔市驿—尺八口	70	75 166	4.33
20	螺山	白螺—城陵矶下	40	50 804	2.93
21	嘉鱼	复兴洲附件	5	13 286	0.77
22	新滩口	洪水口—簰洲	13	5 733	0.33
23	鄂城	鄂城上下		255	0.01
24	道士袱	道士袱上下		288.1	0.02

注：空白格表示无数据

与20世纪60年代调查结果相比，长江干流四大家鱼产卵场的分布范围基本相符，但产卵规模明显缩小，仅约为60年代的15.7%。宜昌以上江段的产卵场仍然全部存在，新发现高家镇和奉节两处产卵场；原宜昌产卵场被葛洲坝分隔为坝上和坝下2个产卵场，坝上江段南津关至大坝间江段的产卵场消失；宜昌以下到武穴段有12个产卵场，包含新发现的白洋产卵场，但陆溪口、燕窝、大咀、白浒山、团风、蕲州、富池口等产卵场消失。

1986年，长江干流重庆至武穴江段分布有四大家鱼产卵场30个，产卵场江段累计长度512 km（表3.3）。长江上游分布有重庆、木洞、长寿、涪陵、高家镇、忠县、万县、云阳、巫山、秭归和三斗坪11个四大家鱼产卵场，其中以云阳产卵场延伸里程最大，为38 km；长江中游分布有宜昌、虎牙滩、宜都、枝江、江口、沙市、郝穴、石首、调关、监利、反咀、螺山、嘉鱼、簰洲、大咀、白浒山、团风、黄石和田家镇19个产卵场，其中以黄石产卵场延伸里程最大，为31 km。

表 3.3 1986 年长江干流四大家鱼产卵场的分布和规模

序号	产卵场名称	延伸范围	延伸里程/km	产卵规模占比/%
1	重庆	寸滩—唐家沱	10	1.2
2	木洞	木洞—洛碛	18	2.4
3	长寿	镇安—蔺市	8	2.0
4	涪陵	珍溪—立石	15	2.6
5	高家镇	高家镇—洋渡溪	18	4.0
6	忠县	忠县—西沱	26	6.0
7	万县	大舟溪—小舟溪	10	4.1
8	云阳	云阳—故陵—安坪	38	3.7
9	巫山	涪石—楠木园	14	2.4
10	秭归	泄滩—青滩	20	0.5
11	三斗坪	太平溪—石牌	30	0.7
12	宜昌	十里红—烟收坝	8	14.7
13	虎牙滩	仙人桥—虎牙滩	3	11.0
14	宜都	云池—宜都	7	0.5
15	枝江	洋溪—枝江	29	1.8
16	江口	江口—浼市	25	3.1
17	沙市	虎渡河口—沙市	12	1.8
18	郝穴	郝穴—新厂	15	2.7
19	石首	藕池口—石首	10	1.1
20	调关	碾子湾—调关	22	2.9
21	监利	塔市驿—老河下口	25	1.1
22	反咀	盐船套—荆江门	8	2.0
23	螺山	白螺矶—螺山	19	1.9
24	嘉鱼	陆溪口—嘉鱼	23	1.4
25	簰洲	甲东岭—新滩口	13	2.2
26	大咀	大咀—纱帽山	14	1.1
27	白浒山	阳逻—葛店	15	1.6
28	团风	团风—两河口	6	4.6
29	黄石	巴河口—道士袱	31	6.9
30	田家镇	蕲州—半边山	21	8.0

与 1981 年的调查结果相比，葛洲坝枢纽兴建后，四大家鱼产卵场的分布范围没有发生明显变化。因水文条件的改变，原宜昌坝上产卵场规模大幅度缩减；由于四大家鱼亲鱼

多集中在葛洲坝下不远的江段产卵，使原宜昌产卵场下部（十里红至烟收坝江段）、虎牙滩产卵场（仙人桥至虎牙滩江段）规模显著增大，成为干流最大的产卵场。

3. 21 世纪初

2017～2021 年长江渔业资源与环境调查结果显示，四大家鱼产卵场主要分布在长江中上游 13 个江段（产卵规模＞0.1 亿粒），产卵场江段长度约为 376 km。其中，长江上游江段主要分布在合江县、涪陵区和涪陵下 3 个江段，产卵场江段长度约 180 km；长江中游产卵场主要分布在宜昌、枝江上、枝江下、石首、君山区、云溪区、洪湖、团风、鄂州下和黄石 10 个江段，产卵场江段长度约 196 km。

3.2.4　中华鲟产卵场

历史上，中华鲟产卵场遍布于牛栏江以下的金沙江下游江段至重庆以上长约 600 km 的长江干流江段，已报道的长江上游历史产卵场共 19 处。其中，比较著名的中华鲟产卵场有金沙江下游的三块石、偏岩子和金堆子产卵场，以及长江上游的铁炉滩和望龙碛产卵场。1981 年因长江水坝的修建，中华鲟固有的产卵洄游路线被切断，次年在长江宜昌江段发现了中华鲟产卵繁殖行为，至此，原有金沙江下游和长江上游中华鲟产卵场消失，在宜昌江段（西坝）形成了长约 4 km 的现存唯一已知产卵场。

相较长江上游历史产卵场，中华鲟宜昌产卵场与之有较多相似之处。顺直微弯的河道、卵石河床底质、较为明显的负坡地形等适宜的水文地貌条件促成了中华鲟产卵场的形成。1983～2012 年，中华鲟宜昌产卵场每年均有 1～2 批次的中华鲟自然繁殖活动发生。随着水库蓄水（2003 年）和河势工程调整（2004 年）等外部扰动的发生和产卵场水文节律的逐步改变，2003 年之后，中华鲟的繁殖规模和繁殖时间出现了明显降低和逐步推迟的现象。2013～2023 年，中华鲟自然繁殖则由连续变为偶发，仅 2016 年在宜昌产卵场有中华鲟自然繁殖活动被监测到。随着长江上游梯级水坝的建设运行和产卵场水文节律的进一步改变，中华鲟现存产卵场功能衰退明显。

3.2.5　主要经济鱼类产卵场

根据历史记录及 2017～2021 年长江流域鱼类早期资源调查结果，长江干支流鱼类的产卵场分布广泛，不同类型鱼类的产卵场分布具有显著的差异性。在长江上中下游均广泛分布有大小不一的常见经济鱼类如鲤、鲫等的产卵场，典型的四大家鱼产卵场主要分布在长江中下游，金沙江、长江上游及其部分支流分布有较多的特有鱼类产卵场。产黏沉性卵鱼类产卵场相较于产漂流性卵鱼类产卵场分布更为广泛。

1. 长江中上游干流

在长江中上游干流的调查显示，产黏沉性卵鱼类产卵场主要分布在金沙江下游绥江、叙州区及翠屏，长江上游干流产卵场主要位于泸州、江津通泰门和朱杨、永川松溉。长江中上游干流中产漂流性卵鱼类产卵场主要分布在金沙江中下游攀枝花、皎平渡、会东、会泽、巧家、宜宾柏溪等江段，上游干流分布在江安、大渡口、合江、弥陀、朱沱、朱杨、金刚等江段，三峡库区干流产卵场主要分布在长寿至涪陵珍溪江段，长江中游四大家鱼产卵场分布在 12 个江段，产卵规模较大的产卵场分别位于葛洲坝下、胭脂坝、红花套、白螺、汉口和汉口下 6 个江段。

2. 通江湖泊

1）鄱阳湖

鄱阳湖水位高、湖滩草洲发育，给鲤、鲫等鱼类提供了丰富的繁殖生态条件和饵料来源。2013 年 3～5 月鄱阳湖鲤、鲫产卵场现场考察结果显示，鄱阳湖鲤、鲫鱼产卵场有 33 处，分别是北口湾、鲫鱼湖、程家池、三洲湖、大沙坊湖、三湖、团湖、北甲湖、东湖、上深湖、下深湖、常湖、蚌湖、莲子湖、汉池湖、大湖池、象湖、沙湖、西湖渡、南湖、林充湖、草湾湖、王罗湖、六潦湖、晚湖、太阳湖、南疆湖、大鸣湖、中湖池、边湖、云湖、外珠湖、金溪湖，总面积为 379.19 km²。当时星子站平均水位为黄海高程 12.52 m（唐国华，2017）。鲤、鲫产卵场主要位于湖区南部和东南部滩地，少数位于西部滩地（唐国华，2017）。

结合 2017～2021 年长江渔业资源与环境调查结果和历史调查记录，结果显示，目前鄱阳湖较好的鲤产卵场有 19 处，分别是余干县的北口湾、鲫鱼湖、程家池、三洲湖；南昌县的大沙坊湖、三湖、团湖；新建区的北甲湖、东湖、上深湖、下深湖、常湖；庐山市的蚌湖；鄱阳县的莲子湖、汉池湖；永修县的大湖池、象湖、沙湖；都昌县的西湖渡；另外南湖、林充湖、草湾湖、王罗湖、六潦湖、晚湖、太阳湖、南疆湖、大鸣湖、中湖池、边湖、云湖、外珠湖、金溪湖等 14 处也是鲤鱼产卵场。

2）洞庭湖

李成（2006）于 1997～2005 年的调查结果显示，洞庭湖鲤、鲫产卵场有 45～48 处，面积波动范围为 212～308 km²。其中东洞庭湖鲤、鲫产卵场有 13 处，面积波动范围为 131.8～148 km²；南洞庭湖鲤、鲫产卵场有 26 处，面积波动范围为 30.7～72 km²；西洞庭湖鲤、鲫产卵场有 6～9 处，面积波动范围为 38.5～92 km²（李成，2006）。

2017～2021 年长江渔业资源与环境调查结果显示，在洞庭湖共发现产黏沉性卵鱼类产卵场 45 处，东洞庭湖产卵场主要有煤炭湾、麻塘镇、六门闸、飘尾港、太平咀、小丁字堤、君山、团结村、风车拐、漉湖等，西南洞庭湖产卵场主要分布在祁青村、万字湖村、东城村、七房湾等。

3.3　鱼类索饵场

3.3.1　索饵场定义

索饵场是指水生动物集群觅食育肥的水域（水产名词审定委员会，2002）。

3.3.2　长江上游

　　鱼类索饵场一般在食物比较丰富的地方，如支流和干流的交汇口，此处河面宽阔，水流较缓，由于常年的流水冲击，带来支流上游丰富的饵料，因此汇口处一般都为重要的索饵场。

　　洄游型鱼类和某些半洄游型鱼类的幼鱼通常在离产卵场较远的地方育肥。中华鲟的幼鱼在长江中下游离河口不远的地方度过1龄，以后进入海洋直接性成熟；铜鱼的幼鱼主要生活在江津或重庆以下的江段；圆口铜鱼的幼鱼分布在宜宾以下；长江鲟的幼鱼主要集中在合江至江津一带；在沱江产卵的长吻鮠，其幼鱼将在不长的时间内游入长江。川江河床地形复杂，多数不同起源的鱼类幼鱼都能在它的生殖场所附近找到适合其生存的小生境。岩原鲤及伦氏孟加拉鲮的幼鱼在岩石间隙中生活；突吻鱼的幼鱼成群地在流水滩上取食固着藻类；平原湖泊鱼类的幼鱼，如三角鲂、银鲴、花䱻等生活在水流较缓的弯沱、壕或小支流的河口；鲤、鲫的幼鱼分别在水草及青苔丛生的河湾及浅滩索饵；鲇、鳜等典型肉食性鱼类的幼鱼，单个而不成群地在其他幼鱼密集的弯沱及浅滩活动（四川省长江水产资源调查组，1975）。

　　三峡水库蓄水后，鱼类生境发生改变，使得喜急流的鱼类数量减少，而喜静水的鱼类数量增多。三峡成库后，长江上游生境演变为与长江中游江湖复合生态系统功能相似的江-库复合生态系统，且支流来水的汇入、城镇排放的生活污水带来了大量的营养物质，使得库区水体营养水平升高，饵料生物大量生长，为鱼类提供了丰富的饵料生物，形成了鱼类良好的索饵场所。2017～2021年长江渔业资源与环境调查结果显示，长江上游幼鱼主要分布在弯沱、支流汇口处及三峡库区回水区域，其中三峡库区回水区和干支流交汇处可能是幼鱼的索饵场。

3.3.3　长江中游

　　长江中游大小湖泊数以千计，大多数是直接或间接与长江相通的浅水湖泊，是鱼类优良的肥育场所。调查结果显示，5月下旬至10月水深变动为3～7 m；水温变动为15～31℃，大部分时间在20℃以上。这时饵料生物大量繁衍，并有一些围垦的农田和草滩被淹没，为各种食性的鱼类提供肥育所需的丰富饵料。对于湖泊型鱼类来说，成鱼、幼鱼、鱼苗基本上是在湖泊中进行肥育的。对于半洄游型和江河洄游型鱼类来说，进入湖区的主要还是大量的鱼苗和幼鱼，每年5月、6月是江河鱼类的主要繁殖时期，长江中有数量庞大的经济鱼类鱼苗、幼鱼进入湖区，6月、7月以后，长江中有大量经济鱼类幼鱼需要进入湖泊摄食肥育（梁秩燊等，1981）。

　　对于鄱阳湖和洞庭湖通江水道而言，季节性的洪水淹没，使得河漫滩为鱼类栖息提供丰富的生境。湖滨带植被及水中的植被为幼鱼或专栖于植被的小型鱼类提供了庇护所。在洪泛季节也可为鲤、鲫等鱼类提供产卵场。由于汇流口处形成的温度梯度和漩涡，营养物质、木质残骸和有机物在此聚集，有利于浮游动植物的生长，进而为鱼类提供丰富的饵料来源（陈文静等，2017）。

　　刘艳佳等（2020）于2017年7月至2018年6月对洞庭湖通江水道的调查共采集到仔鱼1521尾，隶属4目5科19种，其中江湖洄游型鱼类有9种，占种类数的47.4%，占仔鱼丰度的 10.5%。从仔鱼平均密度变化来看，仔鱼主要出现时间在 4～9 月，其中密度以 6 月最高（848.8 ind./1000 m³）。同时，该调查还采集到幼鱼和成鱼 5122 尾，隶属 5 目 9 科 42 种。在数量上，短颌鲚最多，占总数的 30.3%，贝氏䱗和䱗分别占总数的 15.3% 和 12.2%。其中，江湖洄游型鱼类的种类占比为 28.6%，数量占比为 58.2%，重量占比为 40.7%。从鱼类出入湖来看，4～7 月，江湖洄游型鱼类的运动指数在 0.1～0.7，呈现入湖趋势；9 月至次年 3 月，江湖洄游型鱼类的运动指数在 –0.4～–0.1，呈现出湖趋势（刘艳佳等，2020）。

3.3.4 长江下游

1. 仔稚鱼分布特征及密度变化

Fang 等（2021）于 2018～2020 年每年 5～7 月的调查结果显示，不同种类的仔稚鱼表现出不同的时间模式，湖口（HK）断面仔稚鱼密度的年度峰值出现在 7 月 25 日（505.05 ind./100 m³）、6 月 24 日（1122.82 ind./100 m³）和 7 月 28 日（865.05 ind./100 m³）；安庆（AQ）断面，年度峰值出现在 6 月 16 日（4920.63 ind./100 m³）、5 月 27 日（2077.96 ind./100 m³）和 6 月 21 日（2180.81 ind./100 m³）；南京（NJ）断面，年度峰值出现在 8 月 4 日（501.90 ind./100 m³）、7 月 22 日（347.10 ind./100 m³）和 7 月 9 日（325.93 ind./100 m³）；如皋（RG）断面，年度峰值分别出现在 6 月 21 日（296.46 ind./100 m³）、7 月 14 日（425.15 ind./100 m³）和 7 月 18 日（340.68 ind./100 m³）（Fang et al.，2021）。总体表现为湖口断面和安庆断面仔稚鱼密度大于南京断面和如皋断面。

2. 幼鱼分布特征

Fang 等（2022）对长江下游湖口（HK）、安庆（AQ）、当涂（DT）和常熟（CS）等鲢资源现状调查结果显示，各江段的鲢平均体长和平均体重存在显著差异，长江下游鲢的体长范围为 31.9～876 mm，平均体长为 283.52 mm，其中主要体长组范围为 100～300 mm，占 51.27%。鲢的体重范围为 65.02～6500 g，平均体重为 700.99 g，其中优势体重组为 200～400 g，占 57.89%。各江段幼鱼体长分布范围显示，安庆江段和当涂江段鲢幼鱼体长分布在 200 mm 以下的居多，400～600 mm 和大于 600 mm 的比例较低；湖口江段鲢幼鱼体长分布主要集中在 200 mm 以下和 200～400 mm；常熟江段鲢幼鱼体长分布主要集中在 400～600 mm。此外，有调查结果显示，各采样断面鲢径流量变化趋势为安庆断面＞湖口断面＞当涂断面＞常熟断面（Fang et al.，2022）。

鄱阳湖承接长江中下游，是维持长江中下游生态的关键水域，为多种洄游型鱼类提供了关键的洄游通道。湖口江段仔稚鱼资源经通江水道进入鄱阳湖中进行育幼和索饵活动。安庆江段属于相对稳定的分汊型河流，与之相连的下游江段拥有众多的洲滩，如白沙洲、鹅毛洲和新洲等，多年江水冲刷导致洲滩营养物质沉积，可为淡水定居性鱼类繁育提供充足的饵料。2017～2019 年长江渔业资源与环境调查结果显示，安庆江段仔幼鱼密度分布较大。这可能是因为安庆江段拥有众多与长江干流相连的河汊等河流形态，形成典型的江湖复合生态系统和冲积平原，该种生态系统为江湖半洄游型鱼类的繁殖和索饵提供了优越的生境条件，亲鱼洄游至河道中完成繁殖活动，孵化的仔稚鱼和幼鱼再利用季节性洪水游至具有较高初级生产力的湖泊和浅滩沙洲中育幼，以补充鱼类的种群数量。

3.3.5 通江湖泊

1. 鄱阳湖

鄱阳湖是江海洄游型鱼类鲥和刀鲚幼鱼成熟的重要场所。鄱阳湖草洲资源丰富，分布在海拔 12～17 m 范围内，湖区的饵料生物大量繁衍，每当草洲被淹没，就为各种食性的鱼类摄食肥育提供所需的丰富饵料。对于草食性鱼类而言，可以直接提供食物；对于其他食性鱼类而言，可以间接地提供饵料。同时，产卵后的江海洄游型和江湖洄游型成鱼及其大量鱼苗、幼鱼陆续进入鄱阳湖湖区，进行摄食、肥育，湖泊定居性鱼类的成鱼、幼鱼和鱼苗也在湖泊中生长肥育。

四大家鱼——青、草、鲢、鳙属于江湖洄游型鱼类，孵化后的仔鱼随着水流进入饵料丰富的鄱阳湖摄食生长，产卵后的多数亲鱼也进入湖区摄食育肥，湖泊补充种鱼群体；在冬季水位下降时，洄游型鱼类又回到长江干流深水处越冬，也有部分四大家鱼留在鄱阳湖越冬。鲥鱼在每年的 5～6 月由长江进入鄱阳湖，在湖区觅食，再上溯至赣江江段产卵，产卵场内孵化出的鲥幼鱼顺着赣江而下，再次进入鄱阳湖长大育肥，直至秋季（一般 10 月初）出湖沿长江入海；刀鲚进入鄱阳湖繁殖的后代 6～9 月在鄱阳湖中进行肥育，秋季洄游入海（唐国华，2017）。唐国华（2017）于 2010 年的调查显示，鄱阳湖有鱼类索饵场 35 处，共 390 km²（平均水位 14.78 m），主要分布在东部、中部和南部。据调查鉴定，鄱阳湖索饵场鱼类主要有鲤、鲫、青鱼、草鱼、鲢、鳙、鳜、鲇、鲌、短颌鲚、刀鲚等，其中鲤、鲫幼鱼占 60% 以上（唐国华，2017）。

李慧峰等（2023）于 2020～2021 年索饵期的调查结果显示（图 3.1），鄱阳湖 2～10 cm 的小型鱼类所占比例最高，为 36.15%。中部湖区和南部湖区鱼类密度大于北部湖区，可能是因为中部深处主湖区内部水质较好，水面宽阔且远离主航区，鱼类受到干扰较小，南部多为河湖交汇处，流态复杂，饵料来源丰富，是鱼类良好的繁育场所。索饵场优势种有鲤、鲫、鲢、贝氏鳘、似鳊、短颌鲚、斑条鳑、鲂和寡鳞飘鱼（蒋祥龙等，2022；李慧峰等，2023）。

2. 洞庭湖

李成（2006）于 1997～2005 年的调查结果显示，洞庭湖鲤、鲫索饵场有 31～34 处，面积波动范围在 676～886 km²。其中东洞庭湖鲤、鲫索饵场有 13 处，面积波动范围为 415～610 km²；南洞庭湖鲤、鲫索饵场有 16 处，面积波动范围为 98.3～175 km²；西洞庭湖鲤、鲫产卵场有 2～5 处，面积波动范围为 54.7～199 km²（李成，2006）。索饵鱼类主要为鲤、鲫、草鱼、鳊、鲢、鳙、青鱼、鳜、鲇等，索饵种群数量在 100 亿尾以上。

2017～2021 年长江渔业资源与环境调查结果显示，洞庭湖鱼类索饵场位置与产卵场位置基本重叠。贾春艳等（2022）研究表明，东洞庭湖鱼类分布呈现显著的时空变化特征（图 3.2）。5 月和 8 月鱼类密度平均值分别为 138.55 ind./1000 m³±34.17 ind./1000 m³、293.80 ind./1000 m³±127.77 ind./1000 m³，5 月鱼类主要分布于东北部湖区（177.45 ind./1000 m³±

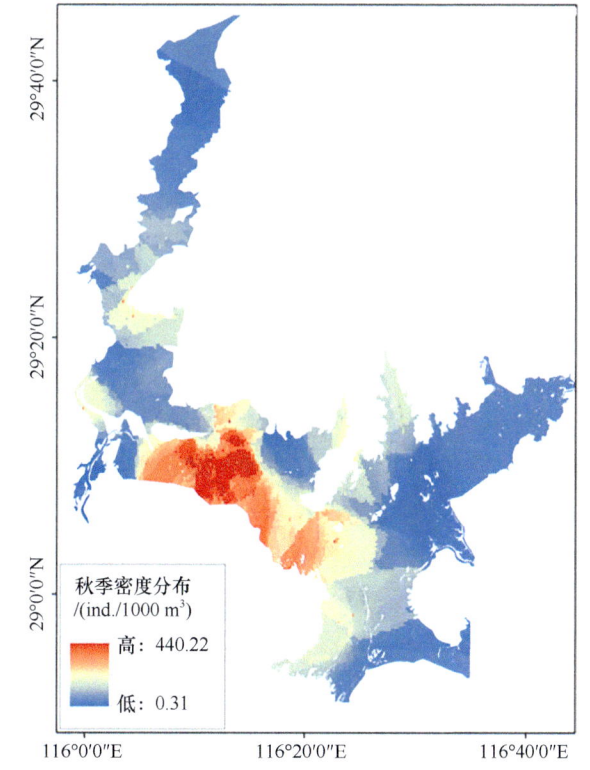

图 3.1　鄱阳湖鱼类索饵场分布特征（引自李慧峰等，2023）

48.36 ind./1000 m³）和东部湖区（175.18 ind./1000 m³±14.28 ind./1000 m³），8 月鱼类主要分布于东部湖区（425.51 ind./1000 m³±64.27 ind./1000 m³）和城陵矶 - 鹿角区域（388.82 ind./1000 m³±90.32 ind./1000 m³）。索饵场主要鱼类为鲤、鲫、团头鲂、短颌鲚、翘嘴鲌、银鮈和黄颡鱼等。

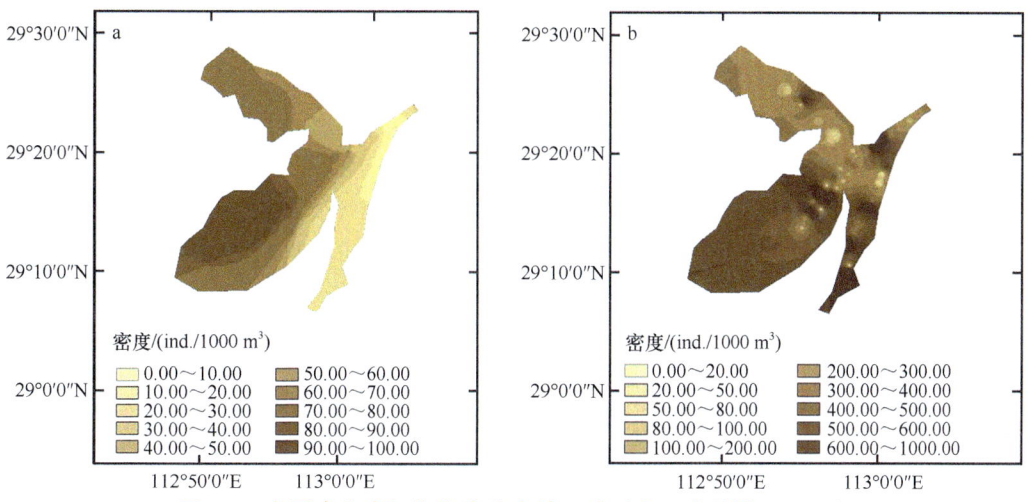

图 3.2　东洞庭湖索饵期鱼类分布情况（引自贾春艳等，2022）

a. 5 月；b. 8 月

3.4 长江几种典型鱼类洄游需求与洄游通道研究进展

3.4.1 洄游型鱼类资源量简介

2017~2021 年长江流域实际采集河海洄游型鱼类 9 种（杨海乐等，2023），过去较为常见的中华鲟、白鲟、鲥、鳗鲡、鳓等洄游型鱼类目前较少能被调查到。截至 2014 年，这些鱼类在通江水道和长江交汇处的湖口水域偶有发现（贺刚等，2014）。与河海洄游型鱼类相比，江湖洄游型鱼类的比例变化不大，种类数相对较多。例如，方冬冬等（2023）于 2021 年的监测结果显示，长江中游江海洄游型鱼类有 3 种，包括长颌鲚、日本鳗鲡、中华鲟等；江湖洄游型鱼类达 12 种，包括四大家鱼、铜鱼、胭脂鱼、短颌鲚等。洞庭湖和鄱阳湖作为重要的通江湖泊，江湖洄游型鱼类共 11 种，其中洞庭湖的江湖洄游型鱼类包括短颌鲚、鲢、草鱼、贝氏䱗、鳊、似鳊等，其幼鱼和成鱼数量占比可达 58.2%，重量占比达 40.7%（刘艳佳等，2020）。

3.4.2 长江干流洄游型鱼类洄游需求

长江中下游地区的江湖洄游型鱼类的生活史过程为在长江干流繁殖、在湖区越冬与育肥。在洪泛来临早期，随着温度的升高加上水流刺激，大量洄游型鱼类在江河干流产卵，种群资源量急剧暴发。例如，某些鱼类在水温 13~16℃时表现出明显的上游迁移行为。然而，一些水利工程的建设使繁殖季节的水温升高，缩短了正常繁殖窗口期，进一步抑制了繁殖活动（Chen et al.，2023）。适宜的流速（如 0.5~1.5 m/s）可以刺激鱼类的迁徙行为（Zhang et al.，2020b）。但大坝建设会缩短物种迁移距离，阻隔该物种获得足够水流刺激，导致性腺发育延迟和退化，有效繁殖种群数量大幅减少。在时间上，不同江段水系洄游型鱼类的繁殖期具有一定的差异，如长江中游武穴江段产漂流性卵鱼类的繁殖时间主要在 6~8 月，监利江段仔鱼出现的高峰期主要集中在 6 月下旬和 7 月上旬，汉江中下游江段仔鱼主要出现在 6~7 月。

3.4.3 通江湖泊洄游型鱼类洄游需求

以洞庭湖为例，通江水道内的江湖洄游型鱼类存在明显的交流过程：4~7 月鱼类有入湖趋势；9 月至次年 3 月鱼类有出湖趋势。春、夏季入湖育肥的江湖洄游型鱼类主要由产卵完毕的成鱼和当年的幼鱼组成；10 月后随着流量的下降，江湖洄游型鱼类从湖中迁移到长江，在冬季来临前寻找适宜的越冬场，为春季入江的繁殖做准备。江湖复合生态系统中鱼类完成生活史的主要驱动因子是季节性的洪水脉冲和流量，洄游型鱼类在高流量时从干流洄游到洪泛区，在流量低的时候回到干流。除此之外，以洞庭湖为例，影响通江水道鱼类群聚的主要环境因子还包括水位和透明度（刘艳佳等，2020）。湿季高水位可增加水体体积和水交换频率，带来更多的食物和栖息空间，促进鲤、鲫等鱼种进入干流水域。

3.4.4　关键鱼类洄游需求

中华鲟 Acipenser sinensis 是我国的国家一级重点保护野生动物，也是长江水生动物保护的旗舰物种，近年来野生中华鲟自然产卵行为间断性地给中华鲟种群保护和恢复带来巨大挑战。中华鲟产卵场位于长江上游、金沙江下游，其繁殖期为秋季10～11月。在产卵场孵化的中华鲟仔鱼于长江中生长和发育，向下游洄游，于次年4～5月到达长江口，然后进入中国近海的大陆架水域，进一步摄食和生长（高欣等，2020）。中华鲟在15.3～20.0℃水温范围时开始产卵，最佳产卵水温是18.0～20.0℃（Wang et al.，2020）。通过对三峡大坝蓄水前产卵日水文要素资料进行统计分析，得出中华鲟产卵的适宜流量为8869～18 171 m³/s、流速为0.97～1.57 m/s、水位为42.11～45.54 m、水温为17.5～19.7℃、含沙量为0.14～0.74 kg/m³（张陵等，2022）。中华鲟洄游条件不仅需要考虑各项水文要素，还需考虑生境条件的适宜性。产前栖息地偏好深槽沙坝，即沿江河道水较深且多沙丘的地方，产卵场偏好粗砂砾底质、水深为8～26 m、流速为0.8～1.4 m/s的地方（王成友，2012）。已有研究推测，长江中下游中华鲟子代的索饵场主要位于一些河滩沙洲及江心洲的浅水区（庄平等，1999；王恒等，2014）。此外，迁徙距离减少会导致性腺发育延迟，进而减少新产卵场的有效繁殖种群数量和环境容量（Huang and Wang，2018）。

长江中游干支流及附属湖泊构成的江湖复合生态系统，孕育了丰富的鱼类资源，以鲢 Hypophthalmichthys molitrix、草鱼 Ctenopharyngodon idellus、青鱼 Mylopharyngodon piceus 和鳙 Aristichthys nobilis（合称四大家鱼）为代表的江湖洄游型鱼类是该水域传统重要渔业捕捞对象。四大家鱼的成鱼在洪水季节会上溯至产卵场进行繁殖，产下漂流性卵后，受精卵会漂流较长距离以完成发育，然后幼鱼游入河岸湖泊作为育幼栖息地。四大家鱼性腺发育最低水温要求为18℃，适宜的产卵水温范围是21～24℃（Li et al.，2013）。水温条件达到四大家鱼的繁殖需求之后，流量及水位日变化率等是鱼类产卵的关键影响因素。在三峡大坝下游，四大家鱼产卵活动开始当天的流量需求为12 500 m³/s，到第4天产卵高峰时流量需要增加到18 600 m³/s，随后迅速下降以支持鱼卵孵化和幼鱼存活（Chen et al.，2021）。针对幼鱼下行洄游，流速是影响其运动行为重要的水力因子之一。四大家鱼幼鱼在同一水力环境条件下的下行行为选择存在一定的规律性，青鱼、草鱼、鲢、鳙幼鱼的共同偏好流速为0.228～0.454 m/s，共同偏好紊动能为0.0014～0.0023 m²/s²（王渊洋等，2024）。

3.4.5　过鱼通道概况

近年来，长江流域大量兴建水利工程，包括干流、支流上的水利枢纽，沿江的节制闸及江湖排灌涵洞。这些工程导致鱼类繁殖洄游通道受阻和栖息地破碎化，成为江湖洄游型鱼类完成生活史的关键阻隔，进而严重影响了洄游型鱼类的资源。为恢复和设计江湖洄游型鱼类在长江、通江湖泊之间的洄游通道，需要基于幼鱼入湖育肥、鱼类出湖越冬及繁殖，以及繁殖、越冬后返湖育肥等生活史过程来构建过鱼设施，降低通江闸站对鱼类洄游的影响。

过鱼设施（一般也称鱼道）根据设计形式可被分为三大类：技术型鱼道（如池堰式、竖缝式、丹尼尔式等）、仿自然鱼道及有特殊需求的鱼道（如鱼泵、鱼闸、升鱼机等）（Silva et al.，2018）。流速和湍流的优化设计对过鱼设施的有效性至关重要，适度的湍流有助于鱼类定位鱼道入口，但过强的湍流则会增加鱼类的能量消耗。在设计过鱼设施时，需依托野外实际的鱼类上溯及下行行为研究结果，综合过鱼时间、种类、规格、数量、鱼类游泳能力以确定最小设计流速、诱鱼流速和过鱼孔口 / 断面流速（陶江平等，2023）。此外还需基于河湖水位关系、水流流向等因素确定入湖通道、闸门的改造和优化方案，协调过鱼设施运行与水库调度。

我国过鱼设施建设发展可被分为 4 个时期：初步发展期（1958～1983 年）、缓慢发展期（1984～2001 年）、再次发展期（2002～2010 年）和加速发展期（2011～2018 年）（陶江平等，2018）。截至 2017 年，我国已建过鱼设施约 150 座，且近 10 年来我国修建和规划的高水头过鱼设施数量呈现出明显的增长态势。为帮助四大家鱼在 5～8 月繁殖期产卵，2018 年 6 月 12～20 日，长江最大支流汉江干流丹江口以下实施了梯级联合生态调度，其中兴隆枢纽实施"敞泄"调度，即所有闸门全开，完全打开鱼类洄游通道（蔡露等，2020）。陶江平等（2023）针对武汉涨渡湖区域，综合提出"季节性灌江纳苗"和"生态水网 + 过鱼设施建设"等生物通道恢复的建设与优化方案：在每年 6～8 月，通过入湖通道和闸门改造开展"季节性灌江纳苗"，促进长江干流繁殖的鱼类卵苗和幼鱼进入涨渡湖；在每年 2～4 月和 10～12 月，结合"生态水网 + 过鱼设施建设"方案，实现鱼类入湖育肥和鱼类出湖越冬。

第2篇

一江两湖七河一口水生生物
多样性及其现状调查

04

第 4 章 　长江鱼类物种多样性
及其地理分布和现状

4.1 长江鱼类物种多样性概述

4.1.1 长江鱼类调查史略

1. 1980 年以前

关于长江流域的鱼类，新中国成立前只在分类、形态方面有零碎的记载，而关于生态和资源方面的调查研究则基本是在新中国成立以后开始进行并逐步展开的。中国科学院水生生物研究所于 1955~1956 年在长江中游梁子湖开展鱼类生态调查研究；1958 年在长江上游木洞、中游宜昌和下游崇明开展附近江段鱼类调查；1959 年在长江干流重庆至崇明段及其各大支流进行流动和季节性定点野外调查，以及对鄱阳湖进行了渔业考察，并开展了草鱼、青鱼、鲢、鳙天然产卵场的调查；1960 年参加了长江流域规划办公室组织的家鱼产卵场调查大协作；1961~1964 年在长江中游江西湖口段开展经济鱼类的生物学和渔业调查工作。根据以上调查资料，湖北省水生生物研究所鱼类研究室（现中国科学院水生生物研究所）编著了《长江鱼类》，记录长江水系鱼类 274 种和亚种（含纯淡水鱼类 232 种、河口鱼类 33 种、洄游型鱼类 9 种），系统梳理了长江流域的鱼类物种组成和生态习性（湖北省水生生物研究所鱼类研究室，1976）。

在国家水产总局的组织下，长江水产研究所协同四川、湖北、湖南、江西、安徽、江苏、上海等六省一市水产局、各科研院校于 1973~1975 年全面开展长江水产资源调查及刀鲚、鲥、鲟专题调查，形成了《四川省长江水产资源调查资料汇编》《湖北省长江水产资源调查报告》《江苏省长江水产资源调查报告汇编》《安徽长江主要经济鱼类资源调查报告汇编》等资料。在此基础上，以部分省、市渔业自然资源调查和区划材料为校核，以其他有关人员和单位发表的专题资料为补充，最终编著完成《长江水系渔业资源》，记录长江水系鱼类 370 种和亚种（含纯淡水鱼类 294 种、咸淡水鱼类 22 种、海淡水洄游型鱼类 9 种、海水鱼类 45 种），查明了长江水系的渔业资源变动情况及其影响因素（长江水系渔业资源调查协作组，1990）。

除上述两项较为全面的长江鱼类调查成果外，沿江各省市还针对长江干支流多次开展了区域性鱼类资源调查，形成多篇专题研究论文、调查报告、专著等，为梳理长江水系的鱼类资源奠定了基础。例如，1957~1965 年，四川、陕西、甘肃三省有关院校在嘉陵江开展了多次鱼类资源调查，1976 年四川省农业局组织了对嘉陵江规模最大的一次鱼类资源调查，形成了四川省《嘉陵江水系鱼类资源调查报告》，记录嘉陵江水系鱼类 153 种和亚种。1957~1965 年，四川大学生物系对岷江鱼类区系开展调查，重庆市水产科学研究所对金沙江中华鲟产卵场开展调查，中国科学院水生生物研究所对长江重庆江段、岷江下游和嘉陵江开展鱼类资源调查。湖南省水产科学研究所（1977）于 1973~1976 年针对湖南省开展鱼类考察，形成《湖南鱼类志》，记录湖南省鱼类 160

种和亚种。20世纪70年代，广西壮族自治区水产研究所和中国科学院动物研究所（1981）合作，对广西内陆淡水鱼类资源（涉及珠江流域、长江流域、红河流域、华南沿海流域）开展了为期3年的野外调查，编著完成《广西淡水鱼类志》，记录广西淡水鱼类200种和亚种。

2. 1980～2000年

20世纪80年代以后，长江流域鱼类资源调查研究工作逐渐深入。至20世纪90年代主要在收集整理前人调查研究结果的基础上结合实地考察汇编形成各地方鱼类志。20世纪90年代至21世纪初，主要是有针对性地开展区域性鱼类资源深入调查研究。中国科学院昆明动物研究所褚新洛等（1989，1990）全面梳理了1958～1985年云南省鱼类考察结果，编著完成《云南鱼类志》（上、下册），记录云南省鱼类220种和亚种，涉及澜沧江、怒江、珠江、长江等流域。遵义医学院伍律教授于1980～1983年组织遵义医学院、贵州农学院、贵州师范大学等院校专业人员开展了贵州省6个地（州）40多个县的鱼类资源调查，编著完成《贵州鱼类志》，记录贵州省鱼类202种和亚种，包含长江水系和珠江水系鱼类（伍律等，1989）。四川省自然资源研究所、四川农业大学、四川师范学院等单位于1985～1991年梳理前人研究工作结果，系统整理四川鱼类，编著完成《四川鱼类志》，记录四川省鱼类241种和亚种，涉及金沙江、雅砻江、大渡河、岷江、沱江、嘉陵江、乌江、赤水河等长江水系（丁瑞华，1994）。陕西省水产研究所和陕西师范大学生物系（1992）于1978～1982年对陕西省境内江河鱼类资源进行了较为全面的调查，编著完成《陕西鱼类志》，记录陕西鱼类140种和亚种。陕西省动物研究所、中国科学院水生生物研究所与兰州大学生物系于1984～1987年共同协作完成陕、甘、川、鄂、豫5省85个县148个秦岭地区采集点的鱼类调查，编著完成《秦岭鱼类志》，记录秦岭地区鱼类161种和亚种（陕西省动物研究所等，1987）。杨干荣（1987）于1981～1983年针对湖北省神农架、汉江上游支流及湖北省内其他一些河流、湖泊和水库开展鱼类考察，结合前人调查结果，编著完成《湖北鱼类志》，记录湖北省鱼类175种和亚种。中国水产科学研究院东海水产研究所和上海市水产研究所（1990）共同梳理了两单位1959～1983年针对上海各水域开展的多次专业鱼类调查资料，编著完成《上海鱼类志》，记录上海地区鱼类250种和亚种。

中国科学院西北高原生物研究所系统梳理了自20世纪60年代初至1990年该所、中国科学院昆明动物研究所、中国科学院水生生物研究所、中国科学院南京地理与湖泊研究所、陕西省动物研究所、暨南大学及四川省的科研院所等对青藏高原地区若干次规模不等的鱼类综合考察结果，全面整理青藏高原鱼类的分类系统，编著完成《青藏高原鱼类》，记录青藏高原地区鱼类152种和亚种，涉及长江、黄河、澜沧江、怒江等流域（武云飞和吴翠珍，1992）。中国科学院青藏高原综合科学考察队（1998）于1982～1983年对横断山区的鱼类进行了全面考察，编著完成《横断山区鱼类》，记录横断山区鱼类237种和亚种，涉及长江上游、澜沧江、怒江、黄河等流域。朱松泉（1989）自1963年起重点对我国青藏高原鱼类区系中的重要成员条鳅亚科鱼类进行调查研究，编著完成《中国条鳅志》，记录条鳅亚科鱼类91种和亚种。西藏自治区水产局、陕西省动物研究所、中国科学院动物研究所于 1992～1994 年共同组成西藏鱼类资源考察小组，对西藏自治区全区进行了大面积鱼类资源考察，编著完成《西藏鱼类及其资源》，记录西藏鱼类 71 种和亚种（西藏自治区水产局，1995）。西南师范大学、四川师范学院生物系、四川农业大学牧医系、四川省自然资源开发利用研究所、四川省农业科学院水产研究所等单位于 1981～1984 年针对乌江下游、青衣江、大渡河、岷江、金沙江、沱江开展了深入细致的鱼类资源调查，形成系列渔业区划报告，随后四川省水产局组织有关专家编写了《四川江河渔业资源和区划》，记录四川省江河鱼类 240 种和亚种（施白南，1990）。中国水产科学研究院太湖水产增殖科学实验基地、江苏省太湖渔业生产管理委员会于 1980～1981 年对太湖鱼类现状进行了调查，整合前人的调查结果，形成《太湖水产资源调查材料汇编》（1980 年～1981 年）。江苏省太湖渔业生产管理委员会于 2002～2004 年对太湖水域开展了鱼类调查，结合前人调查研究资料，编著完成《太湖鱼类志》，记录太湖鱼类 107 种和亚种（倪勇和朱成德，2005）。

　　1981 年葛洲坝工程截流蓄水后，为评价葛洲坝工程对长江鱼类资源的影响，国家水产总局组织了一次大规模调查。1987 年，农业部渔业局成立了"长江渔业资源管理委员会"，对长江的主要经济鱼类和渔业环境进行监测与调查，并于 1989 年组建了"长江渔业资源动态监测网"，开始对长江珍稀水生野生动物与重点经济鱼类及环境进行常年跟踪监测，截至 1993 年底，已获取各种监测数据 4000 余条，并建立了河蟹、四大家鱼、中华鲟等鱼类信息数据库。1992～1995 年，由中国科学院水生生物研究所主持，四川省自然资源研究所和贵州省遵义医学院生物系参加的"八五"国家科技攻关计划项目子专题"长江上游鱼类自然保护区选址与建区方案"的研究，对赤水河的鱼类和水生生物进行了全面系统的调查研究。1995～1996 年，中国科学院水生生物研究所、长江水资源保护科学研究所、农业部渔业局会同国务院三峡工程建设委员会办公室，就长江上游特有鱼类保护方法进行了进一步调研，对建立长江上游特有鱼类自然保护区达成一致意见。1997 年，长江三峡工程生态与环境监测系统正式启动，在长江上游设立木洞、合江、宜宾等多个水生动物流动监测基层站，对长江上游特有鱼类生物学、栖息地、种群数量变化进行监测和研究，积累了大量基础资料。

　　20 世纪末至 21 世纪初，在全面整理前人关于中国鱼类资源调查研究结果的基础上，《中国动物志》系列图书相继出版，其中涉及长江流域鱼类的图书则包括《中国动物志硬骨鱼纲 鲤形目（中卷）》（陈宜瑜等，1998）、《中国动物志 硬骨鱼纲 鲤形目（下卷）》（乐佩琦等，2000）、《中国动物志 硬骨鱼纲 鲇形目》（褚新洛等，1999）、《中国动物志硬骨鱼纲 鈍形目 海蛾鱼目 喉盘鱼目 鮟鱇目》（苏锦祥和李春生，2002）、《中国动物志硬骨鱼纲 鲈形目（五）虾虎鱼亚目》（伍汉霖等，2008）、《中国动物志 硬骨鱼纲 鲟形目 海鲢目 鲱形目 鼠鱚目》（张世义，2001）、《中国动物志 硬骨鱼纲 银汉鱼目 鳉形目颌针鱼目 蛇鳚目 鳕形目》（李思忠等，2011）、《中国动物志 硬骨鱼纲 鲉形目》（金鑫波，2006）、《中国动物志 硬骨鱼纲 鳗鲡目 背棘鱼目》（张春光等，2010）等（表 4.1），这些都是物种有效性确认的主要参考文献。

表 4.1　长江流域鱼类资源调查类重要专著基本信息

序号	专著名称	出版年份	记录水系	记录鱼类物种（亚种）数
1	《长江鱼类》	1976	长江	274
2	《湖南鱼类志》	1977	湖南省珠江、赣江、洞庭湖	160
3	《嘉陵江水系鱼类资源调查报告》	1980	嘉陵江	153
4	《秦岭鱼类志》	1987	秦岭地区黄河、汉江、嘉陵江	161
5	《湖北鱼类志》	1987	湖北省汉江、长江中游	175
6	《贵州鱼类志》	1989	贵州省珠江、乌江、赤水河	202
7	《云南鱼类志》	1989、1990	云南省澜沧江、怒江、珠江、长江	220
8	《长江水系渔业资源》	1990	长江	370
9	《四川江河鱼类资源与利用保护》	1991	四川省长江上游及其支流	211
10	《上海鱼类志》	1990	上海地区长江、杭州湾、淀黄	250
11	《陕西鱼类志》	1992	陕西省黄河、汉江、嘉陵江	140
12	《青藏高原鱼类》	1992	青藏高原地区长江源、金沙江、我国的黄河、澜沧江、怒江、雅鲁藏布江及国外的印度河、伊洛瓦底江、恒河	152
13	《四川鱼类志》	1994	四川省金沙江、川江、雅砻江、岷江、嘉陵江、沱江、乌江	241
14	《西藏鱼类及其资源》	1995	西藏地区雅鲁藏布江、金沙江、澜沧江、怒江	71
15	《横断山区鱼类》	1998	横断山区怒江、澜沧江、黄河、金沙江、雅砻江、岷江、大渡河、嘉陵江	237
16	《太湖鱼类志》	2005	太湖	107
17	《江苏鱼类志》	2006	江苏省长江下游、淮河、沂沭泗	476
18	《长江口鱼类》	2006	长江口	332

3. 2000 年以后

2000 年以后，长江流域干支流各梯级水电工程相继规划与建设，如金沙江中游一库 8 级开发、金沙江下游 4 级开发、雅砻江 21 级开发、大渡河 16 级开发、乌江 11 级开发、金沙江上游 8 级开发等，自此针对工程对长江流域鱼类资源影响的调查或专题研究工作逐渐深入开展。其中，较为全面的长江流域鱼类资源调查，主要来自国务院三峡工程建设委员会办公室组建的长江三峡工程生态与环境监测系统，该系统自 1997 年正式启动，主要开展以三峡库区为重点延及长江中下游与河口相关地区的水生生态监测，涉及渔业资源与环境监测站、鱼类和珍稀水生动物监测站、水库经济鱼类监测站、河口生态环境监测站等多个重点站。根据监测结果编制各重点站的监测年报，在此基础上汇编发布《长江三峡工程生态与环境监测公报》，积累了大量生态与环境基础数据和资料。同时，在各水系水电工程建设前期均开展了工程对水生生态影响评价的专题研究，开展了水生生态现场调查，形成各专题研究报告，如《金沙江溪洛渡水电站水生生态影响研究专题报告》（2006 年）、《金沙江白鹤滩水电站水生生态影响研究专题报告》（2008 年）、《金沙江龙开口水电站水生生态影响研究专题报告》（2006 年）、《金沙江上游水电规划水生生态及水生生物多样性调查与评价专题报告》（2008 年）等；工程建设完成后，还开展了部分工程影响区河段的水生生态监测，如 2006 年开始针对金沙江下游一期工程（溪洛渡、向家坝）影响开展的长江上游珍稀特有鱼类保护区渔业资源与环境监测，并形成监测报告。这些工程对水生生态影响的专题评价及定期监测，为长江水系鱼类资源的调查和专题研究提供了充实的基础数据。

自新中国成立以来，长江流域比较系统的流域性调查仅有 20 世纪 70 年代的 1 次，是由国家水产总局于 1972 年在全国农林科技重大研究项目中提出的，指定长江水产研究所为联系单位，四川、湖北、湖南、江西、安徽、江苏、上海等六省一市共同协作完成，在各省市水产主管部门的共同努力下，组成专业调查队 37 个，调动专业人员 200 余人，历时 2～3 年，先后完成了长江流域各省的水产资源调查和刀鲚、鲥、鲟等几项专题调查报告。自此之后，虽然有众多有关区域性调查和工程对水生生态影响的评价专题研究，但均不系统全面。因此，历经 40 余年，由中国水产科学研究院牵头、中国水产科学研究院长江水产研究所的危起伟首席科学家主持的项目"长江渔业资源与环境调查"于 2017 年立项启动，这是新中国成立以来的第二次针对长江流域的渔业资源与环境进行的全面调查。

4.1.2　长江鱼类物种多样性特点

长江是我国罕有的鱼类资源宝库，其鱼类物种多样性具有种类丰富、特有性高、生活史复杂多样、多样性指数区域差异明显等诸多特点。

1. 种类丰富

长江水系有鱼类 443 种，居我国各水系之首，是我国淡水鱼类种质资源最为丰富的地区之一，也是世界淡水鱼类资源的重要组成部分（表 4.2）。我国其他水系如珠江水系约有 294 种鱼类分布（郑慈英，1989），黄河水系约有 141 种鱼类分布（高玉玲等，2004），黑龙江水系约有 128 种鱼类分布（任慕莲，1994）。而欧洲地区一些西部古北界河流的鱼类物种数更少，如多瑙河仅分布有 58 种鱼类，莱茵河仅分布有 52 种鱼类，罗纳河仅分布有 47 种鱼类，伏尔加河仅分布有 63 种鱼类等（Galat and Zweimüller，2001）。

表 4.2　世界部分大江大河鱼类物种数

河流名称	长度 /km	流域面积 /×10⁴ km²	鱼类物种数	来源
尼罗河	6670	287	多于 800 种	Witte et al.，2009
亚马孙河	6440	691.5	2500 种	Wolfgan et al.，2007

续表

河流名称	长度 /km	流域面积 /×10⁴ km²	鱼类物种数	来源
长江	6300	180	约400 种	曹文宣，2009
密西西比河	6021	323	102 种	Galat and Zweimüller，2001
黄河	5464	79.5	141 种	高玉玲等，2004
澜沧江—湄公河	4880	81	超过 1300 种	陈茜等，2000
刚果河	4640	370	686 种	金亮，2011
黑龙江	4370	185	128 种	任慕莲，1994
珠江	2214	45	294 种	郑慈英，1989

2. 特有性高

长江鱼类的特有性主要表现为丰富的特有种，其中长江上游地区特有性更高。长江水系特有鱼类有 194 种，隶属 5 目 10 科，其中长江上游地区特有鱼类 124 种（隶属 4 目 9 科），占长江水系特有鱼类总物种数的 63.92%，长江上游地区如此丰富的特有鱼类超过了国内其他任何地区或水系，国际上也仅有南美洲的亚马孙河和非洲的维多利亚湖可与之相比（Seehausen，2002；Abell et al.，2008）。长江水系分布的 37 科鱼类中有 10 科存在特有种，其中平鳍鳅科和鮈科的特有种比例最高，分别有 16 种和 8 种，分别占其科内总物种数的 76.2% 和 72.7%；其次是钝头鮠科和鳅科，分别有 4 种和 45 种特有鱼类，分别占其科内总物种数的 66.7% 和 61.6%；鲤科、鲴科和鲟科分别有 109 种、1 种和 1 种特有鱼类，分别占其科内总物种数的 50.7%、50% 和 50%；鲇科、鳠科和虾虎鱼科分别有 1 种、7 种和 2 种特有鱼类，分别占其科内总物种数的 33.3%、33.3% 和 8.3%。长江水系，尤其是上游地区，另一个重要的特有性是指特有属的存在。特有属是指该属所有物种仅分布于长江水系，如长江上游地区共有 6 个特有属，它们分别是：鮈鲫属 *Gobiocypris*、异鳔鳅鮀属 *Xenophysogobio*、高原鱼属 *Herzensteinia*、球鳔鳅属 *Sphaerophysa*、金沙鳅属 *Jinshaia* 和后平鳅属 *Metahomaloptera*。

长江特有鱼类在各水域的分布是不均匀的，有的种在几条河流都有分布，有的种仅见于某一条或两条河流，而有些湖泊特有种则往往只存在于一个湖泊内。从水系来看，特有种数目最多是金沙江、岷江、长江上游干流（川江段）、雅砻江、横江、赤水河、沱江、嘉陵江等长江上游水系。金沙江共有鱼类 204 种，其中长江特有鱼类 102 种，占其总种数的 50%；岷江共有鱼类 159 种，其中长江特有鱼类 69 种，占其总种数的 43.4%；长江上游干流（川江段）共有鱼类 205 种，其中长江特有鱼类 86 种，占其总种数的 42.0%；雅砻江共有鱼类 126 种，其中长江特有鱼类 55 种，占其总种数的 43.7%；横江共有鱼类 54 种，其中长江特有鱼类 22 种，占其总种数的 40.7%；赤水河共有鱼类 165 种，其中长江特有鱼类 61 种，占其总种数的 37.0%；沱江共有鱼类 141 种，其中长江特有鱼类 56 种，占其总种数的 39.7%；嘉陵江共有鱼类 170 种，其中长江特有鱼类 62 种，占其总种数的 36.5%。另外，有的较小支流的特有鱼类分布情况也值得注意，如岷江的二级支流青衣江分布有 39 种特有鱼类，其中隐鳞裂腹鱼 *Schizothorax cryptolepis*、异唇裂腹鱼 *Schizothorax heterochilus* 和宝兴裸裂尻鱼 *Schizopygopsis malacanthus baoxingensis* 等 3 种特有鱼类是该水系的独有种，而且该水系还是 7 个特有种的模式产地；雅砻江的一级支流安宁河有 18 个特有种，仅见于该河流的有四川云南鳅 *Yunnanilus sichuanensis*、西昌高原鳅 *Triplophysa xichangensis*、大桥高原鳅 *Triplophysa daqiaoensis* 和短须高原鳅 *Triplophysa brevibarba* 等 4 种，该水系也是 6 个特有种的模式产地。

长江水系如此丰富多样的特有鱼类是物种在长期的进化过程中对长江水系的特有环境高度适应的结果，也与青藏高原的隆起、东亚季风气候的形成等地质和气候变化特征有着密切的关系。这些特有属和特有种是我国宝贵的生物资源，具有重要的科学价值、经济价值和生物多样性价值，它们是长江水域生态系统的重要组成部分，对维持水域生态系统健康具有非常重要的意义。

3. 生活史复杂多样

鱼类通常都与其栖息地环境高度适应，对环境的依赖性较强，不同种类对环境的偏爱性也不同，形成不同的生活史特征，从而进化成不同的功能群。

长江鱼类对水流环境有不同的偏爱性，从而可被分为 5 种不同的功能群，即亲流型（生活史的部分或全部阶段都在流水中进行）、湖沼型（生活史所有阶段都在有大型水生植物存在的静水环境中进行）、广适型（生活史所有阶段既在流水环境中进行也在静水环境中进行）、溯河型（成鱼洄游到河流上游进行产卵）和降海型（成鱼洄游到海水中进行产卵）。长江上游鱼类绝大多数种类都依赖流水环境，如整个生活史阶段都需流水环境的鱼类有圆口铜鱼 *Coreius guichenoti*、长鳍吻鮈 *Rhinogobio ventralis*、平鳍鳅科和鮠科鱼类等；有些种类仅在生活史阶段中的繁殖期需流水环境，其余阶段可在静水环境中生存，如四大家鱼、厚颌鲂 *Megalobrama pellegrini*、岩原鲤 *Procypris rabaudi*、黑尾近红鲌 *Ancherythroculter nigrocauda*、裂腹鱼类等。邛海鲤 *Cyprinus qionghaiensis* 等湖泊独有种、鳑鲏类等鱼类则不依赖流水环境。中华鲟 *Acipenser sinensis* 是典型的溯河型鱼类，而鳗鲡 *Anguilla japonica* 则属于降海型鱼类。

长江水系鱼类的繁殖对策多种多样。依据产卵的生态习性可被分为产卵于水层、产卵于水草上、产卵于水底部、产卵于贝内等（殷名称，1995；刘建康，1999）。其中产卵于水层的有四大家鱼等，产卵于水草上的有鲤 *Cyprinus carpio*、鲫 *Carassius auratus*、花䱻 *Hemibarbus maculatus* 等，产卵于水底部的有长江鲟 *Acipenser dabryanus* 等，产卵于贝内的有鳑鲏类等。依据受精卵的性质可被划分为产漂流性卵、产黏性卵和产沉性卵等 3 个类型，如圆口铜鱼、长鳍吻鮈、长薄鳅 *Leptobotia elongata* 等是产漂流性卵的典型代表，所产的卵在流水中漂流发育；岩原鲤、黑尾近红鲌、厚颌鲂、稀有鮈鲫 *Gobiocypris rarus* 等鱼类，往往产黏性卵于石头上或水生植物上进行孵化发育；长江鲟等鱼类则常在干流河段上游的大片砾石滩前产沉性卵。

从食性来看，长江水系鱼类的食性可被划分为 6 个类型：底栖动物食性、浮游生物食性、鱼食性、着生藻类食性、草性食性和杂食性。其中底栖无脊椎动物食性鱼类很多，主要包括大部分鳅科、平鳍鳅科、钝头鮠科、鲿科、鮠科和部分裂腹鱼属的种类，以及长江鲟、岩原鲤、厚唇裸重唇鱼 *Gymnodiptychus pachycheilus*、裸腹叶须鱼 *Ptychobarbus kaznakovi*、

青鱼 *Mylopharyngodon piceus*、胭脂鱼 *Myxocyprinus asiaticus*、铜鱼 *Coreius heterodon*、花
鲚等，它们所摄取的食物多数是急流的砾石河滩石缝间生长的水生昆虫幼虫或稚虫，少
部分是生长在深潭和缓流河段泥沙底质的摇蚊科幼虫和寡毛类。浮游生物食性鱼类多为
栖息于与河流相通的湖泊内的云南鳅属、白鱼属、鳌属等的小型鱼类及四大家鱼中的鳙
Aristichthys nobilis、鲢 *Hypophthalmichthys molitrix* 等。鱼食性鱼类则主要捕食别的鱼类，
包括近红鲌属、鲈鲤 *Percocypris pingi*、昆明鲇 *Silurus mento*、鳡 *Elopichthys bambusa*、鳜
Siniperca chuatsi、乌鳢 *Channa argus* 等。着生藻类食性鱼类主要有鲴属、白甲鱼属、裂腹
鱼属一部分、裸裂尻鱼属等的种类，它们的口裂较宽，近似横裂，下颌前缘具有锋利的角质，
用来刮取生长于石上的藻类。草食性鱼类如草鱼 *Ctenopharyngodon idellus*，主要以水生维
管植物为食。杂食性鱼类通常既摄食水生昆虫、虾类和湖沼股蛤等动物性饵料，也摄食藻
类及植物的残渣、种子等，有鲤、鲫、厚颌鲂、长体鲂 *Megalobrama elongata*、圆口铜鱼、
圆筒吻鮈 *Rhinogobio cylindricus*、长鳍吻鮈等鱼类。

因此，从对水流环境的依赖性、繁殖习性和食性等方面综合来看，长江水系鱼类表现
出复杂多样的生活史特征，从而适应长江复合型生态系统的独特生境。

4. 多样性指数区域差异明显

长江是我国第一大河，流域内不同区域的自然环境和社会环境存在着巨大差异，而鱼
类多样性会受到自然条件和人类活动的巨大影响。长江源区域因高原特殊气候，鱼类区系
组成极其简单；金沙江及上游地区生境多样，是长江特有鱼类分布最为集中的区域；长江
中下游平原区鱼类受到的人类干扰活动较多；长江口区域由于海淡水交汇，物种多样性指
数也较高。总体来看，长江各水系的鱼类多样性指数区域差异明显，长江上游地区具有较
高的多样性。

4.2 长江鱼类种类现状调查

4.2.1 长江专项调查概况

1. 调查站布设

调查范围包括从长江源（楚玛尔河和沱沱河）至长江口（上海）约 6300 km 的长江干
流，大型一级支流雅砻江、岷江（含大渡河）、横江、赤水河、沱江、嘉陵江、乌江、汉江，
以及洞庭湖、鄱阳湖等通江湖泊。本专项调查根据河流中生境尺度的形态特征、支流汇入
情况和交通便利性等因素设置站点，每个站点辐射范围为 10 km 河段。其中，长江干流站
点的设置综合考虑支流交汇、自然江段和水库、已有调查站点等因素；一级支流按照上、中、
下游典型站点来设置，河流形态和支流汇入变化大时再增加站点；湖泊按照进水区、出水
区、浅水区、湖心区、岸边区设置站点，并在主要入湖河流的中下游各增加一个调查站点。
共设置 65 个长江鱼类资源和环境调查站位，包括长江干流（32 个站位）：长江源头 1 个

站位（沱沱河），金沙江3个站位（奔子栏、攀枝花、巧家），长江上游干流5个站位（宜宾、泸州、合江、江津和巴南），三峡库区4个站位（木洞、涪陵、万州和巫山），长江中游干流5个站位（宜昌、石首、洪湖、武汉、湖口），长江下游7个站位（安庆、铜陵、芜湖、当涂、镇江、靖江、常熟），长江口7个站位（北支、南支、北槽、南槽、崇西、东滩、南汇）；长江主要一级支流（18个站位）：雅砻江2个站位（雅江、金河），岷江（含大渡河）3个站位（松潘、双江口、乐山），横江1个站位（普洱渡），赤水河3个站位（镇雄县、茅台镇、赤水市），沱江2个站位（资阳、内江），嘉陵江3个站位（广元、南充、合川），乌江1个站位（思南），汉江3个站位（汉中、老河口、钟祥）；通江湖泊（15个站位）：洞庭湖7个站位（汉寿、沅江、岳阳、湘江入湖口、资江入湖口、沅江入湖口、澧水入湖口），鄱阳湖8个站位（湖口、都昌县、鄱阳湖区、赣江入湖口、抚河入湖口、信江入湖口、饶河入湖口、修河入湖口）（图4.1）。

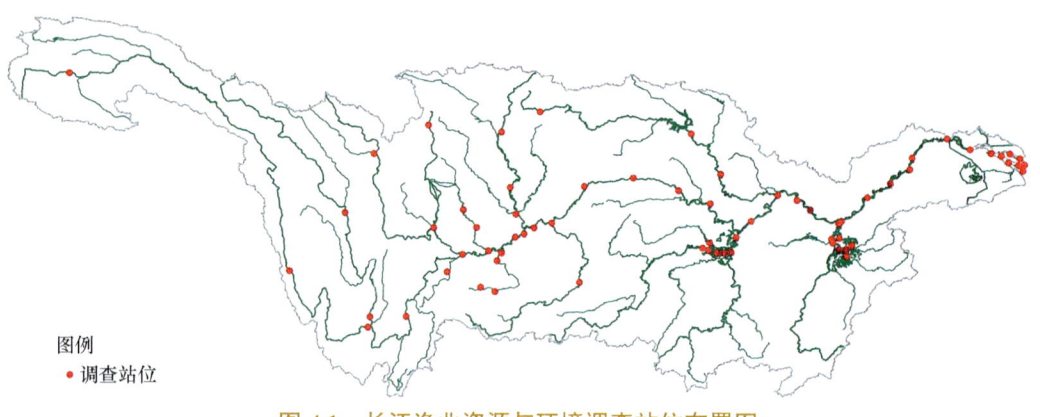

图例
● 调查站位

图 4.1　长江渔业资源与环境调查站位布置图

2. 调查方法

　　长江鱼类种类组成调查分为重点调查和常规调查两种方式，其中2017年为重点调查年，2018～2021年为常规调查年。重点调查年以《内陆水域渔业自然资源调查手册》（张觉民和何志辉，1991）、《淡水生物调查技术规范》（DB43/T 432—2009）、《生物多样性观测技术导则 内陆水域鱼类》（HJ 710.7—2014）、《水库渔业资源调查规范》（SL 167—2014）等规范和导则方法为基础，以每20 km × 20 km的网格为采样单元进行全流域覆盖，包括重要支流（图4.2）。长江各水域在此原则上，根据实际情况进行适当调整。常规调查年则以各水域的调查站位为基础，按渔获物调查方式对鱼类种类组成进行补充式调查。长江各水域鱼类种类组成调查的调查站位、实际调查网格数设置等如表4.3所示。

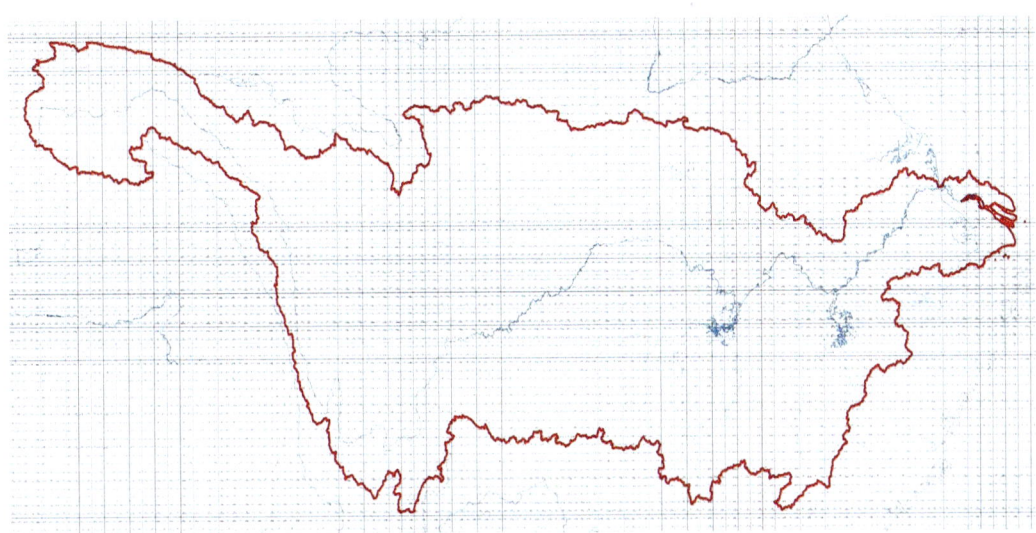

图 4.2 长江渔业资源与环境调查网格布置图

表 4.3 长江各水域鱼类种类组成调查的调查站位和网格数

水域编号	水域名称	调查站位	实际调查网格数
01	沱沱河	001 沱沱河	10
02	金沙江	002 奔子栏	66
		003 攀枝花	
		004 巧家	
03	雅砻江	005 雅江	32
		006 金河	
04	横江	007 普洱渡	12
05	长江上游干流	008 宜宾	18
		009 泸州	
		010 合江	
		011 江津	
		012 巴南	
06	岷江（含大渡河）	013 松潘	42
		014 双江口	
		015 乐山	
07	赤水河	016 镇雄县	19
		017 茅台镇	
		018 赤水市	
08	沱江	019 资阳	30
		020 内江	

水域编号	水域名称	调查站位	实际调查网格数
09	三峡库区干流	021 木洞	41
		022 涪陵	
		023 万州	
		024 巫山	
10	嘉陵江	025 广元	30
		026 南充	
		027 合川	
11	乌江	028 思南	15
12	长江中游干流	029 宜昌	60
		030 石首	
		031 洪湖	
		032 武汉	
		033 湖口	
13	汉江	034 汉中	20
		035 钟祥	
		036 老河口	
14	洞庭湖	037 汉寿	35
		038 沅江	
		039 岳阳	
		040 湘江入湖口	
		041 资江入湖口	
		042 沅江入湖口	
		043 澧水入湖口	
15	鄱阳湖	044 湖口	20
		045 都昌县	
		046 鄱阳湖区	
		047 赣江入湖口	
		048 抚河入湖口	
		049 信江入湖口	
		050 饶河入湖口	
		051 修河入湖口	
16	长江下游	052 安庆	22
		053 铜陵	

水域编号	水域名称	调查站位	实际调查网格数
16	长江下游	054 芜湖	22
		055 当涂	
		056 镇江	
		057 靖江	
		058 常熟	
17	长江口	059 南支	23
		060 北支	
		061 南槽	
		062 北槽	
		063 崇西	
		064 东滩	
		065 南汇	

　　调查时间涉及全年不同月份。调查以主动采集为主（使用不同渔具类型）、以走访调查为辅，这样可以更加全面地获得鱼类样本。样本采集后，根据《四川鱼类志》（丁瑞华，1994）、《中国动物志 硬骨鱼纲 鲤形目（中卷）》（陈宜瑜等，1998）、《中国动物志 硬骨鱼纲 鲤形目（下卷）》（乐佩琦等，2000）、《中国动物志 硬骨鱼纲 鲇形目》（褚新洛等，1999）、《中国动物志 硬骨鱼纲 鲈形目（五）虾虎鱼亚目》（伍汉霖等，2008）、《青藏高原鱼类》（武云飞和吴翠珍，1992）、《云南鱼类志》（上、下册）（褚新洛等，1989，1990）、《中国条鳅志》（朱松泉，1989）、《湖北鱼类志》（杨干荣，1987）、《陕西鱼类志》（陕西省水产研究所和陕西师范大学生物系，1992）、《江苏鱼类志》（倪勇和伍汉霖，2006）、《东海鱼类志》（朱元鼎等，1963）、《上海鱼类志》（中国水产科学研究院东海水产研究所和上海市水产研究所，1990）、《长江口鱼类》（庄平等，2006）等专业书籍进行分类鉴定，同时对其全长、体长、体重等基础生物学特征进行测量，采用甲醛和无水乙醇固定全鱼标本。

4.2.2　长江鱼类物种组成

1. 长江鱼类名录相关概念说明

　　本节中的长江鱼类，是指终生生活在长江淡水环境中或生活史的某一阶段需在长江淡水环境中完成的种类，包括淡水鱼类、洄游型鱼类、主要河口定居鱼类，但不包括海洋鱼类。

　　本书所采用的分类系统是按 Nelson 等（2016）*Fishes of the World*（第5版）的分类系统，其中有一些学名或同物异名情况主要参考 FishBase 和《中国动物志》进行确定。

　　1）部分物种的目科归属情况说明

　　（1）青鳉 *Oryzias latipes* 和中华青鳉 *Oryzias sinensis*，归入颌针鱼目 Beloniformes 异

鳉科 Adrianichthyidae 青鳉亚科 Oryziinae，而不再属于鳉形目；

（2）刺鳅科 Mastacembelidae 归入合鳃鱼目 Synbranchiformes，而非鲈形目；

（3）塘鳢科 Eleotridae 归入虾虎鱼目 Gobiiformes，而非鲈形目；

（4）斗鱼不再单独成科，而是归入攀鲈目 Anabantiformes 丝足鲈科 Osphronemidae 斗鱼亚科 Belontiidae；

（5）罗非鱼不再属于鲈形目，而是归入慈鲷目 Cichliformes；

（6）中国花鲈 *Lateolabrax maculatus* 不再属于鲈形目鮨科 Serranidae，而是归入鲈形目多锯鲈科 Polyprionidae；

（7）鳚科 Callionymidae 不再属于鲈形目，而是属于鳚目 Callionymiformes，由鳚亚目升级而成；

（8）马鲅科 Polynemidae 的分类地位仍存在争议，Nelson 等（2016）未明确，但 Nelson（2006）将其归入鲈形目，本专著中仍将其归入鲈形目。

2）同物异名详情说明

（1）根据 FishBase，寡鳞飘鱼 *Pseudolaubuca engraulis* 与开封半䰾 *Hemiculterella kaifenensis* 是同物异名，且寡鳞飘鱼 *Pseudolaubuca engraulis* 为有效记录，故合并两个物种为同一种；

（2）根据 FishBase，方氏鲴 *Xenocypris fangi* 与四川鲴 *Xenocypris sechuanensis* 是同物异名，且方氏鲴 *Xenocypris fangi* 为有效记录，故合并两个物种为同一种；

（3）根据 FishBase，银鮈 *Squalidus argentatus* 与银色颌须鮈 *Gnathopogon argentatus* 是同物异名，且银鮈 *Squalidus argentatus* 为有效记录，故合并两个物种为同一种；

（4）根据 FishBase，台湾光唇鱼 *Acrossocheilus paradoxus* 与厚唇光唇鱼 *Acrossocheilus labiatus* 是同物异名，且台湾光唇鱼 *Acrossocheilus paradoxus* 为有效记录，故合并两个物种为同一种；

（5）根据 FishBase，多鳞白甲鱼 *Onychostoma macrolepis* 与多鳞铲颌鱼 *Scaphesthes macrolepis* 是同物异名，且多鳞白甲鱼 *Onychostoma macrolepis* 为有效记录，故合并两个物种为同一种；

（6）根据 FishBase，墨头鱼 *Garra imberba* 与 *Garra pingi pingi* 是同物异名，墨头鱼与缺须墨头鱼是同物异名，且墨头鱼 *Garra imberba* 为有效记录，故采纳 FishBase 将墨头鱼定为 *Garra imberba*；

（7）根据《中国动物志 硬骨鱼纲 鲈形目（五）虾虎鱼亚目》（伍汉霖等，2008），将鰕鳂鱼中文名称统一修改为虾虎鱼；

（8）根据 FishBase，将鲈鲤的拉丁名由 *Percocypris pingi pingi* 更改为 *Percocypris pingi*，将鲤的拉丁名由 *Cyprinus (Cyprinus) carpio* 更改为 *Cyprinus carpio*，将杞麓鲤的拉丁名由 *Cyprinus carpio chilia* 更改为 *Cyprinus chilia*，将小鲤的拉丁名由 *Cyprinus (Mesocyprinus) micristius micristius* 更改为 *Cyprinus micristius*，将瓣结鱼的拉丁名由 *Tor (Folifer) brevifilis brevifilis* 更改为 *Folifer brevifilis*，将前颌间银鱼的拉丁名由 *Hemisalanx prognathus* 更改为 *Salanx prognathus*；

（9）根据 FishBase，中国大银鱼 *Protosalanx chinensi* 与大银鱼 *Protosalanx hyalocra-*

nius 是同物异名，且大银鱼 *Protosalanx hyalocranius* 为有效记录，故合并两个物种为同一种；

（10）根据 FishBase，将所有高原鳅 *Triplophysa* 拉丁学名中亚属名去掉；

（11）根据《中国动物志 硬骨鱼纲 鲤形目（下卷）》（乐佩琦等，2000），将刺鲃中文名改为光倒刺鲃 *Spinibarbus hollandi*；

（12）根据 FishBase 和《中国内陆鱼类物种与分布》（张春光等，2016），北方泥鳅 *Misgurnus bipartitus* 与 *Misgurnus mohoity* 是同物异名，而后者为有效记录，故更改北方泥鳅的拉丁名为 *Misgurnus mohoity*；

（13）根据《中国动物志 硬骨鱼纲 鲈形目（五）虾虎鱼亚目》（伍汉霖等，2008），将四川吻虾虎鱼 *Rhinogobius szechuanensis* 与成都吻虾虎鱼 *Rhinogobius chengtuensis* 合并为一个种，确定为四川吻虾虎鱼 *Rhinogobius szechuanensis*，将成都吻虾虎鱼原始分布记录为雅砻江、长江上游干流、岷江（含大渡河）、三峡库区干流增加到四川吻虾虎鱼的分布中去。

（14）根据 FishBase，普栉虾虎鱼 *Ctenogobius giurinus* 与子陵吻虾虎鱼 *Rhinogobius giurinus* 是同物异名，且有效种为子陵吻虾虎鱼 *Rhinogobius giurinus*。

（15）根据 FishBase，白边鮠 *Leiocassis albomarginatus* 与白边拟鲿 *Pseudobagrus albomarginatus* 是同物异名，且白边拟鲿 *Pseudobagrus albomarginatus* 是有效种。

2. 长江鱼类物种组成

2017～2021 年，本专项调查在长江水系共采集到鱼类 323 种，隶属 20 目 39 科，其中历史有分布且本次采集到的鱼类 290 种，占长江水系历史分布鱼类总种数的 65.5%。从区域来看，长江源与金沙江区域采集到 141 种（沱沱河 5 种、金沙江 98 种、雅砻江 108 种、横江 54 种），长江上游区域采集到 185 种（长江上游干流 130 种、岷江 83 种、大渡河 43 种、赤水河 140 种、沱江 86 种），三峡库区区域采集到 185 种（三峡库区干流 140 种、嘉陵江 120 种、乌江 79 种），长江中游区域采集到 172 种（长江中游干流 129 种、汉江 100 种、洞庭湖 91 种、鄱阳湖 108 种），长江下游干流区域采集到 117 种，长江口区域采集到 64 种（图 4.3）。

图 4.3 长江各水域和区域鱼类采集情况示意图

4.2.3　长江鱼类多样性格局

2017～2021年在长江水系采集到的323种（隶属20目39科）鱼类中，鲤形目鱼类最多，为206种，占63.8%；其次为鲇形目，有39种，占12.1%；虾虎鱼目25种，占7.7%；鲈形目9种，占2.8%；鲽形目6种，占1.9%；胡瓜鱼目5种，占1.5%；鳉形目、鲱形目、攀鲈目、鲀形目各4种，分别占1.2%；鲻形目、合鳃鱼目各3种，分别占0.9%；慈鲷目、鲑形目、颌针鱼目各2种，分别占0.6%；鲉形目、鳗鲡目、鳉形目、脂鲤目、鲟目各1种，分别占0.3%。

这些鱼类中鲤科鱼类最多，为155种，占48.0%；其次为鳅科，有40种，占12.4%；虾虎鱼科22种，占6.8%；鲿科20种，占6.2%；平鳍鳅科10种，占3.1%；鮠科7种，占2.2%；舌鳎科6种，占1.9%；鮨科、银鱼科各5种，分别占1.5%；鲀科、鳉科各4种，分别占1.2%；塘鳢科、鳀科、鲻科、钝头鮠科、胡子鲇科各3种，分别占0.9%；鲑科、丝足鲈科、鲴科、鳢科、慈鲷科、鲇科、刺鳅科各2种，分别占0.6%；其余16科均各1种，分别占0.3%。

2017～2021年在长江水系采集到的323种鱼类中，共发现外来鱼类30种，占长江水系2017～2021年度采集到的鱼类总种数的9.3%，与长江水系历史分布的外来鱼类相比，新增14种。这30种外来鱼类分别为史氏鲟、杂交鲟、拉氏大吻鳄、丁鱥、大眼华鳊、南方拟鳘、三角鲂、大鳞鲃、花鲈鲤、鳘、麦瑞加拉鲮、露斯塔野鲮、散鳞镜鲤、锦鲤、须鲫、北方花鳅、北方泥鳅、董氏须鳅、短盖巨脂鲤、下口鲇、蟾胡子鲇、革胡子鲇、斑点叉尾鮰、云斑鮰、红尾护头鲿、尼罗罗非鱼、莫桑比克罗非鱼、食蚊鱼、大口黑鲈、梭鲈。其中，长江上游段采集到27种外来鱼类，长江中游段采集到16种外来鱼类，长江下游段采集到9种外来鱼类，长江口采集到2种外来鱼类。总体来看，相较于长江中下游段，长江上游段发现的外来鱼类明显偏多。

4.2.4　珍稀特有鱼类分布现状

1. 濒危种组成

根据2021年出版的《中国生物多样性红色名录：脊椎动物 第五卷 淡水鱼类》（上、下册）（蒋志刚等，2021），长江水系历史分布鱼类中需要重点关注和保护（包括极危CR、濒危EN、易危VU、近危NT、数据缺失DD）的物种有202种，其中105种鱼类在2017～2021年被采集到，尚有97种未被采集到。从不同等级来看，处于CR等级的25种鱼类中有11种在2017～2021年被采集到，尚有14种未被采集到；处于EN等级的29种鱼类中有14种在2017～2021年被采集到，尚有15种未被采集到；处于VU等级的42种鱼类中有28种在2017～2021年被采集到，尚有14种未被采集到；处于NT等级的31种鱼类中有18种在2017～2021年被采集到，尚有13种未被采集到；处于数据缺失DD等级的75种鱼类中有34种被采集到，尚有41种未被采集到。另外，处于无危LC等级的140种鱼类中124种被采集到，尚有16种未被采集到。

有 20 种鱼类被列入国家重点保护野生动物名录，占 2017～2021 年采集到的鱼类总种类数的 6.2%。其中，采集到国家一级重点保护野生动物 3 种，分别为长江鲟、中华鲟、川陕哲罗鲑；采集到国家二级重点保护野生动物 17 种，分别为圆口铜鱼、长鳍吻鉤、鲈鲤、花鲈鲤、多鳞白甲鱼、四川白甲鱼、细鳞裂腹鱼、重口裂腹鱼、厚唇裸重唇鱼、岩原鲤、胭脂鱼、长薄鳅、红唇薄鳅、昆明鲇、青石爬鲱、秦岭细鳞鲑、松江鲈。

2. 特有种组成

2017～2021 年在长江水系采集到的 323 种鱼类中，共发现长江特有鱼类 109 种，隶属 5 目 10 科，占长江水系 2017～2021 年度采集到的鱼类总种数的 33.7%。其中，鲤形目鱼类最多，为 93 种；其次为鲇形目鱼类，为 13 种；鲟形目、鲑形目、虾虎鱼目各 1 种。

4.2.5 长江鱼类历史分布与多样性演变趋势

1. 长江鱼类历史分布情况

长江水系历史分布有鱼类 443 种，包括 424 种土著鱼类（含 378 种淡水鱼类、9 种洄游型鱼类、37 种河口定居鱼类）和 19 种外来鱼类。其中沱沱河水域 11 种、金沙江水域 204 种（含 2 种外来鱼类）、雅砻江水域 126 种（含 1 种外来鱼类）、横江水域 54 种、长江上游干流水域 205 种（含 6 种外来鱼类）、岷江（含大渡河）水域 176 种（含 1 种外来鱼类）、赤水河水域 166 种（含 11 种外来鱼类）、沱江水域 141 种、三峡库区干流水域 175 种（含 6 种外来鱼类）、嘉陵江水域 170 种（含 3 种外来鱼类）、乌江水域 166 种（含 5 种外来鱼类）、长江中游干流水域 188 种、汉江水域 129 种（含 5 种外来鱼类）、洞庭湖水域 134 种（含 3 种外来鱼类）、鄱阳湖水域 136 种、长江下游水域 145 种（含 4 种外来鱼类）、长江口水域 134 种（含 1 种外来鱼类）。

2. 长江鱼类多样性演变趋势

长江水系历史分布有 443 种鱼类，隶属 18 目 37 科。其中，鲤形目鱼类最多，为 309 种，占 69.8%；鲇形目 46 种，占 10.4%；虾虎鱼目 28 种，占 6.3%；鲈形目、胡瓜鱼目各 9 种，分别占 2.0%；鲀形目 7 种，占 1.6%；鲽形目 6 种，占 1.4%；鲱形目、攀鲈目各 5 种，分别占 1.1%；鲟形目 4 种，占 0.9%；鳉形目、合鳃鱼目各 3 种，占 0.7%；鳗鲡目、鲑形目、颌针鱼目各 2 种，分别占 0.5%；鳂目、鲉形目、鳝形目各 1 种，分别占 0.2%。

这些鱼类中鲤科鱼类最多，为 215 种，占 48.5%；其次为鳅科 72 种，占 16.3%；虾虎鱼科 24 种，占 5.4%；鳕科、平鳍鳅科各 21 种，分别占 4.7%；鮡科 11 种，占 2.5%；银鱼科 8 种，占 1.8%；鲀科 7 种，占 1.6%；舌鳎科、钝头鮠科、鲻科各 6 种，分别占 1.4%；塘鳢科 4 种，占 0.9%；鲟科、鳗科、鳢科、鲇科、鲻科、胡子鲇科各 3 种，分别占 0.7%；刺鳅科、鳗鲡科、鲑科、鲱科、鮈科、丝足鲈科各 2 种，分别占 0.5%；其余 13 科均各 1 种，分别占 0.2%。

长江鱼类的分布现状与历史间的差异主要表现在以下两个方面：一是历史有分布而

2017～2021年未被采集到；二是历史无分布而2017～2021年新采集到。下面将分别进行介绍。

（1）长江水系历史有分布而2017～2021年调查未被采集到的鱼类有135种，隶属10目17科，占长江水系历史分布鱼类总种数的30.5%。其中，鲤形目鱼类最多，为109种，占80.7%；其次为鲇形目，有10种，占7.4%；胡瓜鱼目4种，占3.0%；鲀形目和虾虎鱼目各3种，分别占2.2%；鲈形目2种，占1.5%；鲟形目、鳗鲡目、鲱形目、攀鲈目各1种，分别占0.7%。

（2）长江水系历史无分布而2017～2021年调查新采集到的鱼类有15种，隶属6目10科。其中，鲤形目6种，占40%；鲇形目3种，占20%；慈鲷目和鲈形目各2种，分别占13.3%；鲟形目、脂鲤目各1种，分别占6.7%。这15种鱼类中，鲤科鱼类最多，为5种，占33.3%；慈鲷科2种，占13.3%；其余8科各1种，分别占6.7%。这15种鱼类分别为漓江少鳞鳜、史氏鲟、三角鲂、花鲈鲤、露斯塔野鲮、锦鲤、须鲫、短盖巨脂鲤、下口鲇、纵带鲄、红尾护头鲿、董氏须鳅、尼罗罗非鱼、莫桑比克罗非鱼和大口黑鲈。除漓江少鳞鳜和纵带鲄外，其他全部为外来物种。

4.3 长江重点禁捕水域鱼类物种多样性特征

4.3.1 长江干流鱼类物种多样性

1. 长江源至金沙江

1）长江源

2017～2021年在长江源区域共采集到鱼类5种，占历史分布鱼类总种数（11种）的45.5%，分别为裸腹叶须鱼、小头高原鱼、修长高原鳅、斯氏高原鳅和细尾高原鳅，均隶属鲤形目鲤科。历史有分布但2017～2021年调查未采集到的鱼类有6种，占该区域历史分布鱼类总种数的54.5%。

本区域的小头高原鱼为长江特有鱼类，暂无濒危物种和保护物种，未发现外来种。

本区域2017～2020年鱼类物种多样性指数较低（表4.4）。

表4.4 2017～2020年长江源鱼类物种多样性指数

年份	Shannon-Wiener 多样性指数	Pielou 均匀度指数	Margalef 丰富度指数
2017	0.74	0.53	0.60
2018	1.53	0.76	0.65
2019	0.59	0.29	0.60
2020	0.40	0.25	0.58
平均	0.815	0.458	0.608

2）金沙江

2017～2021 年在金沙江共采集到鱼类 98 种，隶属 4 目 11 科（表 4.5），占历史分布鱼类总种数的 48.0%。按调查站位统计，002 奔子栏站位 30 种、003 攀枝花站位 54 种、004 巧家站位 78 种。金沙江历史有分布而 2017～2021 年调查未采集到的鱼类有 112 种，隶属 10 目 18 科，占该区域历史分布鱼类总种数的 54.9%。

表 4.5 金沙江鱼类种类组成情况

目	科	种类数	目	科	种类数
鲤形目	鲤科	49	鲇形目	钝头鮠科	1
	鳅科	20		鮡科	1
	平鳍鳅科	6	虾虎鱼目	虾虎鱼科	2
	鲿科	9		塘鳢科	1
鲇形目	鮡科	6	慈鲷目	慈鲷科	1
	鲇科	2			

2017～2021 年在金沙江共采集到特有种 44 种，隶属 2 目 6 科；濒危种 10 种，分别为圆口铜鱼、长鳍吻鮈、鲈鲤、细鳞裂腹鱼、昆明裂腹鱼、长须裂腹鱼、长薄鳅、黄石爬鮡、青石爬鮡、中华鮡；国家级保护物种 8 种，分别为圆口铜鱼、长鳍吻鮈、鲈鲤、细鳞裂腹鱼、厚唇裸重唇鱼、岩原鲤、长薄鳅、青石爬鮡；外来种 2 种，分别为斑点叉尾鮰和尼罗罗非鱼。

本区域 2017～2019 年鱼类物种多样性指数呈下降趋势（表 4.6）。

表 4.6 2017～2019 年鱼类物种多样性指数

年度	Shannon-Wiener 多样性指数	Pielou 均匀度指数	Margalef 丰富度指数
2017	2.517	0.753	4.934
2018	1.874	0.638	3.093
2019	1.563	0.671	2.315
平均	1.985	0.687	3.447

2. 长江上游干流

2017～2021 年在长江上游干流区域共采集到鱼类 130 种，隶属 9 目 19 科（表 4.7），占历史分布鱼类总种数的 63.4%。按调查站位统计，其中 008 宜宾站位 93 种、009 泸州站位 92 种、010 合江站位 88 种、011 江津站位 89 种、012 巴南站位 94 种。长江上游干流区域历史有分布而 2017～2021 年调查未采集到的鱼类有 86 种，隶属 10 目 16 科，占该区域历史分布鱼类总种数的 42.0%。

表 4.7　长江上游干流鱼类种类组成情况

目	科	种类数	目	科	种类数
鲇形目	鲿科	13	攀鲈目	丝足鲈科	1
	鲇科	2		鳢科	1
	钝头鮠科	2	鲈形目	鮨科	3
	鮡科	2		鲈科	1
	鲴科	1	鲟形目	鲟科	2
鲤形目	鲤科	75	胡瓜鱼目	银鱼科	1
	鳅科	15	慈鲷目	慈鲷科	1
	平鳍鳅科	4	颌针鱼目	鱵科	1
	亚口鱼科	1			
虾虎鱼目	塘鳢科	2			
	虾虎鱼科	2			

2017～2021年在长江上游干流区域共采集到特有种44种,隶属3目6科;濒危种5种,分别为长江鲟、圆口铜鱼、长鳍吻鮈、胭脂鱼、长薄鳅;国家级保护物种7种,分别为长江鲟、圆口铜鱼、长鳍吻鮈、岩原鲤、胭脂鱼、长薄鳅、红唇薄鳅;外来种10种,分别为杂交鲟、丁鱥、大眼华鳊、南方拟鳌、大鳞鲃、麦瑞加拉鲮、散鳞镜鲤、斑点叉尾鮰、尼罗罗非鱼、梭鲈。

本区域各调查站位鱼类物种多样性指数差异不大(表4.8)。

表 4.8　2017～2021 年长江上游干流鱼类物种多样性指数

调查站位	宜宾	泸州	合江	江津	巴南
物种数	93	92	88	89	94
丰富度指数	9.91	9.89	9.89	9.28	10.24
特有鱼种类数	19	18	22	18	17
特有鱼种类比例 /%	20.43	19.57	25.00	20.22	18.09

3. 三峡库区干流

2017～2021年在三峡库区干流区域共采集到鱼类140种,隶属13目25科(表4.9),占历史分布鱼类总种数的80.0%。按调查站位统计,其中021木洞站位105种、022涪陵站位82种、023万州站位95种、024巫山站位88种。三峡库区干流区域历史有分布而2017～2021年调查未采集到的鱼类有59种,隶属9目15科,占该区域历史分布鱼类总种数的33.7%。

表 4.9　三峡库区干流鱼类种类组成情况

目	科	种类数	目	科	种类数
鲇形目	鲿科	14	攀鲈目	丝足鲈科	2
	鮡科	2		鳢科	1
	鲇科	2	鲈形目	鮨科	2
	钝头鮠科	2		鲈科	1
	胡子鲇科	1	鲟形目	鲟科	3
	鮰科	1	脂鲤目	脂鲤科	1
	骨甲鲇科	1	鲱形目	鳀科	1
鲤形目	鲤科	73	胡瓜鱼目	银鱼科	1
	鳅科	17	慈鲷目	慈鲷科	1
	平鳍鳅科	5	颌针鱼目	鱵科	1
	亚口鱼科	1	鳉形目	胎鳉科	1
虾虎鱼目	虾虎鱼科	3	合鳃鱼目	合鳃鱼科	1
	塘鳢科	2			

　　2017～2021 年在三峡库区干流区域共采集到特有种 41 种，隶属 4 目 7 科；濒危种 6 种，分别为长江鲟、圆口铜鱼、长鳍吻鮈、胭脂鱼、长薄鳅、中臀拟鲿；国家级保护物种 7 种，分别为长江鲟、圆口铜鱼、长鳍吻鮈、多鳞白甲鱼、岩原鲤、胭脂鱼、长薄鳅；外来种 17 种，分别为史氏鲟、杂交鲟、丁鱥、大鳞鲃、麦瑞加拉鲮、露斯塔野鲮、散鳞镜鲤、锦鲤、须鲫、北方花鳅、短盖巨脂鲤、下口鲇、革胡子鲇、斑点叉尾鮰、尼罗罗非鱼、食蚊鱼、梭鲈。

　　本区域木洞和涪陵江段鱼类物种多样性指数相对较高（表 4.10）。

表 4.10　三峡库区干流鱼类物种多样性指数

调查站位	Shannon-Wiener 多样性指数	Pielou 均匀度指数	Margalef 丰富度指数
木洞	2.66	0.61	7.39
涪陵	2.64	0.62	7.51
万州	2.01	0.47	7.33
巫山	2.33	0.60	5.06

4. 长江中游干流

　　2017～2021 年在长江中游干流区域共采集到鱼类 129 种，隶属 12 目 21 科（表 4.11），占历史分布鱼类总种数的 68.6%。按调查站位统计，其中 029 宜昌站位 88 种、030 石首站位 95 种、031 洪湖站位 93 种、032 武汉站位 84 种、033 湖口站位 91 种。长江中游干流区域历史有分布而 2017～2021 年调查未采集到的鱼类有 82 种，隶属 11 目 15 科，占该区域历史分布鱼类总种数的 43.6%。

表 4.11　长江中游干流鱼类种类组成情况

目	科	种类数	目	科	种类数
鲤形目	鲤科	74	鲟形目	鲟科	3
	亚口鱼科	1	合鳃鱼目	合鳃鱼科	1
	鳅科	12		刺鳅科	1
	平鳍鳅科	2	胡瓜鱼目	银鱼科	1
鲇形目	鲇科	2	鲻形目	鲻科	1
	鲿科	14	鲱形目	鳀科	2
	鮡科	1	颌针鱼目	鱵科	1
	鲴科	1	鳗鲡目	鳗鲡科	1
虾虎鱼目	塘鳢科	2	鲈形目	鮨科	4
	虾虎鱼科	2			
攀鲈目	丝足鲈科	2			
	鳢科	1			

2017～2021 年在长江中游干流区域共采集到特有种 32 种，隶属 3 目 6 科；濒危种 7 种，分别为长江鲟、中华鲟、鳤、圆口铜鱼、长鳍吻鮈、胭脂鱼、长薄鳅、昆明鲇；国家级保护物种 7 种，分别为长江鲟、中华鲟、圆口铜鱼、长鳍吻鮈、胭脂鱼、长薄鳅、红唇薄鳅、昆明鲇；外来种 10 种，分别为杂交鲟、丁鱥、大眼华鳊、南方拟鳘、三角鲂、鲮、麦瑞加拉鲮、散鳞镜鲤、北方花鳅、斑点叉尾鲴。

本区域宜昌江段鱼类物种多样性指数相对较高（表 4.12）。

表 4.12　长江中游干流鱼类物种多样性指数

多样性指数	宜昌	石首	洪湖	武汉	湖口
Shannon-Wiener 多样性指数	1.31	2.83	1.09	2.59	2.35
Pielou 均匀度指数	0.36	0.73	0.29	0.71	0.62
Margalef 丰富度指数	5.02	6.49	4.89	5.78	5.59

5. 长江下游

2017～2021 年在长江下游区域共采集到鱼类 117 种，隶属 16 目 24 科（表 4.13），占该区域历史分布鱼类总种数的 80.7%。按调查站位统计，其中 052 安庆站位 77 种、053 铜陵站位 59 种、054 芜湖站位 75 种、055 当涂站位 63 种、056 镇江站位 68 种、057 靖江站位 83 种、058 常熟站位 81 种。长江下游区域历史有分布而 2017～2021 年调查未采集到的鱼类有 42 种，隶属 11 目 17 科，占该区域历史分布鱼类总种数的 29.0%。

表 4.13 长江下游鱼类种类组成情况

目	科	种类数	目	科	种类数
鲤形目	鲤科	58	鲟形目	鲟科	3
	鳅科	6	胡瓜鱼目	银鱼科	3
	亚口鱼科	1	鲽形目	舌鳎科	3
鲇形目	鲿科	9	鲱形目	鳀科	2
	鲇科	2	鲻形目	鲻科	2
	胡子鲇科	2	颌针鱼目	鱵科	1
鲈形目	鮨科	3	鳉形目	胎鳉科	1
	多锯鲈科	1	合鳃鱼目	刺鳅科	1
	太阳鱼科	1	鳗鲡目	鳗鲡科	1
虾虎鱼目	虾虎鱼科	10	鲉目	鲬科	1
	塘鳢科	3	鈍形目	鲀科	1
攀鲈目	丝足鲈科	1			
	鳢科	1			

2017～2021 年在长江下游区域共采集到特有种 13 种，隶属 3 目 4 科；濒危种 3 种，分别为长江鲟、中华鲟、胭脂鱼；国家级保护物种 3 种，分别为长江鲟、中华鲟、胭脂鱼；外来种 9 种，分别为史氏鲟、鲮、麦瑞加拉鲮、散鳞镜鲤、锦鲤、蟾胡子鲇、革胡子鲇、食蚊鱼、大口黑鲈。

本区域 2021 年鱼类物种多样性指数较 2017～2020 年略有下降（表 4.14）。

表 4.14 长江下游鱼类物种多样性指数

多样性指标	2017～2020 年	2021 年
Shannon-Wiener 多样性指数	2.980	2.707
Pielou 均匀度指数	0.626	0.667
Margalef 丰富度指数	9.840	6.955

6. 长江口

2017～2021 年在长江口区域共采集到鱼类 64 种（不包括海洋鱼类）（表 4.15），隶属 15 目 19 科，占历史分布鱼类总种数的 47.8%。按调查站位统计，其中 059 南支站位 45 种、060 北支站位 32 种、061 南槽站位 29 种、062 北槽站位 32 种、063 崇西站位 26 种、064 东滩站位 45 种、065 南汇站位 28 种。长江口区域历史有分布而 2017～2021 年调查未采集到的鱼类有 72 种，隶属 12 目 20 科，占该区域历史分布鱼类总种数的 53.7%。

表 4.15　长江口鱼类种类组成情况

目	科	种类数	目	科	种类数
鲤形目	鲤科	17	鲀形目	鲀科	4
	亚口鱼科	1	鲻形目	鲻科	3
	鳅科	1	胡瓜鱼目	银鱼科	2
鲱形目	鳀科	2	鲟形目	鲟科	1
	鲱科	1	鳗鲡目	鳗鲡科	1
鲈形目	多锯鲈科	1	颌针鱼目	鱵科	1
	马鲅科	1	鲬形目	胎鳚科	1
虾虎鱼目	虾虎鱼科	14	鲀目	鲀科	1
鲽形目	舌鳎科	6	鲉形目	杜父鱼科	1
鲇形目	鳗科	5			

2017～2021 年在长江口区域共采集到特有种 1 种，为张氏鳘；河口种 31 种，隶属 8 目 9 科；濒危种 2 种，分别为胭脂鱼、松江鲈；国家级保护物种 2 种，分别为胭脂鱼、松江鲈；外来种 2 种，分别为杂交鲟、食蚊鱼。

4.3.2　大型通江湖泊鱼类物种多样性

1. 洞庭湖

2017～2021 年在洞庭湖共采集到鱼类 91 种（表 4.16），隶属 11 目 21 科，占历史分布鱼类总种数的 67.9%。按调查站位统计，其中 037 汉寿站位 69 种、038 沅江站位 68 种、039 岳阳站位 88 种、040 湘江入湖口站位 55 种、041 资江入湖口站位 59 种、042 沅江入湖口站位 57 种、043 澧水入湖口站位 50 种。洞庭湖历史有分布而 2017～2021 年调查未采集到的鱼类有 52 种，隶属 10 目 16 科，占该区域历史分布鱼类总种数的 38.8%。

表 4.16　洞庭湖鱼类种类组成情况

目	科	种类数	目	科	种类数
鲇形目	鳗科	7	鲤形目	亚口鱼科	1
	鲇科	2	虾虎鱼目	塘鳢科	2
	胡子鲇科	2		虾虎鱼科	2
	钝头鮠科	1	合鳃鱼目	刺鳅科	2
	鲴科	1		合鳃鱼科	1
	骨甲鲇科	1	攀鲈目	丝足鲈科	1
鲤形目	鲤科	50		鳢科	1
	鳅科	6	鲈形目	鮨科	5

续表

目	科	种类数	目	科	种类数
胡瓜鱼目	银鱼科	2	鲟形目	鲟科	1
颌针鱼目	鱵科	1	鲱形目	鳀科	1
鳉形目	胎鳉科	1			

2017～2021 年在洞庭湖共采集到特有种 12 种，隶属 2 目 4 科；濒危种 2 种，分别为鳡、胭脂鱼；国家级保护物种 1 种，为胭脂鱼；外来种 7 种，分别为杂交鲟、大眼华鳊、鲮、下口鲇、革胡子鲇、斑点叉尾鲴、食蚊鱼。

洞庭湖鱼类的 Margalef 丰富度指数、Shannon-Wiener 多样性指数与 Pielou 均匀度指数分别为 4.57、2.96、0.80。

2. 鄱阳湖

2017～2021 年在鄱阳湖共采集到鱼类 108 种，隶属 13 目 22 科（表 4.17），占历史分布鱼类总种数的 79.4%。按调查站位统计，其中 044 湖口站位 96 种、045 都昌县站位 88 种、046 鄱阳湖区站位 93 种、047 赣江入湖口站位 82 种、048 抚河入湖口站位 84 种、049 信江入湖口站位 84 种、050 饶河入湖口站位 83 种、051 修河入湖口站位 85 种。鄱阳湖历史有分布而 2017～2021 年调查未采集到的鱼类有 43 种，隶属 8 目 12 科，占该区域历史分布鱼类总种数的 31.6%。

表 4.17 鄱阳湖鱼类种类组成情况

目	科	种类数	目	科	种类数
鲇形目	鲿科	9	颌针鱼目	异鳉科	1
	鲇科	2		鱵科	1
	钝头鮠科	1	合鳃鱼目	合鳃鱼科	1
	胡子鲇科	1		刺鳅科	1
鲤形目	鲤科	61	鲟形目	鲟科	2
	鳅科	8	鲱形目	鳀科	2
	亚口鱼科	1	鳗鲡目	鳗鲡科	1
虾虎鱼目	虾虎鱼科	3	脂鲤目	脂鲤科	1
	塘鳢科	2	胡瓜鱼目	银鱼科	1
攀鲈目	丝足鲈科	2	鲻形目	鲻科	1
	鳢科	2	鲈形目	鮨科	4

2017～2021 年在鄱阳湖共采集到特有种 13 种，隶属 2 目 4 科；濒危种 4 种，分别为中华鲟、鳡、胭脂鱼、长薄鳅；国家级保护物种 3 种，分别为中华鲟、胭脂鱼、长薄鳅；外来种 6 种，分别为杂交鲟、大眼华鳊、三角鲂、鲮、麦瑞加拉鲮、短盖巨脂鲤。

4.3.3 长江重要支流鱼类物种多样性

1. 岷江

2017～2021 年在岷江共采集到鱼类 83 种，隶属 6 目 15 科（表 4.18），占历史分布鱼类总种数的 52.2%。按调查站位统计，其中 013 松潘站位 16 种、015 乐山站位 77 种。岷江历史有分布而 2017～2021 年调查未采集到的鱼类有 83 种，隶属 8 目 13 科，占该区域历史分布鱼类总种数的 52.2%。

表 4.18　岷江鱼类种类组成情况

目	科	种类数	目	科	种类数
鲇形目	鲿科	7	鲤形目	平鳍鳅科	5
	鮡科	3		亚口鱼科	1
	鲇科	2	虾虎鱼目	虾虎鱼科	2
	钝头鮠科	1		塘鳢科	1
	胡子鲇科	1	鲈形目	鮨科	3
	鲴科	1	合鳃鱼目	合鳃鱼科	1
鲤形目	鲤科	42	攀鲈目	鳢科	1
	鳅科	12			

2017～2021 年在岷江共采集到特有种 30 种，隶属 3 目 6 科；濒危种 6 种，分别为长鳍吻鮈、重口裂腹鱼、胭脂鱼、长薄鳅、黄石爬鮡、青石爬鮡；国家级保护物种 6 种，分别为长鳍吻鮈、重口裂腹鱼、胭脂鱼、长薄鳅、红唇薄鳅、青石爬鮡；外来种 4 种，分别为散鳞镜鲤、锦鲤、革胡子鲇、斑点叉尾鮰。

2. 大渡河

2017～2021 年在大渡河共采集到鱼类 43 种，隶属 5 目 12 科（表 4.19），占历史分布鱼类总种数的 29.5%。大渡河历史有分布而 2017～2021 年调查未采集到的鱼类有 109 种，隶属 8 目 15 科，占该区域历史分布鱼类总种数的 74.7%。

表 4.19　大渡河鱼类种类组成情况

目	科	种类数	目	科	种类数
鲇形目	鲿科	3	鲤形目	鳅科	9
	鮡科	3		平鳍鳅科	1
	鲴科	2	鲈形目	太阳鱼科	1
	鲇科	2		鮨科	1
	钝头鮠科	1	虾虎鱼目	虾虎鱼科	1
鲤形目	鲤科	18	合鳃鱼目	合鳃鱼科	1

2017～2021 年在大渡河共采集到特有种 14 种，隶属 2 目 5 科；濒危种 4 种，分别为鲈鲤、重口裂腹鱼、黄石爬鳅、青石爬鳅；国家级保护物种 3 种，分别为鲈鲤、重口裂腹鱼、青石爬鳅；外来种 4 种，分别为散鳞镜鲤、斑点叉尾鲴、云斑鲴、大口黑鲈。

3. 沱江

2017～2021 年在沱江共采集到鱼类 86 种，隶属 8 目 16 科（表 4.20），占历史分布鱼类总种数的 61.0%。按调查站位统计，其中 019 资阳站位 65 种、020 内江站位 76 种。沱江历史有分布而 2017～2021 年调查未采集到的鱼类有 65 种，隶属 6 目 11 科，占该区域历史分布鱼类总种数的 46.1%。

表 4.20　沱江鱼类种类组成情况

目	科	种类数	目	科	种类数
鲇形目	鲿科	7	攀鲈目	鳢科	2
	鲇科	2		丝足鲈科	1
	钝头鮠科	1	鲈形目	鮨科	3
	鮡科	1	慈鲷目	慈鲷科	2
	油鲇科	1	鲟形目	鲟科	1
鲤形目	鲤科	48	虾虎鱼目	虾虎鱼科	1
	鳅科	13	合鳃鱼目	合鳃鱼科	1
	平鳍鳅科	1			
	亚口鱼科	1			

2017～2021 年在沱江共采集到特有种 25 种，隶属 2 目 4 科；濒危种 2 种，分别为胭脂鱼、长薄鳅；国家级保护物种 3 种，分别为胭脂鱼、长薄鳅、红唇薄鳅；外来种 6 种，分别为杂交鲟、拉氏大吻鳄、散鳞镜鲤、红尾护头鲿、尼罗罗非鱼、莫桑比克罗非鱼。

4. 赤水河

2017～2021 年在赤水河共采集到鱼类 140 种，隶属 9 目 20 科（表 4.21），占历史分布鱼类总种数的 84.3%。按调查站位统计，其中 016 镇雄县站位 35 种、017 茅台镇站位 71 种、018 赤水市站位 120 种。赤水河历史有分布而 2017～2021 年调查未采集到的鱼类有 36 种，隶属 7 目 13 科，占该区域历史分布鱼类总种数的 21.7%。

表 4.21 赤水河鱼类种类组成情况

目	科	种类数	目	科	种类数
鲇形目	鲿科	11	鲈形目	鮨科	3
	钝头鮠科	2		鲈科	1
	鮡科	2		太阳鱼科	1
	鲇科	2	虾虎鱼目	塘鳢科	2
	胡子鲇科	1		虾虎鱼科	2
	鮰科	1	鲟形目	鲟科	2
鲤形目	鲤科	84	鳗鲡目	鳗鲡科	1
	鳅科	15	鳉形目	胎鳉科	1
	平鳍鳅科	6	合鳃鱼目	合鳃鱼科	1
	亚口鱼科	1	攀鲈目	鳢科	1

2017～2021 年在赤水河共采集到特有种 52 种，隶属 3 目 7 科；濒危种 8 种，分别为长江鲟、圆口铜鱼、鲈鲤、四川白甲鱼、昆明裂腹鱼、胭脂鱼、长薄鳅、青石爬鮡；国家级保护物种 10 种，分别为长江鲟、圆口铜鱼、鲈鲤、花鲈鲤、四川白甲鱼、岩原鲤、胭脂鱼、长薄鳅、红唇薄鳅、青石爬鮡；外来种 13 种，分别为杂交鲟、丁𩽾、大眼华鳊、大鳞鲃、花鲈鲤、麦瑞加拉鲮、散鳞镜鲤、董氏须鳅、革胡子鲇、斑点叉尾鮰、食蚊鱼、大口黑鲈、梭鲈。

本区域不同样区鱼类物种数量在 3～56 种范围内。赤水源镇木瓜村江段仅采集到 3 种鱼类，而随着河流向下游延伸，鱼类物种数逐渐增加；至下游的赤水市和合江县三江口江段鱼类物种数量多达 50 余种。Margalef 丰富度指数和 Shannon-Wiener 多样性指数表现出与鱼类物种数量相似的时空变化趋势，其中 Margalef 丰富度指数由源头江段的 0.66 逐渐增加至下游的 6.37，Shannon-Wiener 多样性指数由源头江段的 0.57 逐渐增加至下游的 2.91。而 Pielou 均匀度指数未表现出趋势性的时空变化特征，其变化范围为 0.50～0.80。

5. 嘉陵江

2017～2021 年在嘉陵江共采集到鱼类 120 种，隶属 12 目 20 科（表 4.22），占

表 4.22 嘉陵江鱼类种类组成情况

目	科	种类数
鲇形目	鲿科	11
	鲇科	2
	钝头鮠科	2
	鮡科	2
	鮰科	1
鲤形目	鲤科	71
	鳅科	11
	平鳍鳅科	3
	亚口鱼科	1
虾虎鱼目	虾虎鱼科	4
	塘鳢科	1
鲈形目	鮨科	3
鲟形目	鲟科	1
鲱形目	鳀科	1
鲑形目	鲑科	1
胡瓜鱼目	银鱼科	1
颌针鱼目	鱵科	1
鳉形目	胎鳉科	1
合鳃鱼目	合鳃鱼科	1
攀鲈目	鳢科	1

历史分布鱼类总种数的 70.6%。按调查站位统计，其中 025 广元站位 61 种、026 南充站位 82 种、027 合川站位 85 种。嘉陵江历史有分布而 2017～2021 年调查未采集到的鱼类有 63 种，隶属 7 目 11 科，占该区域历史分布鱼类总种数的 37.1%。

2017～2021 年在嘉陵江共采集到特有种 35 种，隶属 2 目 5 科；濒危种 6 种，分别为中华鲟、鳤、云南鲴、胭脂鱼、长薄鳅、黑尾近红鲌；国家级保护物种 5 种，分别为中华鲟、岩原鲤、胭脂鱼、长薄鳅、秦岭细鳞鲑；外来种 7 种，分别为丁鲅、大鳞鲃、麦瑞加拉鲮、散鳞镜鲤、锦鲤、斑点叉尾鮰、食蚊鱼。

嘉陵江中上游南充站位鱼类物种多样性指数略高于广元站位（表 4.23）。

表 4.23　嘉陵江中上游鱼类物种多样性指数

多样性指数	广元	南充	总体
Shannon-Wiener 多样性指数	3.07	3.18	3.34
Pielou 均匀度指数	0.68	0.73	0.78
Margalef 丰富度指数	8.22	8.88	9.94

6. 乌江

2017～2021 年在乌江共采集到鱼类 79 种，隶属 7 目 16 科（表 4.24），占历史分布鱼类总种数的 47.6%。乌江历史有分布而 2017～2021 年调查未采集到的鱼类有 91 种，隶属 8 目 15 科，占该区域历史分布鱼类总种数的 54.8%。

表 4.24　乌江鱼类种类组成情况

目	科	种类数	目	科	种类数
鲇形目	鲿科	9	鲈形目	鮨科	3
	鲇科	2		太阳鱼科	1
	鮡科	2	虾虎鱼目	虾虎鱼科	2
	钝头鮠科	1		塘鳢科	1
	鮰科	1	攀鲈目	鳢科	2
鲤形目	鲤科	41	慈鲷目	慈鲷科	1
	鳅科	8	合鳃鱼目	合鳃鱼科	1
	平鳍鳅科	3			
	亚口鱼科	1			

2017～2021 年在乌江共采集到特有种 19 种，隶属 2 目 4 科；濒危种 7 种，分别为鲈鲤、华缨鱼、灰裂腹鱼、胭脂鱼、长薄鳅、中臀拟鲿、黑尾近红鲌；国家级保护物种 5 种，分别为鲈鲤、花鲈鲤、岩原鲤、胭脂鱼、长薄鳅；外来种 4 种，分别为花鲈鲤、斑点叉尾鮰、莫桑比克罗非鱼、大口黑鲈。

7. 汉江

2017～2021 年在汉江共采集到鱼类 100 种，隶属 12 目 20 科（表 4.25），占历史分布鱼类总种数的 77.5%。按调查站位统计，其中 034 汉中站位 66 种、035 钟祥站位 79 种、036 老河口站位 70 种。汉江历史有分布而 2017～2021 年调查未采集到的鱼类有 40 种，隶属 5 目 9 科，占该区域历史分布鱼类总种数的 31.0%。

表 4.25　汉江鱼类种类组成情况

目	科	种类数	目	科	种类数
鲇形目	鲿科	8	颌针鱼目	异鳉科	1
	鲇科	2		鱵科	1
	钝头鮠科	1	合鳃鱼目	合鳃鱼科	1
	鲴科	1		刺鳅科	1
鲤形目	鲤科	57	攀鲈目	鳢科	2
	鳅科	10	鲑形目	鲑科	2
鲈形目	鲉科	4	鲟形目	鲟科	1
	太阳鱼科	1	胡瓜鱼目	银鱼科	1
虾虎鱼目	塘鳢科	2	鳉形目	胎鳉科	1
	虾虎鱼科	2	鲱形目	鳀科	1

2017～2021 年在汉江共采集到特有种 16 种，隶属 3 目 4 科；濒危种 1 种，为川陕哲罗鲑；国家级保护物种 2 种，分别为川陕哲罗鲑、秦岭细鳞鲑；外来种 8 种，分别为杂交鲟、大眼华鳊、散鳞镜鲤、北方花鳅、北方泥鳅、斑点叉尾鮰、食蚊鱼、大口黑鲈。

本区域 2017～2020 年鱼类物种多样性指数存在明显的时空差异（表 4.26）。

表 4.26　2017～2020 年汉江各调查站位鱼类物种多样性指数

多样性指数	汉中			老河口			钟祥		
	H'	D	J'	H'	D	J'	H'	D	J'
2017	1.981	2.525	0.886	2.701	2.817	0.762	2.224	3.147	0.828
2018	4.221	3.450	0.860	3.281	3.607	0.621	4.302	4.654	0.783
2019	4.342	4.312	0.758	3.211	3.198	0.578	3.810	4.460	0.645
2020	3.527	4.139	0.862	3.340	2.874	0.703	3.643	3.691	0.833

注：H' 为 Shannon-Wiener 多样性指数；D 为 Margalef 丰富度指数；J' 为 Pielous 均匀度指数

4.4 长江专项调查未发现鱼类物种评述

4.4.1 未发现鱼类物种概况

长江水系历史有分布而2017～2021年调查未采集到的鱼类有135种，隶属10目17科（表4.27），占长江水系历史分布鱼类总种数的30.5%。其中，长江源与金沙江区域未采集到99种，长江上游区域未采集到71种，三峡库区区域未采集到73种，长江中游区域未采集到86种，长江下游区域未采集到42种，长江口区域未采集到72种。

表4.27　2017～2021年未采集到的长江历史分布鱼类名录

中文种名	拉丁学名	中文种名	拉丁学名
白鲟	*Psephurus gladius*	彭县似鮈☆	*Belligobio pengxianensis*
花鳗鲡▲	*Anguilla mauritiana*	长麦穗鱼	*Pseudorasbora elongata*
鲥▲	*Tenualosa reevesii*	小鳈	*Sarcocheilichthys parvus*
成都鱲☆	*Zacco chengtui*	隐须颌须鮈☆	*Gnathopogon nicholsi*
中华细鲫	*Aphyocypris chinensis*	长须片唇鮈☆	*Platysmacheilus longibarbatus*
稀有鮈鲫☆	*Gobiocypris rarus*	镇江片唇鮈☆	*Platysmacheilus zhenjiangensis*
鯮	*Luciobrama macrocephalus*	湘江蛇鮈	*Saurogobio xiangjiangensis*
大鳞黑线鳘☆	*Atrilinea macrolepis*	南方鳅鮀	*Gobiobotia meridionalis*
黑线鳘	*Atrilinea roulei*	短吻鳅鮀☆	*Gobiobotia brevirostris*
长臂华鳊☆	*Sinibrama longianalis*	董氏鳅鮀	*Gobiobotia tungi*
程海白鱼☆	*Anabarilius liui chenghaiensis*	白边鳑鲏☆	*Rhodeus albomarginatus*
邛海白鱼☆	*Anabarilius qionghaiensis*	长身鱊☆	*Acheilognathus elongatus*
寻甸白鱼☆	*Anabarilius xundianensis*	须鱊	*Acheilognathus barbatus*
多鳞白鱼☆	*Anabarilius polylepis*	巨口鱊☆	*Acheilognathus tabira*
银白鱼☆	*Anabarilius alburnops*	条纹鱊☆	*Acheilognathus striatus*
海南拟鳘	*Pseudohemiculter hainanensis*	多鳞四须鲃☆	*Barbodes polylepis*
贵州拟鳘☆	*Pseudohemiculter kweichowensis*	多斑金线鲃	*Sinocyclocheilus multipunctatus*
邛海鲌☆	*Culter mongolicus qionghaiensis*	滇池金线鲃☆	*Sinocyclocheilus grahami*
程海鲌☆	*Culter mongolicus elongatus*	乌蒙山金线鲃	*Sinocyclocheilus wumengshanensis*
湖北鲴☆	*Xenocypris hupeinensis*	会泽金线鲃	*Sinocyclocheilus huizeensis*
大眼圆吻鲴☆	*Distoechodon macrophthalmus*	台湾光唇鱼	*Acrossocheilus paradoxus*

中文种名	拉丁学名	中文种名	拉丁学名
光唇鱼	*Acrossocheilus fasciatus*	小眼戴氏南鳅	*Schistura dabryi microphthalmus*
薄颌光唇鱼	*Acrossocheilus kreyenbergi*	华坪条鳅☆	*Nemacheilus huapingensis*
大渡白甲鱼☆	*Onychostoma daduensis*	粗壮高原鳅	*Triplophysa robusta*
短身白甲鱼☆	*Onychostoma brevis*	唐古拉高原鳅☆	*Triplophysa tangqulaensis*
珠江卵形白甲鱼	*Onychostoma ovalis rhomboides*	异尾高原鳅	*Triplophysa stewarti*
小口白甲鱼	*Onychostoma lini*	小眼高原鳅	*Triplophysa microps*
台湾白甲鱼	*Onychostoma barbatula*	黑体高原鳅	*Triplophysa obscura*
侧纹白甲鱼☆	*Onychostoma virgulatum*	昆明高原鳅☆	*Triplophysa grahami*
洞庭孟加拉鲮☆	*Bangana tungting*	西昌高原鳅☆	*Triplophysa xichangensis*
泸溪直口鲮☆	*Rectoris luxiensis*	秀丽高原鳅☆	*Triplophysa venusta*
变形直口鲮	*Rectoris mutabilis*	短须高原鳅☆	*Triplophysa brevibarba*
原鲮☆	*Protolabeo protolabeo*	宁蒗高原鳅☆	*Triplophysa ninglangensis*
中华裂腹鱼☆	*Schizothorax sinensis*	圆腹高原鳅	*Triplophysa rotundiventris*
隐鳞裂腹鱼☆	*Schizothorax cryptolepis*	多带高原鳅☆	*Triplophysa polyfasciata*
异唇裂腹鱼☆	*Schizothorax heterochilus*	拟细尾高原鳅☆	*Triplophysa pseudostenura*
小裂腹鱼☆	*Schizothorax parvus*	理县高原鳅☆	*Triplophysa lixianensis*
厚唇裂腹鱼☆	*Schizothorax labrosus*	西溪高原鳅☆	*Triplophysa xiqiensis*
宁蒗裂腹鱼☆	*Schizothorax ninglangensis*	稻城高原鳅☆	*Triplophysa daochengensis*
小口裂腹鱼☆	*Schizothorax microstomus*	玫瑰高原鳅☆	*Triplophysa rosa*
威宁裂腹鱼☆	*Schizothorax yunnanensis weiningensis*	湘西盲高原鳅☆	*Triplophysa xiangxiensis*
中甸叶须鱼☆	*Ptychobarbus chungtienensis*	巴山高原鳅☆	*Triplophysa bashanensis*
宝兴裸裂尻鱼☆	*Schizopygopsis malacanthus baoxingensis*	滇池球鳔鳅☆	*Sphaerophysa dianchiensis*
嘉陵裸裂尻鱼☆	*Schizopygopsis kialingensis*	东方薄鳅	*Leptobotia orientalis*
小鲤☆	*Cyprinus micristius*	衡阳薄鳅☆	*Leptobotia hengyangensis*
三角鲤△	*Cyprinus multitaeniata*	北方须鳅△	*Barbatula nuda*
杞麓鲤	*Cyprinus chilia*	拟横斑原缨口鳅	*Vanmanenia pseudoatriata*
黑斑云南鳅☆	*Yunnanilus nigromaculatus*	斑纹原缨口鳅☆	*Vanmanenia maculata*
草海云南鳅☆	*Yunnanilus caohaiensis*	原缨口鳅	*Vanmanenia stenosoma*
干河云南鳅☆	*Yunnanilus ganheensis*	似原吸鳅	*Paraprotomyzon multifasciatus*
牛栏云南鳅☆	*Yunnanilus niulanensis*	牛栏江似原吸鳅☆	*Paraprotomyzon niulanjiangensis*
横斑云南鳅☆	*Yunnanilus spanisbripes*	珠江拟腹吸鳅	*Pseudogastromyzon fangi*
四川云南鳅☆	*Yunnanilus sichuanensis*	牛栏爬岩鳅☆	*Beaufortia niulanensis*
似横纹南鳅☆	*Schistura pseudofasciolata*	窑滩间吸鳅☆	*Hemimyzon yaotanensis*
牛栏江南鳅☆	*Schistura niulanjiangensis*	下司华吸鳅☆	*Sinogastromyzon hsiashiensis*

中文种名	拉丁学名	中文种名	拉丁学名
德泽华吸鳅☆	*Sinogastromyzon dezeensis*	寡齿新银鱼	*Neosalanx oligodontis*
汉水后平鳅☆	*Metahomaloptera omeiensis hangshuiensis*	安氏新银鱼	*Neosalanx anderssoni*
昆明鲇☆	*Silurus mento*	前颌间银鱼▲	*Salanx prognathus*
长臂拟鲿☆	*Pseudobagrus analis*	中华乌塘鳢★	*Bostrychus sinensis*
富氏拟鲿☆	*Pseudobagrus fui*	神农吻虾虎鱼	*Rhinogobius shennongensis*
金氏䰲☆	*Liobagrus kingi*	刘氏吻虾虎鱼☆	*Rhinogobius liui*
司氏䰲☆	*Liobagrus styani*	斑鳢	*Channa maculata*
鳗尾䰲	*Liobagrus anguillicauda*	波纹鳜	*Siniperca undulata*
长须石爬鮡☆	*Euchiloglanis longibarbatus*	暗鳜	*Siniperca obscura*
四川鮡☆	*Pareuchiloglanis sichuanensis*	弓斑东方鲀★	*Takifugu ocellatus*
天全鮡☆	*Pareuchiloglanis tianquanensis*	虫纹东方鲀★	*Takifugu vermicularis*
壮体鮡☆	*Pareuchiloglanis robustus*	双斑东方鲀★	*Takifugu bimaculatus*
香鱼	*Plecoglossus altivelis*		

注：☆为长江特有种；★为河口定居鱼类；△为外来鱼类；▲江海洄游种

4.4.2 鱼类物种未被发现的原因分析

本研究分析135种鱼类未被采集到的原因主要有以下几点。

（1）有114种属于狭域分布种，仅分布于特定湖泊或支流中，其中有58种不在本专项调查网格内，故未能采集到，如雅砻白鱼、西昌白鱼、程海白鱼、邛海白鱼、寻甸白鱼、程海鲃、滇池金线鲃、杞麓鲤、邛海鲤、草海云南鳅、大眼圆吻鲴、薄颌光唇鱼等。

（2）部分物种确已多年未见，处于极度濒危状态，如白鲟、鲮、鲥等。

（3）部分物种属于小型鱼类，分布范围多为小溪流或小水沟内，本次调查未能对这些区域进行全面覆盖，故未能采集到，如稀有鮈鲫、中华细鲫、长麦穗鱼等。

（4）部分物种为新定种，除定种时采到样本外，后期均无有任何采集记录，可能存在物种鉴定方面的问题，如干河云南鳅、牛栏云南鳅、横斑云南鳅、四川云南鳅、似横纹南鳅、牛栏江南鳅、乌蒙山金线鲃、原鲮、牛栏江似原吸鳅、牛栏爬岩鳅、长须石爬鮡、四川鮡、天全鮡、壮体鮡等。

（5）部分物种为长江口的河口定居性鱼类，采样力度和采样时间的不充分导致本次调查未能采集到，如中华乌塘鳢、长体刺虾虎鱼、弓斑东方鲀、虫纹东方鲀、双斑东方鲀、暗环东方鲀等，随着采样力度和时间的增加，物种数有望增加。

4.4.3 未发现鱼类物种评述

135种未采集到鱼类中，鲤形目鱼类最多，为109种，占80.7%；其次为鲇形目，有10种，占7.4%；胡瓜鱼目4种，占3.0%；鲀形目和虾虎鱼目各3种，分别占2.2%；鲈形目2种，占1.5%；鲟形目、鳗鲡目、鲱形目、攀鲈目各1种，分别占0.7%。

根据 2021 年出版的《中国生物多样性红色名录：脊椎动物 第五卷 淡水鱼类》（上、下册）（蒋志刚等，2021），历史有分布而未采集的 135 种中，未参加评估的鱼类种类数为 22 种，参加评估的鱼类种类数为 113 种。其中，处于 CR 等级的物种有 14 种，处于 EN 等级的物种有 15 种，处于 VU 等级的物种有 14 种，处于 NT 等级的物种有 13 种，处于 DD 等级的物种有 41 种。

从不同水域来看，135 种未采集到的鱼类中，在沱沱河未采集到的鱼类 4 种，主要为高原鳅类；在金沙江有历史分布记录的鱼类 38 种，主要为白鱼类、鳅类等；在雅砻江有历史分布记录的鱼类 12 种，主要为白鱼类、裂腹鱼类和高原鳅类；在长江上游干流有历史分布记录的鱼类 18 种，主要为白鱼类、白甲鱼类、裂腹鱼类、高原鳅类等；在岷江有历史分布记录的鱼类 12 种，在大渡河有历史分布记录的鱼类 15 种，主要为白甲鱼类、裂腹鱼类、高原鳅类、鲱类等；沱江 9 种，主要为白鲟、鲸、鳅类、拟鲿类等；在赤水河有历史分布记录的鱼类 4 种，为白鲟、鲸、富氏拟鲿、北方须鳅；在三峡库区干流有历史分布记录的鱼类 8 种，主要为白甲鱼类等；嘉陵江 11 种，主要为白甲鱼类、高原鳅类等；在乌江有历史分布记录的鱼类 17 种，主要为白甲鱼类、鲃类、鳅类等；在长江中游干流有历史分布记录的鱼类 22 种，主要为银鱼类、鳅鮀类、光唇鱼类、白甲鱼类、鳅类等；汉江 9 种，主要为鳅鮀类等；在洞庭湖有历史分布记录的鱼类 14 种，主要为银鱼类、鳅鮀类等；鄱阳湖 16 种，主要为银鱼类、鲦鲅类、光唇鱼类、鲑类等；在长江下游有历史分布记录的鱼类 20 种，主要为银鱼类、鲌类、白甲鱼类、鈍类等；在长江口有历史分布记录的鱼类 14 种，主要为银鱼类、鈍类等。总体来看，这些未采集到的鱼类中，主要为白鲟、鲸、鲥、白鱼类、裂腹鱼类、高原鳅类、鲱类、鳅类、银鱼类、鲦鲅类、光唇鱼类、鲑类、鈍类等。

05

第 5 章 | 长江鲟类历史与现状调查

5.1　概　　述

中华鲟 *Acipenser sinensis*、白鲟 *Psephurus gladius* 和长江鲟 *Acipenser dabryanus* 是我国长江流域特有的三种鲟鱼，目前均为国家一级重点保护野生动物。2021 年，世界自然保护联盟（International Union for Conservation of Nature，IUCN）宣布白鲟灭绝（extinct，EX），长江鲟野外灭绝（extinct in the wild，EW），而中华鲟仍评定为极度濒危（critically endangered，CR）。

5.2　中　华　鲟

5.2.1　种群分布及资源量变动

中华鲟属于溯河产卵洄游型鱼类，90% 生活史过程在海洋完成，其自然地理主要分布区为东亚大陆架及其主要注入河流，我国黄海、渤海、东海及海南岛万宁以北的南海海域是中华鲟的主要索饵场。生长发育接近性成熟的中华鲟个体在每年 6～8 月进入长江口，在长江停留越冬，次年 10～11 月洄游到金沙江下游进行产卵繁殖，繁殖过程结束后降河返回海洋育肥。

历史上，长江中华鲟种群数量较为丰富，每年的繁殖日期和洄游路线相对稳定，且被研究的最多。20 世纪 70 年代，长江中华鲟全年捕获约为 500 尾，1981 年和 1982 年受水利工程建设影响，大量溯河洄游繁殖的中华鲟被阻隔，捕捞量达到历史最高，超千尾。随着中华鲟自然种群数量的逐步下降及对其保护意识的不断增强，中华鲟商业捕捞和科研捕捞陆续被禁止（1983 年禁止商业捕捞，2009 年禁止科研捕捞）。以中国水产科学研究院长江水产研究所、中国科学院水生生物研究所、水利部中国科学院水工程生态研究所及中国长江三峡集团中华鲟研究所等单位为主的科研监测持续了 40 余年，标记回捕、水声学和环境 DNA 等常规和新兴监测手段逐步引入中华鲟自然繁殖监测。相关监测和评估结果显示，过去 40 余年间，中华鲟自然繁殖种群数量发生了锐减，同时繁殖时间推迟，繁殖次数减少。1982～2012 年，中华鲟在长江宜昌江段的产卵场每年均有自然繁殖发生，2013 年之后，中华鲟自然繁殖由连续变为"偶发"。目前已连续 8 年（2017～2024 年）未在其现存唯一产卵场监测到自然繁殖活动，野外种群状况不容乐观。

5.2.2　保护成效

我国历来高度重视中华鲟的保护工作，在中华鲟就地和迁地保护方面组织开展了大量的研究工作。20 世纪 80 年代以来，中华鲟就地保护工作力度逐步提升，1983 年禁止中华鲟商业捕捞，2009 年禁止中华鲟科研捕捞。在 1996 年和 2002 年，先后设立了长江湖北宜昌中华鲟自然保护区（省级）和长江口中华鲟自然保护区（省级）。推进迁地保护、实施增殖放流，相关单位和地方政府在宜昌、荆州、上海、武汉等均建设了中华鲟人工保种或驯养繁殖基地，自1983年起每年开展中华鲟人工繁殖苗种的放流工作，放流超700万尾。

2015年，农业部针对中华鲟保护专门出台了《中华鲟拯救行动计划（2015—2030年）》；2018年，国务院办公厅印发《关于加强长江水生生物保护工作的意见》，强调要实施中华鲟抢救性保护行动；2021年起长江流域实施为期十年的禁渔计划；2024年3月，国务院办公厅印发的《关于坚定不移推进长江十年禁渔工作的意见》，再次明确要有效推动落实中华鲟等珍稀濒危水生生物拯救行动计划。自2013年中华鲟自然繁殖首次中断后，中华鲟物种保护的各项措施在不断调整和优化，其物种保护工作得到空前的重视，效率得到空前的提升。

5.2.3 存在的问题

1. 中华鲟野生种群数量急剧衰退，自然繁殖连续中断，生活史过程难以完成

中华鲟自然种群资源量严重衰退，自然繁殖由连续变为偶发，目前已连续7年没有自然繁殖发生，近年洄游至产卵场的野生个体数量不足20尾，野生种群的自我延续难以维持，自然种群状况岌岌可危。过去几十年，水坝建设、过度捕捞、环境污染等多种人类活动和因素导致中华鲟洄游群体数量逐年下降，而中华鲟性成熟周期长的特性使得目前产卵群体数量短期内难以大幅有效增加；另外，现有产卵场空间有限，长江水坝的修建导致产卵场水文节律进一步改变，产卵场功能衰退明显，中华鲟繁殖窗口期进一步压缩，这种情况短期内难以逆转。总体而言，中华鲟生活史关键环节——自然繁殖出现中断，是当前中华鲟保护的最大困境和难点。

2. 中华鲟生活史过程复杂，产卵洄游艰难，海洋生活环境不容乐观

中华鲟的生活史过程涵盖淡水和海洋，其中海洋生活史过程的时间占90%以上，但目前对中华鲟的海洋生活史保护及研究还不够充分。尽管长江已经开始全面禁渔，但海洋目前只有伏季休渔，中华鲟在近海被误捕的新闻屡见报道，海洋捕捞压力不可小觑。此外，近海的航运、污染、赤潮等都会给中华鲟的生存带来影响，我们对中华鲟海洋生活史的了解还非常有限，不能科学全面地开展中华鲟海洋方面的就地保护工作。长江水坝的建设致使中华鲟原有的洄游距离被缩短约1000 km，溯河和降海洄游过程的生境多样性降低，适宜栖息生境锐减，加之沿途岸坡硬化、航运、航道整治、捕捞等，导致中华鲟洄游过程艰难。值得庆幸的是，长江十年禁渔的全面实施，使得各种网具对中华鲟仔稚幼鱼和产卵群体的围追堵截不复存在，这也极大地改善了中华鲟的洄游旅程，提高洄游成活率，为中华鲟人工增殖放流提供保障。

3. 中华鲟人工保种能力有限，养殖环境单一，缺乏海水驯养过程

中华鲟人工保种和全人工繁殖成功规避了物种的灭绝风险。历经几十余年人工保育工

作的持续开展，目前已建立了不同年龄世代的中华鲟人工群体，"全国人工养殖中华鲟普查"结果显示，中华鲟人工养殖群体主要集中在全国 20 余家人工养殖基地（包括各大科研院所、保护区养殖基地、养殖企业及水族馆），子一代（F_1）中华鲟保有量超 3000 尾，资源主要集中在湖北省，年繁育能力基本可达百万规模。但中华鲟成年个体巨大，具有性成熟晚、繁殖周期长、对养殖环境要求高等特性，持续保育中华鲟所需要的场地、设施、人员与资金等投入较大。由于缺乏国家专项保护经费和经营利用渠道，也缺乏稳定的增殖放流经费支撑，开展中华鲟人工保种主体还存在资金短缺、保种设施和能力严重不足、现有人工保种养殖设施及环境不能完全满足中华鲟生长发育需求等问题，导致养殖中华鲟性成熟个体小型化、成熟比例低，这极大地限制了人工繁殖规模。此外，中华鲟保种养殖工作基本都在淡水进行，缺乏海水驯养过程，这严重影响了中华鲟在人工保种环境下的生长发育效果。与野生中华鲟相比，人工养殖的中华鲟繁殖力和繁殖效果呈下降趋势。

5.2.4 保护对策及建议

1. 抓牢利好政策，形成保护合力

目前长江流域已全面禁渔，过往捕捞导致的放流成效不佳的因素已被去除，相关部门和中华鲟研究机构应牢牢抓住十年禁渔的绝佳窗口期，谋划成立国家级中华鲟保护研究中心，统筹利用中华鲟现有种质资源，设置专项基金和重大保护规划，实现资源、人员的高效协同，实施资金、技术的有效整合。利用长江大保护和长江十年禁渔的利好政策，完善细化《中华鲟拯救行动计划（2015—2030 年）》，落实责任主体和经费保障，系统设计，统筹实施，形成中华鲟物种保护合力，最大限度地利用中华鲟人工保种群体实现野外种群的有效修复。

2. 加强修复力度，提升养护成效

针对当前中华鲟产卵场功能衰退、野外种群资源量急剧衰减等短期不可逆的现实情况和存在的问题，大力开展中华鲟人工增殖放流仍是目前中华鲟物种保护的重要手段。针对短吻鲟、湖鲟等濒危鲟类的资源衰退，美国至今仍在开展以增殖放流为主要手段的种群资源恢复工作，并取得了良好的成效。虽然我国自 20 世纪 80 年代以来一直未间断地开展中华鲟的人工增殖放流工作，放流总量超 700 万尾，但缺乏科学的规划和管理，有效放流数量十分有限，且相较于俄罗斯等年均千万级的放流总量而言还远远不够。应当根据中华鲟的生活史规律和生态学特性，适当加大中华鲟放流苗种规格，进一步提升放流数量，在中华鲟产卵场邻近水域适时开展规模化人工放流，塑造放流幼鱼的生活史印痕（imprint）过程和行为，切实提升中华鲟人工增殖放流等资源养护和恢复成效。

3. 加大科研攻关力度，探索保护出路

优化人工保种下的中华鲟生活史过程和环境，顺应中华鲟生态学习性过程，持续加强"陆—海—陆"接力计划实施力度，以人工辅助的方式完成中华鲟淡水—海水—淡水的生活史过程，满足不同时期中华鲟的生长发育需求。在三峡库区、何王庙故道及东南沿海等

自然、半自然水域，建立大型养殖网箱或围栏，营造中华鲟人工保育的适宜环境，减缓由小水体人工养殖造成的中华鲟种质退化进程。要探索中华鲟自然/半自然水域繁殖试验，系统解析自然繁殖关键制约因素，寻找或再造中华鲟产卵场，开展现有产卵场的工程性修复，加大科研攻关力度，不断探寻新时期下中华鲟物种保护和资源修复的新方法、新技术和新路径。

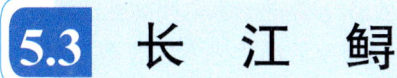

5.3 长 江 鲟

5.3.1 种群分布及资源量变动

长江鲟又名达氏鲟，隶属硬骨鱼纲鲟形目鲟科鲟属，雌雄性成熟年龄不同，雄性个体在 4 龄时可达到性成熟，而雌性个体性成熟的年龄为 6 龄。长江鲟体长可达 130 cm，体重超过 16 kg。食性方面，长江鲟为杂食性鱼类，但幼鱼和成鱼的食物种类不同。幼鱼阶段，长江鲟主要以动物性食物为主，如水生昆虫、底栖无脊椎动物等，而成鱼主要以植物性食物为主，如维管植物的茎、叶、碎片及藻类。

历史上，长江鲟广泛分布于长江中上游干流、支流及通江湖泊中。与同处一江的中华鲟相比，长江鲟在生活史特性上有很大的差异性，中华鲟是溯河产卵的，性腺发育成熟的亲鱼从东海向长江中上游逆流迁徙产卵，幼苗大约经过 1 年时间的降河洄游离开河流，而长江鲟的整个生活史并不涉及河口，而是全部发生在淡水中（图 5.1）。由于缺乏确凿的证据，对于长江鲟自然产卵场没有精确描述，推测其产卵区域位于宜宾以上的金沙江下游江段，其索饵场则位于产卵场以下的长江上游河段。由于水坝的阻隔效应，随着长江水利工程的逐步修建，中下游长江鲟自然种群逐渐消失。

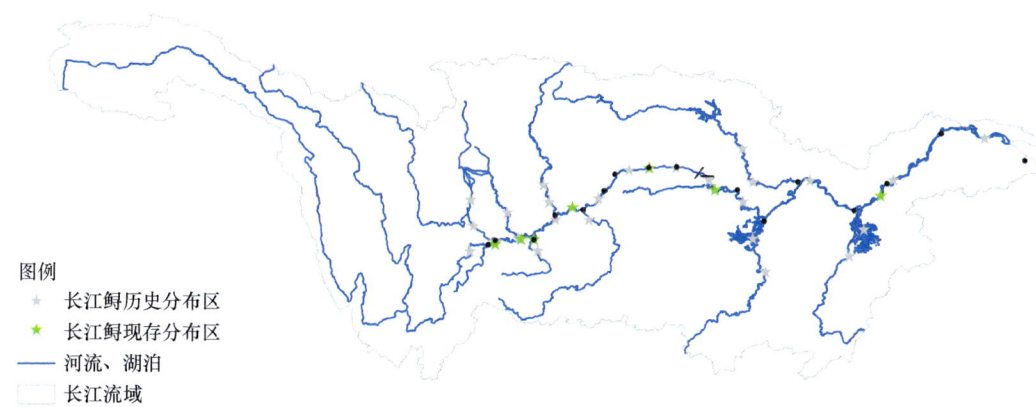

图例
★ 长江鲟历史分布区
★ 长江鲟现存分布区
—— 河流、湖泊
▢ 长江流域

图 5.1 长江鲟历史和现存分布区

在 20 世纪 70 年代，长江鲟的年捕捞量在 100～200 尾（亲体），在春季长江鲟产卵迁徙时，渔民可收获 5000 kg 左右的长江鲟。1981 年长江鲟的主要迁徙路线被水坝分割成两部分，坝下游的长江鲟无法迁徙到上游进行觅食和产卵，导致坝下长江鲟无法进行正常的产卵繁殖；而迁徙到上游产卵和觅食的长江鲟也无法回到下游，加之环境污染、水文节律改变及过度捕捞等因素，最终导致长江鲟自然种群丰度的下降，自然资源逐渐衰退。1982 年针对长江鲟实行禁止捕捞；1984～1993 年长江上游泸州段长江鲟被误捕 124 尾；1994～1996 年长江上游宜宾江段长江鲟被误捕 27 尾；2006～2010 年在长江上游监测到长江鲟 39 尾；2010 年以后在长江上游很少有监测到长江鲟野生个体的报道。据监测推算，长江鲟在 2000 年以后野外自然繁殖活动再未发生。截至目前，在长江流域（包括主要干支流和大型通江湖泊）的专项和禁捕后常态化监测中，未监测到长江鲟的野生个体，捕获的长江鲟均为人工增殖放流个体，目前长江自然水域中现存的长江鲟均为人工放流个体。

5.3.2　保护成效

1. 人工保种

虽然长江鲟的野生个体已难觅踪迹，但值得庆幸的是，在长江鲟自然种群快速消失之前，其野生原种被较好地保存下来。据统计，目前我国尚保有长江鲟野生原种 17 尾。早在 20 世纪 80 年代，我国就开展了长江鲟的人工繁殖试验，限于当时技术体系的不成熟，未能大规模获得苗种。直到 2003 年，长江鲟野生亲鱼的规模化人工繁殖才取得突破，2007 年长江鲟子二代全人工繁殖取得成功。而在 2018 年突破了子三代的人工繁殖，首次获得子三代开口期苗种 6 万余尾。截至目前，我国长江鲟子一代亲鱼保有量达 1000 余尾，子二代后备亲鱼达 20 000 尾，长江鲟年规模化育种能力已达百万尾以上。长江鲟子三代苗种繁育成功，是长江鲟物种迁地保护的再一次突破，这也预示着可持续人工群体建设和人工保种的成功。

2. 增殖放流

长江鲟的人工增殖放流开始于 2007 年，到目前可被大致分为两个阶段：第一阶段为 2007～2017 年，该时间段主要放流长江鲟的养殖幼鲟，即小规格个体，但放流效果并不理想，其主要原因是幼鲟较差的环境适应能力和较低的存活率。第二阶段为 2018 年至今，放流的长江鲟虽仍以幼鲟为主，但首次开始了亲鱼的放流。在过去的四年间（2021～2024年），累计放流人工养殖的长江鲟个体逾百万尾，其中亲鲟个体约 700 尾（性腺发育达到Ⅲ期以上）。相关监测表明，放流的亲鲟个体仍主要分布在向家坝以下的金沙江下游和李庄以上的长江干流河段，而在长江上游部分干支流河段中也监测到了放流的长江鲟幼鲟。目前人工增殖放流已成为维持和恢复野外长江鲟种群数量的主要手段。

3. 其他保护措施

除了上述人工保育和增殖放流两项措施外，建立国家级自然保护区和出台物种的专项拯救行动计划也是长江鲟物种保护的重要措施。早在 2000 年，为保护长江上游 100 余种珍稀特有鱼类，相关部门在长江上游建立了国家级的自然保护区，随后即针对长江上游梯级水电的开发和运行建立了专门的鱼类增殖放流站，用于长江上游特有鱼类（如长江鲟、圆口铜鱼、岩原鲤等）的人工繁育和增殖放流。2018年，农业农村部出台了《长江鲟（达氏鲟）拯救行动计划（2018—2035）》，规划了2018～2035年针对长江鲟自然种群及其栖息地的养护和改良修复措施。此外，长江流域已于2021年1月1日起开始了为期十年的全面禁捕，而流域内332个水生生物保护区内则实施了永久性禁捕（生产性捕捞），这对于未来长江鲟等濒危特有鱼类的自然种群恢复无疑是一个利好消息。

5.3.3 存在的问题

长江鲟的致危因素主要有间接和直接影响两个方面：一方面的影响是间接的，主要是以水坝建设、河道治理为主的水利工程，这些工程导致河道水文节律的改变，进而影响长江鲟的繁殖等重要生活史过程。另一方面则来自捕捞的压力，即直接影响，过度捕捞导致过去几十年长江鲟自然种群数量的急剧减少。随着长江十年禁渔的全面实施，捕捞的不利影响目前已完全消除。在未来长江鲟物种保护和种群重建的工作中，应重点关注和研究水利工程建设和运营对长江鲟及其关键栖息地带来的具体影响，借助中华鲟产卵场的系列研究和其他鲟类栖息地重建的相关经验，通过产卵场修复和营造及梯级水坝生态调度的方式恢复长江鲟的自然繁殖。

5.3.4 保护对策及建议

目前长江鲟野外自然种群绝迹，人工保种及近年来长江鲟天然水域繁殖试验的成功为其野外种群重建带来希望。长江鲟物种保护的核心任务是修复长江鲟的野外资源，重塑长江鲟的自然繁衍，其中，如何有效恢复野外种群的资源量（包括繁殖群体和补充群体资源量）和修复其栖息地（产卵场、索饵场和洄游通道等）是长江鲟野外种群重建的关键。基于以上两点思考，得出长江鲟野外种群重建具体任务：①规模化人工群体放归。通过规模化人工群体放归活动使亲本回归自然以增加繁殖群体资源量，通过放归亲本的自然繁殖实现野外种群的快速修复和补充；同时规模化放流长江鲟人工繁育幼鱼，可有效增加补充群体资源量。②栖息地修复与重建。基于长江鲟仿生态繁殖技术和天然水域繁殖试验研究积累，对长江鲟产卵场等关键栖息地进行工程性修复改良；通过栖息地生态修复（重点是生物饵料的修复）以满足长江鲟在其自然栖息地中完成索饵、育肥和越冬的需求，最终使长江鲟野外种群的自然繁衍得以维持，重建长江上游长江鲟的自然资源。

06

第6章 长江江豚种群动态、现状与保护

6.1 长江江豚种群历史

6.1.1 长江江豚概述

江豚是一类小型齿鲸类动物，隶属鲸目 Cetacea 齿鲸亚目 Odontoceti 鼠海豚科 Phocoenidae 江豚属 Neophocaena（郝玉江等，2011）。江豚广泛分布于亚洲南部和东部的沿海水域，从波斯湾向东延伸至日本海，在中国沿海及长江流域都有分布。

江豚属包括印度太平洋江豚 Indo-Pacific finless porpoises Neophocaena phocaenoides 和窄脊江豚 Neophocaena asiaeorientalis 两种。长江江豚 N. a. asiaeorientalis（Zhou et al.，2018）是窄脊江豚的一个亚种，特指长江流域的淡水种群（王丕烈，1992）。它是唯一且相对独立的江豚淡水种群，也是鼠海豚科所有物种中唯一的淡水种群，仅分布在长江中下游、洞庭湖和鄱阳湖，是中国水域三个江豚种群中最濒危的亚种。

自 1996 年起，世界自然保护联盟物种生存委员会（IUCN SSC）将长江江豚列为濒危物种。2013 年其保护状态被进一步提升至极危，并被《濒危野生动植物种国际贸易公约》（CITES）列入附录 I，标志着其到达最高保护等级。1998 年，《中国濒危动物红皮书：鱼类》也将其列为濒危等级（汪松等，1998）。鉴于其极度濒危的状况，2021 年新修订的《国家重点保护野生动物名录》将长江江豚调整为国家一级重点保护野生动物。

6.1.2 长江江豚的历史种群动态

我国对长江江豚种群数量的研究始于 20 世纪 80 年代中期。该时期中国科学院水生生物研究所等科研机构对白鱀豚 Lipotes vexillifer 的种群数量进行了调查研究。由于白鱀豚处于极度濒危状态，在当时是研究重点，而且长江江豚的数量相对较多，科研资源和注意力更多地集中在了白鱀豚上，因此有关长江江豚的整体研究并未得到足够的重视。尽管如此，早期的研究仍然为后来的保护工作奠定了基础。

根据 1984～1991 年的调查数据，利用可见系数法估算得出长江干流的长江江豚数量当时约为 2700 头（张先锋等，1993）。可见系数法作为一种统计方法，虽然有一定的误差，但在当时的条件下已提供了初步的数据支持。这一估算基于对长江江豚栖息地和活动范围的观察，观察结果显示长江江豚种群在 20 世纪 80 年代中期依然具有一定规模。然而，随着时间的推移，科学家发现，长江流域的淡水豚类数量开始显著减少。研究发现，长江江豚种群有逐渐下降的趋势，特别是在 20 世纪末下降速度加快。

2006 年，中国科学院水生生物研究所联合 7 个国家首次开展了全长江流域的淡水豚类科学考察。这次考察的结果令所有人震惊，不仅白鱀豚在野外功能性灭绝，而且长江江豚的自然种群数量也出现了急剧衰退。根据 Zhao 等（2008）的考察数据，与 20 世纪 90 年代的种群数量相比，长江江豚的数量减少了 50% 以上，从约 2700 头（考察数据重新分析认为这是个低估的种群数量，当时长江江豚种群数量可能超过 3600 头）减少到仅剩约

1800 头。这个结果引起了国内外鲸类学者的广泛关注，并引发了对长江江豚保护的紧迫呼声。白鱀豚的灭绝和长江江豚数量的急剧下降突显了长江生态系统面临的严峻挑战，也促使中国政府和相关领域主管部门加大了对长江江豚的保护力度。

在这一背景下，2012 年进行的长江流域淡水豚调查再次让人震惊。这次调查显示，长江江豚的种群数量在过去 6 年中降至 1045 头。特别是长江干流的长江江豚数量仅为 505 头，这一调查结果不足 2006 年调查结果（1225 头）的 50%。长江江豚种群年下降速率超过 13.7%，并且栖息地破碎化问题严重，这对长江江豚的生存构成了重大威胁（Mei et al.，2014）。根据模型预测，如果这种下降趋势持续下去，长江干流的长江江豚种群最快可能在未来 10 年内面临消失风险，长江江豚将有可能步白鱀豚的后尘（梅志刚等，2021）。此时，长江江豚的保护问题不仅引起了国内学者的高度关注，也引起了国际鲸类保护组织和科学界的广泛关注。

为了应对这一严峻形势，中国政府和相关部门采取了一系列措施。2014 年 10 月，农业部成立了长江流域渔政监督管理办公室，负责黄河流域以南相关流域、重要水域和边境水域的渔政管理及水生生物资源保护。这一机构的成立标志着政府对水生生物保护的重视程度进一步提高。同年，为了加强对长江江豚的保护，农业部发布了《关于进一步加强长江江豚保护管理工作的通知》，要求按照国家一级重点保护野生动物的保护要求，对长江江豚实施最严格的保护和管理措施。这一通知的发布标志着长江江豚保护进入了一个新的阶段，政府对长江江豚的保护力度和政策措施得到了进一步的增强。2016 年 12 月，农业部印发了《长江江豚拯救行动计划（2016—2025）》。该行动计划提出了一系列针对长江江豚保护的具体措施和要求。这些措施包括加强长江豚类自然保护区建设，恢复和重建鄱阳湖、洞庭湖及长江干流的自然栖息地，并提升长江江豚迁地保护种群的管理和建设水平。此外，行动计划还强调了促进人工饲养繁殖和相关研究的重要性。这些举措旨在为长江江豚的保护提供全面支持，并为未来种群恢复奠定基础。更为重要的是，国家对长江保护和发展的理念也经历了重大调整。2016 年 1 月，在重庆召开的"推动长江经济带发展座谈会"上，习近平总书记明确提出"共抓大保护，不搞大开发"的理念。习近平总书记强调，长江拥有独特的生态系统，是我国重要的生态宝库。当前和今后相当长一个时期，要把修复长江生态环境摆在压倒性位置，"共抓大保护，不搞大开发"，以确保长江生态系统的可持续发展和生物多样性的保护。这一理念的提出，为长江江豚的保护提供了政策支持和指导方向，也为长江流域的生态保护注入了新的动力。

在这种背景下，2017 年"长江江豚生态科学考察"启动，对江豚的种群状况进行了详细评估。此次考察结果显示，长江江豚的种群数量约为 1012 头，与 2012 年的 1045 头基本持平，这表明种群快速衰退的趋势得到了缓解。具体而言，2017 年长江干流估算的长江江豚数量为 445 头，相较于 2012 年的 505 头有所减少，但减少幅度不大；洞庭湖的长江江豚数量为 110 头，相较于 2012 年的 90 头显示出缓慢增长的趋势；鄱阳湖的长江江豚数量为 457 头，与 2012 年的 450 头相比基本保持稳定（Huang et al.，2020）。这些数据表明，在一系列保护措施的推动下，长江江豚种群有了初步的恢复迹象，但种群整体依旧处于不断衰退的情况，形势依旧不容乐观。

随后，2022 年第四次全流域长江江豚种群数量普查正式启动。这次考察是自实施长江十年禁渔政策后首次进行的流域性物种考察，对于长江江豚及整个长江生态系统的保护具有重要意义。2022 年的考察数据显示，长江江豚的种群数量约为 1249 头，相比于 2017 年，种群数量初步呈现恢复性增长，5 年间增长了 23.4%。尽管濒危程度有所缓解，但长江江豚仍处于极度濒危的状态。其中，长江干流的长江江豚数量约为 595 头，较 2017 年的 445 头有明显增长；洞庭湖的长江江豚数量约为 162 头，相较于 2017 年的 110 头有显著增长；鄱阳湖的长江江豚数量约为 492 头，较 2017 年的 457 头略有增加（图 6.1）。这些数据表明，长江江豚种群数量在保护措施的推动下有所恢复，但仍需持续关注和保护（郝玉江等，2024）。

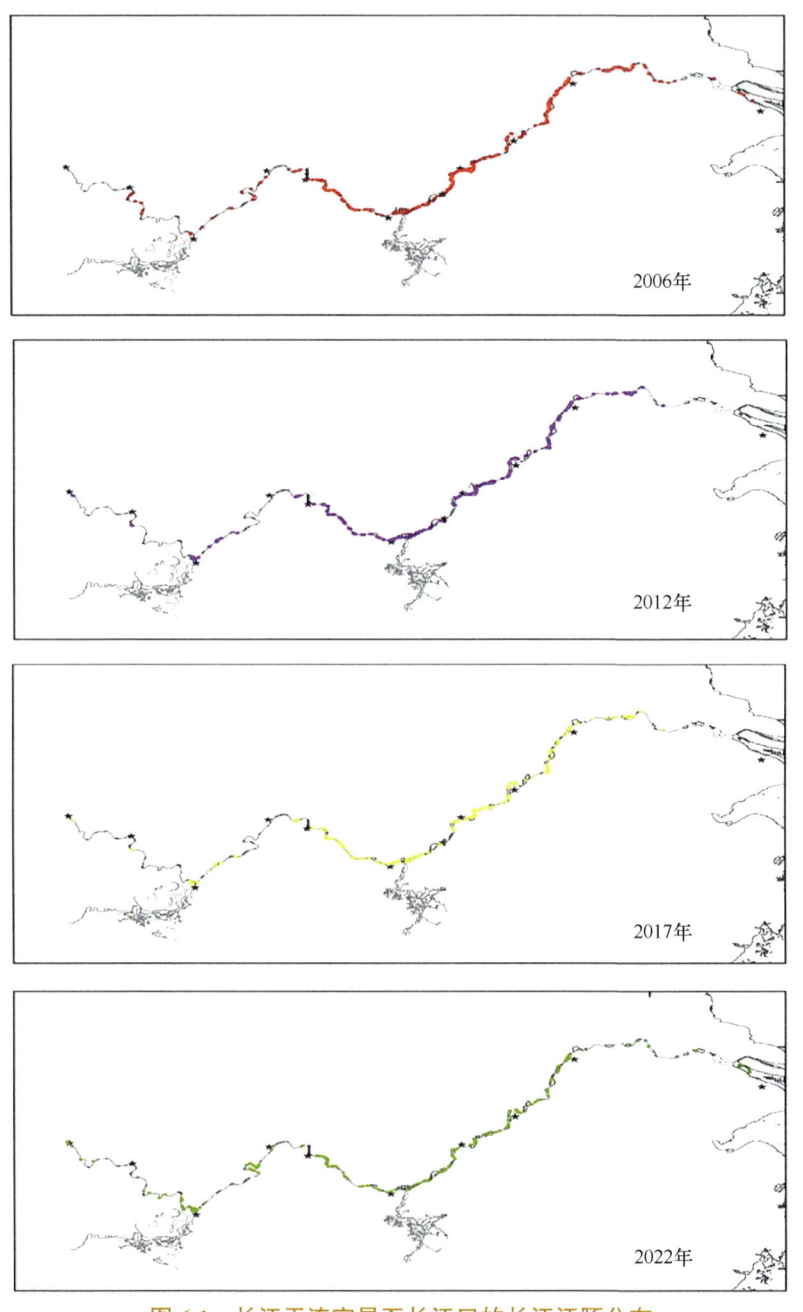

图 6.1　长江干流宜昌至长江口的长江江豚分布

2023年2月28日，农业农村部正式公布了2022年长江江豚科学考察结果。结果显示，自20世纪90年代初首次进行完整统计以来，长江江豚种群首次实现了历史性的止跌回升。这一显著的恢复趋势显然与国家推行的长江大保护战略密切相关。特别是自2020年初实施的长江十年禁渔政策以来，长江鱼类资源得到了显著恢复，由渔业活动导致的江豚误捕、致伤和致死事件显著减少。这一政策成为促进长江江豚种群回升的重要因素，为长江生态系统的保护和恢复作出了巨大贡献。

此外，在《长江江豚拯救行动计划（2016—2025）》的全面推进下，长江江豚的迁地保护和人工饲养繁殖工作取得了显著的进展。天鹅洲故道位于湖北石首，是我国首个长江江豚迁地保护区。该保护区的长江江豚种群在早期经历了较长时间的缓慢波动增长。然而，随着国家对长江江豚保护力度的不断加大，保护区的基础设施和管理能力得到了显著改善，这有效促进了长江江豚迁地种群的快速增长。长江江豚从最初的5头，增长到2010年的30余头，再增长到2015年的60余头，并在2021年迅速突破了100头。与此同时，该保护区还发挥了重要的种源基地作用，多次向其他迁地保护水域输送长江江豚共计49头，为种群恢复作出了重要贡献。与此同时，在主管部门的支持下，中国科学院水生生物研究所于2015年和2016年分别在湖北监利何王庙/湖南华容集成故道及安徽安庆西江建立了两个新的长江江豚迁地保护种群。这些新增保护区的建立，使得目前三个迁地保护水域的长江江豚总数已超过150头，为长江江豚的保种工作奠定了坚实基础。这些保护区不仅提供了长江江豚迁地保护所需的栖息环境，也为种群恢复提供了有力支持。

在人工饲养繁殖方面，中国科学院水生生物研究所也不断取得技术突破。自2005年首次成功实现长江江豚人工繁殖以来（Wang et al.，2005），已有多头长江江豚在人工环境下出生。特别是2020年首次实现了第二代长江江豚的成功繁殖。这些成就不仅为深入了解长江江豚的生物学和生理生态特性提供了重要数据，还帮助促进了长江江豚搁浅受伤救护技术的发展与完善。人工饲养和繁殖研究还为迁地种群管理及自然种群保护技术的发展作出了重要贡献，推动了长江江豚保护工作的全面提升。

综上所述，长江江豚的保护工作经历了从初步研究到逐步推进的一系列发展过程。虽然长江江豚面临着诸多生存挑战，但通过国家和相关部门的不断努力，以及各类保护措施的实施，长江江豚种群在一定程度上得到了恢复。这一进程不仅体现了我国对长江江豚保护工作的重视，也反映了我国在生物多样性保护和生态环境修复方面的积极行动。在未来，我们仍需继续关注长江江豚的保护工作，确保其种群稳定增长，并进一步推动长江生态系统的可持续发展。

6.1.3　长江江豚面临的主要威胁

长江江豚作为长江流域的特有物种，其生存面临着多方面的威胁。这些威胁不仅来源于人类活动的直接影响，还包括生态系统的深层次变化。以下将详细探讨这些威胁，并分析它们对长江江豚生存的具体影响。

1. 采砂

无序和过量的采砂作业对长江江豚栖息地造成了严重破坏。采砂活动不仅破坏了底栖生物和鱼类栖息地，还破坏了河床底质和区域水体的理化性质。采砂作业改变了水文情势，增加了水下噪声，对水生生态系统造成了不可挽回的破坏。水生生物栖息地的丧失导致渔业资源下降，长江江豚的适口鱼类减少，直接影响了长江江豚的生存环境。

同时，采砂和运砂船产生的水下噪声可能会干扰长江江豚的声呐系统，导致长江江豚的听觉系统受损。船舶的螺旋桨也可能直接击伤或击死江豚。尤其在洞庭湖和鄱阳湖，由于采砂导致湖区河床下降，枯水期湖区水位进一步降低，水域面积缩小，航运密度增加等，这些因素进一步增加了人类活动与长江江豚接触的密度，放大了各种人类活动的威胁程度。

2. 渔业活动及鱼类资源衰退

长江流域的渔业活动对长江江豚的生存产生了深远影响。过度捕捞和非法渔具的使用已经严重破坏了鱼类资源。过度捕捞导致的渔获物组成日趋小型化和低龄化，使得渔获量大幅下降。这种变化对长江江豚的食物链造成了直接冲击，导致长江江豚面临食物短缺的严重问题。中国科学院水生生物研究所的研究显示，长江干流的长江江豚在码头区频繁出现，这一现象的原因主要是该区域的小型鱼类资源相对丰富，吸引了长江江豚在这里捕食。声学监测数据显示，长江江豚在码头区主要以捕食为主要活动，特别是在有大量抛弃物的区域，丰富的饵料资源成为驱动长江江豚在此集中的主要因素。当船只靠近时，长江江豚会暂时离开码头区，待船只远离后才会重新返回捕食。由于鱼类资源的持续下降，长江江豚在码头区的捕食行为伴随着一定的风险，这种饵料资源驱动的分布模式显示了食物短缺对长江江豚生存的严重威胁（Wang et al., 2015b）。

此外，渔民在作业时使用的有害和非法渔具，如滚钩、迷魂阵及毒鱼、炸鱼和电鱼工具等，不仅会对长江江豚造成直接伤害，还常导致长江江豚的死亡。根据农业部公开的 2008～2016 年长江中下游水域长江江豚死亡数据，共收集到 251 头死亡长江江豚的信息，其中江西省的死亡长江江豚最多，达到 93 头。这一现象与江西省长江江豚种群数量较多而超过一半的种群分布在鄱阳湖密切相关。2012 年，长江江豚的死亡数量达到 74 头，是死亡数量最多的一年，而长江江豚的死亡集中在每年的 11 月至次年 4 月。从死因分析来看，大部分长江江豚的死因不明，或者因腐烂严重被掩埋。已知的主要死因包括非法渔具（23.7%）、螺旋桨（13.6%）、疾病（14.4%）和饥饿（13.4%）等。

目前，长江流域已经全面实施了十年禁渔政策，这一政策预计将根本控制非法和过度捕捞行为，从而减轻这些行为对长江江豚的威胁。然而，渔业活动对长江江豚的长期生存影响仍需持续关注和管理。

3. 航运交通

长江被誉为"黄金水道"，航运业的快速发展使得长江水道上的各类船只急剧增加。据统计，长江下游机动船只数量每 10 年翻一番，近年来每天在长江上航行的船只近 7 万艘，其密度是 5 年前的 3 倍。特别是那些 40～100 匹马力的小型运输船，不仅数量多，而且其航线主要经过 4～8 m 的缓流区，这些区域正是长江江豚的捕食场和栖息地。研究显示，密集的航运导致长江江豚逐年远离岸边的适宜栖息地。

2008 年 4 月 23 日和 2009 年 8 月 6 日，中国科学院水生生物研究所对长江干流江段进行了水下噪声测量。结果表明，除了安庆江段复新洲中部的夹江水下噪声声压级约 130dB 外，其余江段的水下噪声均在 140～150dB 范围内，这对长江江豚的分布造成了显著影响。

不同类型船舶产生的水下噪声能量有较大区别，尤其是快艇和载重运输船对长江江豚的通讯及回声定位产生了不可忽视的影响。这些噪声不仅干扰了长江江豚的日常活动，还可能对其健康和生存造成长期的负面影响。

4. 涉水工程

涉水工程如桥梁、码头和闸坝等，对长江江豚的首要影响是造成迁移阻隔。通过对鄱阳湖湖口水域的铜九铁路大桥进行的火车通行噪声监测发现，火车通行时产生的噪声主要增加了背景噪声的低中频成分（2 kHz 以下），而在较高频率（10 kHz 以上）的噪声变化不明显。桥墩处（距离桥墩 2 m）和窄孔径中间（40 m 墩距）的火车噪声在全频带高于背景噪声近 30dB，这表明在窄孔径的铁路桥水域，可能形成了一道声音屏障，阻碍了长江江豚的移动。而在宽孔径（126 m 墩距）的两桥墩间噪声较小，从而影响较小。

此外，涉水施工过程中，船舶、机械设备等作业及大型航行船舶的聚集和装卸也可能对长江江豚产生影响。这些影响包括：

（1）水下噪声强度增加：长江江豚在遇到水下噪声时会表现出逃避和长时间潜水的行为。连续的水下噪声可能导致长江江豚声呐系统功能紊乱，使其无法准确定位和巡航，增加了被螺旋桨击伤或击毙的风险。研究显示，湖口至南京之间的江段，接近 30% 的白鱀豚由水下爆破产生的噪声导致直接损伤而死亡（Turvey et al.，2007）。

（2）船舶聚集影响：水利工程施工和运营期间，江面被挤占，船舶数量增加，甚至出现船舶聚集现象。虽然船舶噪声不会直接导致长江江豚死亡，但仍需关注其被螺旋桨击伤和击毙的可能性。

（3）污水排放：施工冲洗废水、施工船舶和运输船舶的污水及施工人员的生活污水等可能发生泄漏，影响周边水质，从而间接影响长江江豚的生存。

5. 水质污染

长江江豚主要通过食物获取水分，水质污染虽然并非直接对其造成影响，但仍然不容忽视。水质污染对长江江豚的影响主要有两方面：一是导致长江江豚的饵料资源下降；二是污染物通过食物链在长江江豚体内积累。长江及鄱阳湖的近岸水域部分金属元素含量较高，已受不同程度污染。重金属以化合物或离子形式存在，前者易沉积于底泥中，后者易被水中带负电的胶体颗粒吸附，并随水流迁移。重金属的毒性通过联合或转化而增强，对人体和水生动物构成重大威胁。特别是鱼类和虾贝类等水生生物体内的重金属浓度较高，这些污染物通过食物链放大，直接影响长江江豚的健康和生长发育（陈家长等，2002）。

例如，1984年在安庆江段发现的长江江豚，其体内滴滴涕（DDT）和六六六农药残量分别为4.9 ppm[①]和15 ppm，而海洋中生活的条纹原海豚 *Stenella coeruleoalba* 体内分别只有0.03～2.18 ppm和0.003～0.02 ppm（杨利寿等，1988）。2005年，洞庭湖水域被过量投放杀灭钉螺的药物，导致水体污染，5头长江江豚因汞中毒死亡。一项对长江干流及两湖（洞庭湖和鄱阳湖）的研究显示，长江江豚体内的持久性污染物含量较高，其中DDT可能对长江江豚生存构成风险。对重金属的分析发现，长江江豚体内的汞和镉含量高于其他小型鲸类，这一毒性风险需要被进一步关注。

6. 其他影响

长江江豚作为哺乳动物，必须定期出水呼吸。正常情况下，长江江豚每分钟出水呼吸2～3次，但在遇到干扰时，可能会进行长时间深潜，潜水时间可达3～5 min。近年来，由于气候变化，一些极端天气事件对长江江豚的生存造成了影响。例如，2008年早春，中国南方出现极寒天气，湖北石首天鹅洲故道出现大面积结冰，使长江江豚无法正常出水呼吸，被迫集中在下游小区域顶破冰面呼吸。在这个过程中，碎冰形成的尖锐棱角会划伤长江江豚的皮肤，导致感染。一些长江江豚甚至因冰块划破肚皮，内脏外漏。尽管进行了及时的救护，冰灾仍导致6头长江江豚死亡（包括1头胎儿）。

综上所述，长江江豚面临的威胁是多方面的，这些威胁不仅源于人类活动的直接影响，还源于生态系统的深层次变化。保护长江江豚需要采取综合措施，包括加强法律法规的实施、改善栖息地环境、减少人类活动干扰等。只有通过全面的保护措施，才能有效保障长江江豚的生存和繁衍。

6.2 长江江豚资源现状调查

6.2.1 长江江豚的种群调查方法

长江江豚作为长江流域的特有物种，其种群数量的准确调查是保护工作的重要基础。长江江豚种群数量的调查方法经历了从最初的单纯单船目视考察到多种先进技术手段并用的逐步发展。这些方法的演变不仅提高了调查的精度，还为科学研究和保护措施提供了更为可靠的数据支持。以下将探讨长江江豚种群数量调查方法的演变，包括单船目视考察、可见系数法、无线电跟踪、微型信标跟踪、截线抽样法及声学考察等技术手段（张先锋等，1993；肖文和张先锋，2000，2002；王克雄，2005；Zhao et al.，2008；Li et al.，2009）。

1. 单船目视考察

单船目视考察是长江江豚种群数量调查最早采用的方法之一。在这一阶段，调查通常依赖于观察员在船上对长江江豚的目视记录。该方法的优点在于操作简单、成本较低，但也存在着显著的局限性。目视考察的准确性受天气条件、观察距离、观察者经验等多种因

---

① 1ppm=10^{-6}

素的影响，容易出现遗漏或误计的情况。尽管如此，单船目视考察仍为早期长江江豚研究提供了初步的种群数据，奠定了后续研究的基础。

2. 可见系数法

随着技术的进步，在长江江豚种群调查中逐渐引入了可见系数法。该方法的核心在于通过对目视观测结果的统计分析，结合可见系数来估算实际种群数量。可见系数法考虑了观察时的视距、天气状况及长江江豚出现的频率等因素，从而对目视观察结果进行校正，以提高种群数量估算的准确性。该方法在一定程度上弥补了单船目视考察中的不足，但仍受限于观察条件和数据分析的精度。

3. 无线电跟踪

无线电跟踪技术的引入标志着长江江豚种群调查进入了新的阶段。该技术通过在长江江豚体内植入无线电发射器，利用无线电信号跟踪长江江豚的位置和移动轨迹。无线电跟踪能够提供长江江豚的详细活动信息，包括栖息地使用模式、迁徙路径及行为特征。该方法显著提高了对长江江豚个体的监测能力，能够获取更多关于长江江豚生境利用和行为的数据。然而，无线电跟踪技术也存在一定的局限性，如对设备的依赖和对长江江豚活动范围的限制。

4. 微型信标跟踪

随着技术的发展，微型信标跟踪技术成为长江江豚种群调查的重要手段。微型信标是一种体积小、重量轻的追踪设备，可以更方便地安装在长江江豚体内。该技术相比于传统的无线电跟踪具有更高的精度和更长的使用寿命。微型信标跟踪能够提供更为详细和连续的数据，包括长江江豚的活动区域、社会行为及与环境变化的关系。该方法的优势在于能够长期跟踪单个长江江豚的动态，提供高分辨率的生态数据。

5. 截线抽样法

截线抽样法是一种统计学方法，被广泛应用于生态研究中。该方法通过在特定时间段内截取长江江豚出现在样线上的数据，结合样线的长度和观察频率来估算种群密度。截线抽样法可以有效地减少目视考察中的随机误差，提高调查结果的代表性和准确性。该方法能够在较大范围内进行调查，适用于长江这样广阔的水域。通过结合截线抽样法和其他调查方法，可以获得更为全面的种群数量数据。

6. 声学考察

声学考察技术的应用为长江江豚种群调查带来了革命性变化。该技术通过在水下布置声学设备，如声呐或水下麦克风，监测长江江豚的声呐信号和交流声。该方法能够在水下环境中进行大范围的监测，克服了目视观察的局限性。声学考察不仅能够捕捉到长江江豚的存在，还可以分析其活动行为和栖息习性。此外，声学考察还可以用于监测水域的环境变化对长江江豚的影响。如今，声学考察技术也在不断发展，从最初的"被动"声学技术发展到如今的实时声学考察技术，可以实时地预警长江江豚的出现，更加提升了考察的效率。虽然声学考察的成本较高，但其提供的数据对长江江豚保护具有重要意义。

综上所述，几种长江江豚种群数量调查方法的演变体现了技术进步对科学研究的推动作用。从最初的单船目视考察到现今的声学考察技术，每一种方法都在不同程度上提升了调查的精度和数据的可靠性。单船目视考察为早期研究提供了基础数据，而可见系数法、无线电跟踪、微型信标跟踪、截线抽样法和声学考察等方法则在数据获取的范围和精度上进行了不断的优化与提升。

目前，对于长江江豚种群数量的估算主要使用截线抽样法来进行，同时使用被动声学考察技术监测长江江豚在长江干流和两湖水域的分布模式，并估算长江江豚的种群数量，得到的结果可以与截线抽样法相互对照。未来的研究应继续关注这些技术的应用和发展，探索更加高效和准确的长江江豚种群调查方法，以便为长江江豚的保护和管理提供更为科学的依据。同时，多种调查方法的综合应用，将有助于人们更全面地了解长江江豚的种群动态及其生态需求，为长江江豚的保护工作提供更有力的支持。

6.2.2 长江江豚的种群现状及趋势

2022年对长江江豚的科学考察结果揭示了长江江豚种群数量的当前状况和变化趋势。根据考察数据，长江江豚的总体数量估算为1249头，95%置信区间为991～1574头，变异系数（CV）为11.85%。这一结果表明，尽管存在一定的统计变异，但整体数据的可信度较高。详细分析显示，长江干流水域的长江江豚种群数量约为595头，95%置信区间为321～1114头，变异系数为20.29%；鄱阳湖水域的种群数量估算为492头，95%置信区间为406～605头，变异系数为14.77%；洞庭湖水域的种群数量约为162头，95%置信区间为95～277头，变异系数为27.94%。这些数据不仅反映了长江江豚种群在不同水域的现状，还揭示了各个水域种群数量的变异情况。整体变异系数为11.85%，显示了研究结果的稳定性和可靠性。

从长期变化的角度来看，长江江豚种群数量的历史数据也显示出明显的变化趋势（图6.2）。根据2006年、2012年、2017年和2022年的科学考察结果可以观察到，长江江豚种群经历了急剧下降（2006～2012年）、下降趋势得到基本遏制（2012～2017年），以及当前的初步恢复性增长（2017～2022年）这3个阶段。2006～2012年，长江江豚种群数量急剧下降，这一趋势与长江流域的环境压力和人类活动的加剧有关。2012～2017年，随着长江流域保护政策的实施，种群的下降趋势得到了遏制。而2017～2022年，长江江豚种群数量开始显示出恢复性增长的迹象，与2017年相比，2022年总体增长率为23.4%，年均增长率为4.28%。这一趋势表明，长江大保护及十年禁渔政策实施以来，长江江豚的保护成效逐渐显现。

具体到各个水域的种群增长情况，长江干流水域的长江江豚数量2022年比2017年增加了150头，总体增长了33.71%，年均增长率为5.98%。这一数据表明，长江干流水域的长江江豚种群数量已基本恢复至2012年的水平。洞庭湖水域的长江江豚数量增长最多，2022年比2017年增加了51头，总体增长率高达46.36%，年均增长率为7.92%，这一增长标志着该水域的生态环境得到显著改善，种群数量已基本恢复至 2006 年的水平。相比之下，鄱阳湖水域的长江江豚数量增长相对较少，2022 年与 2017 年相比增加了 35 头，总体增长率为 7.66%，年均增长率为 1.49%。

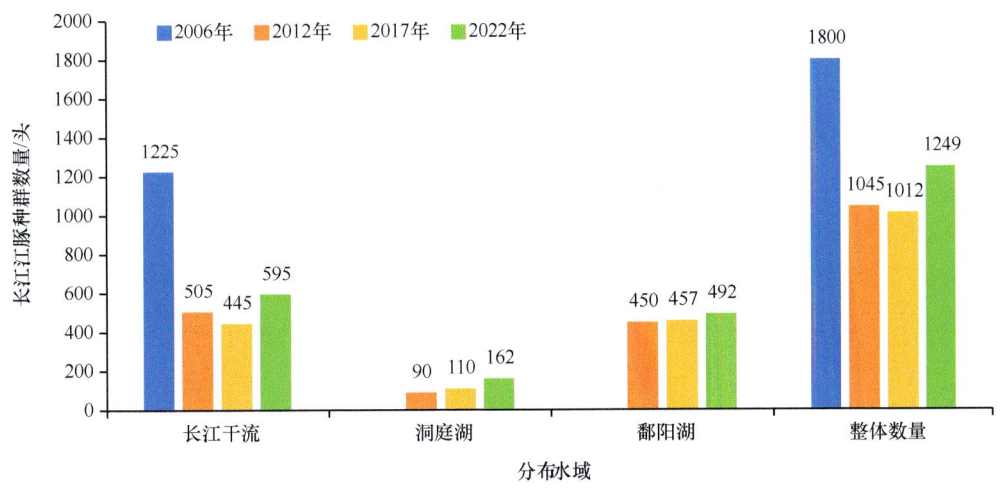

图 6.2　四次长江江豚科学考察的估算数量

2006 年未分别估算两湖数量，两湖合计总数量为 600 头。2022 年部分鄱阳湖长江江豚迁入干流，导致其数量估算偏低，
也是干流安徽段种群增长的原因之一

此外，在 2022 年的考察中还特别观察到母子豚数量的显著增加，共观察到母子豚 91 次 99 对，显著高于以往三次流域性考察的结果。此次考察在 9 月进行，相较以往的 11～12 月，这一时间点更接近长江江豚的繁殖高峰期，母子豚的体型差异和行为特征更加明显，便于辨别。此外，随着长江十年禁渔政策及长江水域生态环境的逐步改善，饵料资源更加丰富，长江江豚的繁殖机会增加，出生的幼豚数量也有所增多。母子豚数量的显著增加是种群恢复的重要指标之一，预示着长江江豚种群在未来几年有望出现更为显著的增长（图 6.3）。

图 6.3　四次长江江豚科学考察母子豚观测数量

总体来说，从 2022 年的考察结果来看，长江江豚种群数量体现出整体恢复的趋势，体现了近年来保护措施的积极效果。尽管不同水域的种群数量增长情况有所不同，但整体上长江江豚的保护工作已显现出成效。在未来，持续实施和完善保护措施将是确保长江江豚种群稳定并增长的关键。

6.2.3 长江江豚的分布

1. 长江干流长江江豚分布特征

长江干流长江江豚的分布特征通过目视观察和被动声学监测得到了详细地描述，这些数据展示了长江江豚在不同河段的分布模式。总体来看，南京以下江段长江江豚的分布密度相对较低，而鄂州至南京江段则是分布密度最高的区域，宜昌至鄂州江段的分布密度处于中等水平。这种分布趋势在不同的调查年份中基本保持一致，包括 2017 年、2012 年和 2006 年，显示出长江江豚在长江干流的长期分布模式（图 6.1）。

具体到各个水域的长江江豚目击率，荆江门（监利至城陵矶江段）、嘉鱼簰洲湾、黄石戴家洲、鄱阳湖口至彭泽、芜湖黑沙洲及马鞍山至南京大桥等区域的目击率相对较高。这些区域的长江江豚分布密度较大，表明这些地方为长江江豚的优质栖息地。其次，宜昌城区、武穴至九江、铜陵保护区、安庆城区上下游及扬州三江营等地也有较高的长江江豚目击率，表明这些区域同样具有较好的栖息环境。

从分布模式来看，长江江豚在长江干流的分布呈现出明显的集中和斑块化特征。具体来说，宜昌至鄂州和南京大桥以下江段，长江江豚的分布呈现出集中分布的模式，尤其在沙洲附近的水域，长江江豚的分布密度更高。而在鄂州至南京大桥之间，长江江豚的分布则比较连续，且分布密度较为均匀。这一现象表明，长江干流中的一些区域对长江江豚具有较高的栖息价值和生境适宜性。

母子豚的分布格局与整体种群的分布模式基本一致。根据考察数据，在宜昌至城陵矶江段目视发现了 8 对母子豚，城陵矶至湖口江段发现了 30 对母子豚，湖口至南京长江大桥江段发现了 55 对母子豚，而南京长江大桥至河口江段则发现了 6 对母子豚。这一数据表明，长江江豚种群在不同河段的繁殖情况与其种群分布密切相关。特别是在宜昌葛洲坝下水域、荆江门水域、洪湖保护区、安庆保护区、铜陵保护区、南京保护区和镇江保护区等地发现了较多的母子豚。这些保护区的存在显著促进了长江江豚的繁衍和恢复，表明这些区域在保护长江江豚种群的繁衍方面发挥了重要作用（图 6.4）。

2. 洞庭湖及鄱阳湖长江江豚分布特征

2022 年的考察结果显示，洞庭湖区域的长江江豚分布呈现出较为连续的模式。具体而言，长江江豚在湘江营田镇以下河段至洞庭湖大桥之间有较为连续的分布，而横岭湖也是长江江豚的集中分布区，鹿角至鲇鱼口水域的长江江豚分布密度相对较高。根据历年的考察结果，长江江豚在枯水期主要分布在东洞庭湖和湘江的一部分河段，草尾河水域也有长江江豚分布。需要注意的是，长江江豚已进入南洞庭的横岭湖，而西洞庭则未见长江江豚的分布。此外，松滋河和湘江湘阴段也有少量长江江豚分布（图 6.5）。

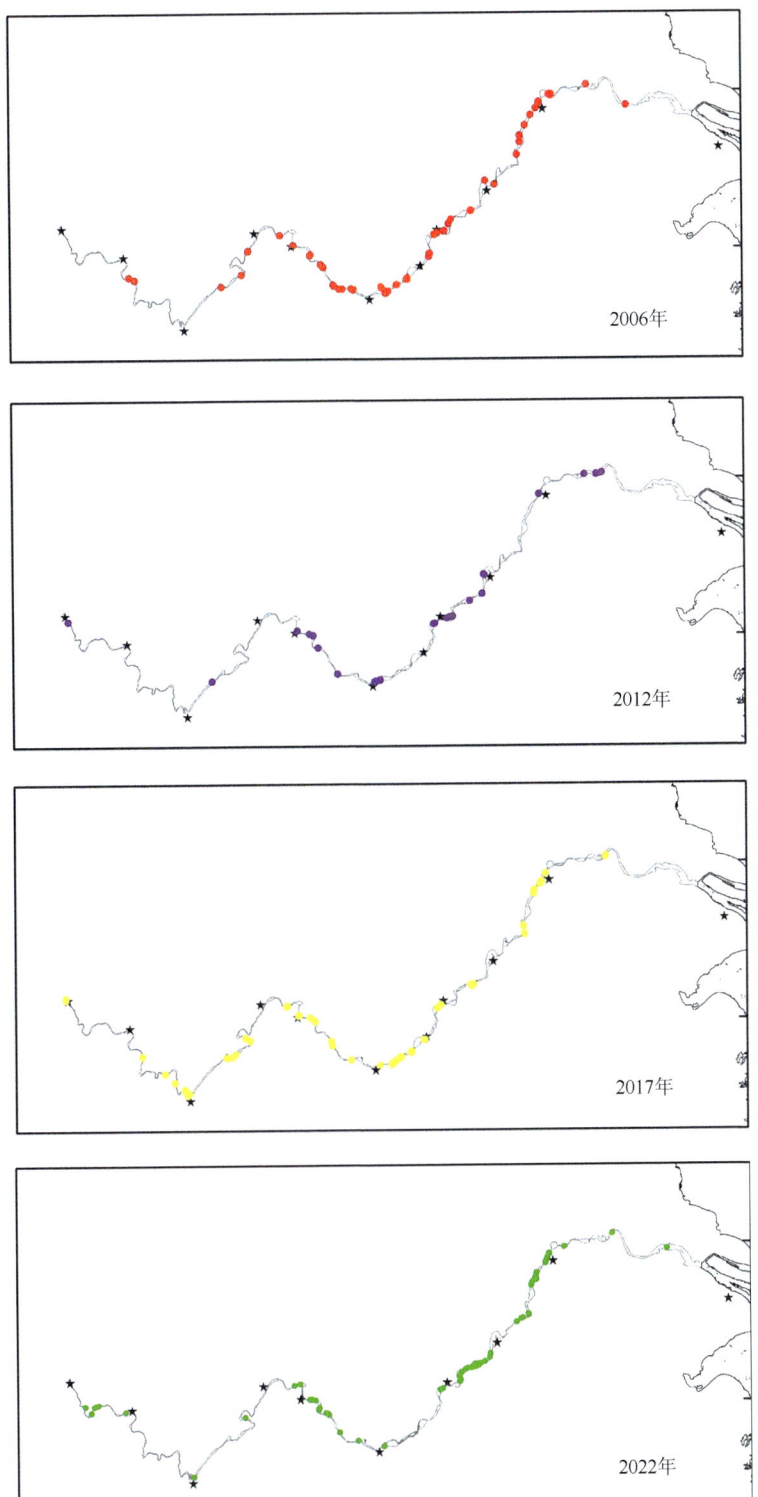

图6.4 长江干流宜昌至长江口的长江江豚母子豚分布

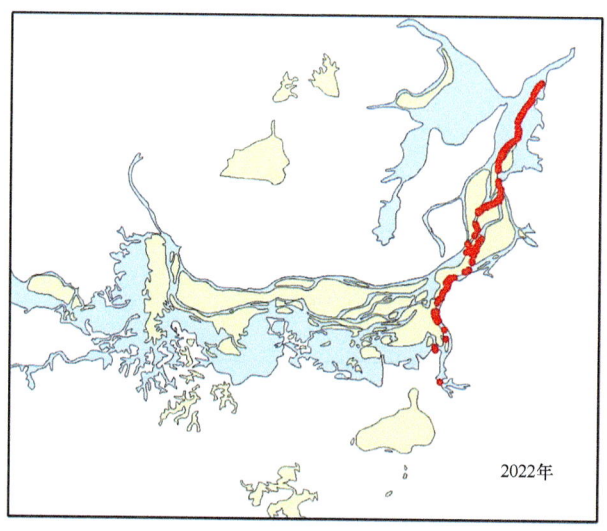

图 6.5　洞庭湖水域长江江豚的分布

鄱阳湖的长江江豚分布密度是所有区域中最高的。由于极端干旱的影响，以往在枯水期长江江豚集中分布的东部及东南部湖区支流的主河槽未见长江江豚踪迹。当前，长江江豚主要集中在都昌朱袍山至褚溪河口、赣江西支吴城镇以下河段至老爷庙、鄱阳湖的通江水道及松门山岛南北沙坑水域。这些区域由于水文条件和食物资源丰富，成为长江江豚的重要栖息地。特别是在信江瑞洪大桥和赣江扬子洲水域，分别观察到 10 多头长江江豚，这些数据进一步验证了鄱阳湖区域对长江江豚的重要性（图 6.6）。

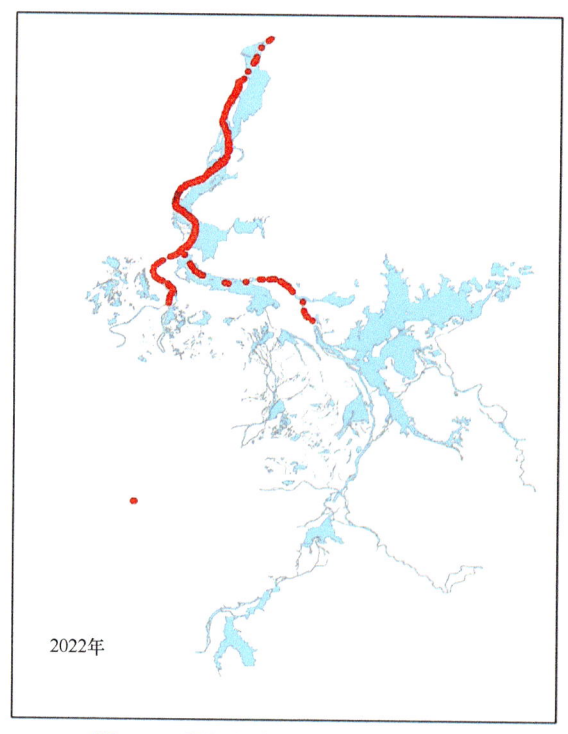

图 6.6　鄱阳湖水域长江江豚的分布

综合来看，除了种群数量持续下降外，长江江豚的分布范围也严重萎缩。据文献记载，长江江豚历史分布范围较广，宜昌至上海的长江干流、长江的大型支流如汉江和皖河、洞庭湖、鄱阳湖、两湖的支流等都是长江江豚的分布区，甚至在宜昌以上江段也常见到长江江豚。目前，宜昌以上江段及长江大部分支流已经没有长江江豚分布，洞庭湖及鄱阳湖支流长江江豚分布较少。而且，长江干流部分江段成了长江江豚分布的"空白区"，很多小群体长江江豚被迫长期隔离，生活在未通航的汊道和夹江，生存风险较大。2022年的考察结果不仅提供了长江江豚在长江干流及湖泊区域的最新分布数据，还展示了长江及湖泊区域长江江豚种群的长期分布趋势和变化情况。这些数据为进一步的保护工作提供了科学依据，也为未来的研究和保护措施制定提供了重要参考。通过对长江江豚分布特征的深入分析，可以更好地理解长江江豚的栖息需求和保护现状，为长江江豚种群的长期恢复和保护工作奠定基础。

6.3 长江江豚的保护实践及未来发展趋势

6.3.1 长江江豚的保护现状

1. 就地保护

长江干流及其主要通江湖泊是长江江豚的天然栖息地。为了有效保护这一濒危物种，中央及地方政府在长江江豚的关键栖息区设立了多个自然保护区。这些保护区的建立标志着中国在长江江豚保护方面采取了积极的行动。然而，由于长江干流及其湖泊是完全开放的水域，监管难度极大，尤其是航运等人类活动的干扰使得保护工作面临严峻挑战。

截至目前，已经在长江干流及其重要湖泊区域建立了包括湖北石首江段、湖北洪湖新螺江段、湖南岳阳东洞庭湖、江西鄱阳湖、安徽安庆江段、安徽铜陵江段、江苏南京和江苏镇江江段等8个长江江豚自然保护区。这些保护区覆盖了长江中下游的关键区域，为长江江豚的栖息和繁殖提供了保护环境。如图6.7所示，这些区域在总体上发挥了重要的保护作用，但也存在着管理上的挑战。

在对比2006年、2012年和2017年的种群下降速率时发现，虽然长江江豚的大部分栖息区域显示出种群密度的显著下降，但也有一些区域的长江江豚分布密度有所上升。尤其是洪湖保护区、安庆保护区和铜陵保护区的长江江豚分布密度在这些年份有所回升。这些现象表明，尽管面临种种挑战，现有的自然保护区在保护长江江豚的水域环境和渔业资源方面发挥了积极作用，并在一定程度上减缓了种群的下降速度。

长江干流的就地保护区现在几乎占据了长江中下游干流总长度的30%。这些保护区的存在不仅为长江江豚提供了相对安全的栖息环境，也为保护长江江豚的生存提供了坚实的屏障。尽管存在监管困难的问题，但保护区在保护长江江豚栖息地、改善水环境及减少直接和间接伤害方面的作用不容忽视。这些保护区的设置和管理是长江江豚保护工作的重要组成部分，是确保其种群生存和恢复的关键措施之一。

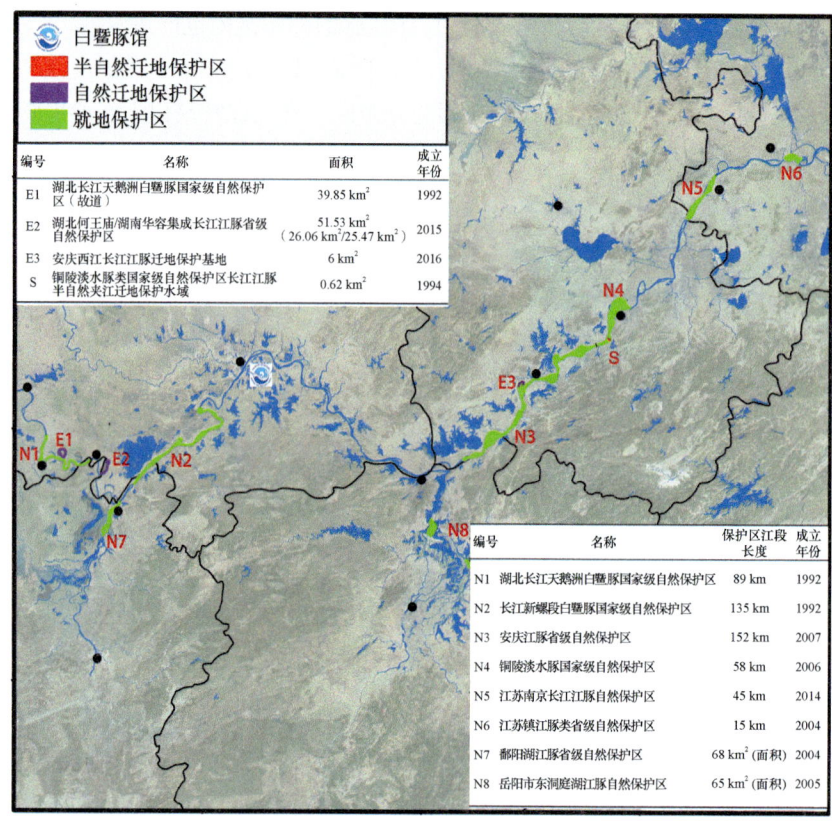

图 6.7　长江中下游流域长江豚类保护区及中国科学院水生生物研究所白鱀豚馆

2. 迁地保护

在就地保护措施的基础上，迁地保护工作也得到了政府部门和保护工作者的高度重视。为了避免长江江豚重蹈白鱀豚功能性灭绝的覆辙，迁地保护被作为一种重要的补充措施，旨在通过人工管理和繁殖提高长江江豚的种群数量和遗传多样性。

1992 年，国务院批准建立了湖北长江天鹅洲白鱀豚国家级自然保护区，其中包括长达 21 km 的天鹅洲故道（图 6.8）。这一保护区的建立标志着长江江豚迁地保护的起步。通过从 1990 年至今的引进和自然繁殖，天鹅洲故道的长江江豚群体数量逐渐增加，截至 2024 年估算数量约为 100 头，每年有 10 头左右的新生幼豚。天鹅洲故道的迁地保护项目不仅成功建立了一个稳固的迁地繁殖群体，还通过引入其他区域的个体，改善了种群的遗传多样性。此外，随着种群数量的增长，天鹅洲故道的长江江豚也开始向其他迁地保护区域迁移，为整体迁地保护种群的发展提供支持。天鹅洲故道长江江豚群体成为全球第一个通过迁地保护成功建立的鲸类繁殖群体，是鲸类保护的一个重要成功案例。

2015 年，湖北省和湖南省分别批准建立了湖北监利何王庙长江江豚省级自然保护区和湖南华容集成长江故道江豚省级自然保护区（图 6.9）。这两个保护区面积比天鹅洲故道更大，环境条件也更加优越。2015 年和 2016 年，这两个保护区分别从鄱阳湖和天鹅洲迁入了长江江豚个体，并且 2016 年 8 月发现了一头新出生的小江豚，证明了长江江豚在

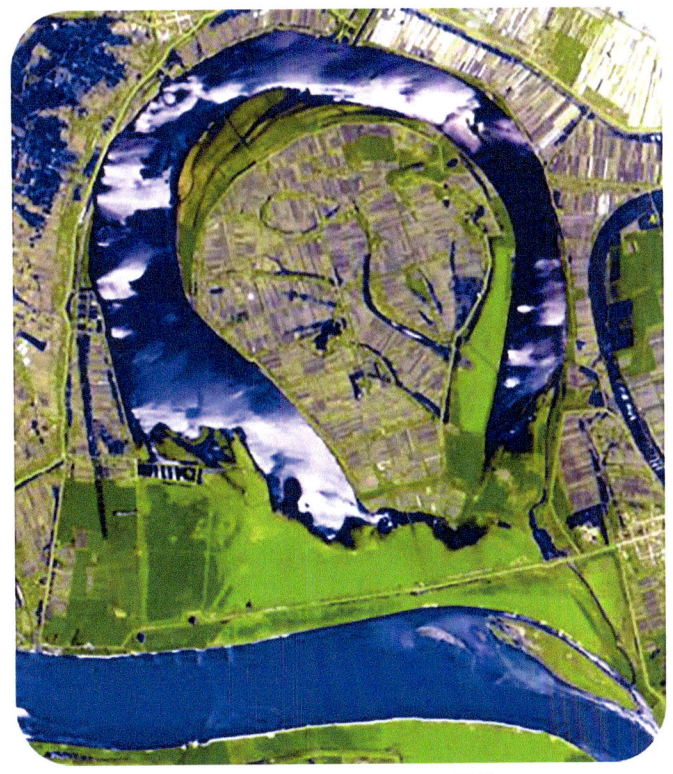

图 6.8　湖北石首天鹅洲故道

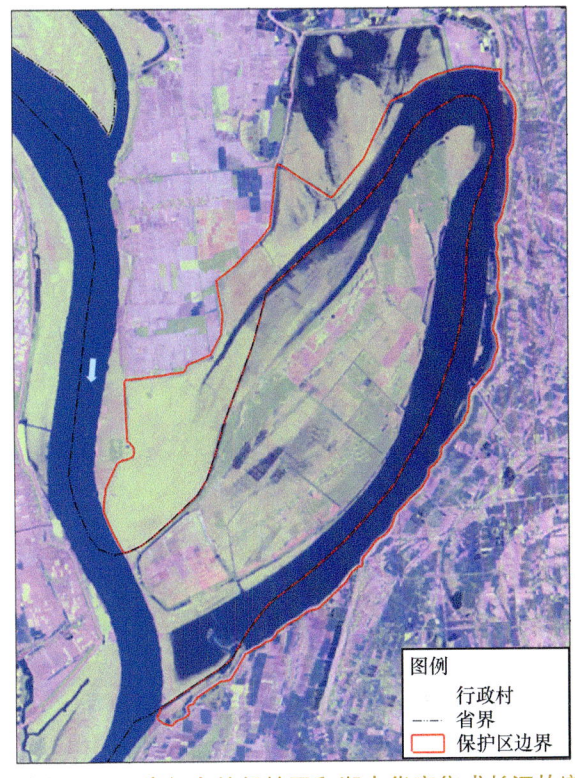

图例
　行政村
　省界
　保护区边界

图 6.9　湖北监利何王庙长江江豚省级自然保护区和湖南华容集成长江故道江豚省级自然保护区

该保护区的适应性。此后，农业农村部在 2017 年和 2021 年继续引入了更多长江江豚个体。到目前为止，该保护区的长江江豚数量已达到约 30 头，并进入了一个快速发展的阶段，显示了迁地保护的成功。

2016 年，农业部批准在安徽省安庆市的长江江豚自然保护区的西江故道建立了另一个迁地保护种群，且于 2016 年 10 月和 2017 年 11 月分别迁入了 7 头和 6 头长江江豚，并实现了连续的自然繁殖。加上之前救护和繁殖的个体，目前该保护区内的长江江豚数量约为 20 头。此外，两头雄性长江江豚由湖北天鹅洲故道交换过来，首次实施了长江江豚自然迁地种群的个体交流，进一步增强了种群的遗传多样性。

在安徽铜陵保护区的铁板洲小夹江，还建立了一个半自然水域的长江江豚饲养群体，目前该水体内有 11 头长江江豚。通过人工补充喂食等措施，该群体已经成功繁殖。当前在所有迁地保护水域中，长江江豚的总数量已经超过 160 头，每年可以出生约 15 头小江豚。

鲸类迁地保护理论和技术系我国科学家原创，早期饱受全球鲸类学家的质疑与批评。随着长江江豚迁地保护的成功，当前该理论和技术被普遍接受，得到 IUCN 鲸类专家组委员会和海洋哺乳动物学会的高度赞誉，被称为"中国方案"，正在被推广应用到全球小型鲸类的保护。迁地保护的成功为长江江豚的保种任务提供了坚实的基础，也为未来的保护工作提供了宝贵的经验和技术支持。

3. 人工繁殖

人工繁殖是长江江豚保护工作中的一个重要环节，尤其是在长期保护和种群恢复方面具有重要意义。1980 年 1 月，中国科学院水生生物研究所白鱀豚馆（图 6.10）开始成功饲养白鱀豚，这不仅是中国首次人工饲养白鱀豚，也是全球首次人工饲养白鱀豚。这些人工饲养的个体为白鱀豚的生物学研究作出了重要贡献。

图 6.10　中国科学院水生生物研究所白鱀豚馆

自 1996 年起，中国科学院水生生物研究所开始尝试长江江豚的人工饲养，并于 2005 年成功实现了首次人工繁殖。这一成功标志着世界上第一次在人工条件下的淡水豚类自然繁殖。2005～2022 年，在中国科学院水生生物研究所白鱀豚馆陆续诞生了多头小江豚，其中 2005 年出生的首头长江江豚已满 19 周岁，并成功繁殖了第二代。

此外，中国科学院水生生物研究所与湖北长江天鹅洲白鱀豚国家级自然保护区自 2008 年起尝试采用网箱饲养方式对长江江豚进行人工繁殖。2016 年 5 月 22 日首次在网箱中实现了长江江豚的成功繁殖。2020 年 6 月，第二头小江豚也在网箱中出生，标志着中国在人工环境下繁育长江江豚取得了新的突破，为长江江豚的保种积累了宝贵的技术经验。

更为重要的是，为了促进迁地保护和人工繁殖长江江豚的最终野化放归，2011 年，中国科学院水生生物研究所和湖北长江天鹅洲白鱀豚国家级自然保护区联合将一头在白鱀豚馆生活了近 8 年的雄性长江江豚，通过一系列野化训练，成功软释放至天鹅洲故道。后续监测显示，该个体成功适应了野外环境，并繁殖了后代。2020 年，第一头在网箱中出生的长江江豚也被成功软释放至天鹅洲故道，目前存活良好。长江江豚的软释放为迁地保护的最终目标，即将长江江豚重新引入自然环境并实现自我繁殖积累了宝贵的经验，为长江江豚的保护工作提供了有力的技术支撑。

6.3.2 长江江豚保护面临的新挑战

长江江豚作为中国特有的淡水鲸类，其生存环境正受到多重威胁。本文将详细探讨长江江豚面临的主要威胁因素，并提出针对性地保护策略。具体来说，主要威胁包括航运和水下噪声干扰、气候变化、生态阻隔、迁地保护挑战以及监测技术的不足。通过综合分析这些因素，我们旨在提出有效的保护对策，以促进长江江豚种群的恢复与保护。

1. 长江航运对江豚的威胁

长江航运作为长江流域经济发展的重要支柱，对长江江豚的生存环境造成了显著影响。近年来，尽管长江渔业活动已全面禁止，水环境得到了改善，但航运活动仍然是对江豚生存的主要威胁。特别是在航运密集的区域，如枯水期的东洞庭湖、鄱阳湖及长江下游江段，这些地区的航运密度大幅增加，对江豚造成了直接干扰。

长江江豚虽具有一定的躲避能力，但水下噪声对其行为、听觉及生理状态产生的影响不容忽视。研究表明，长时间暴露于高强度的水下噪声环境中，会导致江豚的生理压力增加，行为模式发生改变，甚至影响其繁殖和觅食能力。此外，航道整治和水文特征变化改变了河流及湖泊的自然景观，关键水生生境如河漫滩急剧消失。这些环境变化不仅直接影响江豚的栖息地质量，也间接影响其食物资源的可获得性。

然而，长江航运对于区域经济发展的重要性使得完全禁止或大幅减缓航运活动变得不现实。因此，如何在促进经济发展的同时，平衡航运发展与长江江豚等水生生物的保护，成为亟待解决的科学问题。这需要从航运规划、航道设计、环境管理等多个方面入手，制定科学的管理措施，以降低航运对江豚的影响。

2. 气候变化带来的新威胁

近年来，气候变化逐渐成为长江江豚面临的新威胁。极端气候事件频发，对江豚的生存构成了重大威胁。例如，2008 年天鹅洲故道结冰导致多头长江江豚死亡；2011 年因极端干旱造成水资源争夺，影响了江豚的生存环境；2022 年由于鄱阳湖极端干旱情况，实施了紧急输出措施，并对围困的江豚进行救护驱赶转移，在 2022 年 11 月和 2023 年 2 月 2 次应急救护成功转移救助 133 头被困江豚。其中 2022 年 11 月在该水域实施江豚捕捞，成功转移 111 头至深水区，创造了长江江豚单次最大转移数量历史。2024 年 3 月，再次在金溪湖水域实施了对 14 头江豚的应急驱赶，实现了 100% 的救护成功。这些事件表明，气候变化对江豚的影响频率逐渐增加，影响范围和程度也不断扩大。

气候变化带来的影响不仅限于水温、降水量等气象因素，还包括水域干涸、洪水等极端气候事件。这些变化会影响江豚的栖息地和食物链，增加其生存压力。为了应对气候变化带来的挑战，需要加强对气候变化的监测，研究其对长江江豚的具体影响，并制定相应的保护策略。这包括在极端气候事件发生时，采取紧急救援措施，以及通过政策和技术手段增强生态系统的适应能力。

3. 栖息地破碎化与梯级枢纽对江豚的影响

长江中下游水域的江湖阻隔以及上游梯级枢纽的运行对长江江豚的长远发展可能构成较大影响。长期以来，由于人类活动如筑坝、筑堤等，长江中下游干流水文环境大幅度改变，造成长江江豚的栖息地破碎化严重。这种情况造成了江豚种群的基因交流困难，加速了地方小种群的遗传多样性衰退，降低了小种群的生存力，从而影响了整个种群的有效恢复。

此外，长江上游梯级枢纽的建设显著改变了长江中下游的水 - 沙 - 营养盐输移，导致中下游干流河槽持续冲刷，河漫滩生境面积减少、质量下降，呈现出显著的破碎化。当前，中下游干流大堤内自然季节性淹没的河漫滩面积仅约 260 km²，已不足 20 世纪 70 年代前的 1/30。这极大地限制了小型鱼类资源，即长江江豚的饵料资源的恢复和增长。

为了应对这些挑战，必须考虑生态连通性，减少对长江主流和附属湖泊的阻隔，推动生态修复和环境保护。特别是需要对梯级枢纽的运行进行科学管理，减少对生态系统的负面影响，确保江豚种群能够在更大的范围内进行基因交流和繁殖。

4. 迁地保护种群的长期发展挑战

迁地保护是保护长江江豚的重要手段之一。然而，迁地保护种群的长期发展与定位也面临着挑战。首先，迁地保护水域大多为封闭水域，单个环境容纳量较小，这使得种群的长期健康发展受到限制。由于近交衰退、遗传漂变等遗传事件，小种群的遗传多样性容易下降，这是小种群面临的共同问题。因此，如何有效促进不同迁地保护种群之间的个体交换和基因交流，以保持种群的遗传多样性，是长江江豚迁地保护面临的一个重要挑战。

随着自然种群的恢复性增长，迁地保护种群的定位也需要进行调整。应根据实际情况，调整迁地保护的规模、管理模式以及种群的管理策略，确保迁地保护种群能够有效地与自然种群进行互动，提升整体保护效果。

5. 人工饲养繁育设施的改造提升

长江江豚的人工饲养繁育研究设施是支持长江江豚保护工作的重要基础。目前，我国唯一专门用于长江江豚人工饲养繁育研究的场馆——中国科学院水生生物研究所白鱀豚馆，已经运行超过30年。由于设施设备的老化，存在较大的安全隐患，急需进行升级改造。改造后的设施应具备更高的安全性、舒适性和科研功能，以有效支持长江江豚人工饲养繁育项目的实施。

此外，提升相关领域的研究水平，推动技术创新和应用，能够加快长江江豚人工饲养繁育的进程，从而更好地支持自然种群的保护工作。

6. 长江江豚监测保护技术的提升需求

作为典型的水生哺乳动物，长江江豚的监测、研究和保护面临较多技术困难。尤其是在长江中下游1700 km的水域，传统的监测研究方法效率较低，需要投入大量人力物力，难以对种群状况进行及时评估。随着无人机技术、人工智能（AI）识别、数字技术、云计算等技术的快速发展，急需开发新的监测巡护技术，以适应新形势下对长江江豚自然种群监测、研究和保护的需要。

新技术的应用能够显著提高监测效率和准确性，为江豚保护提供更加精细化的数据支持。同时，还应加强技术人员的培训和设备的维护，确保新技术在实际应用中的有效性和稳定性。

长江江豚的保护面临多重挑战，包括航运干扰、气候变化、生态阻隔、迁地保护以及监测技术的不足。要有效应对这些挑战，必须从多个方面入手，制定科学的管理措施和保护策略。通过综合考虑航运管理、气候应对、生态修复、迁地保护、设施改造和技术提升等方面，我们可以为长江江豚的保护工作提供有力支持，推动其种群的恢复与可持续发展。

6.3.3　长江江豚的保护建议

1. 加强长江江豚重点分布水域生境的保护修复

长江岸线河漫滩是连接陆域生态系统和水域生态系统的纽带，是多种水生生物繁殖、抚幼和索饵的生境，也是长江江豚索饵和抚幼的关键生境。多年调查发现，在非保护区江段也有长江江豚分布，也属于重要栖息地，对于这些重点区域，一要加强新发现长江江豚水域的重点保护，持续跟踪核心分布区的分布特征、行为特征，掌握其迁移活动规律及其栖息偏好，研判其生物和非生物条件，辨析岸坡硬化、通航船舶、过江通道、港口码头等人类活动产生的扰动，剖析关键影响因子；二要实施岸线河漫滩生境修复，制定生境保护规划，有针对性地实施长江中下游岸线河漫滩的保护和恢复工程，为长江江豚保留栖息的关键生境；三要加强审批监管，会同相关部门制定和持续落实长江江豚保护监管制度，尽可能减轻工程建设对长江河漫滩的负面影响，同时持续加强零散码头的归并和河漫滩人类开发活动的清理工作，配合实施长江洲滩湿地的保护和自然恢复工程。

2. 建立多方联动协调机制加强栖息地的环境保护

保护长江江豚自然种群最重要的是保护其栖息地，改善其生存环境。长江江豚偏好在河道弯曲处，江湖、江河交汇处，以及江心洲附近水域活动，这些水域坡度较缓、流速较慢、有机物质积累丰富，对生态系统的发育和水生生物的繁育及生长至关重要，是长江江豚的重要栖息地，加强管理和实施长江江豚栖息地环境的恢复与保护，提高水生生物整体栖息地环境质量是至关重要的。同时，水域内通航船舶、过江通道、作业码头等产生的水下噪声会对长江江豚产生持续性扰动，干扰长江江豚听力、发声、内分泌等生理指标，尤其会干扰母子豚间通讯导致母子分离。

船舶等人类活动产生的水下噪声对长江江豚声呐探测和声通信会产生严重且持续的影响。为了尽快解决这些困难，整体提升长江江豚栖息地生态环境质量，促进长江江豚种群保护，中国科学院水生生物研究所、武汉市农业农村局和武汉白鱀豚保护基金会共同提出"宁静长江"计划项目，拟通过项目的实施，充分掌握长江江豚自然保护区和关键栖息地近期航运噪声的状况，进一步评价这些水域水下声环境质量的变化及其对长江江豚的影响，提出并联合自然保护区管理部门及航运交通部门，落地实施提升长江江豚栖息地声环境质量的措施，加大联合巡查监管工作力度，积极推动建立专职长江江豚巡护队伍建设，打造一支综合性和专业性并存的巡护队伍，完善科学管护、巡护队伍体系。此外通过科学和公众渠道传播相关结果，提升社会公众对长江水下噪声污染及其对长江江豚影响的关注度和认知度，加快推进《中华人民共和国长江保护法》中有关"限航限速"规定的落实，持续实现长江江豚种群数量的增长。

3. 加快推进迁地保护工作

从过去多年迁地保护的实践效果来看，已建立的5个长江江豚迁地保护群体取得了很好的保护成效，迁地保种种群数量超过160头。因此建议，一是重点规划一批2～3个迁地保护水域，加快推进长江江豚的迁地保护工作，持续扩大迁地保护群体数量；二是健全迁地保护网络，完善交流机制，继续推动天鹅洲故道长江江豚迁地种群输出和个体交流，整体提升现有迁地保护群体的遗传多样性水平，并在条件适宜时进一步推动野化放归工作。

4. 加强长江江豚研究与保护队伍建设

从目前长江江豚的研究人员来看，从事长江江豚保护研究的科研队伍极少，从事长江江豚研究的知名科学家更少，急需壮大研究队伍，培育长江江豚研究领域的顶级科学家，来适应日益增长的保护与研究梯队需求。因此，设立长江江豚专项保护基金，切实保障长江江豚保护平台运行和人才队伍建设，显得非常必要：一是由农业农村部和中国科学院等牵头建立技术协作组，创新协同机制，形成保护研究合力，整体提升科研水平。二是提供保护研究资金保障，增强硬件设施的运维能力，强化科研团队的基础性扶持力度，提升综合技术实力。三是充分发挥市场机制作用，积极引导或同基础条件较好的海洋馆等单位合作，明确权责清单，开展跨部门、跨行业的联合技术攻关研究，集成创新技术手段，尽快突破长江江豚全人工繁育技术瓶颈，为长江江豚抢救性保护建立"保种屏障"。四是建立和稳定长江江豚专项监测队伍，推动沿江六省市培养稳定的区域长江江豚研究监测队伍，提升研究水平，提高监测结果的客观性和准确性。

5. 建立极端气候情况下长江江豚的应急救护机制

近年长江流域频繁遭受严重的极端干旱气候，给流域水生态环境和水生生物多样性，尤其是长江江豚的生存带来极大威胁。根据 2022 年的考察结果，鄱阳湖和洞庭湖适宜长江江豚生存的空间急剧减小，长江干流的沙洲副航道内长江江豚分布几乎消失，汉江没有长江江豚分布，这进一步加剧了长江江豚与人类活动接触的频度和强度。同时，鱼类没有充足的生长期，资源量预期呈现下降趋势，可能在随后相当长的时间内影响长江江豚的饵料资源供应。此外，其他风险还包括居民生产生活与长江江豚争水、小水体长江江豚搁浅被困、水质恶化等风险。例如，在鄱阳湖松门山岛南部沙坑内，约 120 头长江江豚被困其中，食物资源难以长期支撑，长江江豚的持续生存比较危急，仅依靠地方或局部保护力量难以完成如此大规模的救护。因此，应加快开展气候变化对长江江豚种群生存风险评估研究，推动建立流域性的极端气候情况下长江江豚的应急救护联动机制，统筹各部门资源，及时开展长江江豚的救护工作。

6. 加大长江江豚保护宣传力度

2022 年 10 月 24 日，苏皖两省三市协同制定的《关于加强长江江豚保护的决定》正式实施，这是全国首例对单一物种的流域性区域协同保护立法，标志着长江江豚保护正式进入流域行政区域协同法治保护时代。此次协同立法，探索构建了多层次、多维度跨行政区域的保护体系，给予长江江豚系统性、整体性、科学性保护。长江江豚的保护事业需要各级政府及部门增加投入，加强科学保护宣传力度，提高社会公众认知，结合社会力量增强保护区巡护力度，多渠道、多层次强化保护能力。

要规范长江江豚保护宣传队伍，将原来分散的长江江豚公益保护组织统一起来，按照政府主导、公益组织辅助、民众参与原则，建设长江江豚科普文化宣传体系。要着力打造"水生野生动物保护宣传月""江豚保护宣传日"等活动品牌，探索合作共建江豚学校、江豚社区、江豚渔区等，营造一个全社会都在保护长江江豚的良好氛围。要充分挖掘、传承和弘扬江豚文化，保护渔文化遗产，助力发展以家庭为单元的"小手牵大手"观豚护豚活动，从娃娃开始抓江豚保护教育。建立舆论监督机制，充分利用媒体和各种宣传工具，引导公众参与长江江豚的保护和救助。

07

第 7 章　水生 / 湿生植物现状

7.1 长江上游

7.1.1 概述

长江上游水系主要包括金沙江水系和川江水系（朱道清，2007）。金沙江水系流经高海拔的高山峡谷地带，河汊发育，支流众多，大规模水电开发前的河道多以卵石和粗、细沙组成，激流险滩遍见，不适宜多数水生植物生存生长，再加上交通等条件不佳，金沙江水系的水生维管植物系统性科考调查从未开展。进入 20 世纪 90 年代，随着金沙江流域干支流上梯级水电工程相继建设，众多河道型水库逐渐增多，原有河道水文情势等改变加上大量消落带的出现，为湿生植物的生存生长提供了条件，随之关于金沙江流域库区及其消落带植物的调查研究偶有报道。

川江水系主要流经以亚热带气候为主的四川丘陵盆地，区域内气候温和，雨量充沛，水资源丰富，河道宽阔，长度 50 km 以上的支流 700 余条，加上盆地内土地肥沃，人类活动频繁，为河流水生维管植物的生长提供了广泛的场所。有关川江河流水生维管植物的调查研究，自 20 世纪 80 年代末重庆市科学技术委员会资助开展过"重庆市江河鱼类饵料生物"的调查以来，尽管近些年有不少涉水工程的水生态影响评价专题报告顺带开展过有关江河工程河段的水生植物调查，但至今未开展过系统性科考调查。

根据历史资料概述，挺水植物、沉水植物、浮叶植物和漂浮植物等 4 种生态类型的水生植物在长江上游河流均能寻见，而且河流水生维管植物丰富繁茂的地带，也是多种鱼类的索饵场和产黏性卵鱼类的产卵场。

7.1.2 水生维管束植物现状

1. 种类及生态类型

据资料统计，长江上游有水生 / 湿生植物约 210 种，但根固着在水底基质上、叶片也在水面下或漂浮在水面的水生植物不到 80 种（占比 35% 左右），其余大都属于消落带湿生植物。

对真性水生植物的单独考察发现，长江上游河流总体上 4 种生态类型的水生植物都有存在。种类上，挺水植物约占 50%，沉水植物约占 30%，浮叶植物约占 10%，漂浮植物不足 10%；生长区域上，沉水植物一般在水流较缓、底质平坦、泥底质或泥沙底质江段 1～3 m 水深的河床沿岸带呈片带状生长，挺水植物在江河河滩地的沿岸带和亚沿岸带呈带状或片状分布，漂浮植物和浮叶植物多分布在小型支流和干流河湾或河床显露后形成的小洼地及静水区、缓流水区。

据历史资料，重庆市江河水域共有真性水生植物 78 种（挺水植物 39 种、沉水植物 24 种、浮叶植物 8 种、漂浮植物 7 种）（钟云芳等，1994）。岷江流域共发现真性水生植物 29 种（挺水植物 17 种、沉水植物 3 种、浮叶植物 6 种、漂浮植物 3 种），另有湿生植物 26 种（雷丹等，2023）。沱江流域有水生维管植物 70 种，占优势的挺水植物 34 种、沉水植物 10 种、浮叶植物 4 种（范正年等，1991）。长江上游珍稀特有鱼类国家级自然保护区云南段发现真性水生维管植物 8 种（挺水植物 4 种、沉水植物 4 种）（陈斐等，2020）。长江干流宜宾至泸州段采集到真性水生维管植物 10 多种，以沉水植物种类最多，其次是挺水植物（梁义芬，2002）。

长江上游消落带适生植物的研究主要集中在金沙江下游库区、长江干流江津段、三峡库区消落带。向家坝和溪洛渡库区消落带适生植物主要为多年生和一年生草本植物，分别为 36 种和 55 种（孙龙等，2023）。长江江津段消落带发现适生维管植物有 25 科 61 种，其中草本植物 53 种（刘明智等，2014）。调查发现，三峡成库以来整个长江重庆段（三峡库区）海拔 145～175 m 的消落区有适生维管植物 103 科 158 属 223 种，其中蕨类植物 3 科 4 属 8 种、被子植物 100 科 154 属 215 种（程蓝登等，2019）。

2. 资源密度及生物量

整体上讲，长江上游区域有关水生植物资源量的系统性监测调查尚未开展。金沙江流域的干支流要么水流湍急、要么水电开发成库区，整体不适合真性水生植物生长，有关其资源密度和生物量的研究报道尚属空白。川江干流及其一级支流的干流要么因水流速度快和河床冲刷厉害，要么因河床多为砾石和沙组成，很少有稳定的底泥，要么因成库后消落区不稳定，使得大多数江段不利于高等水生维管植物生存。相对而言，干支流的河湾、回水沱等缓流水和静水区域的水生植物的种类及数量较多，尤其是有闸坝的各种次级支流多因水流速度减缓，河床变宽，沿岸带和亚沿岸带在洪水季节常被淹没，河床多为泥底质或泥沙底质，有利于真性水生植物的生长发育。目前，关于川江流域水生维管植物的资源密度与生物量仅有零星记述或描述性报道。2007 年 6 月和 9 月，西南大学在长江"宜宾—泸州"段的 4 个断面调查发现，水生植物以两栖生活的湿生植物为多，不同断面 6 月的平均生物量在 231.3～717 g/m²，9 月在 19.0～112.0 g/m²，均表现为 6 月显著高于 9 月。2008 年，西南大学在长江"宜宾—泸州"段的罗龙场季节性水坑中发现以菹草 *Potamogeton crispus*、篦齿眼子菜 *Stuckenia pectinata*、金鱼藻 *Ceratophyllum demersum* 为主的高密度沉水植物群落，3 个样方沉水植物生物量高达 164～823 g/m²。西南大学 2004～2007 年在涪江下游的连续 4 年调查，获得真性水生植物的生物量分别为 39～117 g/m²、36.4～92.7 g/m²、57.8～104.2 g/m² 和 22.3～67.6 g/m²，这些水生植物包括穗状狐尾藻 *Myriophyllum spicatum*、篦齿眼子菜 *Stuckenia pectinata*、竹叶眼子菜 *Potamogeton malaianus*、苦草 *Vallisneria asiatica*、金鱼藻 *Ceratophyllum demersum*、芦苇 *Phragmites australis*、空心莲子草 *Alternanthera philoxeroides*、满江红 *Azolla imbricata*、凤眼莲 *Eichhornia crassipes* 和浮萍 *Lemna minor* 等。总体而言，长江上游水生植物的密度和生物量相较长江中下游河流和湖泊要低得多。

3. 优势种属

历史资料表明，长江上游真性水生植物的广布种属暨优势种属有：紫萍属 *Spirodela*、无根萍属 *Wolffia*、满江红属 *Azolla*、凤眼莲属 *Eichhornia*、眼子菜属 *Potamogeton*、篦齿眼子菜属 *Stuckenia*、黑藻属 *Hydrilla*、苦草属 *Vallisneria*、水车前属 *Ottelia*、金鱼藻属 *Ceratophyllum*、芦苇属 *Phragmites*、狐尾藻属 *Myriophyllum*、荸荠属 *Eleocharis*、慈姑属

Sagittaria、菖蒲属 *Acorus*、香蒲属 *Typha*、荇菜属 *Nymphoides*、水芹属 *Oenanthe*、水葱属 *Schoenoplectus*、泽泻属 *Alisma* 和蓼属 *Polygonum* 等。

2002 年调查发现，长江南溪段的优势种是竹叶眼子菜 *Potamogeton malaianus*、黑藻 *Hydrilla verticillata*、空心莲子草 *Alternanthera philoxeroides*、水蓼 *Persicaria hydropiper* 和节节草 *Equisetum ramosissimum*。2007～2008 年调查发现，宜宾—泸州段的水生植物优势种弥陀样点为芦苇 *Phragmites australis*，江安样点为芦苇 *Phragmites australis* 和稗 *Echinochloa crusgalli*，纳溪样点为空心莲子草 *Alternanthera philoxeroides*，罗龙场样点为水蓼 *Persicaria hydropiper*、稗 *Echinochloa crusgalli*、菹草 *Potamogeton crispus*、篦齿眼子菜 *Stuckenia pectinata*、金鱼藻 *Ceratophyllum demersum*。2023 年调查发现，岷江流域水生 / 湿生植物 27 科 42 属 49 种，优势种为水蓼 *Persicaria hydropiper*、蘋 *Marsilea quadrifolia*、浮萍 *Lemna minor*、水苦荬 *Veronica undulata*、黑藻 *Hydrilla verticillata*、石龙芮 *Ranunculus sceleratus* 等 6 种。

如果拓展到河流消落带湿生植物，金沙江流域下游水库消落带主要为多年生和一年生草本植物。2021 年调查发现，多年生草本植物 36 种，主要包括狗牙根 *Cynodon dactylon*、空心莲子草 *Alternanthera philoxeroides*、节节草 *Equisetum ramosissimum*、欧洲慈姑 *Sagittaria sagittifolia*、凤眼莲 *Eichhornia crassipes*；一年生草本植物 55 种，主要包括叶下珠 *Phyllanthus urinaria*、苍耳 *Xanthium strumarium*、稗 *Echinochloa crusgalli*、狗尾草 *Setaria viridis*、马唐 *Digitaria sanguinalis*、鬼针草 *Bidens pilosa*、小飞蓬 *Erigeron canadensis* 等。消落带植物的 Patrick 丰富度指数、Shannon-Wiener 多样性指数、Simpson 优势度指数和 Pielou 均匀度指数均表现为消落带下部最低，中部次之，上部最高。

4. 生物多样性

长江上游河流生境与气候的多样性孕育了河流水生植物的多样性。现有历史资料基本上都是从传统的形态分类角度记录长江上游水生植物的物种多样，虽然不及中游河流种类多，但还算丰富，仅四大生态类群的水生维管植物就有 70 多种，加上湿生植物共有 210 种之多；很少有资料报道从物种丰富度层面研究长江上游真性水生植物的物种多样性；不少研究是关于三峡水库消落区植物的群落多样性研究（雷波等，2014；程茳登等，2019；郭燕等，2018；张志永等，2020，2023）。有关长江上游水生植物基因（遗传）多样性和生态系统多样性的研究更是鲜有报道。

7.1.3　问题与建议

1. 存在的问题

长期以来，社会经济和环境等条件的限制及人们认识上的局限，导致长江上游水生植物的资源调查、普查工作被严重忽视，有关的科学记录与文献资料不仅极度匮乏，而且混乱不清，也使得该区域水生植物资源的深入研究与保护利用缺乏基础。

第一，长江上游水生 / 湿生植物的本底资源一直不清，数据库缺失。一是长江上游河流大规模水电开发前缺少普查、调查，到底有多少喜流水或浅水环境的水草资源衰退甚至消失，已经成谜；二是大规模的水电开发中，虽然工程环境影响评价中涉及水生态专题影响评价（包括回顾性评估），但都是临时性局部调查评价，难以获得现阶段该流域有价值的系统性资源数据。

第二，现有调查偏重消落带（区）植被多样性调查，对非库区和小型支流的水生植物仍然缺乏重视，主动性和公益性的资源普查缺失。

第三，现有研究中有关真性水生植物、湿生植物、消落带植物、河岸带植物的定义和划分混乱，导致有关研究成果和资料的比较价值不高，对后续研究的指导意义不强。

第四，对历史资料的整理挖掘不够，部分综述或研究对重要历史资料的遗漏，导致研究结果失真和缺乏参考价值。例如，最近有资料在统计长江上游流域7个亚区的水生／湿生植物时，由于没有引用数十年前川江流域的水生植物专项调查的重要文献，得出金沙江和雅砻江流域水生植物种类数远远多于川江流域的岷江流域、沱江流域、嘉陵江流域、乌江流域和上游干流流域的结果。

2. 初步建议

首先，从流域资源调查层面做好长江上游水生／湿生植物资源普查规划，指导国家部委和省级地方政府纳入其"十五五"规划，并落实资金支持。

其次，建议立项全面深入整理挖掘长江上游水生／湿生植物文献和资料，尤其是20世纪70年代以来的有关调查报告及论著、近30年来的各类涉水工程的环评报告和水生态专题报告，整理中注意区分真性水生植物与非真性水生植物。

最后，以长江上游珍稀特有鱼类国家级自然保护区为重点，从物种多样性、基因多样性和生态系统多样性等层面系统全面地开展水生／湿生植物多样性研究，产出代表性成果，为长江流域水生／湿生植物的保护利用提供典范。

7.2　长 江 中 游

7.2.1 历史数据收集情况

接到"长江中游消落区资源与环境调查"子课题任务后，根据2018年度调查任务，国家林业和草原局中南调查规划院课题组随即收集了大量相关资料，主要整理了3个方面的历史数据，详述如下。

1. 调查范围确定

根据水利部长江水利委员会的调查资料显示，长江中游指湖北宜昌至江西九江湖口县段，长955 km，流域面积68万 km²。综合考虑到消落区的特点及调查可行性，本课题的调查范围确定自上游宜昌三峡大坝至湖口县鄱阳湖入长江口处，长约910 km。

2. 长江中游植物、植被资源

祁承经等（2005）对长江中游流域的植物多样性进行了系统概述：

植物区系：按吴征镒和武素功（1999）对中国植物区系分区的方案，湖北和湖南属于东亚大区中国 - 日本森林植物亚区的华中 - 华东区，即宜昌——邵阳以西属华中区，以东属华东区。本地区植物以华中植物区系为主体，并向华东植物区系过渡。

植物资源：长江中游所在区系共有植物 203 科 1475 属 7037 种（包括种下等级），其中裸子植物 7 科 30 属 64 种、被子植物 196 科 1445 属 6973 种。珍稀植物有水韭、长喙毛茛泽泻、莼菜、水蕨、野生稻、莲（天然）、野菱。

植被资源：按中国植被区划系统，参阅湖北植被区划及湖南植被区划，全区属于常绿阔叶林区域东部（湿润常绿阔叶林）亚区域。全境包括两个植被地带：Ⅰ.北亚热带常绿落叶阔叶混交林地带；Ⅱ.中亚热带常绿阔叶林地带。后者再分为两个植被亚地带：ⅡA.中亚热带北部典型常绿阔叶林亚地带；ⅡB.中亚热带南部含华南植物区系成分的常绿阔叶林亚地带。

本次调查的长江中游消落区属于ⅡA.4江汉平原、洞庭湖平原、湖泊、丘陵岗地亚区。代表植被为农田、湿地植被及湖泊植被。丘陵岗地残存的代表植物有：马尾松、樟、苦槠、青冈栎、石栎、柞木、女贞、小叶栎、槲栎、锐齿槲栎、麻栎、栓皮栎、重阳木、冬青、桑、枫杨、榔榆、黄檀、白栎等。低平地及洲滩湿地上，水杉、池杉、落羽杉、加杨、二球悬铃木、湿地松有很大的发展。在一些偏远的洲滩地，沿生态梯度（自高向低）可形成一完整的典型群落系列（生态系列）：石栎、栓皮栎 - 旱柳、枫杨 - 川三蕊柳、单叶蔓荆、荻、紫芒、薹草属、蓼属、蒌蒿 - 芦苇、菰等挺水植物，莲、菱等浮水植物，苦草、眼子菜等沉水植物。

7.2.2 调查范围及方法

1. 调查范围

本课题调查范围为长江中游消落区，自上游三峡大坝至下游湖口县鄱阳湖入长江口止沿岸消落区及江心洲滩，江段全长约 910 km，行政区划自上游分属湖北省宜昌市市辖区、枝江市、宜都市、松滋市、江陵县、公安县、荆州区、沙市区、石首市、监利市、洪湖市、赤壁市、嘉鱼县、武汉市市辖区、鄂州市市辖区、团风县、浠水县、大冶市、蕲春县、阳新县、武穴市、黄梅县，湖南省华容县、岳阳市市辖区、临湘市，江西省瑞昌市、湖口县、九江市市辖区。

2. 消落区区划

根据消落区的定义及调查区域地形地貌，在地理信息系统上，用项目区 1∶50 000（1∶5万）地形图，结合遥感影像图进行勾绘。

沿岸河滩有长江防洪大堤的区域，以防洪大堤为边界，大堤以内全部调查；无堤处以河流常水位（自然岸线）向陆地延伸 50 m 为调查边界，泥滩沼泽区域延伸至耕地、林地界或村庄边。

3. 样区布设及抽样

调查单元的划分依据《中国生物地理区划研究》（解焱等，2002）和《中国自然地理图集：中国综合自然区划》（黄秉维，1965）的成果，结合地形地貌、陆生野生动物的分布特点、行政区界线等进行样区布设。

（1）根据线性河流的特点，以三峡大坝为起点，每20 km江段为1个样区，长江中游段共划分为46个样区，编号为01至46号（表7.1）。

（2）在划分好的样区内进行系统抽样。每间隔2个样区抽取1个样区为调查样区，以03号样区为起点。自然保护区范围内间隔1个样区抽样，共抽中16个调查样区。

表7.1 样区布设及抽样表

样区号	样区面积/hm²	抽样	样区号	样区面积/hm²	抽样
01	1848.09		24	5904.86	
02	1505.18		25	7343.89	抽中
03	2264.88	抽中	26	5755.49	
04	2337.66		27	7653.52	抽中
05	2644.57		28	5504.81	
06	3600.67	抽中	29	6207.24	抽中
07	3034.10		30	3646.49	
08	3393.22		31	3656.96	
09	4493.76	抽中	32	3641.90	抽中
10	3356.16		33	6057.25	
11	3614.93		34	4772.23	
12	2743.29	抽中	35	5086.21	抽中
13	3953.32		36	10849.19	
14	7204.81		37	4676.39	
15	5349.45	抽中	38	6307.52	抽中
16	4770.24		39	3605.32	
17	4004.10		40	4226.60	
18	4857.26	抽中	41	2922.02	抽中
19	4134.53		42	3415.22	
20	5075.89	抽中	43	7503.50	
21	4597.29		44	4536.92	抽中
22	5336.22		45	8410.91	
23	5122.13	抽中	46	8713.10	

4. 维管植物调查方法

1）植被调查方法

植被调查采用样方和样线相结合的调查方法。首先在卫星影像图上初步确定野外调查路线及样方，然后进行实地调查。每种植被类型均采用法瑞学派样方调查法，记录样方内的所有植物种类,填写调查表格,并用GPS确定样方地理坐标。通过分析统计样方调查数据,划分调查区内的植被类型，并对其植物群落结构组成进行描述分析。

2）植物多样性调查方法

植物多样性调查采用基础资料收集与野外调查相结合的调查方法。所调查的植物多样性主要包括蕨类植物、裸子植物、被子植物及保护植物等。实地调查时采用样线法和样方法，记录植物的种类、密度、生境特点等信息。如发现国家和省级重点保护野生植物、IUCN红皮书附录植物及省级特有植物，则准确记录地理坐标，并对其进行数量统计和生境描述。

7.2.3 调查结果与分析

1. 植物资源调查概况

本研究对长江中游干流消落区各洲滩、堤岸、湖泊、农田等生境进行植物调查采集和植被类型调查，根据沿线的地形、地势和植物分布特点，设置样线和样方。对样线内所有维管植物进行调查、记录和采集，对于野外鉴定有一定困难的样本进行采集，然后制作标本，拍摄照片，带回实验室进行鉴定；同时对典型群落进行样方设置（乔木样方 20 m×20 m、灌丛 2 m×2 m、草丛 1 m×1 m）调查其组成及结构。本次调查共拍摄植物、植被群落照片 600 余张，设置样方 120 余个。基于样线上的调查数据，结合前人的相关研究资料，最后编制维管植物名录，其中蕨类植物、裸子植物和被子植物分别按照秦仁昌系统、郑万钧系统和哈钦松系统进行排列。植被由天然植被和栽培植物构成，共记录 28 个植被群落。本次调查对消落区湿地植物资源、湿地植被分布及其天然更新过程都有了一个清晰的认识，为进一步的长江渔业资源与环境调查奠定了良好的基础。

2. 维管植物调查结果与分析

在《中国植被》的区划上，长江中游段地处中亚热带北部典型常绿阔叶林亚地带，毗连北亚热带常绿落叶阔叶混交林地带。受亚热带湿润季风气候的影响所形成的地带性植被类型为中亚热带常绿阔叶林（中国植被编辑委员会，1980），其植物组成主要有壳斗科、樟科、山茶科、金缕梅科、冬青科、山矾科及禾本科等。由于长江流域两岸开发历史悠久，人口稠密、交通发达，土地利用率高，原生植被均已遭到破坏，现状植被以沼生水生植被、人工加杨林和旱柳林及农田植被等为主，局地有小面积人工湿地松林、樟树林等，兼有少量次生灌丛。

在 Wu 和 Wu（1996）对东亚植物区的分区中，本研究区域属于中国 - 日本森林植物亚区华东植物区的江汉（长江 - 汉江）平原亚区。因地势低平，一年一度的降水泛滥，河流冲积及洪水冲积物成为土壤的主要来源，土壤形成历史不长，成土母岩以砂质黏土为主，且因不断受到洪水的影响而不断变化。植物区系具有广布种、外来种居多，特有属种少等特点，代表物种有樟 *Cinnamomum camphora*、芦苇 *Phragmites australis*、南荻 *Triarrhena lutarioriparia* 等。

3. 植物区系

1）维管植物组成

本次调查共记录到维管植物 63 科 223 属 343 种（含种下等级，下同），其中包括蕨类植物 4 科 4 属 6 种、裸子植物 1 科 2 属 2 种、被子植物 58 科 217 属 335 种（单子叶植物 8 科 47 属 77 种、双子叶植物 50 科 170 属 258 种）（表 7.2）。

表 7.2　维管植物类群统计

类群	科	属	种
蕨类植物 Pteridophyta	4	4	6
裸子植物 Gymnospermae	1	2	2
被子植物 Angiospermae	58	217	335
合计	63	223	343

2）生活型统计

调查发现，长江中下游干流消落区植物生活型以草本植物为主。草本植物中以二年生或多年生为主。乔木、灌木、藤本都较少。对该消落区维管植物的统计发现，343 种维管植物中有 289 种草本植物、20 种灌木、19 种藤本、15 种乔木，分别占消落区维管植物总种数的 84.26%、5.83%、5.54%、4.37%。从生活型可以看出，草本植物在长江中下游干流消落区中占明显优势。

3）国家重点保护野生植物

根据国务院 1999 年 8 月 4 日批准发布的《国家重点保护野生植物名录》（第一批），结合实地调查统计（表 7.3），本次调查发现国家重点保护野生植物 4 种，即樟 *Cinnamomum camphora*、野大豆 *Glycine soja*、金荞麦 *Fagopyrum dibotrys*、中华结缕草 *Zoysia sinica*。此外，被列入《濒危野生动植物种国际贸易公约》（CITES）附录Ⅱ中的有兰科植物 2 种，即斑叶兰 *Goodyera schlechtendaliana*、绶草 *Spiranthes sinensis*。

表 7.3　长江中游干流消落区保护植物

编号	种名	保护级别		CITES 附录Ⅱ
		Ⅰ级	Ⅱ级	
1	樟 *Cinnamomum camphora*		Ⅱ	
2	野大豆 *Glycine soja*		Ⅱ	
3	金荞麦 *Fagopyrum dibotrys*		Ⅱ	
4	中华结缕草 *Zoysia sinica*		Ⅱ	
5	斑叶兰 *Goodyera schlechtendaliana*			*
6	绶草 *Spiranthes sinensis*			*

4）分类原则及分类系统

本次调查共记录 28 个植被群落，其中草本群落有狗尾草群落等 22 个，灌木群落仅有桑群落 1 个，乔木群落有小叶杨群落等 5 个，现将 28 个群落特征描述如下。

（1）小叶杨群落（Form. *Populus simonii*）

包括样方 01、05、16、32、36、41。本群落零星分布于整个长江中下游消落区中，主要生长在消落区上部的砂石土中，较耐旱，群落盖度 70%～90%，平均高度 13 m。小叶杨为群落优势种，乔木伴生种有桑 *Morus alba*、旱柳 *Salix matsudana*；主要伴生灌木为

小果蔷薇 *Rosa cymosa*、枸杞 *Lycium chinense* 和牡荆 *Vitex negundo* var. *cannabifolia*；常见伴生草本有接骨草 *Sambucus javanica*、野老鹳草 *Geranium carolinianum*、紫菀 *Aster tataricus*、牛膝 *Achyranthes bidentata*、鹅观草 *Roegneria kamoji*、广布野豌豆 *Vicia cracca*、野胡萝卜 *Daucus carota*、狗牙根 *Cynodon dactylon*、狗尾草 *Setaria viridis* 等。

（2）狗尾草群落（Form. *Setaria viridis*）

包括样方 02。本群落分布范围较窄，主要位于长江中下游湖北嘉鱼县，生长在消落区上部的沙土上，群落盖度 73%，平均高度 0.63 m。狗尾草为群落优势种，在群落中占较大优势的种还有双穗雀稗 *Paspalum distichum*，伴生种为苋 *Amaranthus tricolor*、狗牙根 *Cynodon dactylon*、铁苋菜 *Acalypha australis*、愉悦蓼 *Polygonum jucundum*、龙葵 *Solanum nigrum* 等。

（3）野艾蒿群落（Form. *Artemisia lavandulifolia*）

包括样方 03。本群落分布范围较广，在整个长江中下游干流消落区都有分布，集中分布在湖北嘉鱼县，生长在消落区中、下部的沙土中，群落盖度 60%~90%，平均高度 0.5~0.8 m。本群落的伴生种主要有粉被薹草 *Carex pruinosa*、狗牙根 *Cynodon dactylon*、铁苋菜 *Acalypha australis*、碎米莎草 *Cyperus iria*、葛 *Pueraria montana* var. *lobata* 等。

（4）节节草群落（Form. *Equisetum ramosissimum*）

包括样方 46。本群落在整个长江中下游干流消落区中偶有分布，主要生长在消落区上部相对干旱的沙土、沙壤或石缝间，群落盖度 84%，平均高度 0.21 m。节节草在群落中占有绝对的优势，群落的伴生种主要为酢浆草 *Oxalis corniculata*、紫云英 *Astragalus sinicus*、蒲公英 *Taraxacum mongolicum*、鬼针草 *Bidens pilosa*、狗牙根 *Cynodon dactylon*、小飞蓬 *Erigeron canadensis* 等。

（5）狗牙根群落（Form. *Cynodon dactylon*）

包括样方 20。本群落在整个长江中下游消落区均有分布，在整个流域消落区中是分布较广的群落之一，通常生长在消落区下部，距离水面较近，被水淹的地区群落盖度通常较大，群落盖度 70%~90%，平均高度 0.1 m。群落主要伴生种有碎米莎草 *Cyperus iria*、葎草 *Humulus scandens*、马兰 *Kalimeris indica*、双穗雀稗 *Paspalum distichum* 等。

（6）求米草群落（Form. *Oplismenus undulatifolius*）

包括样方 04。本群落分布于整个长江中下游消落区，生长在消落区中上部的土上，对土壤无要求，群落盖度 80% 以上，平均高度 0.6 m。求米草为优势种，其他伴生种包括白茅 *Imperata cylindrica*、野艾蒿 *Artemisia lavandulifolia*、葎草 *Humulus scandens*、双穗雀稗 *Paspalum distichum*、狗牙根 *Cynodon dactylon* 等。

（7）芦苇、荻群落（Form. *Phragmites australis*, *Miscanthus sacchariflorus*）

包括样方 10、12、45。本群落主要分布于长江中下游消落区的下游，生长在消落区的下部沙土或淤泥上，能够适应长期水淹胁迫，群落盖度 90% 以上，芦苇平均高度 2.5 m、荻平均高度 2.7 m。群落伴生种有羊蹄 *Rumex japonicus*、狗牙根 *Cynodon dactylon*、马唐 *Digitaria sanguinalis*、球果蔊菜 *Rorippa globosa*、求米草 *Oplismenus undulatifolius*、藜 *Chenopodium album* 等。

（8）芦苇群落（Form. *Phragmites australis*）

包括样方 11、28、33、42。本群落零星分布于长江中下游消落区，主要生长在消落区下部水边，群落盖度 70%～95%，平均高度 2.7 m。芦苇为群落优势种，主要伴生种有狗尾草 *Setaria viridis*、狗牙根 *Cynodon dactylon*、紫云英 *Astragalus sinicus*、荔枝草 *Salvia plebeia*、益母草 *Leonurus japonicus*、白茅 *Imperata cylindrica*、愉悦蓼 *Polygonum jucundum*、苍耳 *Xanthium strumarium* 等。

（9）荻群落（Form. *Miscanthus sacchariflorus*）

包括样方 06。本群落在长江中下游消落区的分布范围狭窄，生长在消落区下部水边的沙土或淤泥上，群落盖度 70%～90%，平均高度 2.6 m。群落伴生种有羊蹄 *Rumex japonicus*、狗牙根 *Cynodon dactylon*、马唐 *Digitaria sanguinalis*、球果蔊菜 *Rorippa globosa*、求米草 *Oplismenus undulatifolius*、藜 *Chenopodium album* 等。

（10）构树群落（Form. *Broussonetia papyrifera*）

包括样方 15。本群落在整个长江中下游消落区中分布范围较窄，主要生长在消落区上部的砂石土中，群落盖度 80%～95%，平均高度 8 m。构树为群落优势种，主要伴生灌木为桑 *Morus alba* 和小果蔷薇 *Rosa cymosa*；常见伴生草本有野艾蒿 *Artemisia lavandulifolia*、牛膝 *Achyranthes bidentata*、鹅观草 *Roegneria kamoji*、愉悦蓼 *Polygonum jucundum*、马鞭草 *Verbena officinalis*、羊蹄 *Rumex japonicus*、狗尾草 *Setaria viridis*、空心莲子草 *Alternanthera philoxeroides*、一年蓬 *Erigeron annuus* 等。

（11）旱柳群落（Form. *Salix matsudana*）

包括样方 07、30、38。本群落零星分布于整个长江中下游消落区中，主要生长在消落区上部的砂石土中，群落盖度 80%～90%，平均高度 13 m。旱柳为群落优势种，主要伴生灌木为桑 *Morus alba* 和小果蔷薇 *Rosa cymosa*；常见伴生草本有紫堇 *Corydalis edulis*、牛膝 *Achyranthes bidentata*、火炭母 *Polygonum chinense*、刺苋 *Amaranthus spinosus*、狗牙根 *Cynodon dactylon*、鳢肠 *Eclipta prostrata*、益母草 *Leonurus japonicus*、野胡萝卜 *Daucus carota*、一年蓬 *Erigeron annuus*、愉悦蓼 *Polygonum jucundum*、牛筋草 *Eleusine indica*、风轮菜 *Clinopodium chinense*、黄花酢浆草 *Oxalis pes-caprae* 等。

（12）水杉群落（Form. *Metasequoia glyptostroboides*）

包括样方 26、48。本群落在整个长江中下游消落区中分布范围狭窄，仅见于湖北荆州，主要生长在消落区上部的砂石土中，群落盖度 80%～90%，平均高度 15 m。水杉为群落优势种，主要伴生灌木为桑 *Morus alba*；常见伴生草本有马唐 *Digitaria sanguinalis*、稗 *Echinochloa crusgalli*、泽漆 *Euphorbia helioscopia*、刺苋 *Amaranthus spinosus*、狗尾草 *Setaria viridis*、龙葵 *Solanum nigrum*、苦苣菜 *Sonchus oleraceus*、紫云英 *Astragalus sinicus*、一年蓬 *Erigeron annuus*、愉悦蓼 *Polygonum jucundum*、牛筋草 *Eleusine indica*、风轮菜 *Clinopodium chinense*、黄花酢浆草 *Oxalis pes-caprae*、益母草 *Leonurus japonicus* 等。

（13）池杉群落（Form. *Taxodium distichum* var. *imbricarium*）

包括样方 44。本群落在整个长江中下游消落区中分布范围非常狭窄，仅见于江西九江，主要生长在消落区上部的砂石土中，群落盖度 80%～90%，平均高度 15 m。池杉为群落优势种，主要伴生灌木为小果蔷薇 *Rosa cymosa*、枸杞 *Lycium chinense*；常见伴生草本有狗尾草 *Setaria viridis*、龙葵 *Solanum nigrum*、紫云英 *Astragalus sinicus*、一年蓬 *Erigeron annuus*、牛筋草 *Eleusine indica*、风轮菜 *Clinopodium chinense*、宽叶麦冬 *Liriope spicata*、

节节草 *Equisetum ramosissimum* 等。

（14）桑群落（Form. *Morus alba*）

包括样方 43、35。本群落在整个长江中下游消落区中分布范围非常狭窄，仅见于江西九江，主要生长在消落区上部的砂石土中，群落盖度 70%～80%，平均高度 3 m。桑为群落优势种，主要伴生灌木为小果蔷薇 *Rosa cymosa*、枸杞 *Lycium chinense*；常见伴生草本有野胡萝卜 *Daucus carota*、狗尾草 *Setaria viridis*、龙葵 *Solanum nigrum*、苦苣菜 *Sonchus oleraceus*、青蒿 *Artemisia caruifolia*、一年蓬 *Erigeron annuus*、愉悦蓼 *Polygonum jucundum*、紫菀 *Aster tataricus*、狗牙根 *Cynodon dactylon*、藜 *Chenopodium album*、酢浆草 *Oxalis corniculata* 等。

（15）垂穗薹草群落（Form. *Carex inclinis*）

包括样方 51、27。本群落零星分布于江西、湖北境内消落区，生长在消落区上、中、下部的沙土中，群落盖度 70%～90%，平均高度 0.2～0.4 m。垂穗薹草为群落优势种，主要伴生种有愉悦蓼 *Polygonum jucundum*、莲子草 *Alternanthera sessilis*、藨草 *Scirpus triqueter*、狼尾草 *Pennisetum alopecuroides*、紫菀 *Aster tataricus*、荔枝草 *Salvia plebeia*、野胡萝卜 *Daucus carota*、广布野豌豆 *Vicia cracca* 等。

（16）白茅群落（Form. *Imperata cylindrica*）

包括样方 47。本群落主要分布于长江中下游流域湖北段消落区中，主要生长在消落区中上部的砂石土或石缝中，群落盖度 80%～90%，平均高度 0.3～0.4 m。白茅为群落优势种，主要伴生种有泽漆 *Euphorbia helioscopia*、刺疙瘩 *Olgaea tangutica*、狗牙根 *Cynodon dactylon*、苍耳 *Xanthium strumarium*、铁苋菜 *Acalypha australis* 等。

（17）五节芒群落（Form. *Miscanthus floridulus*）

包括样方 21、40、46。本群落主要分布于长江中下游流域湖北段消落区中，主要生长在消落区上部的砂石土中，群落盖度 70%～90%，平均高度 0.4～0.6 m。五节芒为群落优势种，主要伴生种有牛筋草 *Eleusine indica*、狗尾草 *Setaria viridis*、红蓼 *Polygonum orientale*、黄花蒿 *Artemisia annua*、青蒿 *Artemisia caruifolia*、益母草 *Leonurus japonicus*、野胡萝卜 *Daucus carota*、白花败酱 *Patrinia villosa*、苎麻 *Boehmeria nivea* 等。

（18）狼尾草群落（Form. *Pennisetum alopecuroides*）

包括样方 18、19。本群落分布范围较窄，主要分布于长江中下游湖北省荆州市、宜昌市境内，生长在消落区上部的沙土上，群落盖度 80%～90%，平均高度 0.5～0.7 m。狼尾草为群落优势种，群落伴生种为苍耳 *Xanthium strumarium*、狗牙根 *Cynodon dactylon*、结缕草 *Zoysia japonica*、爵床 *Justicia procumbens*、苦荬菜 *Ixeris polycephala*、龙葵 *Solanum nigrum*、双穗雀稗 *Paspalum distichum*、碎米莎草 *Cyperus iria*、马兰 *Kalimeris indica* 等。

（19）稗群落（Form. *Echinochloa crusgalli*）

包括样方 34。本群落分布范围较窄，主要分布于长江中下游湖北省境内，生长在消落区中部的沙土上，群落盖度 80%～90%，平均高度 0.3～0.4 m。稗为群落优势种，主要伴生种为臭荠 *Coronopus didymus*、狗牙根 *Cynodon dactylon*、双穗雀稗 *Paspalum distichum*、碎米莎草 *Cyperus iria*、紫云英 *Astragalus sinicus*、短叶水蜈蚣 *Kyllinga brevifolia* 等。

（20）青蒿群落（Form. *Artemisia caruifolia*）

包括样方 08、24、37、50。本群落主要分布于湖南省和湖北省，生长在消落区中部或下部沙土中，群落盖度在 90% 以上，平均高度 0.4～0.6 m。群落伴生种有狗尾草 *Setaria viridis*、酢浆草 *Oxalis corniculata*、益母草 *Leonurus japonicus*、牛筋草 *Eleusine indica*、苍耳 *Xanthium strumarium*、山莴苣 *Lactuca sibirica*、藜 *Chenopodium album*、空心莲子草 *Alternanthera philoxeroides*、小飞蓬 *Erigeron canadensis* 等。

（21）苍耳群落（Form. *Xanthium strumarium*）

包括样方 22、25、39。本群落零星分布于长江中下游消落区中，生长在消落区中、下部的沙土地上，群落盖度在 85% 以上，平均高度 0.4 m。苍耳为优势种，主要伴生种有狗牙根 *Cynodon dactylon*、马唐 *Digitaria sanguinalis*、小巢菜 *Vicia hirsuta*、狗尾草 *Setaria viridis*、泽漆 *Euphorbia helioscopia*、紫菀 *Aster tataricus*、宝盖草 *Lamium amplexicaule*、光头稗子 *Echinochloa colona*、铁苋菜 *Acalypha australis*、节节草 *Equisetum ramosissimum*、愉悦蓼 *Polygonum jucundum*、土牛膝 *Achyranthes aspera* 等。

（22）小飞蓬群落（Form. *Erigeron canadensis*）

包括样方 23。本群落零星分布于湖北省长江下游消落区中，在消落区中上部生长较好，群落盖度在 80% 以上，平均高度 0.6 m。群落伴生种有野艾蒿 *Artemisia lavandulifolia*、山莴苣 *Lactuca sibirica*、龙葵 *Solanum nigrum*、愉悦蓼 *Polygonum jucundum*、荔枝草 *Salvia plebeia*、狗尾草 *Setaria viridis* 等。

（23）水蓼群落（Form. *Polygonum hydropiper*）

包括样方 14。本群落零星分布于长江中下游干流消落区，主要生长在消落区中、下部的壤土或淤泥中，一般群落盖度在 90% 以上，平均高度 0.5 m。群落伴生种有莲子草 *Alternanthera sessilis*、棒头草 *Polypogon fugax*、早熟禾 *Poa annua*、红蓼 *Polygonum orientale* 等。

（24）葎草群落（Form. *Humulus scandens*）

包括样方 17。本群落零星分布于整个长江中下游消落区，生长在消落区中上部的土上，对土壤无要求，群落盖度在 80% 以上，平均高度 0.4～0.6 m。葎草为优势种，群落主要伴生种有苎麻 *Boehmeria nivea*、荠 *Capsella bursa-pastoris*、苍耳 *Xanthium strumarium*、野胡萝卜 *Daucus carota*、狗尾草 *Setaria viridis*、结缕草 *Zoysia japonica*、多苞斑种草 *Bothriospermum secundum* 等。

（25）愉悦蓼群落（Form. *Polygonum jucundum*）

包括样方 9。本群落零星分布于长江中下游消落区中，生长在消落区中、下部的沙土上，群落盖度在 85% 以上，平均高度 0.2 m。愉悦蓼为优势种，盖度在 50%～65%，主要伴生种有空心莲子草 *Alternanthera philoxeroides*、狗尾草 *Setaria viridis*、繁缕 *Stellaria media*、苍耳 *Xanthium strumarium*、狗牙根 *Cynodon dactylon*、荔枝草 *Salvia plebeia* 等。

（26）野荸荠群落（Form. *Heleocharis plantagineiformis*）

包括样方 31。本群落零星分布于长江中下游消落区，生长在消落区下部的沙土或淤泥上，能够适应长期水淹胁迫，群落盖度在 80% 以上，平均高度 0.5 m。群落主要伴生种有香附子 *Cyperus rotundus*、小画眉草 *Eragrostis minor*、头花蓼 *Polygonum capitatum*、愉悦蓼 *Polygonum jucundum*、紫云英 *Astragalus sinicus*、藨草 *Scirpus triqueter*。

（27）雀稗群落（Form. *Paspalum thunbergii*）

包括样方 29。本群落零星分布于长江中下游消落区中，主要生长在消落区中、下部，对土壤要求不高，一般群落盖度在 70%～90%，平均高度 0.2 m。群落伴生种主要是狗牙根 *Cynodon dactylon*、酢浆草 *Oxalis corniculata*、莲子草 *Alternanthera sessilis*、紫云英 *Astragalus sinicus*、薹草属 *Carex* spp. 等。

（28）莲子草群落（Form. *Alternanthera sessilis*）

包括样方 13。本群落分布于长江中下游消落区的湖南段境内，主要生长在消落区中、下部的沙土或淤泥上，群落盖度 70%～90%，平均高度 0.5 m。群落主要伴生种有水蓼 *Polygonum hydropiper*、问荆 *Equisetum arvense*、红蓼 *Polygonum orientale*、棒头草 *Polypogon fugax*。

7.3 洞 庭 湖

7.3.1 概述

洞庭湖地貌类型多样，气候温暖湿润，自然条件复杂，植物种类丰富。从植物区系看，洞庭湖属泛北极植物区，除中亚植物区系成分外，其他 14 个分布类型在此均有分布，东亚 - 北美间断分布成分对湖区植物区系影响较大，从而构成了洞庭湖区的森林植被和草甸植被类型植物群落，其可划分为暖性针叶林、落叶阔叶林、常绿针阔混交林、常绿阔叶林、竹林、硬叶常阔叶灌丛、草甸、水生沼泽等。根据不完全统计，洞庭湖流域的维管植物约有 170 科 637 属 1410 种，其中木本植物 658 种、竹类植物 20 种、藤本植物 129 种、草本植物 568 种、水生植物 35 种。最大的两个水生植物群落是芦苇群落和草地群落，其中芦苇面积占全国芦苇总面积的 15.9%，居第三位，常分布于洞庭湖区的岳阳市市辖区、沅江、汉寿、湘阴、澧县、安乡、南县、常德市市辖区、华容、汨罗、益阳、临湘等地，芦苇是纺织、化学工业的重要原料。草地群落主要包括草质纤维植物与饲草植物。草质纤维植物面积有 10 万亩①以上，主要用于编织、工艺品制作和造纸；其中芒、黄背草、牛鞭草、白茅、紫芒、鹅观草、灯心草等数十种成片分布。饲草植物包括木本植物和草本植物 260 余种，经济价值大的种主要集中于禾本科、莎草科、豆科和菊科等，是构成草甸草场、草坡及水域的基础饲料。例如，禾本科类的狗牙根、假俭草、早熟禾、鹅观草、野燕麦、牛筋草、稗荩、看麦娘、雀稗、马唐、白茅、芒等植物。

7.3.2 现状调查

1. 种类组成及分布

本课题组于 2021 年 4～11 月开展了洞庭湖河岸周边水生植物分布调查，设置西洞庭湖、南洞庭湖、东洞庭湖、湘江入湖口、资江入湖口、沅江入湖口和澧水入湖口 7 个采样点，共发现水生植物 46 科 117 属 167 种，其中沉水植物 6 种，占 3.59%；浮叶植物 10 种，占 5.99%；挺水植物 34 种，占 20.36%；湿生植物 117 种，占 70.06%（图 7.1）。

①　1 亩 ≈ 666.67 m²

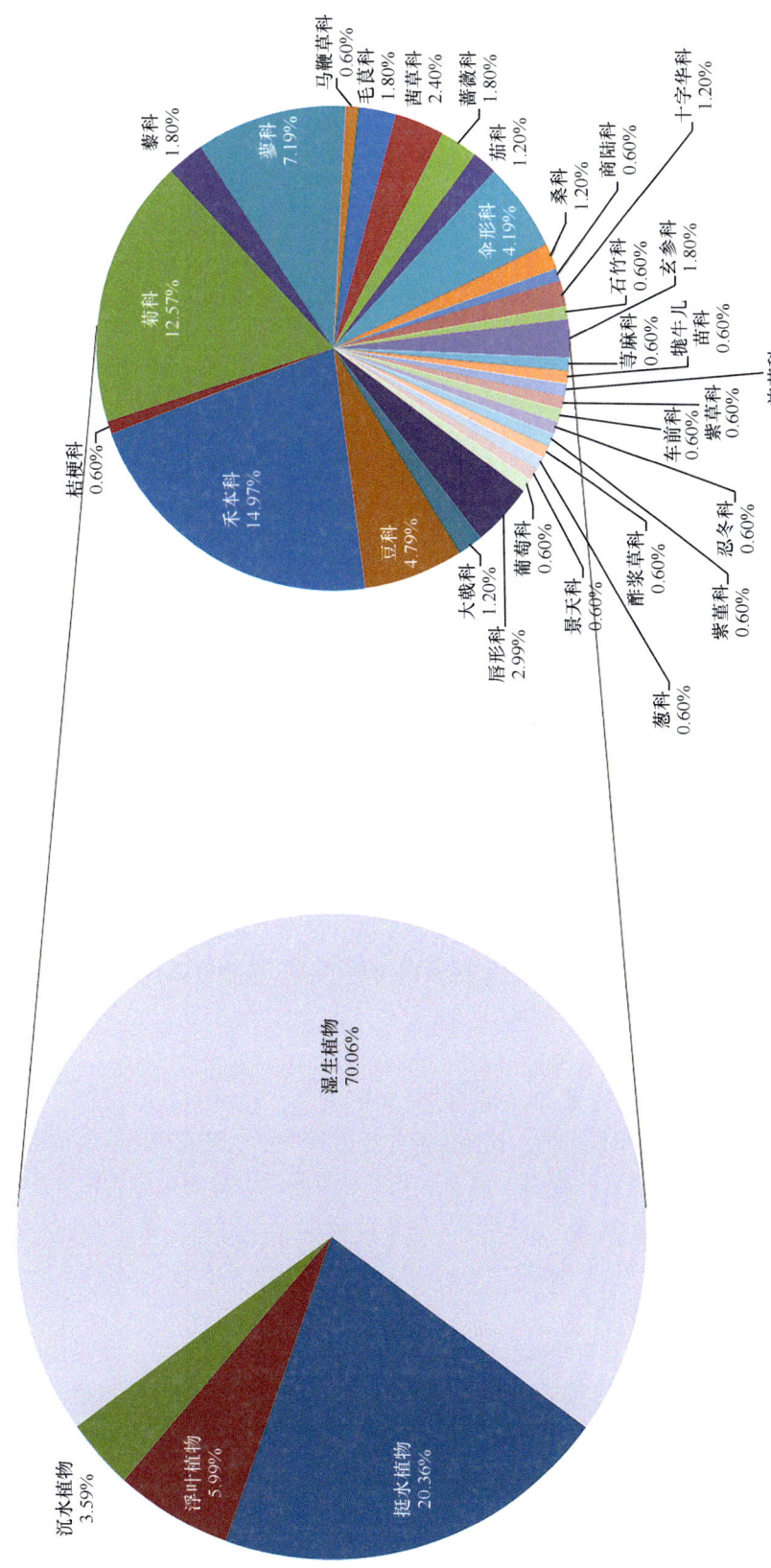

图 7.1 洞庭湖水生植物占比分布

右图为湿生植物种类占比

2. 典型区域优势种分布状况

1）湘江入湖口监测样点

该点位于岳阳市屈原管理区以北（北纬 29°7′53.4″，东经 112°59′54.6″），陆路距营田镇 10 km，附近有湘江航道，自然环境受人为干扰程度较大，以近河岸低矮湿生植物为主，无高大挺水植物，航道内几乎无沉水植物，消落区有少量荇菜群落。调查到的植物主要有：紫云英、棒头草、蛇床、菵草、薹草、石龙芮、萎蒿、菹草、苜蓿等，分布范围为河岸沿线，纵深达 50 m。植物群落优势种有：棒头草 *Polypogon fugax*+ 蛇床 *Cnidium monnieri* 群落；薹草 *Carex* spp.+ 虉草 *Phalaris arundinacea* 群落。

2）东洞庭湖监测样点

该点位于洞庭湖东北部君山东，在长江中游荆江门段南岸（北纬 29°23′49.55″，东经 112°57′17.64″），属东洞庭湖国家级自然保护区实验区，由于受保护和管理，其水生植物种类较丰富，形成了较完整的湿生 - 挺水 - 沉水 - 浮水结构。该样点以高大的芦苇和君山荻作为先锋挺水植物，河道内的沉水植物、漂浮植物也较丰富，湿生植物主要有薹草和萎蒿。调查到的植物主要有：四角菱、凤眼莲、满江红、水龙、槐叶蘋、薹草、芦苇、萎蒿、君山荻、金鱼藻、荇菜等，分布范围为河岸沿线，纵深达 65 m。植物群落优势种有：欧菱 *Trapa natans*+ 满江红 *Azolla imbricata*+ 槐叶蘋 *Salvinia natans* 群落，群落大小约 19.5 hm²；芦苇 *Phragmites australis*+ 君山荻 *Triarrhena lutarioriparia* var. *junshanensis* 群落，群落大小约 1700 hm²。

3）澧水入湖口监测样点

该点位于处在湘江、资江、沅江、澧水、赤磊洪道、藕池河西支、沱江七大水系交汇处（北纬 29°6′42.48″，东经 112°15′2.51″），是湖南省内 11 个百万吨级港口中唯一的县级港口，自然环境受到一定的人为干扰，以近河岸低矮湿生植物为主，高大挺水植物较少。调查到的水生植物主要有：紫云英、虉草、习见蓼、薹草、凤眼莲、芦苇等，低矮湿生植物群落为先锋植物，分布特点为沿消落区内嵌河道生长。植物群落优势种有：薹草 *Carex* spp.+ 虉草 *Phalaris arundinacea* 群落。

4）沅江入湖口监测样点

该点位于汉寿县县境北部（北纬 28°50′52.08″，东经 112°10′33.95″），距县城 15 km，调查区属洞庭湖淤积平原。该监测点位于河道两岸，具有较为丰富的湿生植物群落。调查到的植物主要有：凤眼莲、薹草、虉草、芦苇等，分布范围为河岸沿线。植物群落优势种有：薹草 *Carex* spp.+ 虉草 *Phalaris arundinacea* 群落；薹草 *Carex* spp.+ 芦苇 *Phragmites australis* 群落。

5）西洞庭湖监测样点

该点位于西洞庭湖北岸（北纬 28°50′52.08″，东经 112°10′33.95″），属沅江市新湾镇。与"西洞庭湖国家城市湿地公园"隔湖相望，具有较为丰富的沉水植物群落。调查到的植物主要有：荇菜、薹草、金鱼藻、虉草等。植物群落主要有：荇菜 *Nymphoides peltatum*+ 薹草 *Carex* spp. 群落；篦齿眼子菜 *Stuckenia pectinata*+ 虉草 *Phalaris arundinacea* 群落。

6）资江入湖口监测样点

该点位于益阳市资阳区茈湖口镇资江湖口（北纬 28°47′33.72″，东经 112°25′3″），以沉水植物为主，高大挺水植物也较丰富。调查到的植物主要有：凤眼莲、四角菱、荇菜、芦苇、南荻、薹草等。分布范围为河岸边浅层水体，沉水植物纵深达 200 m。植物群落优势种有：凤眼莲 *Eichhornia crassipes*+ 四角菱 *Trapa bicornis* var. *quadrispinosa* 群落，四角菱 *Trapa bicornis* var. *quadrispinosa*+ 荇菜 *Nymphoides peltatum* 群落。

7）南洞庭湖监测样点

该点位于益阳市沅江市万子湖村以东（北纬 28°49′29.64″，东经 112°24′5.04″），是天然的芦苇产地，水生植物种类丰富，具有南洞庭湖最大的湿地先锋植物群落，以高大挺水植物为主，消落区沟渠内沉水植物丰富。调查到的植物主要有：芦苇、南荻、薹草、荔枝草、益母草、凤眼莲、槐叶蘋、满江红、金鱼藻、四角菱等。植物群落优势种有：芦苇 *Phragmites australis*+ 南荻 *Triarrhena lutarioriparia* 群落，群落大小约 8500 hm²。

3. 密度及生物量

从样方生物量情况来看，南洞庭湖和资江入湖口由于高大挺水植物密度较高，样方生物量较高，其他入湖口以草滩和泥滩为主，样方生物量较小（图 7.2）。

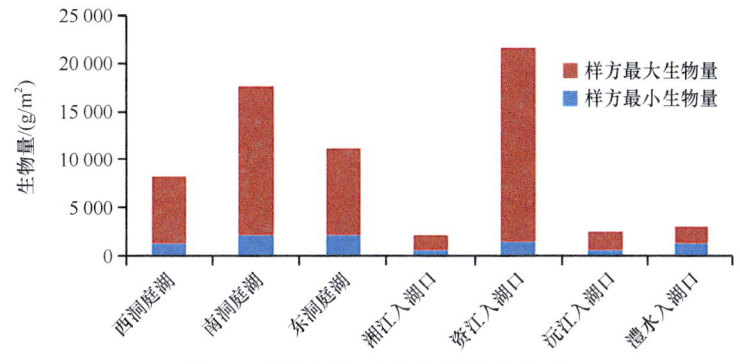

图 7.2　洞庭湖水生植物样方生物量

湘江入湖口、澧水入湖口、沅江入湖口和西洞庭采样点受航道或人为因素影响较大，汛期内地表冲刷频繁，薹草等草本植物密度最大，生物量又以中间层草本占较大体量（图 7.3 至图 7.6）。

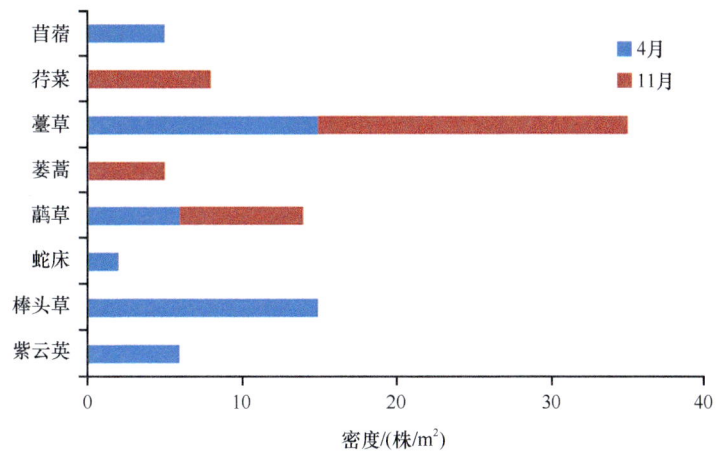

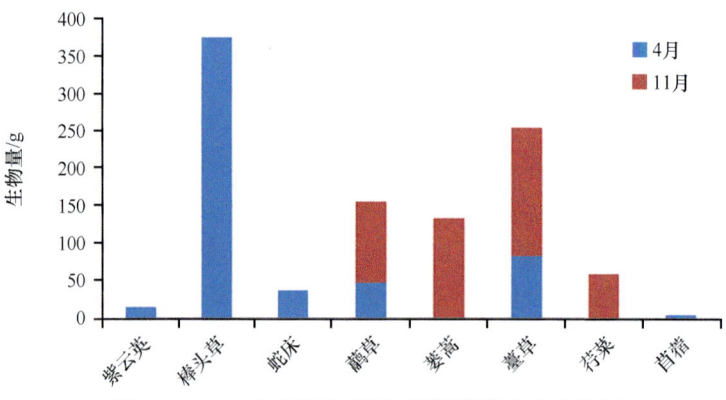

图 7.3　2021 年湘江入湖口主要优势种生长特征

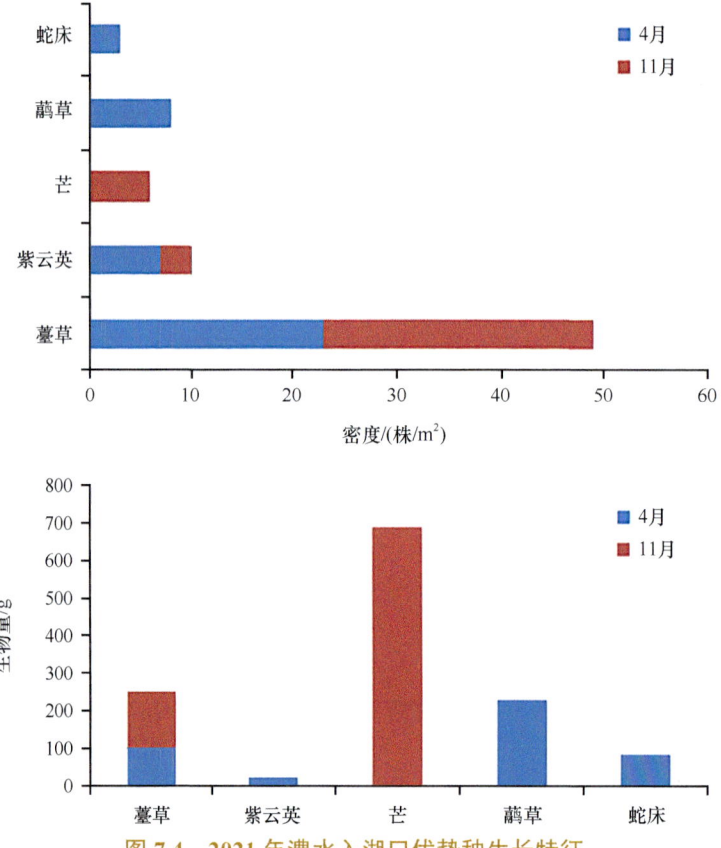

图 7.4　2021 年澧水入湖口优势种生长特征

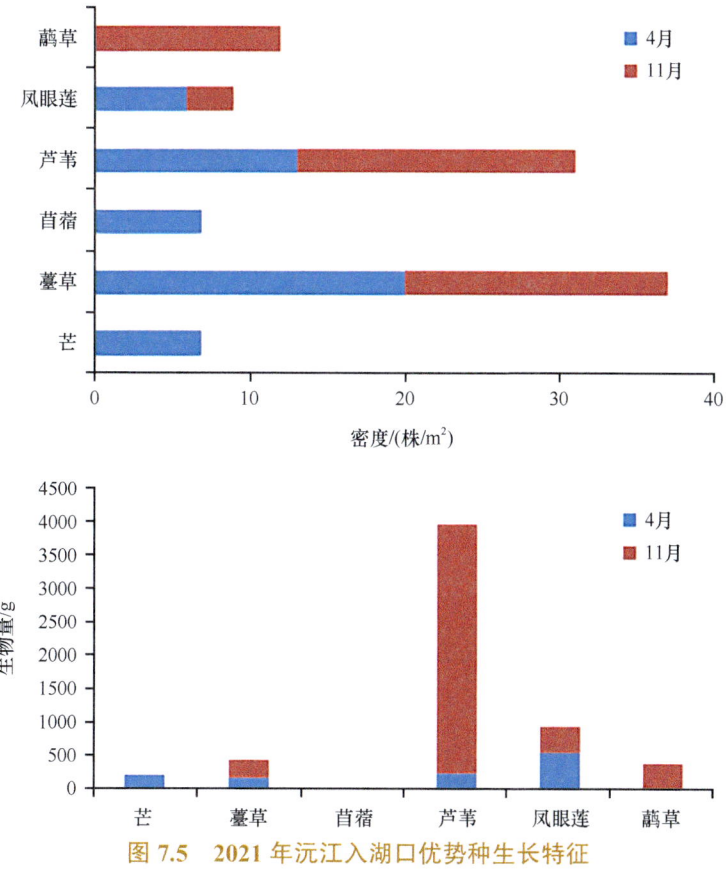

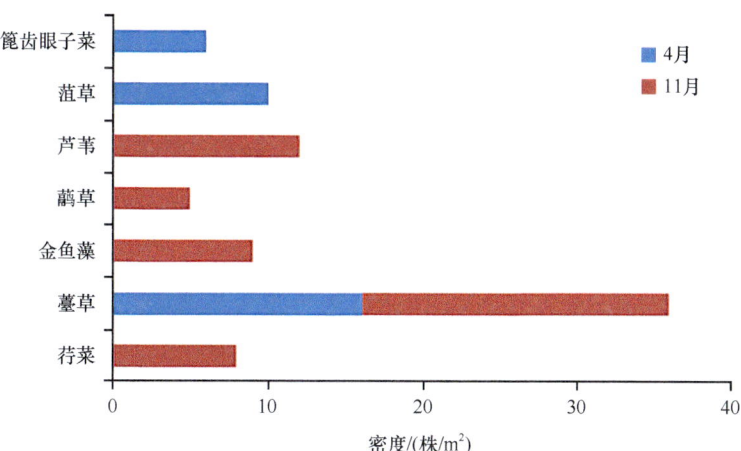

图 7.5　2021 年沅江入湖口优势种生长特征

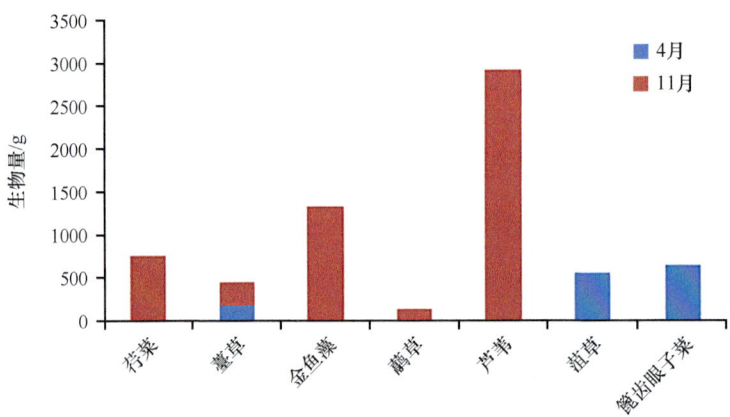

图 7.6　2021 年西洞庭湖优势种生长特征

东洞庭湖君山区和南洞庭湖水生植物体系较为完善,从挺水植物到沉水植物均有分布,小叶满江红个体小,在采样区密度最大,芦苇和君山荻生物量占比最大(图 7.7、图 7.8)。

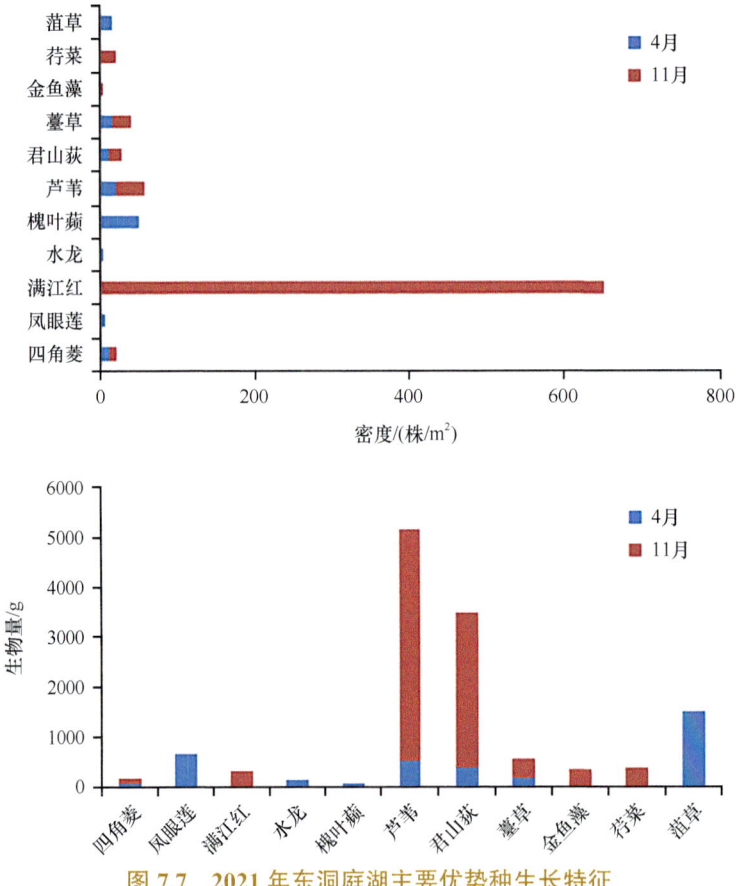

图 7.7　2021 年东洞庭湖主要优势种生长特征

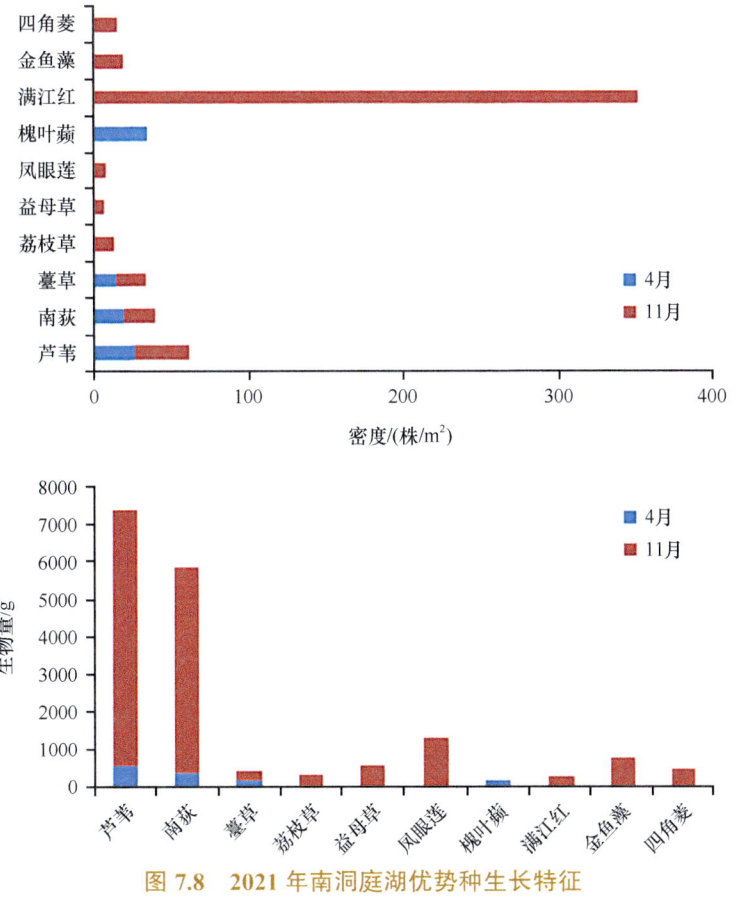

图 7.8　2021 年南洞庭湖优势种生长特征

资江入湖口的挺水植物和沉水植物较为丰富，芦苇和南荻密度及生物量最大（图 7.9）。

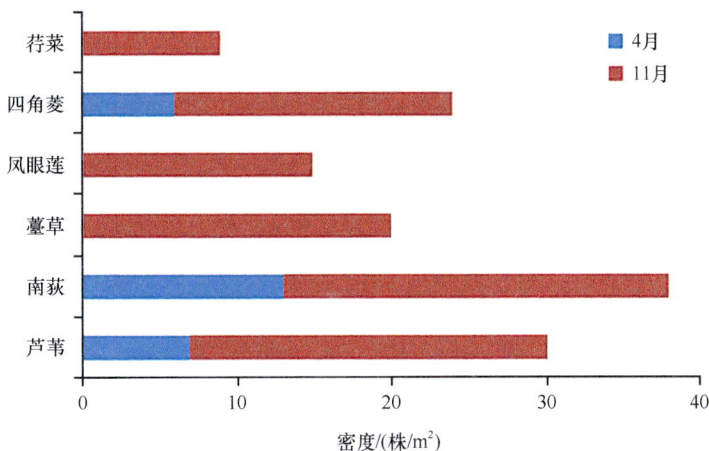

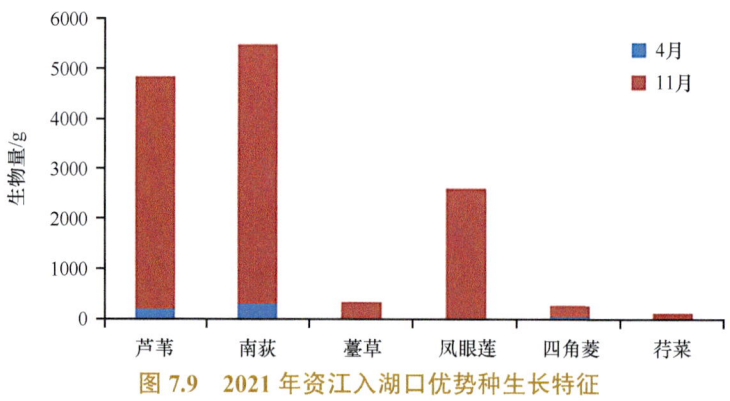

图 7.9　2021 年资江入湖口优势种生长特征

4. 优势种及优势度

通过对 7 个采样点水生植物的调查统计，分析其优势度，采用重要值反映群落中的功能地位和分布格局。计算方法如下：

$$相对生物量 = \frac{样方内某种植物的生物量}{样方内每种植物生物量之和} \times 100\%;$$

$$相对盖度 = \frac{样方内某种植物的盖度}{样方内每种植物盖度之和} \times 100\%;$$

$$相对频度 = \frac{样方内某种植物的频度}{样方内每种植物频度之和} \times 100\%;$$

$$重要值 = \frac{相对生物量 + 相对盖度 + 相对频度}{3}$$

结果显示，以东洞庭湖水生植物优势种最多，澧水入湖口优势种最少（图 7.10）。根据其种类类型，优势度（重要值）以芦苇、南荻、藕草等挺水植物较高，沉水植物的重要值较低（表 7.4）。

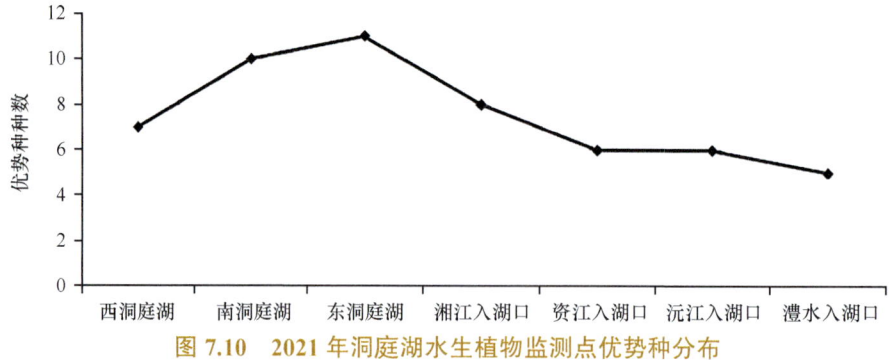

图 7.10　2021 年洞庭湖水生植物监测点优势种分布

表 7.4 洞庭湖水生植物样点优势度一览表（%）

样点	种名	相对生物量	相对频度	相对盖度	重要值
湘江入湖口	苜蓿	3.5	25.3	26.6	18.47
	荇菜	2.5	3.3	3.5	3.1
	薹草	43.5	70.6	75.2	63.1
	蒌蒿	8.3	10.9	12.6	10.6
	蕅草	25.6	35.1	40.3	33.67
	蛇床	4.3	5.5	6.3	5.37
	棒头草	70.63	43.3	48.3	54.08
	紫云英	3.9	4.9	6.3	5.03
东洞庭湖	菹草	12.2	5.4	6.9	8.17
	荇菜	4.5	3.6	3.7	3.93
	金鱼藻	6.1	8.2	7.3	7.2
	薹草	20.8	36.7	40.5	32.67
	君山荻	30.4	26.3	28.4	28.37
	芦苇	60.9	59.9	53.7	58.17
	槐叶蘋	2.6	2.2	2.8	2.53
	水龙	1.9	1.5	1.8	1.73
	满江红	3.3	10.9	8.5	7.57
	凤眼莲	5.9	6.6	7.3	6.6
	四角菱	10.6	9.7	12.6	10.97
澧水入湖口	蛇床	10.2	15.3	18.8	14.77
	蕅草	25.8	16.3	18.3	20.13
	芒	40.6	36.9	43.6	40.37
	紫云英	13.5	15.6	10.7	13.27
	薹草	20.3	35.5	30.3	28.7
沅江入湖口	蕅草	15.3	20.5	17.3	17.7
	凤眼莲	26.8	10.7	13.6	17.03
	芦苇	50.6	68.9	51.3	56.93
	苜蓿	9.6	5.6	6.7	7.3
	薹草	13.6	20.9	25.7	20.07
	芒	17.8	23.6	25.6	22.33
西洞庭湖	篦齿眼子菜	8.5	3.3	4.1	5.3
	菹草	22.7	15.3	10.7	16.23
	芦苇	46.7	67.3	70.9	61.63

样点	种名	相对生物量	相对频度	相对盖度	重要值
西洞庭湖	蔺草	25.6	20.9	23.7	23.4
	金鱼藻	16.3	15.6	12.6	14.83
	薹草	6.1	10.8	15.9	10.93
	荇菜	8.3	5.8	6.3	6.8
资江入湖口	荇菜	4.3	5.9	6.7	5.63
	四角菱	5.7	8.6	9.3	7.87
	凤眼莲	29.6	14.9	13.7	19.4
	薹草	13.2	10.8	13.6	12.53
	南荻	39.2	35.7	30.7	35.2
	芦苇	57.3	48.9	47.6	51.27
南洞庭湖	四角菱	3.9	3.8	6.9	4.87
	金鱼藻	5.5	8.6	7.5	7.2
	满江红	1.3	2.2	2	1.83
	槐叶蘋	2.3	1.7	1.6	1.87
	凤眼莲	19.6	13.9	11.7	15.07
	益母草	7.6	6.9	8.6	7.7
	荔枝草	4.6	5.3	6.8	5.57
	薹草	10.6	15.6	18.5	14.9
	南荻	39.4	47.8	30.7	39.3
	芦苇	50.9	73.6	80.7	68.4

5. 多样性特征

植物多样性采用常用的 Simpson 指数表示：

$$D=1-\sum N_i(N_i-1)/N(N-1)$$

式中，N 为所有个体的重要值之和；N_i 为第 i 个种的重要值。

Simpson 指数可以较好地反映多样性指数，受均匀度和丰富度影响较小。调查结果可以看到采样点 Simpson 指数为 0.7～0.8（表 7.5）。

表 7.5　洞庭湖水生植物样点 Simpson 指数状况

位点	湘江入湖口	东洞庭湖	澧水入湖口	沅江入湖口	西洞庭湖	资江入湖口	南洞庭湖
Simpson 指数	0.78	0.8	0.77	0.76	0.75	0.75	0.76

6. 保护植物

湖南植物资源的主要特点是：物种丰富且区系复杂；起源古老，孑遗物种多；特有属、种丰富，保护和利用价值高。在区系组成上，湖南为生物地理分布东西南北交会地带，热带 - 亚热带 - 温带生物在本区都有分布。由于得天独厚的自然地理和变化多样的地貌条件，许多第三纪植物得以免遭第四纪冰川的侵蚀被保存下来，形成了古老、特有而复杂的生物区系。湖南至今保存完好的孑遗植物有：珙桐、银杏、水杉、白豆杉、香果树等。湖南的特有植物属有 71 个，特有种 142 种，在湖南分布的特有属占全国总特有属的 36.22%。湖南的珍稀植物较多，根据 1999 年 8 月 4 日国务院批准发布的《国家重点保护野生植物名录》（第一批），在湖南省分布的有 79 种，其中国家一级重点保护野生植物 14 种、国家二级重点保护野生植物 65 种。

7. 外来植物

通过查阅环洞庭湖区 17 个县市区外来有害植物种类及分布资料发现，该地区现有外来入侵植物 54 种，隶属 21 科，其中有害植物 37 种，隶属 17 科，该地区分布广泛、危害严重的有加拿大一枝黄花、水花生、凤眼莲、豚草、三叶鬼针草、一年蓬、斑地锦、牛筋草、加拿大蓬等。它们主要分布于不同的生境和地区，如加拿大一枝黄花主要分布于岳阳楼区及 107 国道的沿线；豚草主要分布于岳阳市部分地区，特别是汨罗市、岳阳楼区，危害面积达 13 500 hm^2；水花生为洞庭湖区湿地的一大公害，在该地的河流、沟渠、旱地等处广泛分布，仅益阳市危害面积就达 35 699 hm^2；凤眼莲主要分布于洞庭湖区的城乡接合部的污水沟渠及小河流，据常德市统计，危害面积达 20 000 hm^2；一年蓬在常德地区分布广泛，特别是在该市武陵区丹洲乡有成片分布，面积达 100 hm^2；三叶鬼针草、牛筋草、加拿大蓬等分布广泛，在公路的沿线及沟旁、旱地分布较多，危害较为严重。

7.3.3 问题与建议

1. 存在的问题

1）湿地生态系统受到破坏

湖南的湿地水域生态系统受到严重破坏。洞庭湖湿地因历史上的人工围垦和长期泥沙淤积，天然湿地面积由新中国成立初期的 4350 km^2 减至 2024 年的 2691 km^2。湘、资、沅、澧四水中上游的梯级水利开发建设及其他一些大型的水利工程建设，弱化了水体生态系统的自然调控和平衡功能，导致自然水系被人为分割，破碎度增加，一些洄游型水生动物通道受阻。水污染的影响也相当严重，许多珍贵鱼种的产卵场因此遭到破坏，给生物资源造成了深远而不利的影响。

2）人为采挖和捕捞

过度采挖野生经济植物和滥捕乱猎野生动物也是造成生物多样性受威胁的重要原因。湖南的许多药用植物，如杜仲、桂皮、竹柏、青檀、苦木、厚朴、七叶一枝花、黄连、八角莲、三棵针、天麻、玉竹、黄精、百合、川贝母、石斛、灵香草等因过度采伐而大量减少或罕见。八大公山保护区的天然林，原有"天然中药库"之称，盛产竹节参、扣子七、乌金七、四两麻、天麻等，现在几乎绝迹，湖南主要江湖鱼产量下降，个体变小即是因为使用有害渔具进行过度捕捞所致。

2. 初步建议

洞庭湖有众多国家级、省级保护动植物，是湖南省生物多样性保护的极重要地区之一，应加强对旅游开发与生物多样性保护的关系方面的科学研究，合理适度地开发旅游产业，增强当地经济，同时应更好地保护当地良好的自然生态环境。旅游资源的开发必须明确环境保护的目标与要求，确保旅游设施建设与自然景观相协调。科学确定旅游区的游客容量，合理设计旅游线路，使旅游基础设施建设与生态环境的承载能力相适应。加强自然景观、景点的保护，限制对重要自然遗迹的旅游开发，从严控制重点风景名胜区的旅游开发，严格管制索道等旅游设施的建设规模与数量，对不符合规划要求建设的设施，要限期拆除。旅游区的污水、烟尘和生活垃圾处理，必须实现达标排放和科学处置。

对生物多样性重要的林区，应划为禁垦区、禁伐区，并严格管护；已经开发利用的，要退耕退牧，育林育草，使其休养生息。实施天然林保护工程，最大限度地保护和发挥好森林的生态效益；要切实保护好各类水源涵养林、水土保持林、防风固沙林、特种用途林等生态公益林。

洞庭湖区生物多样性维持与洪水调蓄等生态系统服务功能的重要性很高，农业较为发达，工业企业规模不大，但人为活动较为强烈，在加大区内自然保护区的建设与管理的同时，要采取积极措施，实施平垸行洪、移民建镇、退田还湖，加强湿地生态恢复与治理工作；增强湖区人民生态保护意识。寓生态保护于生态经济发展之中；大力开展污染防治，保护洞庭湖的环境。

08

第8章 浮游生物现状

8.1 概　　述

　　浮游生物通常包括浮游植物和浮游动物，是水生生态系统的重要组成部分，在海洋、淡水湖泊及河流中都扮演着重要的生态角色。浮游植物是河湖生态系统内初级生产力的主要组成部分之一，是河湖生态系统能量流动、物质传输和信息传递的基础；浮游动物在营养级中有着承上启下的作用，通过摄食行为制约着浮游植物和微生物的生长繁殖，也是虾类、鱼类等更高营养级的食物来源（孙庆怡等，2024）。浮游生物的种类和丰度随环境因子的改变呈动态变化，间接反映水环境要素的改变，浮游生物群落结构特征被广泛用于水质评价和生物多样性评估（吴湘香等，2023）。

8.2 调查时间及样品采集和处理

8.2.1　调查时间

　　本研究于2017～2021年的繁殖期（3～6月）、育肥期（7～10月）和越冬期（11月至次年2月）连续5年开展浮游植物、浮游动物种类调查。调查期间，在长江干流从上游到下游，根据河流中生境尺度的形态特征、支流汇入及交通条件等综合因素，共布设51个浮游生物采样点（图8.1）。

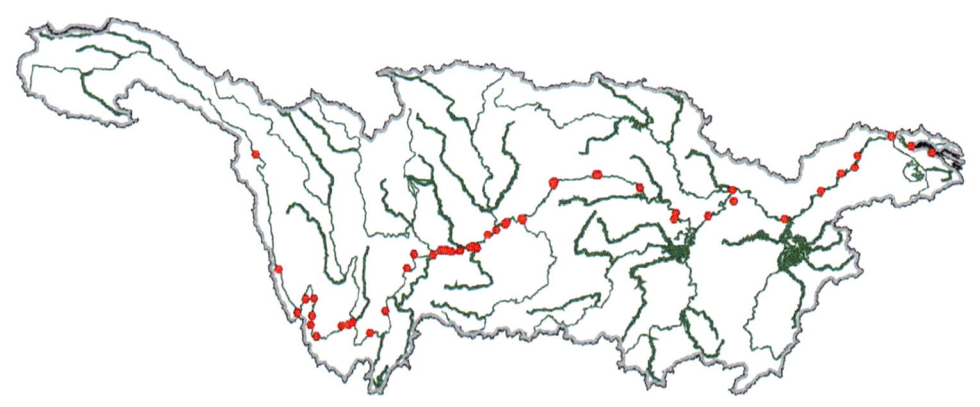

图 8.1　长江干流浮游生物调查采样点

8.2.2　样品采集和处理

1. 浮游植物

　　采样方法参照《水环境监测规范》（SL 219—2013），每个断面分别在左岸、中泓和右岸设置采样点，使用 5L 有机玻璃采水器采集表层 0.5 m 处水样。浮游植物定量样品为采集水样 1000 ml 置于采样瓶中，按 1% 比例加入鲁氏碘液现场固定，带回实验室静置浓缩定容至 50 ml，各站位定量数据为多个断面数据的均值；浮游植物定性样品为使用 25# 浮游生物网（网孔直径 0.064 mm）在表层至 0.5 m 处 "∞" 形来回拖曳数次，收集样品至样本瓶中，加入 4% 甲醛溶液固定，带回实验室进行镜检。

2. 浮游动物

浮游动物定性样品采集方法为采用 25# 浮游生物网（网孔直径 0.064 mm）在水中 "∞" 形拖动数次，但流速较快的河段则直接将浮游生物网浸入水中，让水流自行流过，滤去水后在获得的样品中加入 4% 甲醛溶液固定，再带回实验室进行分类鉴定。

浮游动物定量样品采集方法：甲壳纲 Crustacea 浮游动物样品采用 5L 有机玻璃采水器，于水面下 0.5 m 处采集 50L 水样，分 10 次采集，通过 25# 浮游生物网过滤浓缩定容至 50 ml，加 4% 甲醛溶液固定。原生动物、轮虫类及无节幼体（小型浮游动物）采用 5L 有机玻璃采水器分别于水体上、中、下层采水，然后取其混合水样 1L，加鲁氏碘液和 4% 甲醛溶液固定，再带回实验室进行分类鉴定。甲壳纲浮游动物定性样品带回实验室后直接镜检；小型浮游动物样品在实验室静置 48 h 后，定容至 30 ml 再镜检计数。原生动物定量样品用 0.1 ml 计数框，在显微镜 10×40 的放大倍数下计数。轮虫、甲壳类定量样品用 1 ml 计数框在 10×10 的放大倍数下计数。样品分类鉴定参照《淡水浮游生物研究方法》（章宗涉和黄祥飞，1991）和《中国淡水生物图谱》（韩茂森和束蕴芳，1995）等资料进行。

浮游植物鉴定参考《中国淡水藻类: 系统、分类及生态》（胡鸿钧和魏印心，2006）、《中国淡水藻志 第十五卷 绿藻门 绿球藻目（下） 四胞藻目 叉管藻目 刚毛藻目》（刘国祥和胡征宇，2012）和《淡水浮游生物研究方法》（章宗涉和黄祥飞，1991）等；浮游动物鉴定参考《淡水浮游生物图谱》（韩茂森等，1980）、《中国淡水轮虫志》（王家楫，1961）、《中国动物志 节肢动物门 甲壳纲 淡水枝角类》（蒋燮治和堵南山，1979）、《中国动物志 节肢动物门 甲壳纲 淡水桡足类》（中国科学院动物研究所甲壳动物研究组，1979）、《微型生物监测新技术》（沈韫芬等，1990）和《淡水浮游生物研究方法》（章宗涉和黄祥飞，1991）等。

8.3 浮游植物现状调查

全长江流域共调查到浮游植物 8 门 711 种（属），其中硅藻门种类数最多，共 298 种（属），所占比例为 41.91%；其次为绿藻门，共 229 种（属），所占比例为 32.21%；蓝藻门共 89 种（属），所占比例为 12.52%；另有甲藻门、隐藻门、裸藻门、金藻门和黄藻门各 22 种（属）、11 种（属）、36 种（属）、16 种（属）和 10 种（属），所占比例分别为 3.09%、1.55%、5.06%、2.25% 和 1.41%（图 8.2）。在所有调查到的浮游植物中，硅藻门的小环藻、变异直链藻、颗粒直链藻、舟形藻、菱形藻、尖针杆藻、肘状针杆藻、美丽星杆藻、粗壮双菱藻，绿藻门的衣藻、小球藻，裸藻门的裸藻等在全水域广泛存在。

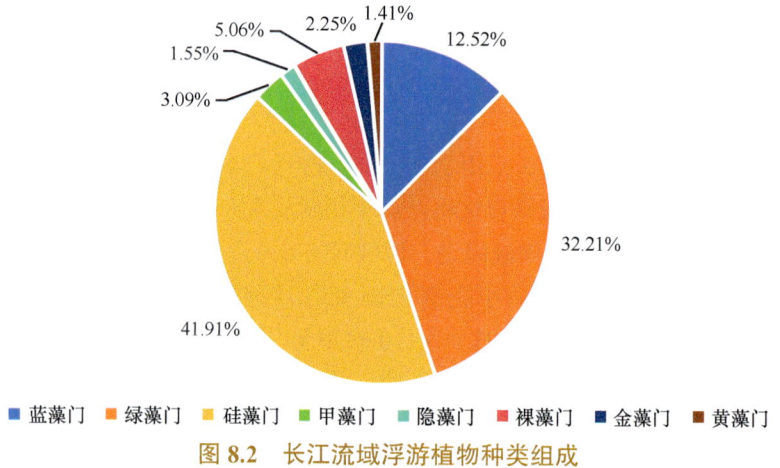

图 8.2　长江流域浮游植物种类组成

长江干流共调查到浮游植物 8 门 484 种（属），其中硅藻门种类数最多，为 231 种（属），所占比例为 47.73%；其次为绿藻门，共 141 种（属），所占比例为 29.13%；蓝藻门共 57 种（属），所占比例为 11.78%；另有甲藻门、隐藻门、裸藻门、金藻门和黄藻门各 13 种（属）、8 种（属）、21 种（属）、8 种（属）和 5 种（属），所占比例分别为 2.69%、1.65%、4.34%、1.65% 和 1.03%（图 8.3）。

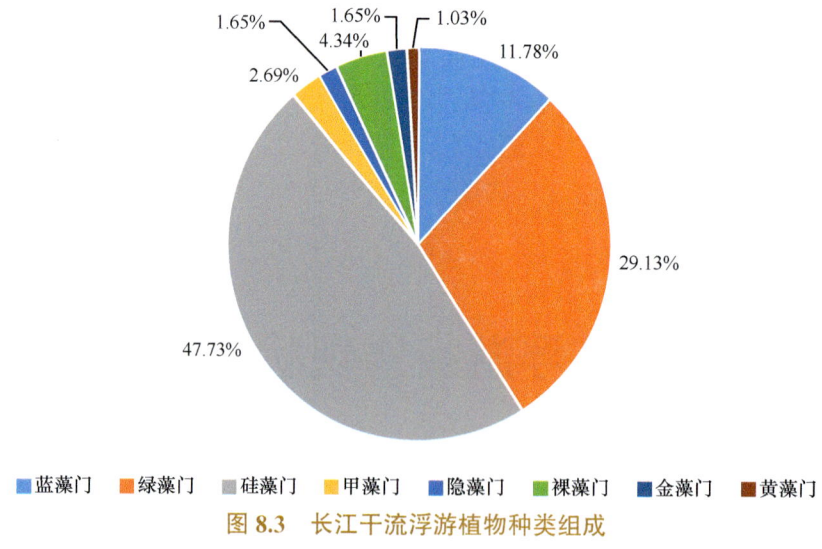

图 8.3　长江干流浮游植物种类组成

长江干流以三峡库区调查到的浮游植物种类数最多，达 260 种（属）；其次为金沙江干流，为 196 种（属）；长江源沱沱河由于受气候条件和采样时间的限制，调查到的种类数最少，仅 47 种（属）（图 8.4）。三峡大坝以上和长江口水域种类数以硅藻门为主，长江中下游水域种类数中蓝绿藻占优势。从上游到下游，硅藻种类数所占比例下降，在长江口回升。从上游到下游，蓝绿藻种类数所占比例上升，在长江口下降。

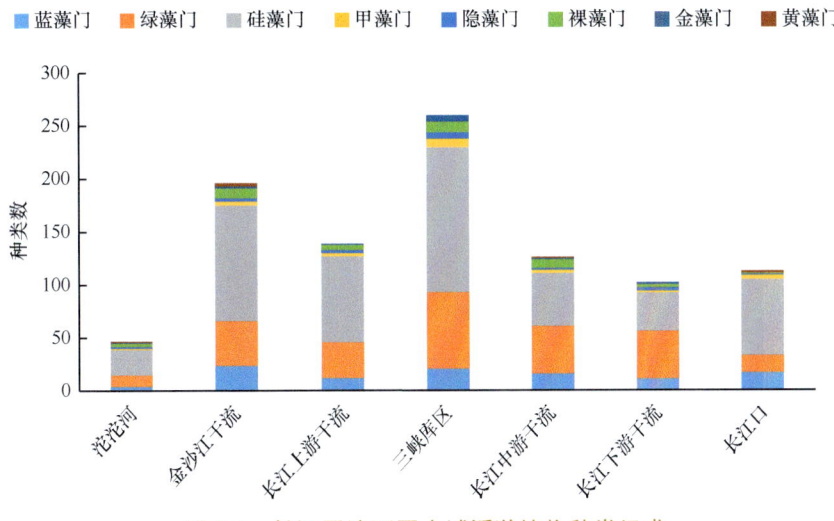

图 8.4　长江干流不同水域浮游植物种类组成

长江主要支流共调查到浮游植物 8 门 401 种（属），其中硅藻门种类数最多，为 175 种（属），所占比例为 43.64%；其次为绿藻门，共 125 种（属），所占比例为 31.17%；蓝藻门共 49 种（属），所占比例为 12.22%；另有甲藻门、隐藻门、裸藻门、金藻门和黄藻门各 16 种（属）、7 种（属）、17 种（属）、11 种（属）和 1 种（属），所占比例分别为 3.99%、1.75%、4.24%、2.74% 和 0.25%（图 8.5）。

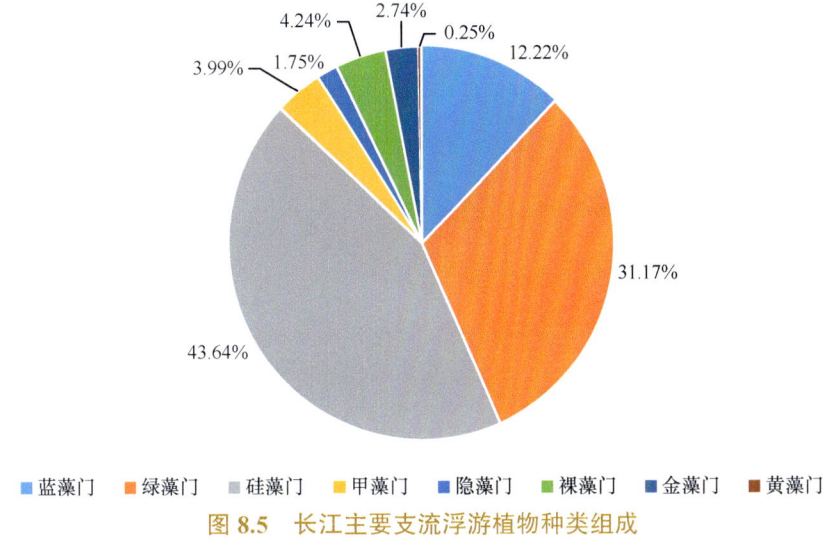

图 8.5　长江主要支流浮游植物种类组成

　　长江主要支流整体表现为下游支流的种类数高于上游。嘉陵江调查到的浮游植物种类数最多，达166种（属）；其次为汉江，为130种（属）；沱江最少，仅调查到26种（属）（图8.6）。硅藻门种类数在支流中仍占显著优势，但在嘉陵江和汉江，绿藻门种类数高于硅藻门，这可能与水域的渠化和富营养化存在一定联系。

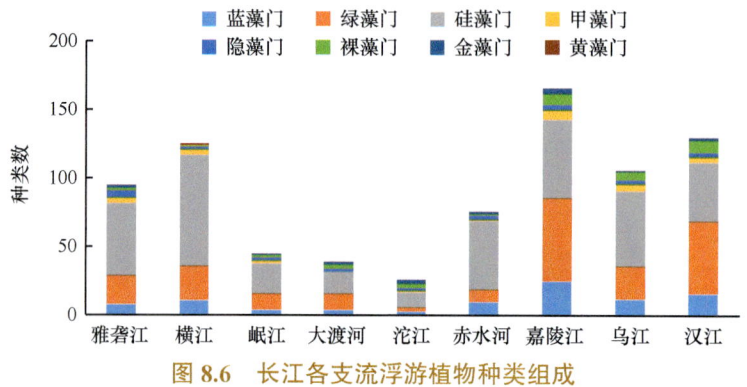

图 8.6　长江各支流浮游植物种类组成

　　两湖共调查到浮游植物8门223种（属），其中绿藻门种类数最多，为79种（属），所占比例为35.43%；其次为硅藻门，共71种（属），所占比例为31.84%；蓝藻门共38种（属），所占比例为17.04%；另有甲藻门、隐藻门、裸藻门、金藻门和黄藻门各6种（属）、5种（属）、12种（属）、5种（属）和7种（属），所占比例分别为2.69%、2.24%、5.38%、2.24%和3.14%（图8.7）。

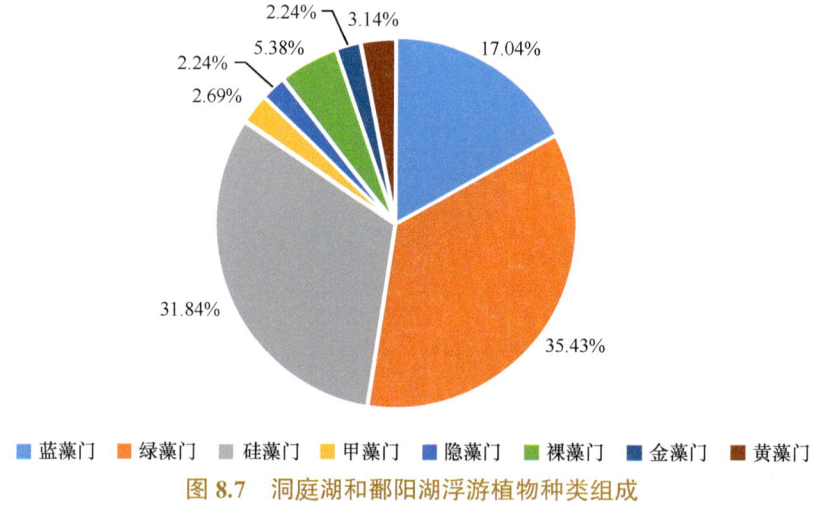

图 8.7　洞庭湖和鄱阳湖浮游植物种类组成

　　洞庭湖浮游植物种类数高于鄱阳湖。在两湖种类数中，蓝绿藻种类数均占显著优势，呈现显著的湖泊特点，与长江干支流存在显著差异，洞庭湖硅藻门种类数高于鄱阳湖（图8.8）。

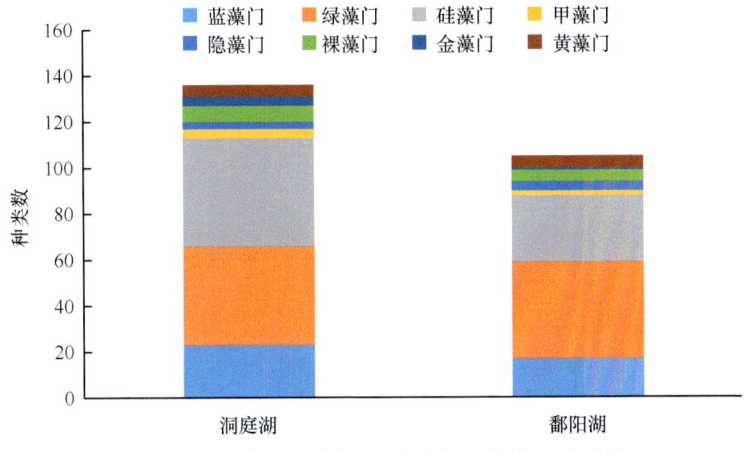

图 8.8 洞庭湖和鄱阳湖浮游植物种类组成差异

8.3.1 资源密度及生物量

全长江流域浮游植物密度均值为 141.25×10^4 cells/L $\pm 223.02 \times 10^4$ cells/L，变动范围为 $0.55 \times 10^4 \sim 1104.20 \times 10^4$ cells/L，其中干流浮游植物密度均值为 45.36×10^4 cells/L $\pm 67.13 \times 10^4$ cells/L，支流浮游植物密度均值为 176.52×10^4 cells/L $\pm 216.60 \times 10^4$ cells/L，两湖浮游植物密度均值为 292.09×10^4 cells/L $\pm 421.75 \times 10^4$ cells/L。整体而言，浮游植物密度两湖＞长江支流＞长江干流（图 8.9）。

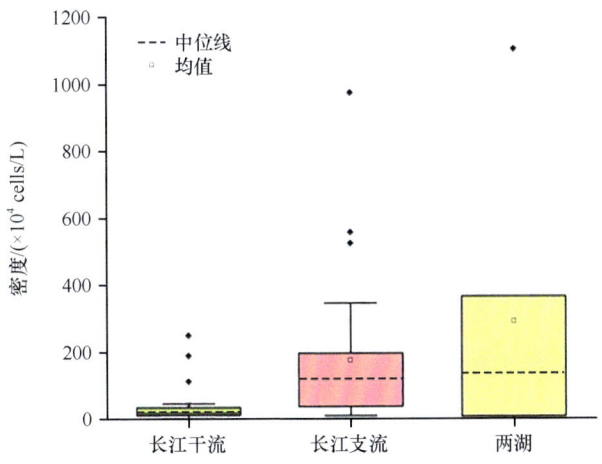

图 8.9 长江流域不同类型水体浮游植物密度差异

全长江流域浮游植物生物量均值为 1.1052 mg/L $\pm$ 1.5997 mg/L，变动范围为 0.0189 $\sim$ 9.5008 mg/L，其中干流浮游植物生物量均值为 0.4062 mg/L $\pm$ 0.4116 mg/L，支流浮游植物生物量均值为 1.1831 mg/L $\pm$ 1.0830 mg/L，两湖浮游植物生物量均值为 2.6314 mg/L $\pm$ 3.6456 mg/L。整体而言，浮游植物生物量两湖＞长江支流＞长江干流（图 8.10）。

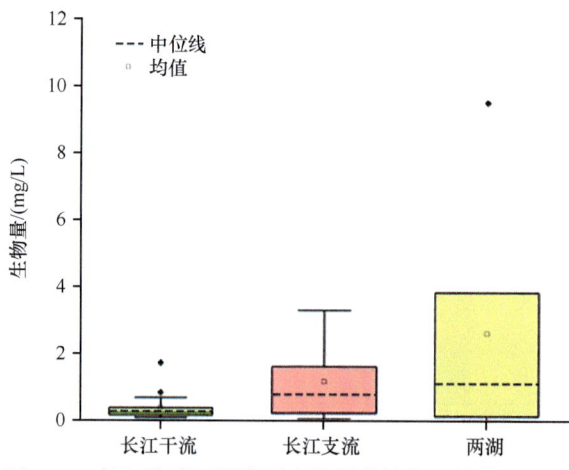

图 8.10 长江流域不同类型水体浮游植物生物量差异

8.3.2 优势种属

全长江流域共有优势种 7 门 96 种（属），以硅藻门占据显著优势，共 48 种，占总种（属）数的 50%；其次为蓝藻门，共 21 种，占总种（属）数的 21.88%；绿藻门共 19 种，占总种（属）数的 19.79%；另有甲藻门、隐藻门、裸藻门和金藻门各 2 种、4 种、1 种和 1 种，占总种（属）数的 2.08%、4.17%、1.04% 和 1.04%。

8.4 浮游动物现状调查

全长江流域共鉴定浮游动物 452 种（属），其中原生动物 131 种（属），占总种（属）数的 28.98%；轮虫 129 种（属），占总种（属）数的 28.54%；枝角类 73 种（属），占总种（属）数的 16.15%；桡足类 83 种（属），占总种（属）数的 18.36%；其他 36 种（属），占总种（属）数的 7.96%（图 8.11）。在所有浮游动物中，出现频次最高的物种分别是轮虫类的螺形龟甲轮虫 *Keratella cochlearis*、暗小异尾轮虫 *Trichocerca pusilla*、萼花臂尾轮虫 *Brachionus calyciflorus* 和小链巨头轮虫 *Cephalodella catellina*，枝角类的长额象鼻溞 *Bosmina longirostris*，以及桡足类的美丽猛水蚤 *Nitocra* sp.，分别在 9 个、9 个、8 个、8 个、8 个和 8 个水域调查到。

全长江流域浮游动物密度均值为 484.76 ind./L±884.40 ind./L，变动范围为 0.02～3228.11 ind./L，其中干流浮游动物密度均值为 159.54 ind./L±208.42 ind./L，支流浮游动物密度均值为 443.22 ind./L±702.35 ind./L，两湖浮游动物密度均值为 1647.34 ind./L±2235.56 ind./L。整体而言，浮游动物密度两湖＞长江支流＞长江干流（图 8.12）。

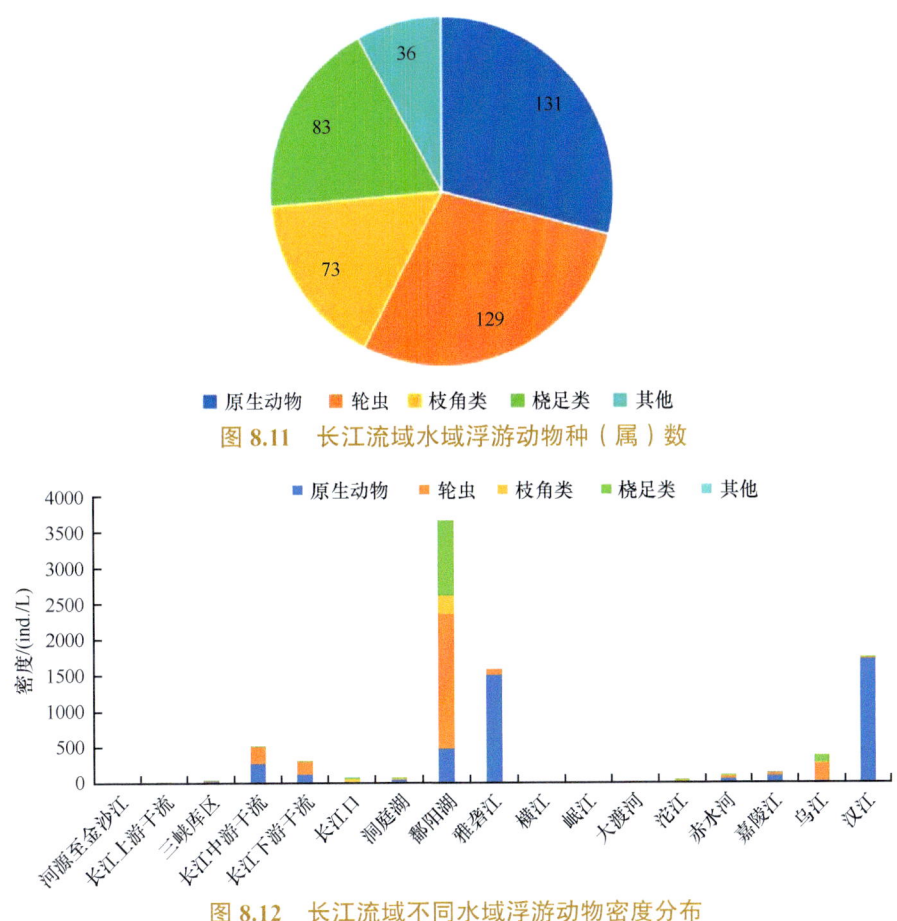

图 8.11 长江流域水域浮游动物种（属）数

图 8.12 长江流域不同水域浮游动物密度分布

全长江流域浮游动物生物量均值为 0.73 mg/L±1.50 mg/L，变动范围为 0.00～2.35mg/L，其中干流浮游动物生物量均值为 0.19 mg/L±0.16 mg/L，支流浮游动物生物量均值为 0.64 mg/L±1.51 mg/L，两湖浮游动物生物量均值为 2.49 mg/L±2.81 mg/L。整体而言，浮游植物生物量两湖＞长江支流＞长江干流（图 8.13）。

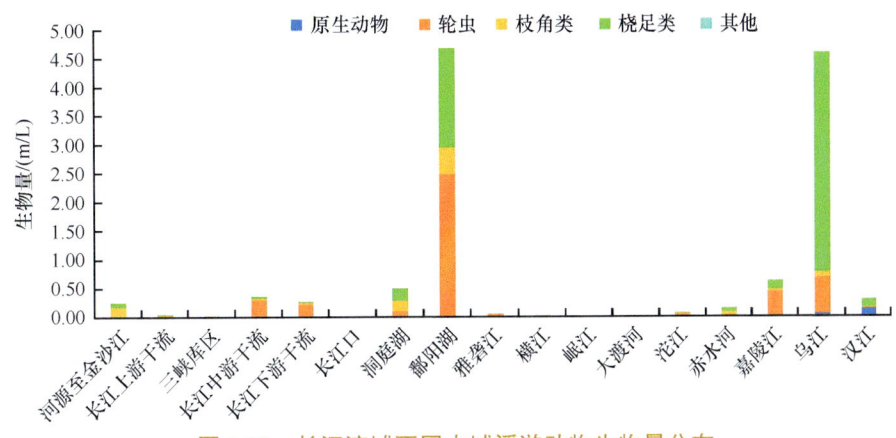

图 8.13 长江流域不同水域浮游动物生物量分布

09

第 9 章 底栖动物现状

9.1　概　　述

大型底栖无脊椎动物（以下简称底栖动物）是指生活史的全部或大部分时间生活在底泥或水体底部，且不能通过 0.5 mm 筛网的水生生物类群（Carter et al.，2017）。相对于浮游生物和鱼类等类群，底栖动物具有活动场所固定、迁移能力弱的特点，同时底栖动物对生存环境变化反应迅速且敏感（邵晨曦等，2024），因此其群落结构与多样性可以在一定程度上指示生存环境质量（罗进勇等，2024）。

9.2　调查时间及样品采集

9.2.1　调查时间

本研究于 2017～2021 年的繁殖期（3～6 月）、育肥期（7～10 月）和越冬期（11 月至次年 2 月），连续 5 年开展底栖动物调查。

9.2.2　样品采集

由于研究区域的河段多为卵石、砾石底质，定量样品主要采用开口宽度 25 cm 的 D 型网进行采集，在深水区域结合使用 PSC-1/16 彼得森采泥器。定性样品使用圆形手抄网在河流的各类小生境进行充分采集，以保证底栖动物种类尽可能采集齐全。用 60 目的筛网在现场筛去多余淤泥及杂质，剩余样品带回实验室，挑出大型底栖动物，置于标本瓶中，并于 90% 乙醇中 4℃保存，样品带回实验室进行物种鉴定，并计数和称重。环节动物和软体动物鉴定到种或属，节肢动物鉴定到属或科。底栖动物的鉴定参考《中国经济动物志：淡水软体动物》（刘月英等，1979）、《中国小蚓类研究：附中国南极长城站附近地区两新种》（王洪铸，2002）和《医学贝类学》（刘月英等，1993）等。

9.3　现状调查

本研究在调查期间，在全流域干流、支流和湖泊（洞庭湖和鄱阳湖）共采集底栖动物 548 种（属），隶属 6 门 11 纲 139 科（图 9.1）。其中，环节动物门多毛纲 3 科 10 种（属），占总物种数的 1.82%；寡毛纲 4 科 44 种（属），占总物种数的 8.03%；蛭纲 4 科 14 种（属），占总物种数的 2.55%。节肢动物门昆虫纲 76 科 333 种（属），占总物种数的 60.77%；甲壳纲 20 科 38 种（属），占总物种数的 6.93%；蛛形纲 1 科 1 种（属），占总物种数的 0.18%。软体动物门腹足纲 18 科 69 种（属），占总物种数的

12.59%；双壳纲 9 科 34 种（属），占总物种数的 6.20%。其他动物共 5 种（属），占总物种数的 0.91%。水生昆虫中，蜉蝣目 41 种（属）、襀翅目 15 种（属）、毛翅目 47 种（属）、蜻蜓目 43 种（属）、鞘翅目 25 种（属）、双翅目 141 种（属），其他目 21 种（属）。

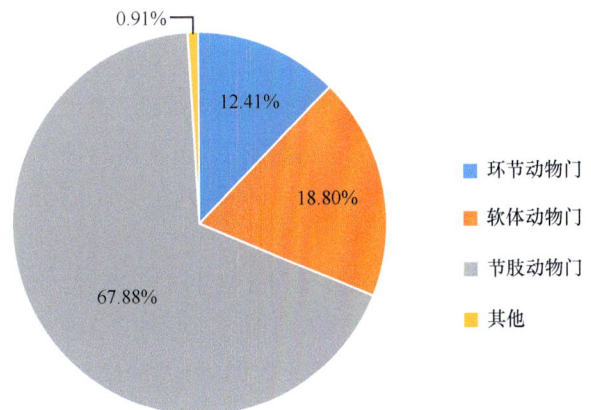

图 9.1　长江流域底栖动物组成比例

图 9.2 显示了各水域底栖动物分布。在长江干流，三峡库区调查到的底栖动物种类数最多，为 62 种（属）；其次为长江中游，为 51 种（属）；河源由于受地理、气候条件和采样时间的限制，调查到的种类数最少，仅 26 种。在各支流，赤水河因良好的生态环境和稳定的水文条件，调查到的底栖动物种类数最多，为 268 种；其次为汉江，为 89 种（属）；其余各支流均不超过 50 种（属）。本次调查中洞庭湖和鄱阳湖两湖泊底栖动物种类数较丰富，分别为 78 种（属）和 109 种（属）。

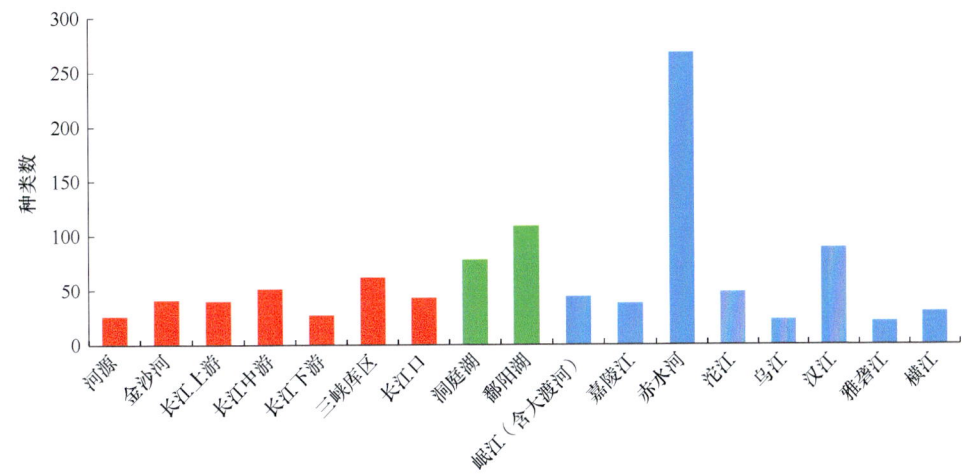

图 9.2　长江流域各水域底栖动物种类数

长江干流底栖动物总计 200 种（属），隶属 6 门 10 纲 79 科。其中，节肢动物门占比最大，占干流总种（属）数的 62.0%。但不同类群在干流上中下游三个区域的分布不同，如节肢动物种（属）数在中游及以上区域占比均为最高，分别占各区域总种（属）数的68.63%、55.00%；环节动物种（属）数在下游最高，占下游总种（属）数的51.85%；软体动物种（属）数在河口最高，占河口总种（属）数的41.86%。种类分布上，三峡库区最多，为62种（属）；其次为长江中游，51种（属）；河源最少，26种（属）。本次调查区域范围覆盖干流全部，相比20世纪90年代（Xie et al.，2002），本次干流总种属数增加77种（属）（增加21.1%），增加类群主要为水生昆虫及软体动物。本次调查区域因涵盖长江口，多毛类较以前有所增加[增加7种（属）]，而其他一些较少见种类也在部分河段出现。

支流底栖动物总计388种（属），隶属5门9纲101科。其中，节肢动物门占比最大，占支流总种（属）数的75.0%；其次为软体动物门，占支流总种（属）数的12.37%。环节动物门占一定比例，占支流总种（属）数的11.60%。九河中赤水河最多，为268种（属）；雅砻江最少，为21种（属）。

两湖底栖动物总计152种（属），隶属4门8纲49科。其中，节肢动物门占比最大，占湖泊总种（属）数的48.03%；其次为软体动物门，占湖泊总种（属）数的39.47%。本次调查洞庭湖总计78种（属），相比历史多年（1991～2012年）平均的53种（属），种类有所增加，主要是软体动物类群在此次占比较大（64.1%），且田螺科为主要优势类群。鄱阳湖总计109种（属），节肢动物占比最大，占总种（属）数的56.9%；其次为软体动物，占总种（属）数的33.9%。鄱阳湖软体动物中，蚌科及田螺科为主要优势类群，分别占41.5%和16.2%。与历史资料相比，本次调查鄱阳湖的节肢动物和软体动物有所增加，总种（属）数较高。

9.3.1 资源密度及生物量

全长江流域的底栖动物平均密度均值为373.1 ind./m²±376.0 ind./m²，变动范围为9.3～1340.5 ind./m²（图9.3）；平均生物量为46.9 g/m²±98.1 g/m²，变动范围为0.1～342.5 g/m²（图9.4）。其中长江口具有底栖动物最大密度，鄱阳湖具有最大生物量；嘉陵江具有底栖动物最小密度，雅砻江具有最小生物量。在支流，底栖动物密度分别在赤水河和嘉陵江最高和最低，而生物量则分别在汉江和雅砻江最高和最低。

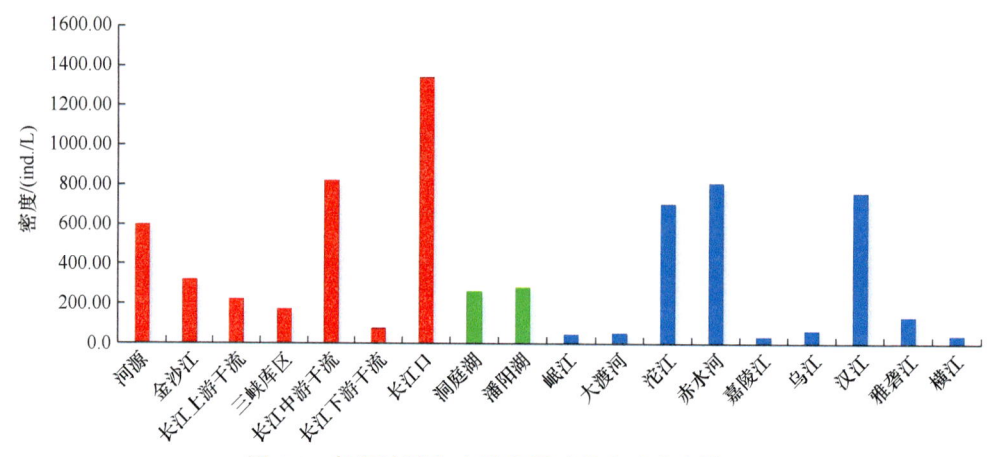

图9.3 长江流域各水域底栖动物密度分布情况

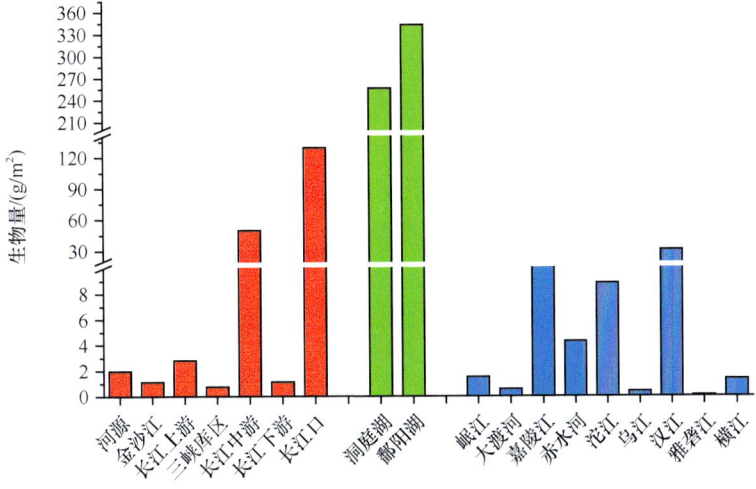

图 9.4　长江流域各水域底栖动物生物量分布情况

不同水体类型之间，底栖动物的平均密度在干流最大，湖泊次之，支流最低。底栖动物的平均生物量在湖泊最大，干流次之，支流最低（图 9.5）。

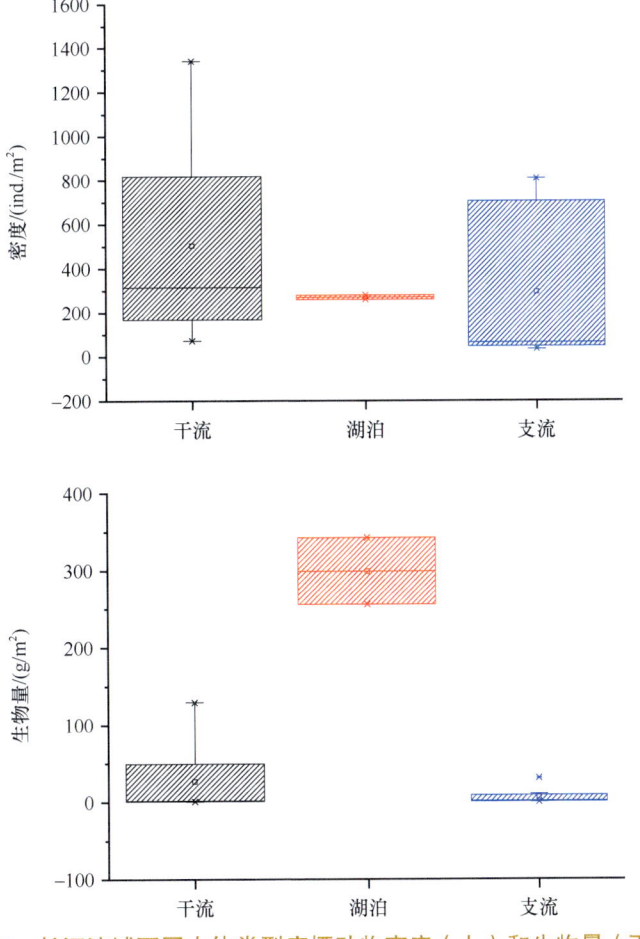

图 9.5　长江流域不同水体类型底栖动物密度（上）和生物量（下）

就不同类群来看，环节动物和节肢动物密度在赤水河最大（分别为 1238.5 ind./m²、1723.9 ind./m²），在金沙江密度最小（1.0 ind./m²、9.0 ind./m²）。软体动物密度则在长江口最大（989.7 ind./m²），在金沙江最小。环节动物生物量在洞庭湖最大（17.1 g/m²），而在乌江最小（0.01 g/m²）。节肢动物生物量在长江口最大（56.2 g/m²），而在三峡库区最小（0.1 g/m²）。软体动物生物量在鄱阳湖最大（318.7 g/m²），在雅砻江最小。线虫动物和扁形动物仅在个别河流区域出现，密度及生物量均极小。

9.3.2　优势种

全长江流域底栖动物出现频率在 5.9%～70.6%，分布较广，出现频率较高（≥50%区域）的有颤蚓 *Tubifex* sp.、水丝蚓 *Limnodrilus* sp.、霍甫水丝蚓 *Limnodrilus hoffmeisteri*、苏氏尾鳃蚓 *Branchiura sowerbyi*、河蚬 *Corbicula fluminea*、湖沼股蛤 *Limnoperna lacustris*、四节蜉 *Baetis* sp.、扁蜉 *Heptagenia* sp.、摇蚊 *Chironomus* sp. 和钩虾 *Gammarus* sp.。其中，河蚬出现频率最高，湖沼股蛤和钩虾次之。

 问题与建议

9.4.1　存在的问题

本研究系统开展了长江十年禁渔前长江干流、重要支流及典型通江湖泊的渔业浮游生物、底栖生物等基本状况。但因时间较短，存在着数据时空局限性、研究方法与指标单一、人类活动影响复杂性考虑不足等许多不足之处。

9.4.2　初步建议

2021 年 1 月 1 日起，长江一江（长江干流）、两湖（鄱阳湖、洞庭湖）、七河（岷江、沱江、赤水河、嘉陵江、乌江、汉江、大渡河）开始全面实施"十年"禁捕。在禁捕期内，因渔业活动减少，船只航行频次降低，水体扰动减弱，渔业水域水体的悬浮物、透明度及氮、磷等物理、化学指标会发生一定改变。这种水质变化对鱼类的生存和繁殖会产生直接且重要的影响。同时，在水环境生态修复中发挥关键作用的浮游生物、底栖生物与鱼类的协同关系在禁捕后会更加紧密。渔业水域环境的变化是"十年"禁捕效果的重要体现，并且会直接影响禁捕效果。未来，对渔业环境的变化规律及其与鱼类、渔业资源协同关系的变化过程的监测与预测，将成为人们关注的热点与难点。建议进一步完善监测体系并共享数据、创新研究方法与技术应用，开展系统、全面的监测与调查工作，掌握渔业环境变化规律，深入研究其与鱼类、渔业资源的协同关系，为预测"十年"禁捕期内渔业资源与环境变化提供基础。

第3篇

长江流域水生生物遗传多样性
及其保护与利用

10

第 10 章　长江鱼类遗传多样性研究进展

10.1 概　　况

长江是世界第三大河，拥有丰富的鱼类资源。然而，随着人类活动的加剧，如水利工程建设、过度捕捞、水域污染等，长江鱼类的生存环境受到严重威胁，其遗传多样性也面临着诸多挑战。因此，深入研究长江鱼类的遗传多样性，对于了解鱼类的进化历史、种群结构及制定有效的保护措施具有重要的理论和实践意义。

遗传多样性研究可从生化水平和 DNA 分子水平上进行。生化水平主要有同工酶（等位酶）技术，这是早期遗传多样性研究的一种重要手段。基于 DNA 分子的技术比较多，主要有限制性片段长度多态性（RFLP）、随机扩增多态性 DNA（RAPD）、扩增片段长度多态性（AFLP）、微卫星标记（也称简单序列重复，SSR）、线粒体 DNA（mtDNA）序列、间隔区序列重复多态性（ISSR）、单核苷酸多态性（SNP）等。随着第三代测序技术的成熟，测序成本下降，基于基因组测序的技术也越来越多地被应用到鱼类遗传多样性研究中，如简化基因组（RAD）测序。长江鱼类群体遗传多样性研究从 20 世纪 80 年代开始，研究对象从最初的具有重要养殖价值或保护价值的鱼类，如四大家鱼、鲤、鲫、中华鲟等，逐渐扩展到各种鱼类，采用的标记包括以上提及的各种技术。截至 2022 年，科研人员至少对长江 115 种鱼类开展过遗传多样性研究。本章描述部分长江鱼类遗传多样性的研究结果。

10.2 主要鱼类遗传多样性状况

10.2.1 中华鲟

中华鲟为溯河产卵洄游型鱼类，原产卵场在金沙江，20 世纪 90 年代以后，繁殖群体不断萎缩。在生化水平上，张四明等（1999）采用蛋白质电泳于 1995 年和 1996 年对 55 尾性成熟或接近性成熟的中华鲟天然群体，进行蛋白质遗传多样性研究，在 11 种有活性的蛋白质上检测到 26 个座位，其中仅一个座位表现出多态性，多态座位比例为 3.9%，遗传杂合度为 0.04，远低于其他鱼类的多态座位比例和遗传杂合度，说明中华鲟蛋白质遗传变异较贫乏。

在 mtDNA 水平上，中华鲟的 D-loop 区存在数目不等的串联重复序列，并造成个体内的 mtDNA 长度异质性和个体间的长度多态现象（张四明等，2000a）。Zhang 等（2003）于 1995～2000 年对野生中华鲟 D-loop 区遗传多样性进行研究，结果在 106 个样本中共检测出 36 个单倍型及 33 个多态位点，单倍型多样性为 0.949 ± 0.010，核苷酸多样性为 0.011 ± 0.006，年度间样本固定指数（F_{ST}）为 1.3%。向燕等（2013）于 2012 年使用 D-loop 序列作为分子标记分析了贵州省水产研究所鲟鱼繁育基地中华鲟养殖亲鱼的遗传多样性，发现单倍型多样性为 0.2，核苷酸多样性为 0.007 28。

在核 DNA 水平上，张四明等（2000b）采用 RAPD 技术分析了 1995～1997 年对 70 尾长江野生中华鲟成体遗传多样性，3 年样本遗传多样性指数为 0.0334。曾勇等（2007）同样采用 RAPD 技术分析 2000 年中华鲟幼鱼群体遗传多样性，其遗传多样性指数为 0.0261，遗传多样性较 1995～1997 年成年群体有所降低。杨红等（2009）则用 RAPD 技术比较中华鲟野生与养殖群体的遗传多样性，结果显示野生中华鲟群体遗传多样性略高于人工养殖中华鲟群体，其中 2009 年样本的遗传多样性明显偏低。Zhu 等（2002）用 4 对 SSR 引物分析 1999 年洄游到葛洲坝下的野生性成熟群体、人工繁殖群体和 2000 年采集的野生幼鱼群体，3 个群体等位基因数分别为 30 个、15 个和 31 个。辛苗苗（2015）于 2014 年对 3 个养殖群体的 215 个样本进行 SSR 遗传多样性分析，结果平均期望杂合度为 0.790～0.802，平均 Shannon-Wiener 多样性指数为 1.830～1.953。根据长江三峡工程生态与环境监测公报，2010 年长江口中华鲟幼鲟观测杂合度 0.89～0.97，期望杂合度 0.80～0.87；2011～2013 年，长江口幼鲟各位点等位基因和有效等位基因数之间相差较小，平均观测杂合度和期望杂合度均无较大变化。此外，沈中源等（2020）利用微卫星标记和线粒体基因组（mtDNA）对 2014 年野生幼鲟遗传多样性和个体繁殖成功率进行了分析，结果表明 SSR 的观测杂合度为 0.728 ± 0.211，期望杂合度为 0.779 ± 0.122；mtDNA 单倍型多样性为 0.876 ± 0.0035，核苷酸多样性为 0.0011 ± 0.0010。近交系数（F_{IS}）估算表明中华鲟繁殖群体可能存在近交（F_{IS} 为 0.066 ± 0.143）。

10.2.2　胭脂鱼

胭脂鱼是亚口鱼科在中国的唯一代表，也是中国特有属种，主要分布于长江干流及通江湖泊和中上游的主要支流，以前福建闽江水系亦有分布，目前已不见。截至目前，胭脂鱼的自然繁殖已多年未发现，长江胭脂鱼资源主要依靠增殖放流维持。孙玉华等（2002）利用 mtDNA D-loop 对长江宜昌江段和清江的 8 尾胭脂鱼进行分析，检测出 32 个多态性核苷酸变异位点，多态位点比例为 0.033，个体间序列变异在 0～1.36%，表现出较大的个体多态性差异。孙玉华等（2003）采用 RAPD 和 mtDNA PCR-RFLP 技术分析了长江中游宜昌、金口两个胭脂鱼群体的遗传结构，结果表明，两个群体内个体之间的遗传相似度分别为 0.9274、0.9313，群体间遗传相似度为 0.9000，长江中游两个胭脂鱼群体遗传结构较为单一，群体之间表现了较为明显的遗传分化。Sun 等（2004）采用 mtDNA 分析了长江 4 个江段（宜宾、万州、武汉、宜昌）野生胭脂鱼的遗传多样性，得到 223 个多态位点共 39 个单倍型，4 个野生群体存在较大的遗传分化。

杨星等（2006）采用 PCR-RFLP 技术分析了长江上、中游的宜宾、万州、宜昌和武汉金口 4 个胭脂鱼群体的遗传变异，结果显示，宜宾江段群体与其他 3 群体产生了明显的分化现象。杨钟等（2010）运用 SSR 对长江中、上游的 80 尾人工增殖放流的子一代个体的遗传多样性和种群遗传结构进行了分析，结果显示，多态信息含量为 0.2957～0.8038，Shannon-Wiener 多样性指数为 0.5466～1.8840，观测杂合度为 0.3056～0.7222，期望杂合度为 0.3658～0.8381，这表明胭脂鱼人工放流子一代处于较高的遗传多样性水平。

成为为（2014）采用 mtDNA D-loop 及 Cyt b 序列和 SSR 对 5 个养殖群体和 1 长江群体遗传多样性进行了分析，其中在线粒体上共发现 88 个变异位点，定义了 33 个单倍体型，单倍型多样性为 0.916，核苷酸多样性为 0.012 34。分子变异方差分析（AMOVA）结果显示，6 个群体间固定指数（F_{ST}）为 9.28%，说明胭脂鱼群体间存在一定的遗传分化，其中长江群体和万州养殖群体之间遗传分化较大。单倍型网络结构（network）分析结果显示，胭脂鱼 mtDNA 存在 2 个明显分开的进化单元，为不同采样群体共享。通过 11 个 SSR 标记发现，长江群体等位基因数（13 个）明显多于养殖群体（7.3 个），二者期望杂合度和观测杂合度分别为 0.771（长江群体）和 0.748（养殖群体）。AMOVA 结果显示，养殖群体和长江群体固定指数（F_{ST}）均为 0.028（$P < 0.01$），遗传结构（structure）分层分析和邻接法（neighbor-joining method）建树均显示 6 个群体分为 2 个进化单元，长江种群与养殖群体存在遗传分化，其中部分养殖群体检测到"遗传瓶颈效应"（$P < 0.05$）。

10.2.3　鲢

鲢为中国"四大家鱼"之一，原产于中国黑龙江至珠江流域江河湖泊，是淡水养殖规模最大的鱼类。在生化遗传方面，李思发等（1986）用 10 种酶对长江、珠江、黑龙江群体肝和肌组织的变异进行了比较研究，结果显示 3 个群体之间等位基因频率存在显著差异。赵金良和李思发（1996）也用 10 种同工酶分析了长江中游 4 个江段鲢群体背部肌肉的生化变异，结果发现只有一种同工酶，即乳酸脱氢酶（LDH）存在多态性。吴力钊和王祖熊（1992）采用同工酶技术研究长江中游武汉江段的鲢群体遗传多样性，发现该群体多态基因座位比例为 14.8%，杂合度为 0.0451。

在 mtDNA 遗传多样性方面，李思发等（1998）采用 mtDNA PCR-RFLP 技术分析了长江中下游石首、九江、芜湖江段 3 个鲢群体遗传多样性，结果显示鲢基因型多样性指数（平均多态信息含量）为 0.681，核苷酸多样性指数为 0.018，F_{ST} 为 0.055，群体间发生显著遗传分化。张四明等（2002）采用相同技术分析了长江中游 2 个群体及汉江和湘江群体的遗传结构，共发现 18 个单倍型。Li 等（2011）采用 mtDNA 序列比较长江、珠江、黑龙江及欧洲的多瑙河和美国密西西比河鲢群体遗传多样性，结果显示长江鲢群体的遗传多样性最高，单倍型多样性指数和核苷酸多样性指数分别为 0.9515±0.0141 和 0.0094±0.0047，其次是黑龙江群体（0.9253±0.0230 和 0.0064±0.0033）、珠江群体（0.8571±0.1023 和 0.0076±0.0044），中国的 3 个群体遗传多样性高于 2 个国外引进群体。长江群体与珠江群体及多瑙河群体之间没有显著遗传分化，其余各群体间均发生了显著的遗传分化。陈会娟等（2018）采用 mtDNA Cyt b 和 D-loop 序列分析了 2016 年采集的长江中上游 4 个群体样本的遗传多样性，其中 Cyt b 的单倍型多样性范围为 0.416～0.810，核苷酸多样性范围为 0.001 71～0.015 30；D-loop 序列中各群体的单倍型多样性范围为 0.874～0.918，核苷酸多样性范围为 0.007 17～0.029 23；长江上游群体与中游群体存在显著的遗传分化。

在核 DNA 遗传多样性方面，朱晓东等（2007）利用 30 个微卫星标记分析了长江中下游鲢群体的遗传多样性，结果显示，监利群体的期望杂合度和多态信息含量最高，而观测杂合度最高的是石首群体。湘江群体、安庆群体、监利群体、九江群体、石首群体多态位点百分率分别为 80.00%、80.00%、80.00%、76.67%、80.00%。Sha 等（2021）利用 14 个微卫星标记分析了长江中下游 6 个原种场鲢群体的遗传多样性，结果表明，观察杂合度和期望杂合度分别为 0.287～0.753 和 0.361～0.865，中下游种群之间存在一定程度的遗传分化。

10.2.4　草鱼

草鱼为中国"四大家鱼"之一，原产于中国黑龙江流域至珠江流域江河湖泊，淡水养殖规模仅次于鲢。在生化遗传方面，李思发等（1986）用 10 种酶对长江、珠江、黑龙江草鱼群体肝和肌组织的变异进行了比较研究，结果显示长江、珠江、黑龙江草鱼种群的多态位点比例分别为 30%、38%、23.1%，平均杂合度分别为 0.1241、0.0961、0.0525。赵金良和李思发（1996）用 10 种同工酶分析了长江中游 4 个江段草鱼群体背部肌肉的生化变异，结果发现只有一种同工酶，即超氧化物歧化酶（SOD）存在多态性。吴力钊和王祖熊（1992）采用同工酶技术研究长江中游武汉江段的草鱼群体遗传多样性，发现该群体多态基因座位比例为 16.7%，杂合度为 0.0739。

在 mtDNA 遗传方面，李思发等（1998）采用 mtDNA PCR-RFLP 技术分析了长江中下游石首、九江、芜湖江段 3 个草鱼群体的遗传多样性，结果显示，草鱼基因型多样性指数（平均多态信息含量）为 0.231，核苷酸多样性指数为 0.002，F_{ST} 为 0.014，群体间无显著遗传分化。张四明等（2002）采用相同技术分析了长江中游 2 个群体及汉江和湘江群体的遗传结构，结果仅出现一个单倍型，未发现遗传变异。

在核 DNA 遗传方面，廖小林等（2005）利用 5 个微卫星标记分析了长江四川宜宾、湖北嘉鱼、鄱阳湖、江西湖口、洞庭湖沅江等 5 个江段的草鱼群体遗传结构，结果显示观测杂合度在 0.4000～0.5741，期望杂合度在 0.4773～0.6489。Liu 等（2009）采用 10 个微卫星标记分析了 2007～2008 年长江流域石首、洞庭湖、九江、邗江野生群体和珠江野生群体，以及 4 个养殖群体的遗传多样性，结果显示观测杂合度在 0.71～0.79，期望杂合度在 0.71～0.82，野生群体间无显著遗传分化，但养殖群体与野生群体间存在显著的遗传分化。Zhao 等（2010）采用 4 个 mtDNA 片段（ND5、ND6、Cyt b 和 D-loop）研究了长江宜宾、巴南、云阳、石首、瑞昌、邗江江段等 6 草鱼群体遗传多样性，结果显示单倍型多样性在 0.6000～0.9333，核苷酸多样性在 0.0002～0.0020，总体遗传多样性较低，F_{ST} 为 0.0202，未发现群体遗传分化。傅建军等（2013，2015）采用微卫星标记和 D-loop 序列对 2008～2010 年及 2013 年采集自长江水系（邗江、吴江、九江、石首、木洞和万州）、珠江水系（肇庆）和黑龙江水系（嫩江）的 8 个草鱼野生群体开展了遗传变异分析，结果显示微卫星标记观测杂合度为 0.839～0.893，其中长江水系的 6 个群体和肇庆群体的多样性水平高于嫩江群体；D-loop 单倍型多样性在 0.474～0.708；2 种标记均显示流域群体间发生了显著的遗传分化。

10.2.5　青鱼

青鱼为中国"四大家鱼"之一，原产于中国黑龙江流域至珠江流域江河湖泊。20 世纪 90 年代，赵金良和李思发（1996）采用 10 种同工酶分析了长江中游 4 个江段群体的青鱼群体背部肌肉的生化变异，结果发现只有一种同工酶——酯酶（EST）存在多态性。李思发等（1998）采用 mtDNA PCR-RFLP 技术分析了长江中下游石首、九江、芜湖江段 3 个青鱼群体遗传多样性，结果显示青鱼基因型多样性指数（平均多态信息含量）为 0.890，核苷酸多样性指数为 0.011，F_{ST} 为 0.045，青鱼的九江群体同石首、芜湖两群体有显著差异，但石首和芜湖群体间无差异，基因型分布也不呈区域性。

21 世纪初，方耀林等（2004）采用 RAPD 技术分析了长江水系武汉金口、江西瑞昌和长沙鱼类原种场（群体源于湘江）等 3 个群体的遗传多样性，结果显示，3 个群体 Shannon-Wiener 多样性指数分别为 0.2057、0.1483、0.1821，群体间的遗传相似度：金口 - 湘江为 0.9487、瑞昌 - 湘江为 0.195 03、金口 - 瑞昌为 0.9512，3 个群体间的 F_{ST} 为 14.6%。杨宗英等（2015）采用 mtDNA D-loop 序列分析了监利四大家鱼原种场、石首四大家鱼原种场、长沙四大家鱼原种场、长江监利江段及鄱阳湖野生群体遗传多样性，结果显示核苷酸多样性在 0.010 38～0.013 60，单倍型多样性在 0.836 69～0.958 73，野生群体遗传多样性高于原种场群体，但群体间没有发生显著的遗传分化，F_{ST} 为 0.032 92。王丰等（2019）采用 12 个微卫星标记分析了长江水系 4 个野生群体（湖北石首、湖南湘江、江苏邗江、浙江嘉兴）和江苏吴江的一个养殖场群体的遗传多样性，结果表明观测杂合度在 0.623～0.937，期望杂合度在 0.703～0.929，这 5 个群体均具有较高的遗传多样性。鲍生成等（2022）采用 mtDNA 细胞色素氧化酶亚基Ⅰ（CO Ⅰ）序列分析了湖北石首、湖南湘江、江苏邗江、浙江嘉兴、江西瑞昌和陕西新民四大家鱼原种场，以及江苏吴江、广东佛山和广西西埌四大家鱼良种场 9 个群体的遗传多样性，结果显示核苷酸多样性在 0.001 09～0.002 44，单倍型多样性在 0.403～0.847，总体群体间 F_{ST} 为 29.87%，两两群体间 F_{ST} 在 −0.0033～0.234 45，群体间存在显著的遗传分化。

10.2.6　鳙

鳙为中国"四大家鱼"之一，原产于中国海河流域至珠江流域江河湖泊。20 世纪八九十年代，李思发等（1986）采用 10 种酶对长江、珠江鳙群体肝和肌组织的变异进行了比较研究，结果显示长江、珠江鳙种群的多态位点比例都是 31.8%，平均杂合度分别为 0.1375、0.0977。赵金良和李思发（1996）采用 10 种同工酶分析了长江中下游 4 个江段鳙群体背部肌肉的生化变异，结果发现有 3 种同工酶，即苹果酸脱氢酶（ADH）、α-甘油磷酸脱氢酶（α-GPDH）和酯酶-2（EST-2）存在多态性，多态座位比例为 0.1765，平均杂合度为 0.0674。李思发等（1998）采用 mtDNA PCR-RFLP 技术分析了长江中下游石首、九江、芜湖江段 3 个鳙群体的遗传多样性，结果显示鳙群体基因型多样性指数（平均多态信息含量）为 0.584，核苷酸多样性指数为 0.008，F_{ST} 为 0.327，九江群体与石首和芜湖群体存在显著分化，但石首和芜湖群体之间无显著的遗传分化。张德春等（1999）采用 RAPD 技术分析了武汉和九江两个鳙自然群体及荆州鳙养殖群体的遗传结构，3 个群体遗传变异度分别是 0.0274、0.0301 和 0.0244，自然群体的遗传性高于养殖群体。

21 世纪以来，耿波等（2006）利用 17 个 SSR 标记分析了四川泸州养殖群体和江西都阳湖群体的遗传多样性，四川泸州养殖群体的观测杂合度和期望杂合度为0.360和0.422，江西鄱阳湖群体的观测杂合度和期望杂合度为0.385和0.452。沙航等（2020）利用12对微卫星引物对长江中游石首、监利和长沙3个鳙群体的遗传多样性和遗传结构进行了分析，结果显示群体的观察杂合度为0.398~0.778，期望杂合度为0.425~0.919，群体间F_{ST}为4.4%，群体间无显著的遗传分化。Zhu等（2022）采用15个SSR标记分析了4个国家级原种场（湖北石首、湖南长沙、江西瑞昌、江苏扬州）、2个省级良种场（江西上高、江苏苏州）及2个长江群体（镇江和张家港）的遗传多样性，结果显示观察杂合度范围为0.694（长沙）~0.769（上高），期望杂合度范围为0.706（石首）~0.734（苏州），群体间F_{ST}为2.0%，群体间无显著的遗传分化。

10.2.7 团头鲂

团头鲂主要分布于长江中下游及附属湖泊，是长江中下游特有鱼类。张德春（2001）利用RAPD技术对淤泥湖和梁子湖的团头鲂野生群体开展了遗传结构分析，结果表明淤泥湖和梁子湖团头鲂个体间的遗传相似度在0.9395~0.9614，平均值为0.9541，两个野生群体的遗传多样性水平均较低。李弘华（2008）采用mtDNA D-loop序列分析了淤泥湖、梁子湖及鄱阳湖3个群体的遗传多样性，结果显示在获得的411 bp长度的控制区序列中，仅检测到3个突变位点、5种单倍型，表明3个群体的遗传多样性水平较低，且淤泥湖群体遗传多样性最低。李杨（2010）采用SSR方法分析了3个团头鲂天然群体（梁子湖、鄱阳湖、淤泥湖）的遗传多样性，结果显示3个团头鲂地理群体之间遗传分化均很小，表明团头鲂之间地理隔绝造成的种内分化不明显。其中，梁子湖和鄱阳湖之间的遗传分化水平极低（$F_{ST}=0.0376$），而梁子湖与淤泥湖之间的遗传分化水平相对较高（$F_{ST}=0.0733$）。Dong等（2024）采用mtDNA Cyt b和ND2序列，以及SSR标记分析了2019~2023年采集的6个野生群体（淤泥湖、梁子湖、鄱阳湖、洞庭湖、长江干流石首段和嘉鱼段）遗传多样性，结果显示SSR观测杂合度在0.609~0.765，期望杂合度在0.662~0.790，平均分别为0.687和0.739，4个湖区群体遗传多样性高于长江干流群体；mtDNA单倍型多样性在0.305~0.958，核苷酸多样性在0.000 14~0.007 20，平均分别为0.768和0.006 41，与SSR标记相反，2个长江干流群体mtDNA遗传多样性高于湖区群体。2种标记均表明4个湖区的群体与2个长江干流群体存在遗传分化（SSR：$F_{ST}=0.1131$；mtDNA：$F_{ST}=0.4992$）。

唐首杰等（2011）采用mtDNA D-loop和$CO\ I$基因序列的联合分析，比较了4个野生群体、2个驯养群体和1个选育良种"浦江1号"群体的遗传多样性及遗传分化，共确定64种单倍型，群体间无共享单倍型，野生群体遗传多样性高于养殖群体和选育群体。野生群体间F_{ST}差异不显著（$P > 0.05$），2个驯养群体间F_{ST}有差异显著（$P < 0.05$），野生群体、驯养群体与选育群体间的F_{ST}差异也显著（$P < 0.05$）。

10.2.8 圆口铜鱼

圆口铜鱼是长江上游特有鱼类，长江中游宜昌、荆州江段偶有发现，应是从上游迁移而来。圆口铜鱼产卵场位于金沙江，后因水利工程建设，繁殖洄游受到阻碍，资源量显著下降。袁希平等（2008）采用 mtDNA D-loop 序列和 9 个 SSR 位点分析了 2005 年采集于长江宜宾、巴南、涪陵和忠县江段 4 个群体的遗传多样性，结果显示 D-loop 序列单倍型多样性在 0.867（巴南）～0.922（涪陵），核苷酸多样性在 0.0041（巴南）～0.0083（宜宾），F_{ST} 为 0.0083，未发生群体遗传分化；SSR 标记平均观测杂合度在 0.631（涪陵）～0.753（宜宾），期望杂合度在 0.598（巴南）～0.728（宜宾），F_{ST} 为 0.121 58，群体间存在显著的遗传分化。Cheng 等（2015）于 2007～2009 年采用 mtDNA CO I 序列分析了长江上游圆口铜鱼幼鱼遗传多样性，结果显示，3 个年份其单倍型多样性分别是 0.66、0.80、0.81，核苷酸多样性分别是 0.0021、0.0033、0.0033。

10.2.9　铜鱼

铜鱼是长江特有鱼类，上中下游均有分布，也是长江重要的经济鱼类。Yan 等（2008）采用 mtDNA D-loop 序列分析了长江万州、荆州（沙市）、湖口和常熟江段 4 个群体的遗传多样性，结果显示单倍型多样性在 0.717（万州）～0.866（湖口），核苷酸多样性在 0.001 75（万州）～0.003 18（常熟），F_{ST} 为 0.012，群体间未发生显著的遗传分化。袁娟等（2010）于 2005 年 3 月至 2006 年 11 月，采用 mtDNA D-loop 序列分析了长江中上游干支流 9 个采样点（合川、木洞、涪陵、万州、巫山、三斗坪、宜昌、岳阳、金口）铜鱼的遗传多样性，结果显示单倍型多样性在 0.8364（涪陵）～1.0（合川），核苷酸多样性在 0.002 707（巫山）～0.005 920（岳阳），F_{ST} 为 0.0034，群体间未发生显著的遗传分化。陈建武等（2010）于 2005～2006 年，采用 6 个 SSR 标记分析了长江万州、荆州（沙市）、湖口和常熟江段 4 个群体的遗传多样性，结果显示平均观测杂合度在 0.4844～0.6301，平均期望杂合度在 0.4695～0.5622，F_{ST} 为 0.0059，未检测到显著的群体遗传分化。

10.2.10　长吻鮠

长吻鮠主要分布于中国、朝鲜及日本。在中国，分布范围主要从黄河至珠江各水系。长吻鮠味鲜美，深受市场欢迎，是重要的经济鱼类。李飞（2007）于 2005 年 3 月至 2006 年 11 月，采用线粒体控制区对长江干流中下游 7 个主要采样点（木洞、涪陵、万州、巫山、宜昌、岳阳、金口）的野生长吻鮠群体开展了遗传多样性研究，结果显示各群体单倍型多样性均为 1，核苷酸多样性在 0.011 46～0.007 37，平均为 0.010 04，表明长吻鮠野生群体现仍具有较高的遗传多样性水平，群体间 F_{ST} 在 –0.007 91（万州 - 巫山）～0.122 48（木洞 - 岳阳），表明长吻鮠野生群体之间存在中等遗传分化。Wang 等（2006）采用 mtDNA RFLP 和 D-loop 序列分析了长江重庆、石首、武汉、九江 4 个江段群体遗传多样性，RFLP 结果显示 4 个江段单倍型分别有 5 个、7 个、3 个、2 个单倍型，D-loop 序列检测到 39 个变异位点 8 个单倍型，群体间存在显著的遗传分化。王红莹和黄文清（2011）采用 8 个 SSR 标记对长江上游（重庆）和长江中下游（石首、武汉、九江）的群体遗传多样性进行了研究，结果显示观察杂合度、期望杂合度、平均等位基因数分别在 0.312～0.877、0.372～0.811 和 3.3～7.3，总体上，重庆群体遗传多样性高于其他 3 个群体。Zhang 等（2022）

采用 20 个 SSR 标记分析了四川眉山和宜宾及湖北石首和武汉 4 个养殖群体的遗传多样性，结果显示观察杂合度范围为 0.791（眉山）～ 0.828（武汉），期望杂合度范围为 0.768（武汉）～ 0.821（宜宾），群体间 F_{ST} 范围为 0.009（眉山 - 宜宾）～ 0.039（武汉 - 石首）。

10.2.11　鳊

鳊为广布性种类，分布于黑龙江至珠江各水系，国外见于朝鲜及俄罗斯。鳊是长江重要的经济鱼类，尽管长江上游也有分布，但资源量主要集中在长江中下游。陈会娟等（2016）采用 mtDNA Cyt b 和 D-loop 序列分析了 2013～2014 年采集于长江中游宜都、沙市、燕窝、团风等 4 个鳊群体样本的遗传多样性和遗传结构，结果显示，Cyt b 平均单倍型多样性和核苷酸多样性分别是 0.930 和 0.002 44，其中宜都群体最高，分别为 0.925、0.002 59；D-loop 平均单倍型多样性和核苷酸多样性分别是 0.972 和 0.005 05，其中沙市群体最高，分别为 0.971、0.005 26；AMOVA 结果显示，群体间 Cyt b、D-loop 和联合序列的 F_{ST} 分别为 0.521%、0.045% 和 0.68%，且差异不显著（$P > 0.05$）。在整个遗传变异中，群体间的变异所占比例极小（< 1%），大部分（> 99%）变异发生在群体内部，变异组成显示群体间遗传变异水平低于群体内。碱基错配分析和中性检测显示，长江中游鳊群体发生过历史扩张。

10.2.12　异鳔鳅鮀

异鳔鳅鮀主要分布于长江上游，是长江上游特有鱼类。董微微（2019）于 2011～2018 年，采用 mtDNA Cyt b 和 D-loop 序列及 9 个 SSR 位点分析了 2011～2018 年采集于攀枝花、巧家、永善、水富、宜宾、江津和犍为 7 个群体样本的遗传多样性，结果在 227 条异鳔鳅鮀 Cyt b 序列中发现 80 个变异位点，确定了 92 个单倍型，平均单倍型多样性指数为 0.963，其中单倍型多样性最高的是水富群体（1.000）；平均核苷酸多样性指数为 0.004 05，其中最高的是永善群体（0.004 85）；另外在 225 条异鳔鳅鮀 D-loop 序列中发现 39 个变异位点，确定了 43 个单倍型，平均单倍型多样性为 0.791，其中单倍型多样性最高的是水富群体（1.000）；平均核苷酸多样性为 0.002 01，其中最高的是水富群体（0.002 92）；SSR 基因丰度范围为 8.224～8.667，最低的是宜宾群体，最高的是水富群体；观测杂合度范围为 0.766～0.825，最低的是江津群体，最高的是水富群体；期望杂合度范围为 0.852～0.879，最低和最高的分别是江津群体和水富群体；基于 Cyt b、D-loop 序列及 SSR 标记的 AMOVA 结果显示，群体间 F_{ST} 均小于 0.05，群体间未发生显著的遗传分化；mtDNA 碱基错配分析呈单峰结构，中性检验显示 Tajima's D 和 Fu's Fs 均为负值，表明异鳔鳅鮀群体曾经历种群扩张。

10.2.13　宜昌鳅鮀

宜昌鳅鮀为长江特有鱼类，主要分布于宜宾以下江段。Wang 等（2019）于 2014～2016 年，采用 mtDNA Cyt b 序列分析了长江干流宜宾、合江、江津、荆州、监利、洪湖江段、赤水河赤水江段和湘江汨罗江段 8 个群体的遗传多样性，结果显示单倍型多样性在0.692（合江）～0.989（汨罗），平均为0.893；核苷酸多样性在0.0052（合江）～0.0088（汨罗），平均为0.0072，总群体F_{ST}为0.0455，群体间未发生显著的遗传分化。但构建的单倍型系统发育树显示，无论是总样本还是单一群体，单倍型均呈现明显分化的两分支，由此推测宜昌鳅鮀群体经历了群体隔离发生再次接触。

10.3 威胁长江鱼类遗传多样性的主要因素

10.3.1 过度捕捞

全面禁捕前，过度捕捞是导致长江渔业资源衰退的重要因素之一。过度捕捞对鱼类群体遗传多样性的影响主要通过以下几个途径产生。

一是种群大小收缩，降低基因库规模。过度捕捞使鱼类种群数量下降，从而减少了整个种群的基因库大小。这意味着可用于遗传变异和适应环境变化的基因资源减少。

二是等位基因频率发生改变。特定基因在种群中的频率可能因捕捞压力而发生改变。一些适应捕捞压力的基因可能被选择保留，而其他对长期生存有益的基因则可能被忽视或丢失。

三是破坏种群结构，如年龄结构改变。过度捕捞往往优先捕获大型、成熟个体，导致种群年龄结构趋于年轻化。年轻个体在遗传上的代表性可能与成熟个体不同，这会影响种群的遗传组成。其次还影响种群性别比例，某些捕捞方式可能对特定性别的鱼类产生更大影响，破坏种群的性别比例平衡，降低繁殖成功率，进一步影响遗传多样性。

四是阻碍基因交流。过度捕捞可能导致鱼类栖息地破碎化，使不同种群之间的基因交流受到阻碍。缺乏基因流动会使种群变得更加孤立，遗传多样性逐渐降低。并且过度捕捞可能减少鱼类迁徙的机会，一些鱼类依靠迁徙来实现基因交流和种群扩散。过度捕捞可能干扰它们的迁徙路线和行为，减少迁徙个体的数量，从而限制基因交流。长江禁捕后，鱼类捕捞压力消失，种群获得发展的机会，但是已受影响的遗传多样性的恢复是一个漫长的过程。

10.3.2 水利工程建设

长江位于中国中部，水资源十分丰富，为交通提供了便利条件，为经济发展提供了基础条件。近几十年来，拦湖、大坝建设、航道整治及桥梁、码头、护坡护岸等各类水利工程建设遍及整个流域，尤其是长江干流。水利工程建设对鱼类遗传多样性的影响如下。

一是改变河流生态环境，影响鱼类栖息地及其洄游通道。例如，大坝的建设会改变河流的自然流态、水深、水温等，使鱼类的原有栖息地发生变化。一些适应特定栖息地条件的鱼类可能面临生存困境，导致种群数量减少，进而影响遗传多样性。对于有洄游习性的鱼类，如中华鲟，大坝等水利工程可能阻断其洄游路线，使它们无法到达繁殖地或觅食区域。这会造成洄游型鱼类种群的隔离，减少基因交流，降低遗传多样性。

二是改变水文条件。水利工程调节水流，可能使河流的水流速度、流量、流态等发生改变。不同的水文条件对鱼类的生存和繁殖有不同影响，一些适应特定水流的鱼类可能受到不利影响，种群数量下降，遗传多样性受损。

三是促进遗传分化。在水利工程造成的新环境下，鱼类可能会逐渐适应局部环境条件，产生适应性进化。长期下来，不同区域的鱼类种群可能会出现遗传分化，形成新的亚种或物种，但这种分化也可能导致整体遗传多样性的降低，因为不同种群之间的基因交流减少。由于水利工程导致的种群隔离，小种群中的遗传漂变作用可能增强。随机的遗传漂变可能使某些基因频率发生较大变化，甚至导致一些基因的丢失，进一步影响遗传多样性。

10.3.3　增殖放流

增殖放流是快速恢复资源的重要方法，中国早在20世纪70年代就开始开展渔业增殖放流，2009年以来全国各水域实施了大规模增殖放流活动。增殖放流对鱼类遗传多样性的影响具有两面性。

一是积极影响。增殖放流可以增加鱼类的种群数量，尤其是对于那些因过度捕捞、生境破坏等原因而数量减少的鱼类。较大的种群规模有利于维持遗传多样性，降低由随机遗传漂变等因素导致的基因丢失风险。在一些重要的渔业资源水域进行特定经济鱼类的增殖放流，可缓解资源衰退压力，为种群的繁衍提供更多机会，从而保障遗传多样性的稳定。科学的增殖放流可以引入不同地理种群的鱼类，增加基因交流的机会。如果放流的个体来自多个来源地且具有一定的遗传差异，它们与本地种群的交配可以丰富种群的基因库，提高遗传多样性。例如，对于一些洄游型鱼类，通过在不同洄游路线上进行放流，可以促进不同种群之间的基因流动，防止由种群隔离而导致的遗传多样性下降。

二是消极影响。若放流的鱼苗未经严格的遗传筛选，可能会引入与本地种群遗传差异较大的个体，甚至是外来物种或杂交种。这些个体与本地种群杂交可能导致本地种群的遗传纯度降低，产生遗传污染，破坏原有种群的遗传结构和适应性。例如，不恰当的放流可能导致本地特有鱼类的基因被外来基因稀释，使其失去独特的遗传特征。放流的个体可能在生长速度、抗逆性等方面与本地种群存在差异。如果这些差异较大，可能会在资源竞争中对本地种群产生不利影响，或者在环境变化时无法与本地种群协同适应，从而影响整个种群的生存和遗传多样性。

10.3.4　外来物种

近年来，研究人员通过对水生生物资源的监测发现，长江外来鱼类，包括国外的及非本区域的种类和数量呈现增多的现象，目前尚未开展外来物种对本地鱼类遗传多样性的影响研究，但潜在的影响不应忽视。外来物种对本地鱼类遗传多样性的影响主要体现在以下几个方面。

一是基因污染与遗传渐渗。外来物种与本地鱼类可能发生杂交，产生的后代会携带外来物种的基因，逐渐改变本地鱼类种群的基因库，使本地鱼类原有的遗传特征被稀释甚至消失。在鱼类中，一些具有相似生态位或繁殖习性的外来鱼类与本地鱼类杂交，也会导致本地鱼类的遗传纯度降低。

二是竞争与选择压力改变。外来物种可能与本地鱼类竞争食物、栖息地等资源。在这种竞争压力下，本地鱼类的生存和繁殖受到限制，只有那些具有特定遗传特征、能够更好地适应竞争环境的个体才能存活下来。这会导致本地鱼类种群的遗传结构发生改变，一些不适应竞争的基因逐渐被淘汰，而适应竞争的基因则得以保留和强化。一些外来物种是肉食性的，会捕食本地鱼类，这对本地鱼类种群造成直接的威胁。

三是改变种群结构与基因交流。外来物种的入侵可能破坏本地鱼类的栖息地，导致本地鱼类种群被分割成较小的、孤立的群体。这些孤立的种群之间的基因交流受到阻碍，遗传变异无法在种群之间传递，从而使每个小种群的遗传多样性逐渐降低。种群隔离还会增加遗传漂变的影响，使一些基因的频率在小种群中随机变化，可能导致某些基因的丢失或固定。

11

第 11 章 长江代表性鱼类全基因组研究进展

11.1 概　　述

全基因组测序（whole genome sequencing，WGS）是一种高通量基因组分析技术，能够快速而精确地测定一个生物体的整个基因组 DNA 序列。通过对全基因组 DNA 序列的解读，识别基因组中的所有基因、非编码区域及存在的插入或删除等变异，并结合生物表型等其他相关数据，可开展群体遗传多样性和遗传结构、物种适应性演化机制、功能基因组、疾病相关基因筛选、基因改良和遗传育种等相关研究。全基因组测序不仅为个体健康管理提供了前所未有的精准化工具，也推动了基础科学和应用研究的进展，对人类社会的健康、农业和环境等多个领域都具有深远的影响。随着技术的进步和成本的降低，全基因组测序正逐渐成为基因组学研究的重要工具之一。因此，有必要借助全基因组测序技术，提升鱼类的起源、进化、生殖、发育、性别调控和免疫相关研究的能力。

鱼类是脊椎动物中种类最多的群体，目前全球现生种鱼类共有 22 000 余种。2019 年 9 月 21 日，万种鱼基因组计划在"2019 年国际海洋基因组会议（ICG-Ocean 2019）"上正式对外发布。"万种鱼基因组计划"由中国科学院水生生物研究所联合青岛华大基因研究院、西北工业大学、中国科学院海洋研究所、乌普萨拉大学及武汉菲沙基因信息有限公司共同发起，历时 10 年，分三个阶段（阶段 1：对 450 种硬骨鱼和 50 种软骨鱼进行测序；阶段 2：对约 500 科约 3000 种鱼类进行测序；阶段 3：对约 5000 属约 6500 种鱼基因组进行测序），旨在绘制万种代表性鱼类基因组图谱，涵盖世界各地鱼类的所有目和代表性科，建立一个大规模、高质量的鱼类基因组数据库，为鱼类的物种多样性保护和经济鱼类的育种提供分子基础。长江流域作为世界上保存比较完整的淡水河流生态系统，是世界淡水生物多样性最为丰富的水系之一。

据文献资料，长江有 18 目 37 科 443 种鱼类。2017～2021 年长江渔业资源与环境调查在长江重点禁捕水域共采集到鱼类 323 种（隶属 20 目 39 科）。截至 2024 年 7 月，根据美国国家生物技术信息中心（National Center for Biotechnology Information，NCBI）检索到的数据，约 60 种长江鱼类的全基因组测序已经完成，约 220 种长江鱼类的线粒体基因组测序工作完成。这些研究为鱼类保护和利用提供了重要的研究基础。本章对长江代表性鱼类全基因组研究进展进行简要阐述，旨在进一步了解长江鱼类基因组的研究现状、发展趋势和应用前景，为后续鱼类基因组研究提供参考。

11.2 14 种长江鱼类全基因组研究进展

11.2.1 中华鲟

中华鲟 *Acipenser sinensis* 隶属硬骨鱼纲 Osteichthyes 鲟形目 Acipenseriformes 鲟科

Acipenseridae 鲟属 *Acipenser*，是国家一级重点保护野生动物，典型的溯河洄游产卵鱼类。鲟鱼是一类原始古老的软骨硬鳞鱼类，同时也是一类多倍体起源的鱼类。核型分析表明，中华鲟染色体数目约为 240 条，其中中着丝粒染色体（metacentric chromosome，以下简称 m）76 条，亚中着丝粒染色体（submetacentric chromosome，以下简称 sm）80 条，端着丝粒染色体（telocentric chromosome，以下简称 t）20 条，微型染色体 64 条（许克圣等，1986）。

Liao 等（2016）通过 PCR 扩增、测序和拼接，获得中华鲟线粒体基因组 DNA 序列长度为 16 688 bp（GenBank 收录号：KJ174513），包含 13 个蛋白编码基因（PCG）、22 个转运 RNA（tRNA）基因、2 个核糖体 RNA（rRNA）基因（*16S rRNA* 和 *12S rRNA*）和一个非编码的控制区（D-loop）。重链的碱基 A、C、G、T 含量分别为 30.22%、16.42%、29.45%、23.91%。13 个蛋白编码基因分别为还原型烟酰胺腺嘌呤二核苷酸脱氢酶亚基 1（NADH dehydrogenase subunit 1，*ND1*）、*ND2*、细胞色素 c 氧化酶亚基 Ⅰ 基因（cytochrome c oxidase subunit Ⅰ，*CO I*）、*CO II*、*ATP8*、*ATP6*、*CO III*、*ND3*、*ND4L*、*ND4*、*ND5*、*ND6* 和细胞色素 b 基因（cytochrome b，*Cyt b*）。其中 12 个蛋白编码基因均以正常的起始密码子 ATG 开始，只有 *CO I* 基因以 GTG 起始；有 6 个蛋白编码基因是以完整的终止子结束，其中 *ATP8*、*ND4L* 和 *ND5* 是以 TAA 密码子结束，*ND1*、*CO I* 和 *ND6* 是以 TAG 密码子结束；其余 7 个蛋白编码基因以不完整的终止子结束，其中 *ATP6* 和 *CO III* 以 TA 结尾，*ND2*、*ND3*、*ND4*、*CO II* 和 *Cyt b* 以 T 结束。此外，程佩琳等（2021）基于 23 种鲟鱼类的线粒体基因组数据，通过最大似然法和贝叶斯法构建了鲟形目鱼类的分类系统发育关系，结果表明匙吻鲟科 Polyodontidae 和鲟科 Acipenseridae 均为单系，但在鲟科内的鲟属 *Acipenser* 和鳇属 *Huso* 均不是单系群。

Wang 等（2024a）利用 Illumina HiSeq 2000、PacBio Sequel 测序平台及 Hi-C 测序技术对中华鲟进行了基因组测序，并基于 SMARTdenovo、Arrow、Pilon 等基因组组装相关软件完成其基因组拼接，结果表明，中华鲟基因组大小为 1.99 Gb，挂载了 66 条染色体，scaffold N50 长度约为 48.46 Mb，共注释到 36 837 个蛋白编码基因，其平均序列长度为 14.3 kb。基于获得的中华鲟参考基因组，通过对其染色体倍性形成及演化历史的解析，得出中华鲟为同源八倍体。在 2.1 亿年前，鲟鱼类祖先经历了鲟鱼特异的全基因组加倍形成四倍体，并且在约 3500 万年前中华鲟再次发生物种特异的全基因组加倍事件，在二倍化和全基因加倍的双重作用下最终演化为当前复杂八倍体物种。

中华鲟的线粒体和核基因组 DNA 序列的破解，将有助于其遗传多样性和遗传结构评估、关键功能基因发掘、河海洄游机制解析及种群历史演化、致危机理阐明等方面研究水平的提升，并促进其资源保护和野生种群复壮等关键难题的解决。

11.2.2　刀鲚

刀鲚 *Coilia nasus* 隶属硬骨鱼纲 Osteichthyes 鲱形目 Clupeiformes 鳀科 Engraulidae 鲚属 *Coilia*，是一种生殖洄游型鱼类。每年春季，成熟个体沿长江上溯至适宜的产卵场，最远可至洞庭湖一带；孵化出的幼鱼顺江而下，到达河口后，在咸淡水交汇的河口区域暂居；次年幼鱼入海以完成生长及育肥（袁传宓，1987）。由于刀鲚脂肪丰满、肉质鲜美，与鲥 *Tenualosa reevesii*、暗纹东方鲀 *Takifugu fasciatus* 合称"长江三鲜"。在 20 世纪 70 年代，长江下游刀鲚的最高产量曾达 3945 t，近年来由于酷渔滥捕、环境恶化等原因，刀鲚天然资源量日趋枯竭，已难形成渔汛（黄仁术，2005）。因此，加强刀鲚生物学基础研究，进行长江刀鲚资源养护刻不容缓。

许世杰等（2014）采用腹腔注射植物血细胞凝集素、秋水仙素法制备刀鲚鳃 - 肾细胞染色体标本并辅以性腺组织石蜡切片进行染色体核型分析，结果显示刀鲚雌雄染色体数目存在差异，雌性染色体数目为 2N=47，雄性染色体数目为 2N=48，且染色体均属于端着丝粒染色体，性染色体类型属于 ZZ/ZO 型。但后续有研究报道称刀鲚雌雄染色体数量不存在差异，染色体数目均为 2N=48，在雌性性染色体中期分裂相中存在一团"点状物质"，被认为是刀鲚雌性异形性染色体，性染色体类型为 ZW/ZZ 型（蒋俊等，2022）。综上所述，刀鲚不仅为探讨性染色体的起源与形成机制提供了材料，也丰富了鱼类性染色体类型和性别决定机制。

刀鲚线粒体基因组 DNA 序列大小为 16 896 bp（GenBank 收录号：KM363243），由 13 个蛋白编码基因、22 个 tRNA、2 个 rRNA（*12S rRNA* 和 *16S rRNA*）和 2 个非编码区域（控制区和轻链复制起始区）组成（Zhang et al.，2016）。其中，*ND6* 和 8 个 tRNA（tRNA^{Gln}、tRNA^{Ala}、tRNA^{Asn}、tRNA^{Tyr}、tRNA^{Pro}、tRNA^{Ser}、tRNA^{Cys} 和 tRNA^{Glu}）在轻链编码；*ND1*、*ND2*、*ND3*、*ND4*、*ND4L*、*ND5*、*CO I*、*CO II*、*CO III*、*ATP8*、*ATP6*、*Cyt b* 和 其 余 14 个 tRNA 在重链编码。基于线粒体 *Cyt b* 基因，研究人员通过 PCR 扩增技术检测了长江口崇明、南京 - 镇江段、铜陵 - 当涂段和安庆段 4 个调查区域的长江刀鲚种群遗传结构，结果表明长江刀鲚群体间遗传分化程度较低、群体间遗传变异不显著，同时数据分析也显示长江刀鲚在历史上发生过种群扩张事件（杨彦平等，2021）。

随着基因组高通量测序技术的长足发展，刀鲚的基因组测序也取得了进展。最初利用 PacBio RS Ⅱ 测序平台获得其基因组，组装大小约为 870 Mb，scaffold N50 为 2.1 Mb（Xu et al.，2020）。Ma 等（2023）借助 PacBio HiFi、Oxford Nanopore（ONT）测序平台及 Hi-C 测序技术获取刀鲚高连续性、完整性和准确性的无间隙基因组，其大小为 851.67 Mb、contig N50 为 35.42 Mb。基于已发表的基因组 DNA 序列，张金鹏等（2022）利用比较基因组学方法，对刀鲚基因家族的扩张与收缩进行了分析，结果显示刀鲚具有 11 872 个基因家族，包含 16 470 个基因，有 2963 个基因未形成基因家族。刀鲚有 1200 个基因家族发生扩张，其中 39 个基因家族显著扩张。显著扩张基因家族的京都基因和基因组数据库（KEGG）富集分析表明，这些基因紧密连接心肌细胞的肾上腺素能信号、心肌收缩、细胞黏附分子、GnRH 信号通路、嗅觉传导通路等。研究人员采集生殖洄游过程中 96 尾长江刀鲚开展基因组重测序，发现了与洄游适应性有显著影响的 3 条钙离子代谢相关通路，分别为钙离子信号通路、丝裂原活化蛋白激酶（mitogen-activated protein kinase，MAPK）信号通路和 Wnt 信号通路，也暗示了生殖适应、长距离迁移适应和复杂的环境适应 3 个水平的分子机制主要参与刀鲚的洄游适应（Gao et al.，2021）。另外，Zong 等（2021）收集长江口、巢湖、洪泽湖、太湖及骆马湖的刀鲚样本进行基因组重测序，比较分析刀鲚洄游种群与淡水定居群体之间的基因组差异，结果发现刀鲚两种类群在 6 号和 22 号染色体上存在两个较大的染色体倒置。这些染色体倒置主要在淡水定居种群中具有较高的发生频率，而在洄游种群中的频率较低或未被检测到。功能分析显示，两个染色体倒置区域包括了与代谢过程、免疫调控、生长发育和渗透压调节等多个生物过程相关的基因，暗示两个染色体倒置区域上的遗传差异可能与刀鲚洄游种群和淡水定居种群间在适应性进化过程中形态、生理和行为等表型上的分化有关。对刀鲚基因组的破译及群体基因组的重测序，为理解其洄游适应演化性提供了基因组学基础，同时也将利有于其开发利用和增养殖管理。

11.2.3 青鱼

青鱼 *Mylopharyngodon piceus* 隶属鲤形目 Cypriniformes 鲤科 Cyprinidae 青鱼属 *Mylopharyngodon*，俗称青鲩、青头，主要分布于我国长江流域，通常栖息在水的中下层，为"四大家鱼"之首。根据我国渔业统计年鉴，2019 年起青鱼养殖产量逐年上升，2023 年青鱼养殖产量达 80.0 万 t。虽然我国青鱼养殖历史悠久，产量也颇丰，但是还没有青鱼新品种，有关青鱼遗传分子机制的研究较少。因此，青鱼的全基因组解析可为其生物学和遗传进化研究及遗传改良等提供数据基础。

青鱼的二倍体染色体数目 $2N=48$，其中中着丝粒染色体（m）16 条、亚中着丝粒染色体（sm）26 条、亚端着丝粒染色体（subtelocentric chromosome，st）6 条，核型为16m+26sm+6st（陈淑群，1984）。使用 Sanger 测序获得的青鱼（采集于广东省佛山市）线粒体 DNA 基因组长度为 16 616 bp（GenBank 收录号：MT084757），包括 13 个蛋白编码基因、2 个 rRNA 基因、22 个 tRNA 基因和 1 个非编码控制区（D-loop）。青鱼线粒体DNA 的总碱基组成分别为 32.04% A、24.52% T、15.68% C、27.76% G。在 13 个蛋白编码基因中，11 个蛋白编码基因以常规密码子 ATG 为起始密码子，但 *CO I* 和 *ND5* 分别使用 GTG和 TTG 作为起始密码子。有 5 个蛋白编码基因的终止密码子为 TGA，而 8 个基因（*ND1*、*ND2*、*ND4L*、*ND5*、*ND6*、*ATP6*、*CO I* 和 *Cyt b*）中发现了不完全终止密码子（TA-、T--）。研究还鉴定到 8 个基因（*tRNA^Ile*-*tRNA^Gln*、*ATP6*-*ATP8*、*ND4*-*ND4L* 和 *tRNA^Thr*-*tRNA^Pro*）有DNA 序列重叠。在青鱼的线粒体基因组中，有 14 个 tRNA 基因在重链编码，其余 8 个tRNA 基因在轻链编码。*12S rRNA* 和 *16S rRNA* 的长度分别为 964 bp 和 1692 bp，位于*tRNA^Phe* 和 *tRNA^Leu* 之间，且被 *tRNA^Val* 隔开。基于青鱼和 14 种其他鱼类的线粒体基因组序列，采用邻接法构建系统发育树，结果表明，青鱼与鳡和赤眼鳟亲缘关系最近（Bao et al.，2020）。此外，杨宗英等（2015）分析了长江中游监利四大家鱼原种场、石首四大家鱼原种场、长沙四大家鱼原种场、监利江段野生青鱼、鄱阳湖野生青鱼 5 个群体共 160 尾青鱼的线粒体基因组 D-loop 区 982 bp 片段的变异，结果表明该片段的变异位点有 80 个，共检测出 57 个单倍型，单倍型多样性指数为 0.950，平均核苷酸多样性指数为 0.012 42。变异主要来自群体内（变异率为 96.70%）；遗传变异系数 F_{ST}（0.032 92）显示青鱼群体间没有显著的遗传分化。中性检验 Tajima's D 和 Fu's Fs 结果显示，长江中游青鱼可能没有经历过种群扩张事件。

近期，青鱼的染色体水平基因组被组装与注释，其大小为 853 Mb，scaffold N50 大小为 36.19 Mb，注释到 25 090 个基因。通过比较"四大家鱼"基因组发现，"四大家鱼"

展现出相似的基因组特征和进化速率，且它们起源于同一祖先物种。通过分析鲤形目鱼类染色体的动态演化过程发现，在鲤形目中，物种的染色体经历了频繁的分裂和融合事件，以及染色体数目的加倍现象。这些复杂的染色体演化过程共同形成了鲤形目鱼类独特的物种多样性和广泛的适应性。进一步研究发现，基因组结构的变异及其相关功能基因在"四大家鱼"间的差异分化中扮演着关键角色，这些功能基因与鱼类的生长发育、食性偏好、消化系统功能及行为反应等多个方面密切相关。这些发现不仅阐释了四大家鱼在生态适应和食性选择上的遗传基础，也为深入研究近缘物种间演化奠定了基础，同时为其遗传育种提供了宝贵的遗传信息（Wang et al.，2024b）。

11.2.4 草鱼

草鱼 *Ctenopharyngodon idellus* 隶属鲤形目 Cypriniformes 鲤科 Cyprinidae 草鱼属 *Ctenopharyngodon*，是鲤科鱼类的代表种，具有生长快、产量高、价格低等优点，是我国最重要的淡水鱼类之一，长江和珠江水系是草鱼养殖的主要地理区域。中国是草鱼的主要生产国，根据我国渔业统计年鉴，2023 年全国草鱼产量约为 594.13 万 t，位居淡水鱼类产量第一位。草鱼性成熟时间长，通常需要 4～5 年时间，这严重阻碍了草鱼育种研究的进程。长期近亲繁殖和环境污染的累积效应也对草鱼种群的整体健康及生存造成了不利影响。因此，通过基因组测序制定草鱼良种选育方案是促进草鱼养殖业健康发展的有效途径。草鱼基因组序列的解析，可为其基因组演化、性别决定和分化机制的研究奠定基础，同时有助于探索与重要经济性状相关的基因，培育具有高产、抗病及高饲料转化率等特点的草鱼新品种。

草鱼的染色体数目为 2*N*=48，核型为 22m+24sm+2st，总臂数为 94（舒琥等，2014）。Wang 等（2008）通过 ABI 3730 毛细管测序仪获得的草鱼线粒体基因组 DNA 长度为 16 609 bp（GenBank 收录号：NC010288）。与大多数其他脊椎动物一样，草鱼的线粒体基因组包含 13 个蛋白编码基因、2 个 rRNA 基因、22 个 tRNA 基因和 1 个非编码控制区（D-loop）（Wang et al.，2008）。研究人员利用 Illumina 测序平台获得的草鱼线粒体基因组 DNA 长度也为 16 609 bp（GenBank 收录号：KT894100），包含 13 个蛋白编码基因、2 个 rRNA 基因、22 个 tRNA 基因和 1 个非编码控制区（D-loop）。两个线粒体基因组（NC010288 和 KT894100）DNA 序列相似度为 99.81%，检测到 32 个单核苷酸多态性（single nucleotide polymorphism，SNP）变异位点和 2 个插入缺失标记（insertion and deletion，INDEL）。轻链的碱基组成为 31.87% A、26.20% T、15.68% G、26.26% C。除 *COX1* 和 *ND3* 基因外，大多数蛋白编码基因都以 ATG 起始密码子开始（Yu and Wang，2017）。基于线粒体 *Cyt b* 基因，翟东东等（2020）分析了长江上游邵女坪、巴南、万州、太平溪、合川等 5 个草鱼群体的遗传多样性、种群历史动态及群体之间的遗传分化，结果显示，长江上游草鱼群体的遗传多样性较低，其在历史上发生过瓶颈效应和种群扩张，草鱼群体的遗传变异主要来自群体内部，除邵女坪群体和合川群体之间存在显著的遗传分化外，其余群体之间遗传分化不显著。

2015 年，研究人员成功绘制了世界上第一个草鱼全基因组序列图谱。Hu 和 Chen

（2015）采用鸟枪法测序策略，分别对一尾雌性和一尾雄性草鱼进行了全基因组测序，获得雌性（0.9 Gb）和雄性（1.07 Gb）草鱼基因组组装序列。最终的基因组组装总长度为893.2 Mb，contig N50 为 19.3 Mb，scaffold N50 为 35.7 Mb。大约 99.85% 的组装 contig 被固定在 24 条染色体上。根据预测，该基因组包含 30 342 个蛋白编码基因和 43.26% 的重复序列。基于草鱼多个组织的转录组数据和斑马鱼同源基因信息，在草鱼雌性基因组中注释了 27 263 个蛋白编码基因，完成了其中 17 456 个基因在草鱼染色体上的定位。通过比较草鱼雌雄基因组，鉴定出 2.38 Mb 的雄性特异性片段，包括 206 个片段，这些特异性片段主要分布于草鱼的第 24 号染色体上。草鱼第 24 号染色体的物理长度最长，但遗传距离最短，表明其在减数分裂过程中的重组交换率显著偏低。共线性分析和荧光原位杂交（fluorescence *in situ* hybridization，FISH）检测结果显示，草鱼的第 24 号染色体对应于斑马鱼的第 10 号和第 22 号染色体，提示草鱼基因组在演化过程中发生了一次染色体融合。草鱼基因组图谱的成功绘制，揭示了草鱼的演化历程。通过与 12 种脊椎动物基因组的比较研究发现，草鱼与斑马鱼的亲缘关系最近，具有相似的基因组演化历程，它们共享7227 个基因家族，其中草鱼基因组中免疫相关结构域基因家族发生了显著扩张。草鱼和斑马鱼基因的对比研究揭示，在距今 5400 万～4900 万年时，草鱼基因组在演化过程中发生了一次染色体融合，该融合可能与草鱼性染色体的分化有关。基因注释结果表明，草鱼基因组中并不存在纤维素降解酶基因。通过比较草鱼幼鱼从肉食性向草食性转变前后的转录数据，草鱼在向草食性转化的过程中，肠道中昼夜节律相关基因的表达模式发生了重设，肝脏中甲羟戊酸通路和类固醇生物合成通路被激活。这些结果从遗传学上解释了草鱼可能是通过持续高强度的食物摄入而获取足够多的营养以维持其快速生长。草鱼全基因组序列的解析为植食性鱼类重要经济性状相关基因的发掘和养殖新品种的遗传改良提供关键技术支撑（Hu and Chen，2015）。

研究动物性别决定和分化机制，利用性别控制技术生产全雌或全雄鱼对鱼类养殖非常重要。Zhang 等（2023）采用全基因组重测序，检测了长江和珠江野生草鱼种群，以及基于结合雌核发育与性逆转育种技术的单雌性草鱼种群的遗传变异，结果显示，在 3 个种群中共鉴定出 9 510 648 个信息丰富的 SNP。单雌性种群与野生种群的遗传距离表明，3 个种群之间存在中等程度的遗传分化。与长江种群（近交系数为 0.2410）和珠江种群（近交系数为 0.1894）相比，单雌性种群的基因组近交水平较低（近交系数为 0.075）。短的连续纯合片段（runs of homozygosity，ROH）更多的是在单雌性草鱼种群中被观察到，而长的 ROH 在长江和珠江种群中更为常见，这为研究草鱼种群历史演化提供了线索。以长江和珠江种群为参考，通过选择性扫描分别鉴定出 646 个和 594 个具有假设选择特征的基因，这些基因参与 25 条与重要性状相关的 KEGG 通路，涉及生长、繁殖、发育和免疫应答等。这些结果将为草鱼分子标记辅助育种和开发草鱼种质资源保护策略提供依据。选择性育种已被广泛应用于动物，利用全基因组重测序分析不同种群的选择特征，可鉴定影响重要经济性状的候选基因。Yu 等（2024）对建立的第 4 代草鱼家系和野生种群进行了 90 d 的生长对比实验，结果发现所选草鱼 F₄ 具有较好的生长性能。对野生种群和选育种群进行全基因组重测序，共获得 4 354 416 个高质量 SNP。选育群体的观察杂合度、期望杂合度、核苷酸多样性、多态信息含量等遗传多样性参数均较野生群体略有降低。其固定指数表明其遗传分化水平较低。在抗病育种方面,研究人员对呼肠孤病毒(reovirus of grass carp,GCRV)的易感和耐药的草鱼群体进行了全基因组重测序,共获得 3 941 776 个高质量 SNP,并通过全基因组关联分析(genome-wide association study,GWAS)确定了 5 个重要的 SNP,分别位于 2 号、3 号、5 号、6 号和 10 号染色体上。通过对 GWAS 和前期转录组研究结果进行综合分析,鉴定出基因与 GCRV 抗性特征相关的 5 个基因,初步阐明了草鱼对 GCRV 耐药的分子机制。

11.2.5 鲢

鲢 *Hypophthalmichthys molitrix* 隶属鲤形目 Cypriniformes 鲤科 Cyprinidae 鲢亚科 Hypophthalmichthyinae 鲢属 *Hypophthalmichthys*,俗称白鲢、跳鲢、鲢子。鲢主要分布于亚洲东部,在我国的各大水域均有分布(陈光付,2023)。鲢属中上层鱼,是我国淡水养殖的主要品种之一。根据我国渔业统计年鉴,2023 年全国鲢产量(386.03 万 t)仅次于草鱼产量(594.13 万 t),位居淡水鱼类产量第二位。

鲢染色体数目为 $2N=48$,核型为 18m+22sm+8st,总臂数为 88(姚红等,1994)。Li 等(2009a)使用 ABI 3730 毛细管测序仪获得了鲢的线粒体基因组,序列长度为 16 620 bp(GenBank 收录号:NC010156),包括 13 个蛋白编码基因(*Cyt b*、*ATP6*、*ATP8*、*CO I*、*CO II*、*CO III*、*ND1*、*ND2*、*ND3*、*ND4*、*ND5*、*ND6*、*ND4L*)、2 个 rRNA 基因、22 个 tRNA 基因和 1 个非编码控制区(D-loop)。13 个蛋白编码基因总长度为 11 431 bp,占整个线粒体基因组的 68.78%。2 个 rRNA 基因分别为 *12S rRNA*(962 bp)和 *16S rRNA*(1691 bp),二者均位于重链,并以 *tRNA^Val* 基因隔开。鲢线粒体基因组包含长度在 68~76 bp 的 22 个 tRNA 基因,全部 tRNA 碱基 A+T 含量高达 56.1%。D-loop 区位于 *tRNA^Pro* 和 *tRNA^Phe* 之间,控制区长度为 936 bp。鲢线粒体 DNA 的碱基组成分别为 31.8% A、26.9% C、15.7% G、25.6% T。除了 *COX1* 的起始密码子为 GTG 外,其他蛋白编码基因起始密码子均为 ATG。*ND2*、*ND3*、*ND4* 基因的终止密码子为 TAG,*ND1*、*CO I*、*ATP8*、*ATP6*、*CO III*、*ND4L*、*ND5* 和 *ND6* 基因的终止密码子为 TAA,*CO II* 和 *Cyt b* 基因共享不完全终止密码子 T--。在 13 个蛋白编码基因中,除了 *ND6* 基因分布在轻链,其余 12 个蛋白编码基因均位于重链。在鲢线粒体基因组不同位置共检测到 3 处基因重叠,*ATP6* 和 *CO III* 基因之间重叠 1 bp,*ATP8* 和 *ATP6* 基因之间重叠 10 bp,*ND4* 和 *ND4L* 基因之间重叠 7 bp。序列比较和系统发育树分析表明鲢和鳙均为鲢属(Li et al.,2009)。

鲢是我国重要的淡水经济鱼类,长江是其重要的种质资源库。陈会娟等(2018)基于线粒体 *Cyt b* 基因和 D-loop 序列,分析了长江中上游鲢群体遗传多样性及遗传分化状况,结果表明,在长江中上游江津、宜昌、嘉鱼、黄冈等 4 个鲢群体共 151 尾样本的 135 条 *Cyt b* 序列中,共检测出 53 个多态位点和 19 种单倍型,在 150 条 D-loop 序列共检测出 94 个多态位点和 48 种单倍型。平均单倍型多样性指数和核苷酸多样性指数均显示上游群体遗传多样性较中游群体高。群体间的分化指数和基因流均表明长江上游与中游地理群体间存在显著的遗传分化。同时,沙航等(2018)基于线粒体 *CO I* 基因,对长江中上游宜宾、忠县、万州、石首、监利、湘江 6 个鲢群体进行了遗传多样性分析,结果表明,在 648 bp

的 *CO I* 序列中共检测到 42 个变异位点和 26 个单倍型。6 个鲢群体总体遗传多样性丰富，万州群体单倍型多样性和核苷酸多样性均最高，忠县群体单倍型多样性最低，核苷酸多样性最低的为石首群体。遗传变异主要来自群体内个体间，各群体的单倍型没有形成明显的地理格局。上游宜宾群体和万州群体与中游的石首、监利和湘江群体具有明显的遗传分化，中游的监利群体与石首群体和湘江群体也有一定的遗传分化，上游群体和中游群体应该分属于长江水系两个不同的种群。此外，翟东东等（2021）利用线粒体 *Cyt b* 基因分析了长江上游向家坝库区（邵女坪）、三峡库区干流（巴南、丰都、万州、太平溪）及支流（箭滩河、嘉陵江、小江）等 8 个鲢群体的遗传多样性、历史动态及群体之间的遗传分化，结果表明，长江上游鲢群体的遗传多样性较高，长江上游鲢群体在历史上较为稳定，长江上游鲢群体的遗传变异主要来自群体内部，箭滩河群体与太平溪、小江群体之间存在显著的遗传分化，其他群体之间遗传分化不显著，群体之间的遗传分化程度与地理距离远近无相关性，长江上游鲢群体没有形成明显的系统地理格局。

中国科学院水生生物研究所联合深圳华大基因股份有限公司（以下简称华大基因），利用 Illumina 测序平台的短读长测序技术，结合遗传图谱辅助挂载染色体的组装策略，获得了鲢的染色体水平基因组，同时对鲢 20 个野生样本（珠江 7 个、黑龙江 4 个和长江 9 个）进行群体重测序分析。获得 129.67 Gb 的测序数据和 837 Mb 的组装序列，contig N50 达到 19.9 kb，scaffold N50 达到 972.8 kb。在此基础上，利用遗传图谱把 71.7% 的 scaffold 序列锚定到 24 条染色体上，最终把基因组组装到了染色体水平。在鲢基因组中有 24 571 个基因，并且对其中的 22 036 个基因进行了功能注释。进一步通过对鲢和鳙的基因组组装及物种进化分析发现，包括鲢、鳙、草鱼和团头鲂在内的东亚鲤科鱼类在 920 万年前左右分化出，鲢与鳙的亲缘关系最为密切，估计分化时间为 360 万年前。群体基因组学分析检测到从鳙到鲢的基因渗入，证明这两个近缘物种之间可能存在自然杂交现象。检测物种分化的区域，相关基因主要与生殖过程和早期雌性发育相关，这些区域可能影响了两个物种早期的物种分化、生殖隔离和环境适应（Jian et al.，2021）。随着测序技术的飞速发展，由中国科学院水生生物研究所主导，利用 Illumina、PacBio HiFi 和 Hi-C 等多种测序技术组装了更高质量的鲢染色体水平基因组，基因组大小 816 Mb，scaffold N50 为 33.57 Mb，注释了 24 220 个基因（Wang et al.，2024b）。高质量的鲢全基因组数据，可为新品种培育打下坚实的基础，有利于对鱼类开展比较种群基因组学研究，为遗传育种提供丰富的种质资源数据，而且也为物种形成、分化、环境适应及物种入侵的科学研究提供参考模型。

11.2.6　鳙

鳙 *Aristichthys nobilis* 隶属鲤形目 Cypriniformes 鲤科 Cyprinidae 鲢属 *Hypophthalmichthys*，俗名大头鱼、胖头鱼、花鲢等。鳙原产于我国，南北分布极广，天然分布于海河、黄河、长江、钱塘江和珠江等淡水流域，其中长江和珠江的种群资源尤为丰富，此外，由于养殖引种及逃逸，鳙在黑龙江水系及国外一些天然水域也形成了野外种群（李思忠和方芳，1990；邓宗觉，1992）。根据我国渔业统计年鉴，2023 年鳙产量 334.98 万 t，占我国淡水养殖鱼总产量的 12.08%，仅次于草鱼和鲢，位居第三，在我国渔业生产中占有重要的经济地位。

鳡的二倍体染色体数目为 2*N*=48，核型为 24m+18sm+6st，总臂数为 90（杨春英等，2021）。Li 等（2009a）通过 ABI 3730 毛细管测序仪获得鳡的线粒体基因组，长度为 16 621 bp（GenBank 收录号：NC010194），线粒体基因结构跟鲢的相似，包括 13 个蛋白编码基因、2 个 rRNA 基因、22 个 tRNA 基因和 1 个非编码控制区（D-loop）。13 个蛋白编码基因总长度为 11 429 bp，占整个线粒体基因组的 68.76%。2 个 rRNA 基因分别为 *12S rRNA*（949 bp）和 *16S rRNA*（1691 bp），二者均位于重链，并以 *tRNA^{Val}* 基因隔开。鳡线粒体 DNA 的总碱基组成分别为 31.6% A、27.1% C、16.0% G、25.3% T。鳡线粒体基因组包含长度在 68～76 bp 的 22 个 tRNA 基因，全部 tRNA 碱基 A+T 含量高达 55.8%。D-loop 区位于 *tRNA^{Pro}* 和 *tRNA^{Phe}* 之间，控制区长度为 938 bp。除了 *COX1* 的起始密码子为 GTG 外，其他蛋白编码基因起始密码子均为 ATG。*ND2* 和 *ND3*、基因的终止密码子为 TAG，*ND1*、*CO I*、*ATP8*、*ATP6*、*CO III*、*ND4L*、*ND4*、*ND5* 和 *ND6* 基因的终止密码子为 TAA，*ND1*、*CO II* 和 *Cyt b* 基因共享不完全终止密码子 T--。在 13 个蛋白编码基因中，除了 *ND6* 基因分布在轻链，其余 12 个蛋白编码基因均位于重链。在鳡线粒体基因组不同位置共检测到 3 处基因重叠，*ATP6* 和 *CO III* 基因之间重叠 1 bp，*ATP8* 和 *ATP6* 基因之间重叠 7 bp，*ND4* 和 *ND4L* 基因之间重叠 7 bp。序列比较和系统发育树分析表明鳡和鲢均为鲢属（Li et al.，2009）。基于鳡线粒体基因组 D-loop 序列，傅建军等（2024）收集了石首、长沙、瑞昌、扬州和张家港的长江种群（219 尾），并结合 NCBI 下载整理的珠江种群（213 尾）和北美种群（33 尾）开展比较研究，结果显示，在 3 个种群的 D-loop 序列中分别检测到 35 个、96 个和 11 个变异位点，并分别界定了 37 个、62 个和 3 个单倍型。长江中下游 5 个鳡群体间的遗传分化不显著，其余群体间均存在显著的遗传分化；群体间检测到不同程度的基因流。长江和珠江种群的中心单倍型存在广泛共享，珠江的特有单倍型均为外围单倍型，并推测北美群的形成存在不同的遗传来源。长江和珠江的鳡种群维持了较高的遗传多样性，可为其种质资源保护和利用奠定物质基础。

中国科学院水生生物研究所联合华大基因，利用 Illumina 测序平台的短读长测序技术，结合遗传图谱辅助挂载染色体的组装策略，获得鳡的染色体水平基因组，同时对鳡 22 个野生样本（珠江 8 个、黑龙江 4 个和长江 10 个）进行群体重测序分析。获得 228.87 Gb 的测序数据和 845 Mb 的组装序列，contig N50 达到 39.1 kb，scaffold N50 达到 3334 kb。在此基础上，利用遗传图谱把 83.8% 的 scaffold 序列锚定到 24 条染色体上，最终把基因组组装到了染色体水平。在鳡基因组中有 24 229 个基因，并且对其中的 22 959 个基因进行了功能注释（Jian et al.，2021）。随着测序技术的飞速发展，中国科学院水生生物研究所主导，利用 Illumina、PacBio HiFi 和 Hi-C 等多种测序技术组装了更高质量的鳡染色体水平基因组，组装的基因组大小为 868 Mb，scaffold N50 为 35.65 Mb，共注释了 24 263 个基因（Wang et al.，2024b）。

11.2.7 鲤

鲤 *Cyprinus carpio* 隶属鲤形目 Cypriniformes 鲤科 Cyprinidae 鲤属 *Cyprinus*，是鲤科

的主要品种之一，在全球 100 多个国家都有养殖，占全球淡水养殖年产量的 10%（超过 300 万 t）。除了作为食物来源的价值外，鲤也是一种重要的观赏鱼。锦鲤作为鲤的变种之一，由于独特的颜色和鳞片图案，成为最受欢迎的户外观赏鱼。由于鲤在水产养殖中的经济价值，人们对其生理、发育、免疫学、抗病性、选择育种和转基因操作等方面进行了深入的研究。

鲤有 100 条染色体，大约是其他鲤科鱼类的两倍。研究认为鲤基因组经历了额外一轮的基因组复制，因此四倍体化。根据核型分析，鲤不是一个真正的四倍体物种，在鲤中观察到的四倍体似乎是由异源四倍体化（物种杂交）而不是自源四倍体化（基因组加倍）造成的。对鲤基因组的研究发现，其四倍体基因组的覆盖率约为 92.3%（$2N$=100）。据估计，鲤最近一轮的全基因组复制发生在大约 820 万年前（Xu et al.，2014，2023）。长江野生鲤线粒体基因组序列全长为 16 581 bp（GenBank 收录号：JN105354），共有 13 个蛋白编码基因、22 个 tRNA 基因、2 个 rRNA 基因和 1 个 D-loop 区。鲤线粒体基因组碱基百分含量分别为 31.87% A、24.81% T、27.54% C、15.77% G（Liu et al.，2019a）。此外，基于 D-loop 序列，梁宏伟等（2009）分析了 3 种鲤（长江野生鲤、荷包红鲤和兴国红鲤）的遗传多样性，共发现 37 个突变位点。通过对 D-loop 的单倍型多样性指数和核苷酸多样性指数的分析发现，长江野生鲤最高，荷包红鲤最低。长江野生鲤的遗传多样性较兴国红鲤和荷包红鲤丰富，荷包红鲤的遗传多样性最低。荷包红鲤和兴国红鲤虽都原产于江西省，但两种鲤最初都是独立从野生鲤中通过体色变异分化而来的。

目前鲤基因组的框架图谱 contig N50 长度为 68.4 kb，scaffold N50 长度为 1 Mb，共有 875 Mb 的框架图谱整合到了染色体上，估计基因组大小为 1.83 Gb，GC 含量为 37.0%。鲤基因组中 529 Mb 的组装片段被鉴定为转座因子（transposable element，TE），分化率分布在鲤中达到了 6%。Ⅰ类 TE（逆转录元件）占基因组总组装体的 9.99%，其中长散在核元件（long interspersed nuclear element，LINE）占 4.90%，长末端重复序列（long terminal repeat，LTR）占 4.35%，短散在核元件（short interspersed nuclear element，SINE）占 0.47%；而Ⅱ类 TE 占 17.53%。鲤基因组中最丰富的 DNA 转座子家族是 *hAT* 超家族，大约有 463 000 个拷贝，占所有已发现 DNA 转座子的 33%。组装的鲤基因组草图包含 52 610 个蛋白编码基因，平均基因长度和编码序列长度分别为 12 145 bp 和 1487 bp，平均每个基因有 7.48 个外显子。此外，非蛋白编码基因包括 1012 个 rRNA、3622 个 tRNA 和 914 个微 RNA（microRNA，miRNA）基因（Xu et al.，2014）。鲤全基因组的研究为鲤进化研究、理解硬骨鱼亚基因组优势模式及多倍体在进化创新中的作用提供了重要基础。

为了充分利用鲤基因组数据资源，在"鲤鱼基因组计划"的基础上，中国水产科学研究院通过开展全球代表性品系鲤的基因组重测序和遗传变异位点挖掘，建立了超高密度 SNP 分型芯片。徐鹏等（2013）先后完成了对 12 个品系 39 尾鲤的全基因组重测序研究，共发掘约 3500 万个非冗余 SNP 位点，并对全球代表性品系进行了种群遗传学和系统学分析。同时他们使用 Affymetrix Axiom 技术平台，从转录组和重测序数据挖掘的数千万个 SNP 位点中，构建了含有 25 万个鲤高质量 SNP 的分型芯片，这是迄今国际上水产生物中密度和通量最高的 SNP 分型芯片。评估显示该芯片在鲤多个品系中的多态位点为 18.5 万个，多态性比例高达 74.06%。此外，该芯片在近缘鲤科鱼类中显示仍然有 21.65% 的多态位点，提示其在近缘鲤科鱼类相关研究中的适用性。该芯片的成功构建为下一步基因组选择育种、全基因组性状关联分析等奠定基础。并且他们还对鲤基因组重测序数据进行的遗传多态性扫描，定位了 1 个与鲤鳞被发生显著相关的基因，研究发现松浦镜鲤在该基因上含有一个 78 bp 的缺失，而荷包红鲤等全鳞鲤则没有该突变。他们进一步利用鲤 250K SNP 分型芯片对含有隐形突变位点的红色黄河鲤突变家系进行基因组关联分析研究，清晰定位了位于鲤 11 号染色体上的基因突变，该基因是黑色素合成通路上的重要转运蛋白。论证了鲤鳞型和体色决定的表型性状的遗传基础（Xu et al.，2014）。

11.2.8　团头鲂

团头鲂 *Megalobrama amblycephala* 隶属鲤形目 Cypriniformes 鲤科 Cyprinidae 鲂属 *Megalobrama*，俗称武昌鱼，主要分布于中国长江中下游中型湖泊，是以草食性为主的杂食性鱼类。其因食性广、养殖成本低、生长快、成活率高和规格适中等特点，已成为我国继草鱼、鲢、鳙、鲤、鲫、罗非鱼之后的第七大主要淡水水产养殖品种。然而受围湖造田、水体污染和过度捕捞等人类活动的影响，团头鲂自然资源和种群规模急剧衰退。团头鲂全基因组测序为遗传学研究提供了新的数据资源，有助于深入了解其遗传多样性、进化历程和适应性机制，为遗传资源的保护提供了科学依据。

团头鲂是二倍体，染色体数目为 $2N=48$，核型为 18m+26sm+4st（张新辉等，2015）。团头鲂线粒体基因组总长度为 16 623 bp（GenBank 收录号：KT347220），存在轻微的 A+T 偏性，包含 13 个蛋白编码基因、22 个 tRNA 基因、2 个 rRNA 基因和 2 个主要非编码区（Guan et al.，2016）。基于微卫星 DNA 标记和两个线粒体 DNA 标记（*Cyt b* 和 *ND2*），研究人员分析了来自长江中游及其附属湖泊（石首、嘉鱼、淤泥湖、梁子湖和鄱阳湖）的 6 个自然群体的 222 个样本。微卫星分析结果显示，所有群体的平均观测杂合度、期望杂合度和多态信息含量分别为 0.687、0.739 和 0.748。线粒体序列分析结果显示，6 个群体的单倍体型数目、单倍型多样性和核苷酸多样性分别为 29、0.768 和 0.006 41。上述研究结果揭示了团头鲂种群中高度的遗传多样性，表明选择性繁殖具有巨大的潜力。系统发育关系结果表明，6 种团头鲂种群聚集成 2 个分支，表明长江流域中游及其附属湖泊种群间的分化程度达到可衡量的程度（Dong et al.，2024）。

团头鲂基因组总长度约为 1.116 Gb，GC 含量为 37.3%，基因组中包含 1522 个 contig N50（49 kb）和 868 个 scaffold N50（839 kb），其中 650 个 scaffold N50 被组装在 24 条染色体上，总长度为 1078 Mb，占组装基因组序列的 97.2%（Liu et al.，2021）。团头鲂基因组注释到 23 696 个蛋白编码基因，其中有 99% 的基因能够与转录组数据和同源物种的基因组注释信息相匹配，另外还包括 110 个 rRNA、474 个 miRNA、294 个核小 RNA（snRNA）和 530 个 tRNA，共 1408 个非编码 RNA。团头鲂基因组中，转座子序列占 34%，其中 DNA 型转座子占 23.8%，逆转座子 LTR 占 9.89%（Liu et al.，2017）。Chen 等（2022）的统计表明，团头鲂基因组中含有 16 235 392 个 SNP 变异位点，主要包括基因间区、3′ 非翻译区、5′ 非翻译区、内含子区、同义突变和非同义突变。另外该基因组中还包含 3 737 686 个 INDEL、108 169 个结构变异（structure variation，SV）位点、

39 777 个拷贝数变异（copy number variation，CNV）位点。此外，他们还在基因组水平上分析了团头鲂在物种进化中的地位，推断出团头鲂与草鱼亲缘关系最近，推算的分歧时间为 1310 万年。草食性的团头鲂和草鱼祖先支扩张的基因家族主要与免疫、嗅觉受体、糖脂类物质代谢相关，与其他肉食性和杂食性鱼类相比，在草食性的团头鲂和草鱼同时受到正选择的基因家族中有 17 个基因在糖代谢和脂肪代谢调控中起到关键作用。

11.2.9 黄颡鱼

黄颡鱼 Pelteobagrus fulvidraco 隶属鲇形目 Siluriformes 鲿科 Bagridae 黄颡鱼属 Pelteobagrus，是重要的淡水经济鱼种，在中国分布广泛，其因口感鲜美、营养价值高而受到市场青睐。随着市场需求的增加，黄颡鱼种群在过去几年中遭受到过度开发，其自然种群急剧减少。黄颡鱼在生长速度上呈性二态性，雄性的生长速度快于雌性，因此全雄黄颡鱼因其显著的性二态性在水产养殖中备受欢迎。基因组研究为性别控制育种和揭示生殖细胞发育到胚胎时的性二态性机制提供了可能。全基因组测序为研究黄颡鱼进化起源、群体多样性、特异性分子标记开发及遗传育种选育提供了强有力的技术支撑。

黄颡鱼的二倍体染色体数目 2N=52，其中着丝粒染色体（m）24 条，亚中着丝粒染色体（sm）20 条，亚端着丝粒染色体（st）4 条，端着丝粒染色体（t）4 条，核型为 24m+20sm+4st+4t，染色体总臂数为 100（张佳佳等，2017）。黄颡鱼线粒体基因组全长 16 526 bp（GenBank 收录号：MH192350），包括 13 个蛋白编码基因、22 个 tRNA 基因、2 个 rRNA 基因和 1 个非编码控制区（D-loop）（Liu et al.，2019b）。基于 Cyt b 基因，钟立强等（2013）分析了长江中下游 5 个湖泊（鄱阳湖、巢湖、滆湖、洪泽湖、太湖）的黄颡鱼种群，共检测到 54 个变异位点，60 个样本得到 37 个单倍型，遗传多样性表现为中等。群体间遗传分化系数为 0.0684，几乎所有变异都来自群体内，群体间遗传分化程度极小。系统进化树显示，5 个种群没有分化成不同的分支谱系，种群间存在广泛的基因交流。

研究人员结合下一代 Illumina 和第三代 PacBio 测序平台，获得了黄颡鱼全基因组大小，达到 714 Mb，其中 contig N50 为 970 kb，scaffold N50 为 3.65 Mb，共注释了 21 562 个蛋白编码基因。系统发育分析表明，黄颡鱼与亲缘关系最近的斑点叉尾鮰的分化时间为 6340 万年以前，置信区间为 38.3 万～94.3 万年。通过比较基因组研究发现，黄颡鱼和斑点叉尾鮰染色体分布高度保守（Zhang et al.，2018）。与已测序物种多组学数据的整合，可改善公共数据库中毒素序列数量有限的问题。此外，Zhou 等（2022）对 129 尾黄颡鱼个体进行了全基因组重测序，从分布在 26 条染色体上的 5 550 676 个基因分型标记中，共筛选出 46 个 SNP 标记。在分析的 46 个 SNP 中，35 个 SNP 符合哈迪 - 温伯格平衡（Hardy-Weinberg 平衡）。观察杂合度和期望杂合度分别为 0.2519～0.771 和 0.265～0.5018，这组标记对黄颡鱼种群遗传学研究具有重要意义。

11.2.10 黄鳝

黄鳝 Monopterus albus 隶属合鳃鱼目 Synbranchiformes 合鳃鱼科 Synbranchidae 黄鳝属 Monopterus。黄鳝广泛分布于全国各地的湖泊、河流、水库、池沼、沟渠等水体中。在我国，除西北高原地区外，各地区均有记录，特别是珠江流域和长江流域更是盛产黄鳝。黄鳝在国外主要分布于泰国、印度尼西亚、菲律宾等地，印度、日本、朝鲜也产黄鳝。黄鳝是我国名特优经济淡水养殖鱼类之一，据我国渔业统计年鉴，2023年黄鳝产量达到355 203 t。由于目前野生黄鳝的种质资源严重减少，对黄鳝的全基因组、种质资源及遗传多样性的研究显得刻不容缓。

黄鳝的染色体数目2N=24，数目少，且全部为均一的顶端着丝粒，单臂染色体（徐晋麟等，1994）。Chen等（2016）对中国4个不同地区（贵州、广西、湖南和广东）黄鳝种群的完整线粒体DNA（GenBank收录号：KP779622～KP779625）进行了测序。黄鳝线粒体基因组序列长度为16 622 bp。通过与GenBank上的其他硬骨鱼类线粒体基因组进行比较，并对黄鳝线粒体基因组进行注释，发现类似于其他硬骨鱼类，黄鳝线粒体基因组包含的13种疏水多肽由7个NADH还原酶复合体亚基（ND1、ND2、ND3、ND4、ND4L、ND5、ND6）、3种细胞色素c氧化酶亚基（CO I、CO II、CO III）、2个ATP酶亚基（ATP6、ATP8）和一个细胞色素b（Cyt b）组成。13个蛋白编码基因中，只有ND6由轻链编码，其余的均由重链编码。22个tRNA中$tRNA^{Gln}$、$tRNA^{Ala}$、$tRNA^{Asn}$、$tRNA^{Cys}$、$tRNA^{Tyr}$、$tRNA^{Ser}$、$tRNA^{Glu}$、$tRNA^{Pro}$等8个由轻链编码，其余的tRNA由重链编码。22个tRNA中，除$tRNA^{Ser}$（UCU）外，其余的都具有典型的三叶草结构。分析黄鳝线粒体的起始和终止密码子发现，除了CO I基因由GTG作为起始密码子，其余的均由ATG起始；但是终止密码却呈现多样性，其中ND4L和ND6基因以TAA结尾，CO I以AGG结尾，ND1、ATP8和ND5以TAG结尾，除此之外，还出现了不完全终止密码子，如CO II、CO III、ND3、ND4和Cyt b等5个基因以T--作为终止密码子。Chen等（2016）比较4个不同地区的黄鳝密码子使用特性发现，黄鳝线粒体基因组中G碱基使用频率非常低，仅为14.45%～14.58%；利用MEGA 3.1软件采用邻接法构建系统进化树，发现黄鳝和同属合鳃鱼目的大刺鳅 Mastacembelus armatus 聚在一起。同时还比较了4个不同地区的黄鳝线粒体基因组，结果发现黄鳝也可被分为2支，其中广西的单独聚成一支，剩下的贵州、广东和湖南的另外聚成一支。近来，研究人员利用PacBio和Illumina测序技术获得黄鳝（采集于湖北仙桃）线粒体基因组总长度，为16 621 bp，比中国其他4个省份及1个未知采样点的线粒体基因组短1个核苷酸。采集于仙桃的黄鳝线粒体的基因含量、基因顺序和总体碱基组成等结构组成，与被报道的采集于其他5个地区的黄鳝线粒体基本成分几乎相同。黄鳝线粒体基因组由13个PCG、2个rRNA、22个tRNA和1个非编码控制区（D-loop）组成。大多数基因编码在重链上，只有ND6和8个tRNA（$tRNA^{Gln}$、$tRNA^{Ala}$、$tRNA^{Asn}$、$tRNA^{Cys}$、$tRNA^{Tyr}$、$tRNA^{Ser}$、$tRNA^{Glu}$和$tRNA^{Pro}$）位于轻链上。总碱基组成为28.92% A、27.11% T、14.50% C和29.47% G。分化时间分析表明，所有黄鳝约在49万年前分化，黄鳝属在大约4596万年前从合鳃鱼科中分化出来（Tian et al.，2021b）。

比较来自不同地方的黄鳝线粒体基因组序列的差异性和进化特异性，可为黄鳝种质资源保护和遗传多样性研究提供理论依据。梁宏伟等（2018）利用线粒体CO I基因，对来源于湖北、江西、安徽、湖南、重庆和山东的6个黄鳝群体共187个样本进行了遗传多样性分析，结果共检测到61个变异位点、38种单倍型。群体整体遗传多样性高，6个群体间有显著的遗传分化，基因交流贫乏，6个黄鳝地理种群的遗传变异主要发生在群体内部。

遗传结构和系统发育树显示，湖南群体与其他 5 个群体的遗传关系较远，重庆群体可能由单一或很少几个群体进化而来的，起源比较单一。就目前而言，黄鳝野生种质资源遗传多样性丰富，苗种频繁流动和人工养殖尚未对其种群结构造成较大影响，仍有较强的环境适应能力和良好的育种潜力。基于线粒体 *Cyt b* 基因，胡玉婷等（2015）研究了安徽长江流域黄鳝 6 个地理种群（当涂、无为、繁昌、贵池、怀宁和望江）共 180 尾个体的遗传变异关系，结果共检测到 101 个变异位点、68 个单倍型，6 个地理种群的单倍型多样性较高，核苷酸多样性较低。群体分化指数、基因流和分子变异分析结果表明，安徽长江流域黄鳝一些地理种群间存在着明显的遗传分化。地理隔离和黄鳝有限的迁移能力可能是造成种群遗传分化的原因。

研究人员采用 Illumina 二代测序、PacBio Seq Ⅱ 三代测序及 Hi-C 技术，结合先进的组装策略获得了黄鳝全基因组大小，为 799 Mb（contig N50 为 2.4 Mb，scaffold N50 为 67.24 Mb），组装得到 12 条染色体序列，覆盖预测基因组大小的 99.26%。并鉴定出 364 802 个微卫星位点，得到 287 189 个候选 SSR 标记，且利用鉴定出的 SSR 标记构建高密度物理图谱，并对部分分子标记进行了验证，分子标记的开发和利用将极大加速辅助育种进程。对基因组的进化分析发现，黄鳝与同属合鳃鱼目的大刺鳅在 4990 万年前分化，随后黄鳝有 769 个基因家族发生了扩增，功能注释显示这些基因集中在免疫系统相关途径及感觉系统如嗅觉传导、信号传递等系统，这些发现为研究核型进化、表皮呼吸及其性逆转特性等提供了重要数据（Tian et al.，2021a）。黄鳝高质量基因组的解析利用，将极大地促进品种选育速度。为了保障我国水产养殖业的高质量、持续性发展，急需构建和发展现代生物技术育种体系，创制具有品质高、抗病力强、抗逆性好、性别单一等特点的突破性黄鳝新品种，这对实现水产良种完全自主可控、发展绿色水产养殖业至关重要。

11.2.11　长吻鮠

长吻鮠 *Leiocassis longirostris* 隶属硬骨鱼纲 Osteichthyes 鲇形目 Siluriformes 鲿科 Bagridae 鮠属 *Leiocassis*，俗称鮰鱼、江团，是我国长江名贵经济鱼类之一，民间素有"不食江团，不知鱼味"之说。2023 年，首个长吻鮠新品种"川江 1 号"通过全国水产原种和良种审定委员会的审定。该品种由四川省农业科学院水产研究所联合中国水产科学研究院淡水渔业研究中心、四川省珍稀特有鱼类保护与利用中心（四川省长吻鮠原种场）、西南大学和中国科学院水生生物研究所等单位进行科技攻关，经过连续 4 个世代的定向选育而成，具有生长速度快、规格整齐且稳定遗传的特点。

洪云汉和周暾（1984）通过长吻鮠染色体数目和核型分析，发现其染色体数目为 2N=52，核型为 20m+16sm+16st。而万全等（2002）研究表明，其染色体数目为 2N=50，核型为 20m+12s+18t。目前，关于长吻鮠的核型尚需要进一步证实。其线粒体 DNA 序列大小为 16 533 bp（GenBank 收录号：MK458524），包含 13 个蛋白编码基因、22 个 tRNA、2 个 rRNA 和 1 个非编码控制区（D-loop）。Jin 等（2022）利用线粒体控制区和微卫星标记对长江上游的长吻鮠种群遗传多样性和遗传分化进行分析，结果显示，基于线粒体控制区标记，其单倍型多样性为 0.8743，核苷酸多样性为 0.0082，具有较高的遗传多样性；但对样本进行年龄分组（1龄、2龄、3龄、4龄、5龄）后发现，不同年龄组样本间存在显著的遗传分化。随着长江十年禁渔的实施，长吻鮠不同年龄组之间的遗传分化有望逐渐减小，建议对长吻鮠种群的遗传状况进行长期监测。

近年来，由于人工捕捞、水利工程修建等的影响，长吻鮠野生资源衰减，数量急剧减少，人们希望通过解析其基因组DNA序列，提升其种质资源保护效率，阐释其雌雄生长二态性的分子机制，并促进品种培育等。He等（2021）通过BGISEQ-500、Nanopore、Hi-C等测序技术完成了首个长吻鮠高质量的染色体水平参考基因组测序，结果表明，基因组大小为703.19 Mb，scaffold N50为28.03 Mb，共注释到23 708个蛋白编码基因、239.11 Mb的重复序列（占全基因组的34.00%）和6303个非编码RNA。系统发育分析表明，长吻鮠和其亲缘关系最近的黄颡鱼大约在2660万年前开始分化。长吻鮠高质量参考基因组的获得为今后其适应性演化、种质资源保护、遗传改良等研究奠定了基础。

11.2.12　南方鲇

南方鲇 *Silurus meridionalis* 又称南方大口鲇，隶属鲇形目 Siluriformes 鲇科 Siluridae 鲇属 *Silurus*，俗称河鲇、大河鲇鱼、鲇巴郎。南方鲇主要分布于长江流域的大江河及通江湖泊之中，其产量高、肉质细嫩、味道鲜美，含有丰富的必需氨基酸和不饱和脂肪酸，是经济价值较高的食用鱼之一，也是我国重要的经济鱼类（王蓉蓉等，2024）。解析南方鲇的全基因组序列，对这些具有重要经济性状的鱼类遗传改良起着关键的作用。

南方鲇染色体数目为2N=58，核型为28m+20sm+6st+4t，总臂数为106（邹桂伟等，1997）。采用引物步移技术对南方鲇（采集于乌江）线粒体基因组进行测序，结果表明，DNA总长度为16 526 bp（GenBank收录号：JX087350），包括13个蛋白编码基因、2个rRNA基因、22个tRNA基因和1个非编码控制区（D-loop）。南方鲇线粒体DNA的总碱基组成分别为30.3% A、28.7% C、16.0% G、25.0% T。除了 *COX1* 的起始密码子为GTG外，其他蛋白编码基因起始密码子均为ATG。9个蛋白编码基因的终止密码子为TAA或TAG，其他基因共享不完全终止密码子T--。在南方鲇线粒体基因组不同位置共检测到3处基因重叠，*ATP8* 和 *ATP6* 基因之间重叠10 bp，*ND4* 和 *ND4L* 基因之间重叠7 bp，这两处重叠发生在相同链，*ND5* 和 *ND6* 基因之间重叠7 bp，发生在不同链。在南方鲇的线粒体基因组中，分布在链轻链上的所有22个tRNA长度为66～75 bp，其中8个tRNA在轻链编码，其余tRNA在重链编码。南方鲇中除 *tRNA^{Ser}*（AGY）基因外，tRNA的二级结构大部分为标准三叶草结构。*12S rRNA* 和 *16S rRNA* 的长度分别为953 bp和1676 bp。这些rRNA位于 *tRNA^{Phe}* 和 *tRNA^{Leu}* 之间，并被 *tRNA^{Val}* 隔开。非编码控制区长度为891 bp，主要包含3个中央保守区（CSB），分别是5′端CSB-1、3′端CSB-2和3′端CSB-3（Wang et al.，2015a）。此外，基于线粒体16S *rRNA* 序列，王庆容和王大忠（2009）对采自长江上游四川省境内的攀枝花、岷江、宜宾，贵州省境内乌江，以及长江中游洞庭湖共5个南方鲇种群的遗传关系进行聚类分析，结果表明，在长江上游支流中南方鲇不同种群间在该基因片段上基本没有差异，只有乌江种群与其他种群有2个碱基差异，长江中游的洞庭湖种群与长江上游支流的各种群间在该基因片段存在一定差异。

研究人员通过将 XY 的正常个体与性逆转个体交配获得了 YY 超雄南方鲇，综合利用 Illumina、Nanopore、Bionano 和 Hi-C 等技术进行测序组装，获得高质量 XX、XY 和 YY 南方鲇个体全基因组序列，结合雌雄混合池的重测序，分别获得大小为 738.9 Mb、723.9 Mb 和 739.1 Mb 的染色体水平基因组，挂载率分别为 99.5%、99.3% 和 98.54%，得到的 scaffold N50 长度分别为 28.04 Mb、28.08 Mb 和 27.22 Mb。并预测到 22 965 个蛋白编码基因，平均基因长度为 16 897 bp，平均基因编码区长度为 1689 bp。其中，22 519 个基因（98.06%）能在蛋白质数据库中找到对应的功能注释。利用 XY 性逆转雌鱼与 XY 雄鱼交配产生的后代中的 41 尾雌鱼构建雌鱼混合池、110 尾雄鱼构建雄鱼混合池，并对雌雄混合池进行建库和重测序，最终确定了性染色体为 24 号染色体，性别决定区间位于 X 染色体 3.74～5.91 Mb，Y 染色体 3.75～6.13 Mb（Zheng et al.，2021；Zheng et al.，2022）。南方鲇的生长速度和个体大小具有明显的性二态性，雌鱼比雄鱼长得快，因此水产上全雌化养殖能显著提高经济效益。南方鲇染色体水平基因组组装与注释、性染色体及性别决定区间定位，为开展南方鲇经济性状的遗传解析、性别决定的分子机制研究、全基因组选择育种和性控育种等奠定了基础。

11.2.13 大鳍鳠

大鳍鳠 *Mystus macropterus* 隶属鲇形目 Siluriformes 鲿科 Bagridae 鳠属 *Mystus*，俗称石扁头、石胡子、江鼠，主要分布于长江至珠江各水系的干流及其支流中，是一种喜生活于流水环境的底栖经济鱼类，也是我国的特有经济鱼类（王友慧，2002）。大鳍鳠是近年来深受消费者喜爱的淡水养殖新品种，但是目前其养殖群体较小，人工繁育技术体系尚未构建，这限制了该鱼类的产业化发展。为了更好地保护和利用长江水系这一特有的鱼类资源，开展大鳍鳠全基因组研究具有较大的实际意义。

大鳍鳠的染色体数目为 2N=60，核型为 20m+12sm+16st+12t，总臂数为 92（文永彬等，2013）。大鳍鳠的线粒体基因组序列，类似于其他脊椎动物，极为保守，排列方式几乎相同。大鳍鳠的线粒体基因组长度为 16 530 bp（GenBank 收录号：JF834542），包含 13 个蛋白编码基因（*ND1*、*ND2*、*ND3*、*ND4*、*ND4L*、*ND5*、*ND6*、*CO I*、*CO II*、*CO III*、*ATP6*、*ATP8*、*Cyt b*）、22 个 tRNA 基因、2 个 rRNA 基因和一个非编码控制区（D-loop）。除蛋白编码基因 *ND6* 和 8 个 tRNA（*tRNA^{Gln}*、*tRNA^{Ala}*、*tRNA^{Asn}*、*tRNA^{Cys}*、*tRNA^{Tyr}*、*tRNA^{Ser}*、*RNA^{Glu}* 和 *tRNA^{Pro}*）外，其他基因都由重链编码。控制转录及线粒体基因组复制起始信号的非编码区（D-loop）位于 *tRNA^{Pro}* 和 *tRNA^{Phe}* 之间。大鳍鳠的线粒体基因组排列紧密，但在 13 个蛋白编码基因中，存在碱基重叠现象，如位于相同链的 *ATP8-ATP6*、*ATP6-CO III*、*ND4L-ND4* 之间，以及位于不同链的 *ND5-ND6* 之间均有重叠。除了 *CO I* 的起始密码子为 GTG 外，其他蛋白编码基因起始密码子均为 ATG。2 个蛋白编码基因（*ND5* 和 *ND6*）的终止密码子为 TAG，5 个蛋白编码基因（*ND1*、*ND4L*、*CO I*、*ATP6* 和 *ATP8*）的终止密码子为 TAA，其他蛋白编码基因共享不完全终止密码子。22 个 tRNA 都具有典型的三叶草结构。*12S rRNA* 和 *16S rRNA* 位于 *tRNA^{Phe}* 和 *tRNA^{Leu}* 之间，被 *tRNA^{Val}* 隔开。重链的总碱基组成为 31.6% A、27.7% T、25.8% C、14.8% G。系统发育树分析表明，大鳍鳠位于鲿属、

鳡属、半鳘属这 3 个属形成的这一大支基部（Zeng et al., 2012）。

Ye 等（2023）通过整合 Illumina 短读长、PacBio HiFi 长读长 Hi-C 数据组装了大鳍鳠的染色体水平基因组，基因组大小为 858.5 Mb，contig N50 和 scaffold N50 分别为 5.8 Mb 和 28.4 Mb。共有 656 个 contig 成功锚定在 30 条假染色体上，与核型分析的染色体数量一致。大鳍鳠的基因组包含 29.5% 的重复序列，预测的蛋白编码基因总数为 26 613 个，其中 25 769 个（96.8%）在不同数据库中进行了功能注释。进化分析表明，大鳍鳠与似威氏半鳘的亲缘关系最为密切，分化时间约为 1630 万年。首次测序组装的大鳍鳠高质量参考基因组，不仅为大鳍鳠的性别决定研究和遗传育种提供遗传资源，而且有助于鲇形目内不同物种的基因组和染色体进化研究。

11.2.14　黑尾近红鲌

黑尾近红鲌 *Ancherythroculter nigrocauda* 隶属硬骨鱼纲 Osteichthyes 鲤形目 Cypriniformes 鲤科 Cyprinidae 近红鲌属 *Ancherythroculter*，是长江上游干支流中的一种特有鱼类。其肉质细嫩、味道鲜美、性情温和，具有耐低氧能力强等特点，是一种具有较高经济价值和良好开发前景的优良淡水品种。目前，武汉市农业科学院水产研究所先后利用黑尾近红鲌作为父本分别与母本翘嘴红鲌、团头鲂进行杂交，并育成杂交鲌"先锋 1 号"和鲌鲂"先锋 2 号"两个新品种。

黑尾近红鲌的染色体数目为 $2N=48$，核型为 28m+18sm+2st（王鑫等，2021）。黑尾近红鲌线粒体基因组大小为 16 620 bp（GenBank 收录号：MT588183），包含 1 个复制起点、1 个非编码控制区（D-loop）、2 个 rRNA、13 个蛋白编码基因和 22 个 tRNA。整体碱基组成为 31.40% A、25.00% T、27.60% C、16.00% G。除 *CO I* 的起始密码子为 GTG 外，黑尾近红鲌线粒体其余 12 个蛋白编码基因都使用标准起始密码子 ATG。6 个蛋白编码基因（*ND1*、*CO I*、*ATP6*、*CO III*、*ND4L* 和 *ND5*）的终止密码子为 TAA，5 个蛋白编码基因（*ND2*、*ATP8*、*ND3*、*ND4* 和 *ND6*）的终止密码子为 TAG，2 个蛋白编码基因（*CO II*、*Cyt b*）的终止密码子不完整（T--）（Li et al., 2020）。Yan 等（2020）利用 *CO I* 基因、*Cyt b* 基因和非编码控制区（D-loop）控制区 3 个线粒体遗传标记，对 2017 年采自长江干流合江段（29 尾）、支流龙溪河（30 尾）和濑溪河（30 尾）共 89 尾黑尾近红鲌样本进行遗传多样性和遗传结构分析，结果表明，3 个群体的单倍型多样性较高（0.3434～0.951），而核苷酸多样性较低（0.000 74～0.004 12），这暗示了该研究中的黑尾近红鲌种群是从较小的群体迅速扩张形成的。而基于上述 3 个线粒体遗传标记得到的 3 个群体间固定指数均大于 0.05，表明其两两群体间存在一定程度分化。此外，Zhai 等（2019a）利用线粒体 *Cyt b* 标记和 14 个微卫星标记对 2016～2017 年长江上游特有鱼类黑尾近红鲌 5 个不同地理种群（龙溪河、赤水河、木洞河、磨刀溪、大宁河）的遗传多样性和遗传结构进行分析，结果表明，5 个不同地理种群的单倍型多样性、核苷酸多样性和期望杂合度等遗传多样性指标均较低，且明显低于 2001 年的水平；固定指数结果显示不同地理种群之间同样存在显著的遗传分化，而在 2001 年时这些地理种群间并没有明显的遗传分化。近年来，黑尾近红鲌种群遗传多样性下降、群体间遗传分化程度增大，这可能是由上游水坝建设、过度捕捞和水污染所导致。

黑尾近红鲌不仅是我国长江流域特有种，也是一种重要的长江经济鱼类。加强其基因组学研究，将有助于了解物种演化历史、适应性机制、种群遗传状况、资源保护和利用等。Zhang 等（2020a）利用 PacBio Sequel 三代测序平台对黑尾近红鲌基因组进行测序与从头组装，组装大小为 1.04 Gb，contig N50 为 3.12 Mb。并联合 Hi-C 测序技术对黑尾近红鲌进行染色体水平基因组组装，结果显示，1297 条 contig（占从头组装 contig 总数的 54.0%）被挂载到 24 条染色体上，包含了 97.2% 的全基因组核苷酸碱基。其基因组 GC 含量约 37.6%；散在重复序列 589.1 Mb，约占基因组总大小的 56.1%，其中 DNA 转座子占 31.34%，RNA 转座子占 16.27%。该研究共预测到 34 414 个蛋白编码基因，其中 27 042 个基因得到功能注释。此外，其还利用 712 个单拷贝直系同源基因对黑尾近红鲌、海鞘、青鳉、斑马鱼、鲤、草鱼、团头鲂、热带爪蟾、蜥蜴等进行系统发育分析，结果发现，黑尾近红鲌与团头鲂亲缘关系最近，约在 879 万年前分化。对黑尾近红鲌的线粒体基因组和核基因组的测序、组装及分析，不仅提升了对其种群遗传多样性和遗传结构的评估能力，而且为其种群保护、功能基因发掘、遗传改良等提供了基础。

12

第 12 章　长江鱼类保护与利用成功案例

12.1 胭 脂 鱼

胭脂鱼 *Myxocyprinus asiaticus* 隶属鲤形目 Cypriniformes 亚口鱼科 Catostomidae 胭脂鱼属 *Myxocyprinus*，是亚口鱼科鱼类在中国唯一分布物种。胭脂鱼是我国大型名贵经济鱼类，同时也是一种观赏鱼类。全身呈胭脂红色、黄褐色或暗褐色，体两侧各有 1 条红色纵行条带，故名胭脂鱼，又名火烧鳊。胭脂鱼是我国国家二级重点保护野生动物，处于濒危状态。

12.1.1 分布

野生胭脂鱼仅分布在中国的长江和闽江水系。目前闽江的胭脂鱼种群已几近绝迹，胭脂鱼在长江中的分布区也逐渐缩小。在长江，胭脂鱼主要集中于宜宾至重庆的川江段及部分支流，在中下游集中于葛洲坝下游一带（甘小平等，2011）。

12.1.2 资源量

历史上，胭脂鱼曾是四川等地重要经济鱼类之一。据四川省宜宾市渔业社 1958 年的统计，胭脂鱼在岷江曾占渔获物总量的 13% 以上；20 世纪 60 年代在宜宾偏窗子库区，胭脂鱼的渔获量还占 13%，但到 70 年代其资源量就已明显减少，70 年代中期已降至只占 2%，现今只有零星误捕报道。

20 世纪 80 年代初，水利工程建设阻隔了亲鱼产卵的通道，致使长江上游胭脂鱼几近绝迹。从目前记录的误捕量、出现频度和分布情况看，胭脂鱼在长江已处于非常濒危的程度，特别是上游误捕的胭脂鱼主要为较大的性成熟个体，又几乎全部在繁殖季节被捕获。

泸州、宜宾两市渔政部门的统计和中国科学院水生生物研究所 1996 年的监测报告显示，1984～1993 年在泸州江段共误捕胭脂鱼 90 尾；1994～1997 年在宜宾江段共误捕胭脂鱼 36 尾；1995～1996 年误捕胭脂鱼 21 尾。在长江水系，1997～1998 年度区域内各观测点共记录误捕胭脂鱼 16 尾，其中葛洲坝以上江段 9 尾、以下江段 7 尾。在葛洲坝以上江段误捕的 9 尾中，有宜宾江段 3 尾、泸州江段 2 尾、重庆市区江段 2 尾、重庆市木洞江段 2 尾。胭脂鱼在长江上游主要在重庆木洞至宜宾江段活动，而木洞至葛洲坝以上江段未见胭脂鱼误捕记录。葛洲坝以下江段误捕的 7 尾胭脂鱼，主要捕自宜昌一带。

鱼类产卵场的环境遭到破坏、捕捞过度，加上繁殖周期长等原因，致使胭脂鱼总的资源量已明显减少，且下降趋势仍在继续。

12.1.3 人工繁殖

谭永丰等（2000）曾对胭脂鱼人工繁育的研究历程进行了回顾。

1972 年，水产养殖研究人员多方寻求养殖新品种。胭脂鱼由于其个体大、生长快，被广大科技工作者看好，被列为选择对象。在当时四川省水产局、四川省科学技术委员会及宜宾地区农业局的支持下，中国水产科学院长江水产研究所、浙江省淡水水产研究所、四川省水产学校（合川校区）、四川省农业科学院水产研究所、重庆市水产科学研究所、四川省万县地区鱼种站及河北、黑龙江、广西等省区的水产研究部门在宜宾开始了胭脂鱼人工繁殖技术的研究。其主要工作是在繁殖季节从长江中收集成熟亲鱼进行人工催产。同时部分单位在池塘、水库中进行试养。随后由四川省水产学校（合川校区）、四川省农业科学院水产研究所、四川省万县地区鱼种站等单位组成胭脂鱼协作组共同攻关。万县地区水产研究所由于地理位置的限制，无法大量收捕性成熟个体。同时，着眼于长远，确定了池塘移养驯化亲鱼、人工繁殖品种的技术路线。从1973年开始对胭脂鱼进行移养驯化的研究，攻克了移养驯化中的伤病、饲料、池塘生态环境等诸多问题。1979年对性腺发育成熟的胭脂鱼进行人工催产并获成功，成果居国内领先水平，获四川省科技成果奖。胭脂鱼内塘人工繁殖的成功表明胭脂鱼不但能在天然水域中发育成熟，经人工催产可以繁殖出子代，而且在池塘饲养条件下，经人工培育也可以性成熟，对性成熟的个体进行人工催产也能产卵出苗，培育出子一代。这一成果结束了胭脂鱼仅仅依靠天然成熟个体进行人工繁殖的历史。

1979年后，尽管胭脂鱼繁殖取得成功，但产量并不稳定，技术指标很低，孵化、育苗阶段有时甚至全军覆没。万县地区水产研究所在上级部门的支持下，一直坚持了此方面的研究工作。

20世纪80年代后期，除四川省的几家研究单位外，湖北省相继有中华鲟研究所、中国水产科学院长江水产研究所、中国科学院水库渔业研究所、中国科学院水生生物研究所及一些场、站开展了这一工作，在长江中大量收捕胭脂鱼。长江水产研究所的胭脂鱼子二代人工繁殖研究课题被列入农业部"九五"攻关计划项目。

1994年，万县地区水产研究所又利用池塘繁殖的子代苗种，培育成亲鱼进行催产，获得了子二代鱼苗，完成了胭脂鱼的全人工繁殖，并通过了万县科委组织的鉴定，其认为该成果属于国内领先水平，获万州区科技进步奖。这一成果表明，胭脂鱼子一代也能在池塘发育成熟，经催产能获得子二代。用数量分析的方法对子二代与子一代外形进行比较，在鱼种阶段无显著差异。子二代繁育成功为胭脂鱼的繁殖、保护和开发利用提供了可靠的技术保证。胭脂鱼自池塘催产繁殖成功后，基本是作为观赏鱼上市。由于受亲鱼数量及一些关键技术的制约，全国年产量不足30万尾。观赏鱼市场受当时国际金融危机的影响，逐渐萎缩，年销售量估计为20万尾，价格大幅度下滑。

从1998年起，广东等沿海地区有人逐渐把胭脂鱼作为食用鱼养殖，其长势不错，市场前景被看好，成鱼销售价格走高，表现了良好的养殖前景。因此，从1999年开始，胭脂鱼已开始从单一的观赏型向观赏、食用型转变，食用胭脂鱼的养殖逐渐具有一定规模。

2007年，李红敬等（2008）采用人工繁育的子一代进行全人工繁育，取得了不错的效果。目前在宜宾至宜昌江段一些沿江渔业生产部门，胭脂鱼人工养殖已较为普遍，已经实现胭脂鱼全人工繁育。尽管目前人工繁殖技术还存在一些困难和问题，但以往的工作无疑为胭脂鱼人工放流的开展奠定了良好的基础。

12.1.4 增殖放流

人工增殖放流可有效补充苗种资源，优化种群结构，是恢复长江水生生物资源最直接有效的手段，对于促进长江流域的生态修复和渔业的可持续发展具有重要意义。

2009 年 12 月，四川省泸州市水务局和江阳区水务局在长江泸州段澄溪口举行 2009 年珍稀水生生物——胭脂鱼增殖放流活动，6 万尾胭脂鱼被放流长江。

2014 年开展的胭脂鱼增殖放流活动，放流水域为长江芜湖高沟段和无为县长江胭脂鱼保护区水域，共增殖放流胭脂鱼 32.41 万尾，并首次开展大规格胭脂鱼标记放流。截止到 2024 年，据不完全统计，胭脂鱼放流数量已达 1032.04 万尾（程睿等，2025）。

在进行人工放流的过程中，还有很多问题需要进一步研究解决，特别要加强种质资源的管理，保证放流鱼苗的质量，提高种苗在野生环境下的成活率。

12.1.5 保护区

长江上游珍稀特有鱼类国家级自然保护区位于长江上游地区，跨四川、重庆、贵州、云南 4 省（直辖市），自西向东包括宜宾、翠屏、南溪、江安、纳溪、龙马潭、江阳、合江等县（区）。1997 年由泸州市长江珍稀特有鱼类自然保护区和宜宾地区珍稀鱼类自然保护区合并成立长江合江 - 雷波段省级自然保护区，2000 年晋升为国家级保护区，2005 年改为今名。保护对象为白鲟、长江鲟、胭脂鱼等珍稀、特有鱼类及其产卵场。保护区总面积 331.75 km^2，其中核心区面积 108.04 km^2、缓冲区面积 158.05 km^2、实验区 65.66 km^2。属中亚热带湿润气候区，月均气温 7℃以上，比同纬度的长江中下游高 2～4℃。

目前在长江口并没有建立专门针对胭脂鱼的保护区，其在长江口休渔期在长江口中华鲟自然保护区内受到一定程度保护。

12.1.6 误捕与救治

蒋文华等（2002）对 1995～2000 年长江下游长约 70 km 的安徽铜陵江段胭脂鱼的误捕与救护做了一定的数据积累与分析工作。铜陵江段 1995～2000 年共误捕胭脂鱼 153 尾，其中幼鱼（体重＜ 0.1 kg）63 尾，占 41.2%；体重 4 kg 以上的个体为 40 尾，占 26.1%。春夏两季胭脂鱼的误捕数量占绝大多数，约为 90%，误捕死亡率为 25.5%；而秋冬两季误捕率为 10%，死亡率则高达 50%。所误捕的胭脂鱼总体死亡率为 28.1%。误捕胭脂鱼的渔具主要有定置网、流网、钩具和电网等。定置网主要插在洄水区缓坡处，对胭脂鱼的幼鱼误捕率较大；定置网捕获的个体均为本种的幼龄鱼，多数为当年生的幼苗，没有捕获成鱼的记录，这可能与胭脂鱼不同年龄段的生态习性不同有关。流网集中在沙滩边，而钩具类和电网则多作业于倒套和矶等江道复杂水域。定置网误捕胭脂鱼对其伤害很小，皆存活；电网误捕死亡率高达 92.5%；钩具类误捕死亡率为 15%。从误捕季节来看，胭脂鱼被误捕主要是在春夏两季；从渔具来看，电网对其危害最大。因此渔政管理部门在春夏两季控制渔捕密度，同时严禁电网这一非法渔具的使用，可最有效地保护胭脂鱼的自然资源量。

对胭脂鱼的救治主要包括以下几个方面。

（1）水质与鱼体处理。被误捕的胭脂鱼伤口绝大多数由钩具所致，其创面也多在鱼体腹部和背侧部。受伤的个体在水中腹部朝上，身体失去平衡。治疗前选择适当大小的室内水泥池，注入已曝气4～5 d的自来水，放入胭脂鱼前将鱼体浸在2～3 mg/L高锰酸钾溶液中消毒15 min。饲养水体中加入呋喃唑酮，浓度为0.2～0.4 mg/L。水温保持在22～25℃，水体每天更换1/4左右，同时加强增氧。胭脂鱼生性胆怯，喜静，对光线的刺激较为敏感，对水质的要求较高，饵料有选择，不同大小个体的饲养环境和条件不一样，应分开饲养。

（2）鉴定病原菌。胭脂鱼受伤部位的病原菌主要为弧菌属、气单胞菌属、假单胞菌属的细菌。这些致病菌均为条件致病菌，当环境因素条件，如水温过高、水质不良时，细菌大量生长繁殖产生毒素，引起疾病暴发。这3种致病菌属对青霉素、氯霉素、四环素均产生耐药性，而对头孢丙酮、阿米卡星、氧氟沙星和环丙沙星4种抗生素敏感。因此可用氧氟沙星制成软膏涂于胭脂鱼受伤部位，同时交替使用其他3种抗生素并参照人体单位体重用量对胭脂鱼进行肌肉注射。

（3）病害防治。无论在胭脂鱼的救治还是在苗种培育过程中都要注意病害防治。在养殖过程中应注意以防为主，发现鱼病及时治疗（赖年悦等，2006）。

预防措施。先用10～20 mg/L强氯精对水泥池进行消毒。在放养的胭脂鱼体长达2.52～3.2 cm时开始投喂切碎的水蚯蚓，水蚯蚓用恩诺沙星或诺氟沙星浸泡5～20 min后再喂，避免胭脂鱼发生肠炎。在转食投喂配合饲料时应确保饲料质量（2005年在转食中曾因饲料变质而引起胭脂鱼死亡），并设置食台。在高密度放养水泥池中应注重水质管理，最好每天加注新水。每周虹吸排污1～2次，用微生物制剂改良水质。在7～9月鱼病高发季节，用强氯精或溴氯海因全池泼洒1～2次。

治疗措施。在养殖中易出现细菌性烂鳃病、赤皮病、烂鳍病、肠炎病，在高温季节、水质较差、拉网分池时容易发病，可采用全池泼洒和内服药饵的方法治疗。全池泼洒：用0.2～0.25 mg/L强氯精或用0.3～0.5 mg/L溴氯海因泼洒，也可用0.15～0.3 mg/L恩诺沙星泼洒。如果病情严重，可在用药后1～2 d排去部分老水，加入新水，再次进行处理。

内服药饵。可选用的药物有：土霉素药饵，每千克鱼每天投喂50～80 mg土霉素，连续5 d；每千克鱼每天投喂磺胺-6-甲氧嘧啶10～20 mg，制作成颗粒饲料投喂3～6 d；每千克饲料加入诺氟沙星2～4 g，制成药饵喂3～5 d；每千克饲料中加入恩诺沙星1～2 g，制成药饵投喂3～5 d。

12.1.7　相关研究

1. 营养需求

马秀慧等（2013）对生长过程中池塘养殖的5月龄到41月龄胭脂鱼幼鱼鱼体的蛋白质营养变化进行了研究，结果发现鱼体组成中，29月龄幼鱼的粗蛋白含量最高，与5月龄无显著差异，17月龄最低；17月龄幼鱼的粗脂肪含量最高，29月龄最低；29月龄幼鱼灰分含量最高，17月龄最低。含肉率和肌肉中粗蛋白、粗脂肪及灰分含量随着月龄的增加而显著升高，而水分含量却随着月龄的增加而显著降低；肌肉氨基酸总量中，29月龄的最高，17月龄的最低；41月龄幼鱼肌肉中必需氨基酸含量最高，且与29月龄无显著性差异；各龄幼鱼均是谷氨酸（Glu）含量最高，其次是天冬氨酸（Asp），含量最低的为半胱氨酸（Cys）；17月龄、29月龄、41月龄幼鱼的第一限制性氨基酸分别为亮氨酸（Leu）、苏氨酸（Thr）和缬氨酸（Val），必需氨基酸指数分别为55.38、68.19和69.04。综合各项指标，29月龄幼鱼的蛋白质营养高于17月龄和41月龄的。其对池塘养殖的各龄胭脂鱼幼鱼鱼体的蛋白营养变化进行的研究，对了解胭脂鱼幼鱼蛋白质的营养需求具有一定参考价值。

脂肪是鱼类最佳能源物质，为鱼类提供必需脂肪酸，促进脂溶性维生素的吸收和运输，是鱼类饲料中不可缺少的营养物质。已有研究表明，饲料中适宜的脂肪含量可以提高饲料利用率，促进鱼类生长，而供给过多的脂肪则会增加鱼体脂肪沉积，抑制鱼类生长。王朝明等（2010）选用平均体重为6.73 g±0.21 g的胭脂鱼幼鱼540尾，随机分成6个组，分别饲喂脂肪水平为2.04%、4.43%、6.88%、9.02%、11.98%和13.39%的试验饲料，研究不同脂肪水平对胭脂鱼生长性能、肠道消化酶活性及脂肪代谢的影响，结果发现，饲料脂肪水平对胭脂鱼的生长性能有显著影响，当添加量为6.88%时，胭脂鱼增重率、特定生长率和RNA与DNA比值达到最大值，饲料系数达到最小值；通过二元回归分析确定，当增重率和饲料系数达到极值时，饲料脂肪水平分别为6.62%和7.02%，能量蛋白比分别为45.77 kJ/g和45.96 kJ/g；饲料脂肪水平显著影响胭脂鱼肠道消化酶活性，随着饲料脂肪水平的增加，蛋白酶活性逐渐降低，脂肪酶活性先升高后稳定，淀粉酶活性则先降低后稳定，转折点均出现在脂肪水平为6.88%时；饲料脂肪水平对脂肪代谢也有显著影响，随着饲料脂肪水平的增加，血清总脂、甘油三酯和总胆固醇含量增加，肝、胰脏苹果酸脱氢酶和血清脂蛋白酯酶活性降低；胭脂鱼的适宜脂肪水平为6.62%~7.02%，最佳能量蛋白比为45.77~45.96 kJ/g；饲料脂肪水平的增加，使肠道蛋白酶和淀粉酶活性受到抑制，血脂水平增加，脂肪合成代谢酶和脂肪分解酶活性降低。该研究对了解胭脂鱼的脂肪需求有一定参考价值。

2. 饵料使用

随着胭脂鱼人工繁殖技术的成熟，其养殖规模有所扩大，但早期生活史阶段较高的死亡率严重制约着胭脂鱼养殖的工业化和商品化进程。在胭脂鱼仔稚鱼培育阶段，饵料的选择与使用至关重要。易建华（2014）在实验室条件下对胭脂鱼仔稚鱼培育阶段饵料的选择与使用进行了研究。其使用丰年虫、水蚯蚓、饲料、饲料＋螺旋藻、丰年虫＋螺旋藻、水蚯蚓＋螺旋藻、丰年虫＋饲料＋螺旋藻、水蚯蚓＋饲料＋螺旋藻投喂幼鱼，发现饲料不适合作为胭脂鱼单一的开口饵料，开口摄食期间含有生物活饵的处理组的成活率高达90%以上，而主饵全为饲料的处理组成活率低至1%以下；螺旋藻的添加在一定程度上能提高胭脂鱼仔鱼的成活率，饲料组的成活率仅有0.73%±0.33%，而饲料＋螺旋藻组的成活率为24.99%±5.3%；主饵为水蚯蚓的处理组体重和全长都要明显高于主饵为丰年虫的处理组。转食对胭脂鱼仔稚鱼生长、成活率也有影响，易建华（2014）研究发现，转食对胭脂鱼早期的成活率有明显的负面影响。其根据结果提出相应的生产实践管理建议，认为开口饵料可以丰年虫为主，辅助投喂螺旋藻；仔鱼发育到一定阶段，再行联合投喂，逐渐增加投喂微颗粒饲料的量，减少丰年虫的投喂量；到时完全转食投喂微颗粒饲料。龚宏伟等（2005）也得出相似结论，用配合饲料作开口饵料时胭脂鱼的开口率、成活率和出池规格都显著低于水蚯蚓组和卤虫组，补充蛋黄后开口率、成活率、出池规格变化不明显，但补充螺旋藻后开口率、成活率、出池规格均显著提高；用配合饲料和卤虫作主体饵料再补充蛋黄和螺旋藻粉也获得了较高的开口率和成活率；建议在水泥池育苗条件下，长江胭脂鱼的开口饵料用配合饲料和鲜活饵料作主体饵料，并补充少量螺旋藻粉。

当饵料使用不当或者饵料不充足时，尤其是在人工增殖放流的胭脂鱼脱离人工培育环境而进入自然水域时，可能会经历不能及时获得饵料的阶段，因此有必要研究饥饿对胭脂鱼的生理影响，以指导胭脂鱼的保护。金丽等（2012）研究了不同饥饿时间（0 d、5 d、10 d、20 d、30 d、60 d）对胭脂鱼血液指标和造血的影响，结果发现，饥饿对胭脂鱼红细胞、血红蛋白、平均红细胞体积、平均红细胞血红蛋白含量和平均红细胞血红蛋白浓度等生理指标都有显著影响，而对白细胞和红细胞压积影响不显著；饥饿 5～30 d，外周血红细胞中含有较多数量的未成熟红细胞和较年轻的成熟红细胞，饥饿至 60 d 时新生红细胞的能力严重减弱；饥饿 60 d 的胭脂鱼出现大量断裂核红细胞，显示了营养不良造成的细胞病理学特征；血红蛋白含量和红细胞压积的变化与红细胞数量变化趋势一致；除胆固醇和谷草转氨酶外，其余各项生化指标均受到饥饿的显著性影响；血糖对饥饿较敏感；持续饥饿使其肾脏、头肾、脾脏、肝脏等造血器官体积减小，内部结构排列疏松，细胞萎缩，造血区解体；随着饥饿时间的延长，造血器官中成熟和趋向衰老的血细胞数量明显增多，各种原始和幼稚血细胞减少，造血机能下降，甚至丧失；饥饿使胭脂鱼造血过程和原有红细胞的衰老过程减缓，从而降低能量的代谢；当饥饿对鱼的生存产生胁迫时，作为能量节省机制，保存现有红细胞和停止红细胞生成可能是鱼类耐受饥饿的常用对策。

12.1.8　养殖技术

人工繁育及养殖是胭脂鱼保护的基础，只有掌握了胭脂鱼的人工繁养技术，才能有效保护胭脂鱼资源。另外，促进商业养殖，也有利于自然水域胭脂鱼的保护。周剑光等（1996）、万松良（2004）、王明建等（2012）、贾博（2013）、周学金等（2015）对胭脂鱼的养殖技术进行了探索，并开展了不同规模、多种形式的养殖试验，在养殖模式、日常管理、饵料使用、病害防治等方面积累了一定经验。

12.1.9　渔药使用

随着胭脂鱼人工繁殖技术的突破，胭脂鱼已经成为具有广阔市场前景的养殖品种，养殖面积不断扩大。鉴于胭脂鱼高密度养殖中病害日趋严重的状况，陈昕和胡石柳（2008）采用硫酸铜、甲醛、氰戊菊酯、三唑磷和敌百虫对胭脂鱼幼鱼进行了急性毒性试验，分别在试验 24 h、48 h、72 h 和 96 h 后记录胭脂鱼幼鱼死亡数和试验药液的安全质量浓度，结果发现，硫酸铜、甲醛、氰戊菊酯、三唑磷和敌百虫对胭脂鱼幼鱼 96 h 的 50% 致死浓度值分别为 1.96 mg/L、80.0 mg/L、0.002 mg/L、0.049 mg/L 和 16.0 mg/L；胭脂鱼幼鱼对硫酸铜、甲醛、氰戊菊酯、三唑磷和敌百虫 96 h 安全质量浓度分别为 0.57 mg/L、27.2 mg/L、

0.009 mg/L、0.013 mg/L 和 6.9 mg/L；5 种药物对胭脂鱼幼鱼的毒性大小依次为氰戊菊酯、三唑磷、硫酸铜、敌百虫、甲醛，胭脂鱼幼鱼对氰戊菊酯、三唑磷、敌百虫具有一定的耐受性。万全和张家男（2010）采用静水生物毒性试验法，在室温条件下，开展了高锰酸钾（$KMnO_4$）、二溴海因、阿维菌素 3 种药物对胭脂鱼幼鱼的急性毒性试验，探讨了胭脂鱼的最佳用药途径和使用剂量，结果发现，$KMnO_4$、二溴海因和阿维菌素对胭脂鱼 24 h 的 50% 致死浓度值分别为 3.05 mg/L、3.14 mg/L 和 0.031 82 mg/L；48 h 的 50% 致死浓度值分别为 2.86 mg/L、3.10 mg/L 和 0.028 23 mg/L；96 h 的 50% 致死浓度值分别为 2.46 mg/L、2.93 mg/L 和 0.0218mg/L；安全浓度分别为 0.75 mg/L、0.91 mg/L 和 0.006 67 mg/L，3 种药物对胭脂鱼幼鱼的毒性从大到小依次为阿维菌素＞$KMnO_4$＞二溴海因。

上述研究为胭脂鱼人工苗种繁育过程中合理用药提供了理论依据。

12.2 刀　鲚

刀鲚 *Coilia nasus*，又名长颌鲚，隶属鲱形目 Clupeiformes 鳀科 Engraulidae 鲚属 *Coilia*。太湖、澄湖和淀山湖等湖群，原先是一个与海相通的大海湾，由于长江与钱塘江向东延伸和反曲将其环抱，经两侧山水流入，盐水稀释，成为淡水湖。湖中的刀鲚不再进行定期洄游，照常生活和繁衍后代。随着时间的推移，长时间的自然选择使其脊椎骨数、卵巢、肝的性状及摄食行为等与在江海中生存的刀鲚群体产生了差异，衍生成一个陆封型定居性种群。所以，分布于长江口的刀鲚分为两种生态类型，洄游生态型和淡水定居生态型。洄游型刀鲚在江西鄱阳湖湖口、长江口、钱塘江、瓯江口等地区均有发现；定居型刀鲚在长江下游湖泊如巢湖、太湖、淀山湖等有捕获（洪珍珍等，2023）。

12.2.1　濒危等级

2007 年，长江刀鲚被列入首批《国家重点保护经济水生动植物资源名录》。自 2003 年开始，我国实行长江全面春季禁渔，对刀鲚等实行专项监测管理。2015 年《国家重点保护野生动物名录》水生野生动物调整方案公开征求意见，拟将长江刀鲚定为国家二级重点保护野生动物。

12.2.2　经济价值

刀鲚是一种名贵的经济鱼类，清明前是刀鲚市场的旺季，此时刀鲚价格可高达 8000～12 000 元 /kg。刀鲚肉质鲜美，自古享有盛名，被称为"长江三鲜"之首。刀鲚肌肉中氨基酸组成全面，谷氨酸的含量最高。肌肉中含有丰富的 K、Na、Ca，其中 Ca 含量为 522 mg/100 g；肌肉所含的微量元素中，Zn 和 Fe 的含量最为丰富，分别为 4.3～7.96 mg/kg 和 7.12～7.23 mg/kg；刀鲚肌肉中共有脂肪酸 15 种，其中不饱和脂肪酸的含量为饱和脂肪酸的两倍。长江刀鲚、太湖刀鲚及海水刀鲚肌肉组织中，多不饱和脂肪酸（PUFA）含量分别为 16.62%、16.07% 和 13.2%（李玉琪和陶宁萍，2014）。

12.2.3　分布

刀鲚主要分布于中国、朝鲜半岛和日本。我国主要产于黄海、渤海和东海沿岸，辽河、海河、黄河、长江、钱塘江等水系中下游及其附属水体中均能发现刀鲚，其中以长江中下游产量最高（刘鉴毅等，2019）。

12.2.4　资源量

历史上长江刀鲚资源极其丰富，长江中下游最高年产量为 1973 年的 3945 t，其中仅长江口就有 390 t，此后年产量不断下降，1982 年稍有回升，但仍然不及 1973 年的一半。1989 年以后，刀鲚幼体受到鳗苗网、深水定置张网等有害渔具的过度捕捞，资源量更是每况愈下，目前已到岌岌可危的地步。

1975～1988 年，长江口刀鲚由崇明水产公司统一收购，产量比较稳定。这 14 年中，最高年产量为 190 t，最低年产量为 90 t，平均年产量为 140 t，产量比较稳定。这一阶段没有深水定置网作业，多是采用流网作业，所渔获刀鲚规格均较大。

1989～1994 年，长江口刀鲚产量急剧下降。1992 年长江口刀鲚产量在 30 t 左右，1994 年刀鲚产量在 5 t 左右。其主要原因除了过度捕捞之外，还因有大量刀鲚幼体进入鳗苗网而丧生。鳗苗网网目只有 1 mm，无论是刀鲚幼体还是成体均被一网打尽。此阶段在长江口作业的鳗苗捕捞船达千余艘，大量刀鲚幼体被捕捞，对刀鲚群体资源自然增长造成了破坏性的影响。

1995～1998 年，刀鲚年产量在 5 t 左右，产量持续低迷。1995 年还能在长江口偶尔捕获 2～3 kg 刀鲚，而后刀鲚资源逐年匮乏，刀鲚渔汛越来越迟，往年能看到渔汛的日子，开始看不到刀鲚踪影。

1999～2002 年，刀鲚年产量呈上升趋势，在 40～160 t，4 月的产量占绝大多数。但此间捕获的刀鲚大中小规格都有，而且 2001 年产量虽然高达 160 t，但个体普遍较小。此间刀鲚产量回升并不是刀鲚资源真的在回升，而是由于 1998 年长江特大洪水，不仅是刀鲚，其他长江口蟹苗、鳗苗资源都出现了回升。2002 年长江口刀鲚产量只有 42 t，只有前一年的 1/4。

2003～2012 年，长江口刀鲚产量呈波动性下降。2003 年长江口刀鲚产量 30 t；2004 年长江刀鲚渔汛中，长江口投入捕捞船 160 多艘，刀鲚产量约 11 t。2004 年的渔汛特点是刀鲚资源少、来得迟、产量低。2005 年刀鲚产量为 50 t，2006 年刀鲚产量为 40 t。2006 年刀鲚渔汛比 2005 年来得较早，第一渔汛时间为 2 月 21～25 日，而 2005 年刀鲚渔汛为 3 月 3～8 日。2010 年及 2011 年渔获物以大刀鲚为主，分别占长江口渔获物的 50% 及 30%，而小刀鲚数量分别占 10% 及 40%。2008～2012 年以 2010 年的捕捞量最高，2011～2012 年捕捞量出现急剧下降。从渔获刀鲚的大小来看，2008 年刀鲚平均体长为 30.6 cm，优势体长组为 24～34 cm；2009 年的优势体长组为 22～32 cm；2010 年及 2011 年优势体长组为 24～34 cm。就体重而言，2009 年刀鲚渔获物以小于 50 g 的为主，占长江口刀鲚渔获物重量的 90% 以上，而 100 g 以上的大刀鲚仅占 2%；2011 年的大刀鲚个体所占比例出现明显的下降，相反 75 g 以下的个体所占比例出现翻番的情况。

12.2.5 人工繁殖

顾海龙等（2016）介绍了刀鲚苗种的 3 种主要来源：灌江纳苗、野生捕捞、人工繁育。灌江纳苗就是在长江刀鲚繁育季节引入长江水，并把在长江中自然繁育的刀鲚苗也随水引入池塘。此法对养殖地点要求很高，且后期苗种的筛选纯化难度较大。张呈祥等（2006）用此法累计获得刀鲚苗种 12 000 万余尾。野生捕捞是在刀鲚生殖洄游期间于江边捕捞获得刀鲚苗种的方法，是目前最常用的方法。但由于刀鲚应激性强，捕捞后经运输的苗种死亡率极高。目前这一技术已得到突破，8 h 采捕运输成活率可达到 90% 以上。人工繁育是普通鱼类的主要获苗方式，但在刀鲚中仍处于试验阶段。闻海波等（2009）研究发现，池塘养殖条件下，部分刀鲚的卵巢至少能够发育到 IV 期晚期，时间上也类似于长江刀鲚在自然状态下同时期的发育状态，且长江刀鲚的性腺发育成熟度可能与所处江段关系不大，这对于实现刀鲚的全人工繁育是一个良好而必备的条件。

2005 年，江苏省如皋市水产技术指导站启动了"刀鱼的种质保护与驯养"项目，将捕获的野生"洄游型"刀鲚幼鱼在试验基地进行驯化养殖以求获取商品鱼，并获得了成功（陈忠高和董建坤，2010）。徐跑（2010）发明了一种全人工的繁殖方法，突破了刀鲚人工繁殖的难题，使刀鲚人工繁殖的催产率达到 33%，受精率达到 48%，孵化率达到44%。郑金良（2009）发明了一种池塘生态养殖的方法，显著地提高了鱼苗的成活率。徐钢春等（2011）发明了一种人工养殖刀鲚的方法，使刀鲚的成活率高达 90%，可在 2 年内由 5 g 左右长到 100 g 以上，且养殖的刀鲚品质高。据报道，中国水产科学研究院淡水渔业研究中心及上海市水产研究所苗种技术中心在刀鲚人工繁育技术上均已取得阶段性突破。

2007 年以来，上海市水产研究所持续开展了刀鲚规模化全人工繁育技术及养殖模式的研究。2011 年刀鲚人工繁育实现突破，获得刀鲚人工繁育子一代。2013 年对 2011 年获得的人工繁育子一代亲本进行催产，培育出 12.3 万尾 25～50 日龄、大规格（3.0～5.0 cm）苗种，2014 年获得 16.3 万尾大规格（2.0～4.5 cm）苗种，攻克了刀鲚人工繁育子一代的亲本培育、催产、受精、室内水泥池孵化和鱼苗培育等关键技术。刀鲚规模化繁育技术趋于成熟。

江苏省江阴市申港三鲜养殖有限公司、江苏中洋集团股份有限公司及靖江、如皋等地的多家单位和企业有小规模养殖。养殖模式分为池塘养殖和温室养殖。江苏省农业科学院泰州农科所联合靖江市水产技术指导站等单位与泰州市秋雪湖渔业有限公司合作对刀鲚人工养殖繁育技术进行攻关，每年自长江引进刀鲚苗种于温室内进行工厂化养殖，目前暂养刀鲚 2 万余尾，2 龄以上平均规格 60.8 g/ 尾，最大规格 139.7 g/ 尾。总体来看，刀鲚的人工养殖仍处于起步阶段，刀鲚的养殖规模小、规格小、成本高、成活率低，人工养殖技术还有待进一步提高（顾海龙等，2016）。

12.2.6 增殖放流

上海市在 2013 年开展了试验性放流，在长江口成功放流 9000 尾刀鲚苗种。

2014 年，上海市农业委员会与崇明县人民政府在长江大桥以东水域放流了 10 万尾由上海市水产研究所提供的全人工繁育的规格在 6～8 cm 的刀鲚苗种。刀鲚苗种放流长江，是刀鲚人工繁育科研成果在渔业生产中的实际应用。开展刀鲚的人工增殖放流是恢复和增加长江刀鲚资源的有效手段，对保护生物多样性、修复水域生态环境及促进渔业可持续发展都具有重要意义。

12.2.7　保护区及法律法规

2002 年农业部颁布了《长江刀鲚凤鲚专项管理暂行规定》，并对长江实施了禁渔制度。根据相关规定，每年进入 3 月后才是长江刀鲚捕捞时节，并且规定严格的捕捞时间和捕捞期。捕捞期间，特许捕捞船需使用规定规格的渔网。如捕捞期内渔船违规作业，将被吊销特许捕捞证。每年 4 月 1 日到 6 月 30 日，长江南京段将实行 3 个月禁渔期，其间除持有江苏省渔业主管部门核发的刀鲚特许捕捞许可证的渔船，可在特定时段进行刀鱼捕捞作业外，其他捕捞作业一律禁止。

2013 年，上海、江苏、安徽三地的长江刀鲚被列入国家保护范围，划定了"长江刀鲚国家级水产种质资源保护区"。长江刀鲚国家级水产种质资源保护区总面积为 2026 hm²，其中核心区面积 492 hm²、实验区面积 1534 hm²。核心区特别保护期为每年 3 月 1 日至 11 月 30 日。保护区位于长江扬中段南夹江水域，地理范围在北纬 32°03′42″～32°15′22″、东经 119°42′31″～119°53′48″。核心区位于油坊镇会龙村至新坝镇联合村段。实验区分为两段：第一段从八桥镇齐家村至油坊镇会龙村段；第二段从新坝镇联合村至新坝镇新宁村。保护区主要保护对象为暗纹东方鲀和刀鲚。

12.3　圆口铜鱼

12.3.1　研究概况

圆口铜鱼 *Coreius guichenoti* 隶属鲤形目 Cypriniformes 鮈亚科 Gobioninae 铜鱼属 *Coreius*，是长江上游特有鱼类，国家二级重点保护野生动物，重庆市、四川省重点保护鱼类，俗称金鳅、水密子、圆口等。圆口铜鱼是长江上游重要鱼类，局限分布于长江宜昌以上江段。目前，关于圆口铜鱼的研究已较多，关于其种群分布、生物学特征、资源动态、遗传多样性、人工繁殖、资源增殖等的研究均较多，摸清了其基础生物学特征，突破了亲本培育、病害防治、人工繁育和增殖等技术难关，保存了大量人工种群，国内多家单位相继攻克了其人工繁殖技术瓶颈，并于 2020 年首次实现了 10 万尾大规格苗种规模化人工放流。目前来看，虽然在大规模人工繁殖方面仍存在一定的技术难题，但从人工保种角度来看，圆口铜鱼是仅次于胭脂鱼、岩原鲤、厚颌鲂等珍稀特有鱼类的成功保种种群，相关研究已较为成熟，下一步相关部委将有规划地开展相关物种保护工作，促进圆口铜鱼自然种群稳定与增长。

12.3.2　种群分布

圆口铜鱼分布于长江上游干支流和金沙江下游及岷江、嘉陵江、乌江等支流，根据2010～2018年的调查结果，圆口铜鱼广泛分布于金沙江虎跳峡以下江段，支流中以雅砻江、岷江相对较多。现有调查结果显示，三峡库区已较少见圆口铜鱼成鱼分布，在三峡库尾江段8～12月能调查到数量较多的幼鱼分布。2017年，四川省农业科学院水产研究所和中国科学院水生生物研究所在保护区泸州江段等地调查到超过千尾20 mm以下幼体，但2008年以来向家坝江段鱼类早期资源调查未发现坝下江段有圆口铜鱼自然繁殖现象。

12.3.3　生物学特征

1. 生活习性

圆口铜鱼为杂食性底栖鱼类，通常栖息于水流湍急的江河，常在多岩礁的深潭中活动，喜集群活动。食性很广泛，食谱中既有动物性食物，也有植物性食物，主要以水生昆虫、软体动物、植物碎片及鱼卵、鱼苗和有机碎屑等为食。

2. 繁殖习性

圆口铜鱼初次性成熟年龄为4龄，也有文献报道圆口铜鱼性成熟的年龄是2～3龄。繁殖季节为4月下旬至7月中旬，以5～6月为盛期。产卵场在长江上游重庆、四川屏山，并上至金沙江云南朵美一带。在具有卵石河底的急流滩处产漂流性卵，产出的卵迅速吸水膨胀并在顺水漂流过程中发育孵化。卵膜径一般为5.1～7.8 mm，卵周隙较家鱼大，卵膜较厚。水温在22～24℃时，受精卵经50～55 h即可孵出（甘江英和吴斌，2012）。

3. 年龄与生长

圆口铜鱼在保护区各江段均被监测到，但2010年后保护区赤水河江段未收集到样本。2006～2016年保护区江段采集到的圆口铜鱼平均体长分别为229 mm、207 mm、202 mm、194 mm、168 mm、175 mm、173 mm、202.5 mm、197 mm、191 mm、199 mm；平均体重分别为236 g、263 g、181 g、180 g、126 g、87 g、120 g、187.5 g、163 g、166 g、157 g；年龄变幅为1～5龄，以1～3龄为主，雌雄比为1.4∶1。圆口铜鱼主要被流刺网、小钩、定置刺网、排钩及百袋网等捕获。

12.3.4　渔业资源

2010～2018年，圆口铜鱼在长江上游各江段广泛分布，资源量较为丰富，调查结果显示，在向家坝下的出现频率为22.73%～61.30%，在渔获物中的重量比例约为7.63%；在金沙江出现频率在0.26%～77.80%，在渔获物中的重量比例约为23.04%。从出现频率及渔获重量比例来看，圆口铜鱼目前仍为长江上游重要经济鱼类，是长江十年禁渔前的重要渔获种类，但长期监测结果显示，长江上游流域内圆口铜鱼捕捞规格呈现下降趋势；同时圆口铜鱼在向家坝上下江段表现出不同分布特征：向家坝上金沙江江段截至2018年仍能采集到大量大规格圆口铜鱼，尤其是乌东德坝下至巧家江段和攀枝花江段，2018年在向家坝库区溪洛渡坝下采集到了20余尾圆口铜鱼幼鱼，是否在溪洛渡坝下形成了新的产卵场或来自溪洛渡坝上还需长期观测与鉴定；但向家坝下长江上游干流江段圆口铜鱼捕捞规格近年来越来越小，2014年溪洛渡、向家坝同时蓄水后首年，在向家坝下宜宾江段有渔民捕到2000 g以上个体，据当地渔民描述，溪洛渡、向家坝蓄水后坝下江段大个体圆口铜鱼几乎每天均能捕捞到，可能为圆口铜鱼洄游通道受阻后性成熟个体大量滞留坝下江段所致，同时坝下部分江段出现了大量幼鱼，如泸州江段等，是否在向家坝下其他江段形成了新的产卵场，还需大量、长序列观测佐证。

12.3.5　鱼类早期资源

圆口铜鱼为典型产漂流性卵鱼类，属于河道洄游型鱼类，历史记录其主要产卵场在金沙江，2008年前长江上游江津江段能调查到大量圆口铜鱼卵苗，但2008年后长江上游向家坝下至江津江段再未调查到圆口铜鱼卵苗，仅在金沙江下游河段调查到其自然繁殖。

2016～2018年攀枝花江段调查结果显示，圆口铜鱼可在金沙江至雅砻江河口以上江段繁殖，约占断面鱼卵总数的0.63%，卵苗年均径流量约为23万粒；巧家江段调查结果显示，圆口铜鱼主要在皎平渡至东川渡口间产卵场繁殖，约占断面鱼卵总数的80%，卵苗年均径流量约为927万粒；产卵场主要集中在会泽、会东、乌东德和皎平渡等江段，集中于乌东德坝上下和白鹤滩库尾江段。金沙江宜宾断面、岷江河口断面、赤水河断面和江津断面2008年后均未监测到圆口铜鱼自然繁殖现象。

12.3.6　遗传多样性

目前有一些对圆口铜鱼野生群体遗传结构的报道，如廖小林（2006）和袁希平等（2008）利用9对微卫星标记对4个圆口铜鱼群体进行了遗传结构分析；徐树英等（2007）检测了宜宾江段圆口铜鱼群体的遗传多样性；Zhang等（2012）利用11个微卫星标记对7个圆口铜鱼群体的遗传结构进行了分析。这些分析结果并不一致，有的报道显示不同地理群体间已出现遗传分化，而有些则未检测到明显的遗传分化。熊美华等（2018）采用多态性和稳定性更好的四碱基重复的圆口铜鱼微卫星标记，分析了长江中上游6个圆口铜鱼群体的遗传多样性和遗传结构，分子方差分析（AMOVA）结果表明，圆口铜鱼群体内的分子遗传变异是变异的主要来源，固定指数（F_{ST}）（F_{ST}=0.007，< 0.05）也显示了群体间不存在遗传分化，这二者之间是一致的。这与廖小林（2006）对长江干流的4个圆口铜鱼群体的分析结果一致。袁希平等（2008）对宜宾、巴南、涪陵、忠县4个圆口铜鱼群体进行的AMOVA结果也表明了群体内变异要大于群体间变异，但固定指数为0.121 58，介于0.05～0.15，显示核内基因组存在中度遗传差异。

12.3.7　资源保护

圆口铜鱼是长江上游特有鱼类，同时也是国家二级重点保护野生动物，产漂流性卵，局限分布于宜昌以上江段。关于圆口铜鱼的相关研究相对较晚，但由于其种群特殊性，在金沙江梯级开发中受影响相对较大，是较为典型的制约物种。2000 年以来，农业农村部、中国长江三峡集团为突破圆口铜鱼人工保种相关技术瓶颈，开展了系列调查与研究工作，包括资源普查、产卵场调查、基础生物学研究、人工繁殖技术研究、水文生态需求研究等。截至 2024 年，已基本摸清圆口铜鱼在长江上游的资源形势与受胁因素，找到了种群维持与增殖的关键"卡脖子"环节。根据相关资料与调查结果，圆口铜鱼仅能在金沙江完成繁殖过程，有效产卵场均位于金沙江宜宾以上江段。因此，在金沙江梯级开发背景下，人工保种是其种群维持与增殖的关键。自 2000 年以来，在中国水产科学院长江水产研究所、中国科学院水生生物研究所、水利部中国科学院水工程生态研究所、中国长江三峡集团中华鲟研究所、宜昌三江渔业有限公司等的联合攻关下，相继突破了圆口铜鱼人工繁殖技术，获得了一定规模的圆口铜鱼苗种，并于 2020 年首次实现了保护区内 10 万尾圆口铜鱼大规格苗种人工增殖放流，为保护区圆口铜鱼群体提供了重要补充，同时相继建立了乌东德增殖放流站、向家坝增殖放流站和赤水河增殖放流站，为资源增殖提供了重要的技术与能力保障（陈大庆等，2023b）。但圆口铜鱼资源形势仍不容乐观，如何重建其产卵场、增殖自然种群是圆口铜鱼资源保护的关键，为此，农业农村部等多部委从圆口铜鱼资源保护近、远期保护方向做了规定，在多级政府部门和科研院校共同努力下，进一步突破相关技术瓶颈，以期为圆口铜鱼种群维持与增殖提供坚实基础。

12.4 岩 原 鲤

12.4.1 研究概况

岩原鲤 *Procypris rabaudi* 隶属鲤形目 Cypriniformes 鲤亚科 Cyprininae 原鲤属 *Procypris*，俗称岩鲤、黑鲤鱼、墨鲤、岩鲤鲃。21 世纪以来，对岩原鲤的研究取得了突破性进展，西南大学、湖北省水产科学研究所、重庆市万州水产研究所、四川省农业科学院水产研究所等单位先后对岩原鲤的人工繁殖进行了试验，并获得成功（刁晓明和王贤刚，2000；蔡焰值等，2003；吕光俊，2004；谭国良等，2005；蒋明等，2005；周剑等，2006；黄辉等，2008）。蔡焰值等（2003）调查了岩原鲤野生资源并对其生物学进行了研究。刘思阳等（2004）采用 RAPD 技术分析了岩原鲤分类地位，发现其遗传特性与鲃亚科更接近。宋君等（2005）、宋君（2006）、宋昭彬（2005）对其种群遗传多样性进行了研究。庹云（2006）、庹云等（2005）、李萍和庹云（2008）对岩原鲤的胚胎、胚后发育与早期器官分化进行了初步研究，还对其早期行为发育和病害防治进行了报道。

12.4.2 种群分布

岩原鲤分布于长江上游各支流，以嘉陵江和岷江居多，其次是长江干流（陈大庆等，2023a）。

12.4.3 生物学特征

1. 生活习性

岩原鲤在天然水体中主要常栖息于水流较缓而底层为砾石及岩石缝、深坑洞的江河水体中，喜集群于较暗的底层缓流水体中活动，故为底栖性鱼。冬季在江河河床的岩石缝、深坑洞及有缓流水的岩石洞中越冬，摄食底栖生物和着生于岩石上的软体动物及其他着生生物（庹云，2009）。立春后即水温在12℃以上时开始溯水上游到长江上游干流及与长江相通的支流中摄食生长及产卵（施白南，1980）。

2. 食性

岩原鲤为杂食性鱼类，但较喜食底栖动物，主要食物为摇蚊幼虫、蜉蝣目和毛翅目幼虫、寡毛类、小螺、蚬、湖沼股蛤等软体动物，其次是腐烂的高等植物碎片，偶尔也摄食少量浮游动植物（周剑等，2007）。

12.4.4 人工繁殖

21世纪以来，岩原鲤人工繁殖工作的开展达到了高潮，人工繁殖获得了不同程度的成功。总体而言，岩原鲤在人工养殖条件下不容易自然产卵。采用两种以上的激素催产效果较好（庹云，2009）。激素一般分两次注射，性成熟较差的亲鱼可提前催熟。蔡焰值等（2003）用鱼脑垂体（PG）每千克体重8～11 mg、用促黄体素释放激素类似物（LRH-A2）每千克体重4～6 μg、用人绒毛膜促性腺激素（hCG）每千克体重1800～2000 IU、用马来酸地欧酮（DOM）每千克体重6～8 mg，选成熟较好的亲鱼在水温18℃以上时进行2次注射催产，进行干法人工授精，静水孵化，获得成功。重庆市万州区水产研究所（谭国良等，2005；蒋明等，2005）采用雌鱼每千克用催产药物：LRH-A2 5 μg+hCG 1000 IU+PG 2 mg，分2次注射，第一次注射总剂量的20%，第二次注射剩余剂量，针间距12 h；雄鱼在雌鱼注射末针时一次注射，剂量减半。2003年在16～21℃下自然产卵，自然受精，将受精卵布于孵化格的网片上，在孵化槽中采用微流水孵化，受精率48.5%，孵化率49.1%，畸形率31.1%。2004年在23℃恒温下采用静水孵化，进行干法人工授精，受精率77.7%，孵化率86.9%，畸形率7.3%。2005年采用半干法人工授精，自然孵化，受精率90.0%以上，孵化率87.9%以上，畸形率15.0%。在23℃恒温下受精率、孵化率更高，畸形率相对减少。

12.4.5 苗种培育

仔鱼开口饵料主要用蛋黄、枝角类、桡足类、轮虫，经过40目的网布滤后投喂，鱼苗长2 cm以上时除摄食饵料生物以外，可摄食人工配合饲料（含蛋白质42%～43%），规模视养殖条件而定。保持水源充足，水深应在1.5 m左右。培育池要求池底及池壁四周光滑，长期有微流水，培育池必须在室内或用遮阳布遮盖，避免阳光直接照射（吕光俊，2004）。

12.5　四大家鱼

12.5.1　分类地位

草鱼 *Ctenopharyngodon idellus*，隶属鲤形目 Cypriniformes 鲤科 Cyprinidae 草鱼属 *Ctenopharyngodon*，俗称鲩鱼、草鲩等。

鲢 *Hypophthalmichthys molitrix*，隶属鲤形目 Cypriniformes 鲤科 Cyprinidae 鲢属 *Hypophthalmichthys*，俗称鲢子、跳鲢、白鲢等。

鳙 *Aristichthys nobilis*，隶属鲤形目 Cypriniformes 鲤科 Cyprinidae 鳙属 *Hypophthalmichthys*，俗称胖头鱼、花鲢等。

青鱼 *Mylopharyngodon piceus*，隶属鲤形目 Cypriniformes 鲤科 Cyprinidae 青鱼属 *Mylopharyngodon*，俗称青皖、溜子、乌青等。

青、草、鲢、鳙合称四大家鱼。四大家鱼是典型的产漂流性卵鱼类，春末夏初，亲鱼除了需要特定的水温条件外，还要在江水水位涨落等刺激下才能排卵，产出的卵吸水膨胀后密度略大于水，需要一定的水流外力作用才能使其悬浮于水中，顺水漂流而孵化（谢文星等，2014；李翀等，2008；段辛斌等，2008）。孵化出的早期仔鱼在干流中仍然要顺水漂流，直至发育成具有较强游泳能力的幼鱼后才能到通江湖泊中肥育，从卵产出到仔鱼具备溯游能力，其间需要顺水漂流数百千米（柏海霞，2015）。产后的成鱼则洄游至湖泊中摄食，部分仔稚鱼随水流直接进入湖泊，部分在干流的漫滩摄食，长为幼鱼后顶流进入湖泊，幼鱼在湖泊中经过 3～5 年肥育后达到性成熟（茹辉军，2012；朱其广，2011）。

12.5.2　资源量

20 世纪 60 年代初重庆至江西彭泽近 1700 km 的长江干流江段分布有 36 个四大家鱼的产卵场，年产卵规模在 1000 亿粒～1300 亿粒，其中宜昌以上 9 个产卵场，1964 年和 1965 年的产卵规模分别为 222 亿粒和 316 亿粒，占长江干流总产卵量的 20.6% 和 24.5%（常涛等，2021）。但是受筑坝建闸、围湖造田和过度捕捞等人类活动的影响，长江流域四大家鱼的种群数量逐渐降低，产卵规模也逐年下降。1981 年，长江四大家鱼的总产卵规模为 173 亿粒，较 60 年代同江段产卵规模下降了 84.3%（李世健等，2011）。1986 年，长江上游宜昌至重庆 11 个四大家鱼产卵场的产卵规模下降至 30 亿粒左右，仅为 60 年代的 10.0% 左右；长江中游监利江段四大家鱼的产卵规模同样下降明显，1986 年监利江段四大家鱼鱼苗径流量为 72 亿尾，1997 年下降至 35.87 亿尾（李世健等，2011）；其后受水利工程建设的影响，长江中游四大家鱼的产卵规模进一步下降，2007 年曾一度低至 1 亿尾以下，仅为 1986 年的 1.0%；2011 年以后，由于生态调度及亲本放流等保护措施的实施，监利江段四大家鱼鱼苗径流量有所上升（陈敏，2018），但是仍然不足 1986 年的 1/5。长江十年禁渔全面实施后，四大家鱼早期资源明显恢复。监测数据表明，全面禁捕后，宜昌产卵场 2021～2022 年的年均产卵规模为 128.8 亿粒，已超过有监测记录以来最高的 1964～1965 年均 114.5 亿粒。

12.5.3 人工繁殖

1954 年，中国科学院水生生物研究所的朱宁生利用脑垂体悬液注射取自长江的青鱼和鳙催情成功。1958 年，钟麟等利用流水刺激加上脑垂体催情，第一次实现了鲢、鳙的人工产卵、授精和孵化。1963 年，刘筠带领的团队对四大家鱼人工催产排卵获得了成功，并为家鱼人工繁殖提供了科学的理论依据，宣告中国四大家鱼不能人工繁殖的历史就此结束。

12.5.4 增殖放流

为挽救长江渔业资源，2002 年在农业部的主持下长江流域首次进行了同步性、实验性增殖放流。2002 年 6 月 9 日，湖北、湖南、江西、安徽、江苏、上海 6 省市向长江中下游春季禁渔水域同步投放 6000 kg 以上 1 龄青、草、鲢、鳙四大家鱼原种苗 50 000 尾。

自 2010 年起，中国科学院水生生物研究所已连续 15 年在长江中游开展四大家鱼原种亲本增殖放流活动。实施放流以来，长江中游四大家鱼卵苗资源量得到逐步回升。特别是实施长江十年禁渔后，监利断面四大家鱼卵苗资源量已恢复至 1997 年的水平，但仅达到历史最高水平的 1/3 左右。此外，四大家鱼种类组成比例不平衡，相比历史最优状况仍有较大差距。

根据四大家鱼资源状况，中国水产科学研究院长江水产研究所近年对放流亲本比例进行了调整，增加草鱼、青鱼放流数量，实施精准、科学放流。今后，该所将继续开展长江渔业资源监测，根据监测结果优化放流方案，持续为长江生态保护贡献力量。

12.5.5 生态调度

四大家鱼自然繁殖时期为每年的 5～6 月，最低水温为 18℃，水温低于 18℃繁殖活动则被迫终止，受三峡水库春季低温水下泄的影响，四大家鱼的产卵繁殖期出现明显的滞后效应，推迟时间约 20 d（彭期冬等，2012）。另外，天然河流的洪水脉冲过程带有强烈的生命节律信号，会引发鱼类的自然繁殖行为，观测资料显示，四大家鱼等产漂流性卵鱼类在水温合适的前提下，如遇江水上涨就可能诱发繁殖行为（陈永柏等，2009）。涨水率、涨水持续时间等水文节律指标是影响鱼类繁殖的关键指标，水文过程的坦化，洪峰过程的削减，以及洪峰流量、涨水率等鱼类繁殖的刺激信号减弱，同样可能对四大家鱼的繁殖活动产生不利影响（张迪等，2024）。

为了减缓不利生态影响，三峡水库 2011～2022 年连续 12 年开展了面向下游产漂流性卵鱼类自然繁殖的 18 次生态调度试验，在每年的 5～7 月，结合上游来水条件，在水温合适的条件下，通过改变水库下泄流量过程，人工创造适合四大家鱼产卵繁殖所需水文条件及水力学条件的洪峰过程，刺激四大家鱼等产漂流性卵鱼类繁殖。李博等（2021）研究表明，宜昌江段适宜四大家鱼繁殖的流量范围为 10 000～25 000 m³/s，适宜四大家鱼繁殖的水温范围为 21.0~23.8℃。在此流量、温度范围内实施生态调度，保持出库流量日增长率维持在 2000 m³/s 以上，涨水时间维持在 4 d 时，有利于宜昌江段四大家鱼繁殖活动。徐薇等（2020）研究发现，宜昌江段需满足的水文条件为断面初始流量达 14 000 m³/s，持续涨水 4 d 以上，水位日涨幅平均大于 0.5 m，流量日增幅平均大于 2000 m³/s，与前一次洪峰的间隔时间在 5 d 以上，有利于增加宜昌至沙市江段四大家鱼产卵量。自 2017 年开始，生态调度试验扩展到了金沙江下游，开展了溪洛渡、向家坝、三峡梯级水库联合生态调度试验，梯级水库同步开始加大出库流量，以满足生态调度试验要求。

参 考 文 献

柏海霞. 2015. 长江宜都四大家鱼产卵场地形特征及生态水力因子分析. 北京: 中国水利水电科学研究院硕士学位论文.

柏慕琛, 班璇, Diplas P, 等. 2017. 丹江口水库蓄水后汉江中下游水文时空变化的定量评估及其生态影响. 长江流域资源与环境, 26(9): 1476-1487.

鲍生成, 包天杰, 王沈同, 等. 2022. 基于线粒体 COI 基因的 9 个青鱼群体遗传变异分析. 水生生物学报, 46(7): 933-938.

蔡露, 张鹏, 侯轶群, 等. 2020. 我国过鱼设施建设需求、成果及存在的问题. 生态学杂志, 39(1): 292-299.

蔡晓斌, 燕然然, 王学雷. 2013. 下荆江故道通江特性及其演变趋势分析. 长江流域资源与环境, 22(1): 53-58.

蔡焰值, 蔡烨强, 何长仁, 等. 2003. 岩原鲤的生物学初步研究. 水利渔业, 24(4): 17-19, 21.

曹文宣. 2009. 如果长江能休息: 长江鱼类保护纵横谈. 中国三峡, (12): 148-156.

曹文宣, 常剑波, 乔晔, 等. 2007. 北京: 中国水利水电出版社.

长江水系渔业资源调查协作组. 1990. 长江水系渔业资源. 北京: 海洋出版社.

长江四大家鱼产卵场调查队. 1982. 葛洲坝水利枢纽工程截流后长江四大家鱼产卵场调查. 水产学报, 6(4): 287-305.

常剑波. 1999. 长江中华鲟繁殖群体结构特征和数量变动趋势研究. 武汉: 中国科学院水生生物研究所博士学位论文.

常涛, 段中华, 黎明政. 2021. 三峡水库蓄水后长江中游宜昌江段鱼类早期资源群聚动态. 长江流域资源与环境, 30(1): 137-146.

陈大庆, 刘绍平, 孙志禹, 等. 2023a. 长江上游珍稀特有鱼类国家级自然保护区水生生物资源与保护. 北京: 中国三峡出版社.

陈大庆, 田辉伍, 孙志禹, 等. 2023b. 长江上游干流鱼类生物学研究. 北京: 中国三峡出版社.

陈斐, 杨树国, 杨剑虹, 等. 2020. 长江上游珍稀特有鱼类国家级自然保护区 (云南段) 水生生物调查. 现代农业科技, (15): 215-216.

陈光付. 2023. 不同水温对鲢鱼血液生理生化指标的影响. 黑龙江水产, 42(4): 267-269.

陈会娟, 刘明典, 汪登强, 等. 2018. 长江中上游 4 个鲢群体遗传多样性分析. 淡水渔业, 48(1): 20-25, 68.

陈会娟, 汪登强, 段辛斌, 等. 2016. 长江中游鳊群体的遗传多样性. 生态学杂志, 35(8): 2175-2181.

陈吉余, 程和琴, 戴志军. 2008. 河口过程中第三驱动力的作用和响应: 以长江河口为例. 自然科学进展, 18(9): 994-1000.

陈吉余, 恽才兴, 徐海根, 等. 1979. 两千年来长江河口发育的模式. 海洋学报, 1(1): 103-111.

陈家长, 孙正中, 瞿建宏, 等. 2002. 长江下游重点江段水质污染及对鱼类的毒性影响. 水生生物学报, (6): 635-640.

陈建武, 汪登强, 张燕, 等. 2010. 长江铜鱼种群遗传结构的微卫星分析. 长江流域资源与环境, 19(S1): 138-142.

陈进. 2018. 长江流域水资源调控与水库群调度. 水利学报, 49(1): 2-8.

陈森, 苏晓磊, 黄慧敏, 等. 2019. 三峡库区河流生境质量评价. 生态学报, 39(1): 192-201.

陈敏. 2018. 长江流域水库生态调度成效与建议. 长江技术经济, 2(2): 36-40.

陈茜, 孙晓莎, 等. 2000. 澜沧江—湄公河流域基础资料汇编. 昆明: 云南科技出版社.

陈淑群. 1984. 青鱼 (♀) 和三角鲂 (♂) 不同亚科之间的杂交研究 1、青鱼 (♀)、三角鲂 (♂) 及其子一代的比较细胞遗传学研究. 湖南师范大学自然科学学报, 7(4): 71-80.

陈文静, 贺刚, 吴斌, 等. 2017. 鄱阳湖通江水道鱼类空间分布特征及资源量评估. 湖泊科学, 29(4): 923-931.

陈昕, 胡石柳. 2008. 5 种常用水产药物对胭脂鱼幼鱼的急性毒性研究. 安徽农业科学, 36(22): 9569-9571.

陈宜瑜, 等. 1998. 中国动物志 硬骨鱼纲 鲤形目 (中卷). 北京: 科学出版社.

陈永柏, 廖文根, 彭期冬, 等. 2009. 四大家鱼产卵水文水动力特性研究综述. 水生态学杂志, 30(2): 130-133.

陈永祥, 罗泉笙. 1997. 四川裂腹鱼繁殖生态生物学研究——V、繁殖群体和繁殖习性. 毕节师专学报, (1): 1-5.

陈忠高, 董建坤. 2010. 长江刀鱼池塘驯养试验. 水产养殖, 31(3): 1.

成为为. 2014. 胭脂鱼种群遗传多样性及家系管理研究. 北京: 中国科学院大学博士学位论文.

程莅登, 邓洪平, 何松, 等. 2019. 长江重庆段消落区植物群落分布格局与多样性. 生态学杂志, 38(12): 3626-3634.

程佩琳, 俞丹, 刘焕章, 等. 2021. 基于线粒体基因组全序列的鲟形目鱼类 (Pisces: Acipenseriformes) 的分子系统发育重建. 水生生物学报, 45(3): 487-495, 26-38.

程睿, 张东亚, 杨洋, 等. 2025. 国家重点保护淡水鱼类增殖放流现状、问题及建议. 人民长江, (2): 1-16.

褚新洛, 陈银瑞, 等. 1989. 云南鱼类志 (上册). 北京: 科学出版社.

褚新洛, 陈银瑞, 等. 1990. 云南鱼类志 (下册). 北京: 科学出版社.

褚新洛, 郑葆珊, 戴定远, 等. 1999. 中国动物志 硬骨鱼纲 鲇形目. 北京: 科学出版社.

丛宁, 张振克, 夏非. 2010. 人类活动与全球变暖影响下长江口海岸地貌动态与灾害趋势研究. 河南科学, 28(5): 605-611.

戴凌全, 王煜, 汤正阳, 等. 2022. 三峡水库枯水期补水调度对洞庭湖越冬白鹤 (Grus leucogeranus) 摄食栖息地的影响. 湖泊科学, 34(4): 1208-1218.

邓宗觉. 1992. 评介《长江、珠江、黑龙江鲢、鳙、草鱼种质资源研究》. 水产学报, 16(2): 178.

翟东东, 蔡金, 喻记新, 等. 2020. 长江上游 5 个草鱼群体的遗传多样性. 淡水渔业, 50(5): 81-87.

翟东东, 蔡金, 喻记新, 等. 2021. 长江上游鲢群体遗传多样性和遗传分化. 北京师范大学学报 (自然科学版), 57(2): 274-282.

刁晓明, 王贤刚. 2000. 岩原鲤人工繁殖初报及胚胎发育观察. 重庆水产, (4): 29-31.

丁瑞华 . 1994. 四川鱼类志 . 成都 : 四川科学技术出版社 .

董微微 . 2019. 异鳔鳅鮀与裸体异鳔鳅鮀形态特征及群体遗传学研究 . 重庆 : 西南大学博士学位论文 .

杜景龙 , 杨世伦 , 陈广平 . 2013. 30 多年来人类活动对长江三角洲前缘滩涂冲淤演变的影响 . 海洋通报 , 32(3): 296-302.

段辛斌 , 陈大庆 , 李志华 , 等 . 2008. 三峡水库蓄水后长江中游产漂流性卵鱼类产卵场现状 . 中国水产科学 , 15(4): 523-532.

范正年 , 杨昌述 , 詹玉涛 , 等 . 1991. 沱江的渔业自然资源 . 动物学杂志 , 26(2): 7-10.

方冬冬 , 杨海乐 , 张辉 , 等 . 2023. 长江中游鱼类群落结构及多样性 . 水产学报 , 47(2): 029311.

方耀林 , 余来宁 , 许映芳 , 等 . 2004. 长江水系青鱼遗传多样性的研究 . 湖北农学院学报 , (1): 26-29.

傅建军 , 李家乐 , 沈玉帮 , 等 . 2013. 草鱼野生群体遗传变异的微卫星分析 . 遗传 , 35(2): 192-201.

傅建军 , 王荣泉 , 沈玉帮 , 等 . 2015. 我国草鱼野生群体 D-loop 序列遗传变异分析 . 水生生物学报 , 39(2): 349-357.

傅建军 , 朱文彬 , 罗明坤 , 等 . 2024. 鳙长江中下游群体的 D-loop 序列遗传分析 . 上海海洋大学学报 , 33(3): 521-532.

甘江英 , 吴斌 . 2012. 圆口铜鱼的生物学特征及其市场发展前景 . 渔业致富指南 , (23): 56-58.

甘小平 , 熊娟 , 王志坚 . 2011. 重庆市胭脂鱼资源及保护现状 . 安徽农业科学 , 39(10): 5909-5911.

高欣 , 张富铁 , 常涛 , 等 . 2020. 中华鲟的性腺发育与退化问题研究 . 水生生物学报 , 44(6): 1369-1378.

高玉玲 , 连煜 , 朱铁群 . 2004. 关于黄河鱼类资源保护的思考 . 人民黄河 , 26(10): 12-14.

葛倩芸 , 蔡原 , 王建福 , 等 . 2020. 鲤和鲫线粒体 (mtDNA) 全基因组分析 . 基因组学与应用生物学 , 39(1): 37-43.

耿波 , 孙效文 , 梁利群 , 等 . 2006. 利用 17 个微卫星标记分析鳙鱼的遗传多样性 . 遗传 , 28(6): 683-688.

龚宏伟 , 蔡春芳 , 阙林林 , 等 . 2005. 长江胭脂鱼开口饵料的研究 . 水产科学 , 24(11): 7-9.

顾海龙 , 冯亚明 , 游华斌 , 等 . 2016. 长江刀鲚资源调查与人工养殖研究进展 . 江苏农业科学 , 44(3): 265-267.

广西壮族自治区水产研究所 , 中国科学院动物研究所 . 1981. 广西淡水鱼类志 . 南宁 : 广西人民出版社 .

郭燕 , 杨邵 , 沈雅飞 , 等 . 2018. 三峡库区消落带现存草本植物组成与生态位 . 应用生态学报 , 29(11): 3559-3568.

韩德举 , 胡菊香 , 高少波 , 等 . 2005. 三峡水库 135 m 蓄水过程坝前水域浮游生物变化的研究 . 水利渔业 , 25(5): 55-58, 112.

韩茂森 , 等 . 1980. 淡水浮游生物图谱 . 北京 : 农业出版社 .

韩茂森 , 束蕴芳 . 1995. 中国淡水生物图谱 . 北京 : 海洋出版社 .

郝玉江 , 唐斌 , 梅志刚 , 等 . 2024. 长江江豚保护进展的回顾性分析及进一步保护建议 . 水生生物学报 , 48(6): 1065-1072.

郝玉江 , 王克雄 , 韩家波 , 等 . 2011. 中国海兽研究概述 . 兽类学报 , 31(1): 20-36.

何勇凤 , 朱永久 , 龚进玲 , 等 . 2022. 金沙江中下游圆口铜鱼遗传多样性与种群历史动态分析 . 水生生物学报, 46(1): 37-47.

贺刚, 方春林, 陈文静, 等. 2014. 鄱阳湖通长江水道洄游鱼类及影响因素分析. 江西水产科技, (2): 39-41.

洪云汉, 周暾. 1984. 鳅科九种鱼的核型研究. 动物学研究, 5(S2): 21-28, 85-86.

洪珍珍, 梅肖乐, 王苗苗, 等. 2023. 长江流域刀鲚生物学特性及资源保护现状. 水产养殖, 44(7): 36-41.

胡鸿钧, 魏印心. 2006. 中国淡水藻类: 系统、分类及生态. 北京: 科学出版社.

胡玉婷, 江河, 胡王, 等. 2015. 安徽长江流域黄鳝 6 个地理种群的遗传变异研究. 四川动物, 34(1): 21-28.

湖北省水生生物研究所鱼类研究室. 1976. 长江鱼类. 北京: 科学出版社.

湖南省水产科学研究所. 1977. 湖南鱼类志. 长沙: 湖南人民出版社.

黄秉维. 1965. 中国自然地理图集: 中国综合自然区划. 北京: 中国地图出版社.

黄长生, 周耘, 张胜男, 等. 2021. 长江流域地下水资源特征与开发利用现状. 中国地质, 47(4): 979-1000.

黄辉, 李正友, 杨兴, 等. 2008. 岩原鲤人工繁殖与苗种培育技术研究. 水利渔业, 29(1): 72-73.

黄仁术. 2005. 刀鱼的生物学特性及资源现状与保护对策. 水利渔业, 25(2): 33,37.

贾博. 2013. 胭脂鱼流水池塘养殖高产技术. 农业科技与信息, (1): 64.

贾春艳, 段辛斌, 杨浩, 等. 2022. 基于水声学的东洞庭湖鱼类资源时空分布与资源量评估. 长江流域资源与环境, 31(12): 2633-2641.

贾金生, 袁玉兰, 李铁洁. 2004. 2003 年中国及世界大坝情况. 中国水利, (13): 25-33.

简慧敏, 姚庆祯, 张经, 等. 2010. 长江流域常量元素的分布特征. 长江流域资源与环境, 19(1): 93-97.

江维薇, 查子霞, 肖衡林. 2024. 金沙江观音岩水库消落带绝对优势植物的表型可塑性与适应策略. 湖泊科学, 36(1): 261-273.

江维薇, 肖宁, 肖衡林. 2023. 金沙江流域水库消落带优势植物生态位及种间关系. 湖泊科学, 35(1): 236-246.

蒋俊, 宋超, 周丽青, 等. 2022. 刀鲚染色体核型及不同组织中的 LDH 同工酶. 中国水产科学, 29(2): 234-244.

蒋明, 谭国良, 颜忠, 等. 2005. 水温对岩原鲤受精卵孵化的影响. 重庆水产, (2): 19-20, 37.

蒋文华, 于道平, 潘晓龙. 2002. 胭脂鱼误捕与救治研究. 水利渔业, 22(5): 8-9.

蒋祥龙, 黎明政, 杨少荣, 等. 2022. 鄱阳湖鱼类集合群落结构特征及其时间变化研究. 长江流域资源与环境, 31(3): 588-601.

蒋燮治, 堵南山. 1979. 中国动物志 节肢动物门 甲壳纲 淡水枝角类. 北京: 科学出版社.

蒋志刚, 张鹗, 曹文宣. 2021. 中国生物多样性红色名录: 脊椎动物 第五卷 淡水鱼类 (上、下册). 北京: 科学出版社.

金丽, 赵娜, 周传江, 等. 2012. 饥饿对胭脂鱼血液指标及造血的影响. 水生生物学报, 36(4): 665-673.

金亮. 2011. 非洲神秘之河: 刚果河. 水族世界, (3): 36-43.

金鑫波. 2006. 中国动物志 硬骨鱼纲 鲉形目. 北京: 科学出版社.

赖年悦, 沈保平, 潘和平, 等. 2006. 胭脂鱼的救护消毒与鱼病防治. 科学养鱼, (10): 56.

乐佩琦, 等. 2000. 中国动物志 硬骨鱼纲 鲤形目 (下卷). 北京: 科学出版社.

雷波, 王业春, 由永飞, 等. 2014. 三峡水库不同间距高程消落带草本植物群落多样性与结构特征. 湖泊科学, 26(4): 600-606.

雷丹, 史佩, 向钰, 等. 2023. 岷江流域水生植物调查研究. 乡村科技, 14(23): 135-138.

黎兵, 严学新, 何中发, 等. 2015. 长江口水下地形演变对三峡水库蓄水的响应. 科学通报, 60(18): 1736-1745.

黎力明. 1982. 丹江口水库下游河床变形初步分析 // 长江流域规划办公室水文局, 汉江丹江口水库下游河床演变分析文集. 武汉: 长江流域规划办公室水文局: 144-164.

李博, 郜星晨, 黄涛, 等. 2021. 三峡水库生态调度对长江中游宜昌江段四大家鱼自然繁殖影响分析. 长江流域资源与环境, 30(12): 2873-2882.

李成. 2006. 洞庭湖主要经济鱼类资源调查及其变化规律研究. 长沙: 湖南农业大学硕士学位论文.

李翀, 廖文根, 陈大庆, 等. 2008. 三峡水库不同运用情景对四大家鱼繁殖水动力学影响. 科技导报, 26(17): 55-61.

李从先, 杨守业, 范代读, 等. 2004. 三峡大坝建成后长江输沙量的减少及其对长江三角洲的影响. 第四纪研究, 24(5): 495-500.

李飞. 2007. 三峡库区内外长吻鮠 (*Leiocasis longirostris* Günther) 线粒体控制区的遗传多样性研究. 重庆: 西南大学硕士学位论文.

李弘华. 2008. 淤泥湖、梁子湖、鄱阳湖团头鲂 mtDNA 序列变异及遗传结构分析. 淡水渔业, 38(4): 63-65.

李红敬, 林小涛, 梁日东, 等. 2008. 胭脂鱼全人工繁殖及苗种培育技术. 海洋与渔业, (11): 25-27.

李慧峰, 王珂, 余绪俊, 等. 2023. 禁渔初期鄱阳湖鱼类时空分布特征. 水生生物学报, 47(1): 147-157.

李萍, 庹云. 2008. 岩原鲤早期行为习性的初步观察. 安徽农业科学, 36(2): 565-566.

李倩. 2013. 长江上游保护区干流鱼类栖息地地貌及水文特征研究. 北京: 中国水利水电科学研究院硕士学位论文.

李世健, 陈大庆, 刘绍平, 等. 2011. 长江中游监利江段鱼卵及仔稚鱼时空分布. 淡水渔业, 41(2): 18-24, 9.

李思发, 吕国庆, 贝纳切兹 L. 1998. 长江中下游鲢鳙草青四大家鱼线粒体 DNA 多样性分析. 动物学报, 44(1): 82-93.

李思发, 王强, 陈永乐. 1986. 长江、珠江、黑龙江三水系的鲢、鳙、草鱼原种种群的生化遗传结构与变异. 水产学报, 10(4): 351-372.

李思忠. 1981. 中国淡水鱼类的分布区划. 北京: 科学出版社.

李思忠, 方芳. 1990. 鲢、鳙、青、草鱼地理分布的研究. 动物学报, 36 (3): 244-250.

李思忠, 张春光, 等. 2011. 中国动物志 硬骨鱼纲 银汉鱼目 鳉形目 颌针鱼目 蛇鳚目 鳕形目. 北京: 科学出版社.

李杨. 2010. 团头鲂三个野生群体的遗传结构分析及遗传图谱的构建. 武汉: 华中农业大学博士学位论文.

李玉琪, 陶宁萍. 2014. 刀鲚营养价值研究现状及进展. 食品工业, 35(1): 223-227.

梁宏伟, 孟彦, 罗相忠, 等. 2018. 基于线粒体 *CO* I 基因的 6 个黄鳝群体遗传多样性. 中国水产科学, 25(4): 837-846.

梁宏伟, 邹桂伟, 罗相忠, 等. 2009. 3 种中国鲤 mtDNA D-loop 序列的多态性与系统进化研究. 西北农林科技大学学报 (自然科学版), 37(3): 55-59, 65.

梁义芬. 2002. 长江上游南溪段饵料生物资源初步调查. 四川动物, 21(4): 229-230.

梁秩燊, 周春生, 黄鹤年. 1981. 长江中游通江湖泊 : 五湖的鱼类组成及其季节变化. 海洋与湖沼, 12(5): 468-478.

廖小林. 2006. 长江流域几种重要鱼类的分子标记筛选开发及群体遗传分析. 武汉 : 中国科学院大学博士学位论文.

廖小林, 俞小牧, 谭德清, 等. 2005. 长江水系草鱼遗传多样性的微卫星 DNA 分析. 水生生物学报, 29(2): 113-119.

刘国祥, 胡征宇. 2012. 中国淡水藻志 第十五卷 绿藻门 绿球藻目（下） 四胞藻目 叉管藻目 刚毛藻目. 北京 : 科学出版社.

刘建康. 1999. 高级水生生物学. 北京 : 科学出版社.

刘鉴毅, 等. 2019. 长江口珍稀濒危水生动物及保护. 北京 : 科学出版社.

刘杰, 程海峰, 韩露, 等. 2017. 流域减沙对长江口典型河槽及邻近海域演变的影响. 水科学进展, 28(2): 249-256.

刘杰, 程海峰, 韩露, 等. 2021. 流域水沙变化和人类活动对长江口河槽演变的影响. 水利水运工程学报, (2): 1-9.

刘乐和, 吴国犀, 王志玲. 1990. 葛洲坝水利枢纽兴建后长江干流铜鱼和圆口铜鱼的繁殖生态. 水生生物学报, 14(3): 205-215.

刘明智, 牛汉刚, 林锋, 等. 2014. 长江江津段消落区维管植物空间分布及其稳定性影响因素探讨. 西南大学学报 (自然科学版), 36(11): 99-105.

刘思阳, 孙玉华, 杨帆, 等. 2004. 以 RAPD 方法分析岩原鲤分类地位. 武汉大学学报 (理学版), 50(4): 477-481.

刘维暐, 王杰, 王勇, 等. 2012. 三峡水库消落区不同海拔高度的植物群落多样性差异. 生态学报, 32(17): 5454-5466.

刘艳佳, 高雷, 郑永华, 等. 2020. 洞庭湖通江水道鱼类资源周年动态及其洄游特征研究. 长江流域资源与环境, 29(2): 376-385.

刘月英, 张文珍, 王耀先. 1993. 医学贝类学. 北京 : 海洋出版社.

刘月英, 张文珍, 王跃先, 等. 1979. 中国经济动物志 : 淡水软体动物. 北京 : 科学出版社.

罗进勇, 胡乐, 王东, 等. 2024. 汉阳地区不同富营养化湖泊大型底栖动物群落结构及影响因子. 淡水渔业, 54(6): 3-16.

吕光俊. 2004. 岩原鲤人工繁殖技术初探. 淡水渔业, 34(6): 39-40.

马秀慧, 易建华, 于丽娟, 等. 2013. 生长过程中池塘养殖胭脂鱼幼鱼鱼体与蛋白营养变化. 食品工业科技, 34(11): 338-343.

梅志刚, 郝玉江, 郑劲松, 等. 2021. 鄱阳湖长江江豚的现状和保护展望. 湖泊科学, 33(5): 1289-1298.

倪勇, 伍汉霖. 2006. 江苏鱼类志. 北京 : 中国农业出版社.

倪勇, 朱成德. 2005. 太湖鱼类志. 上海: 上海科学技术出版社.

彭期冬, 廖文根, 李翀, 等. 2012. 三峡工程蓄水以来对长江中游四大家鱼自然繁殖影响研究. 四川大学学报(工程科学版), 44(S2): 228-232.

祁承经, 桂小杰, 石道良, 等. 2005. 长江中游(以湖北湖南为主)的植物生物多样性及其保护对策. 热带亚热带植物学报, 13(3): 185-197.

钱宁, 张仁, 周志德. 1987. 河床演变学. 北京: 科学出版社.

任慕莲. 1994. 黑龙江的鱼类区系. 水产学杂志, 7(1): 1-14.

茹辉军. 2012. 大型通江湖泊洞庭湖水域江湖洄游性鱼类生活史过程研究. 北京: 中国科学院大学博士学位论文.

阮瑞, 张燕, 沈子伟, 等. 2017. 三峡消落区鱼卵、仔稚鱼种类的鉴定及分布. 中国水产科学, 24(6): 1307-1314.

沙航, 罗相忠, 李忠, 等. 2018. 基于 *CO I* 序列的长江中上游鲢 6 个地理群体遗传多样性分析. 中国水产科学, 25(4): 783-792.

沙航, 罗相忠, 邹桂伟, 等. 2020. 长江中游鳙群体的微卫星遗传多样性分析. 淡水渔业, 50(4): 12-17.

陕西省动物研究所, 中国科学院水生生物研究所, 兰州大学生物系. 1987. 北京: 科学出版社.

陕西省水产研究所, 陕西师范大学生物系. 1992. 陕西鱼类志. 西安: 陕西科学技术出版社.

邵晨曦, 毛成责, 彭模, 等. 2024. 基于大型底栖动物群落的苏北浅滩海域生态健康评价. 环境监控与预警, 16(5): 174-182.

沈焕庭, 潘定安. 1979. 长江河口潮流特性及其对河槽演变的影响. 华东师范大学学报(自然科学版), (1): 131-144.

沈玉昌. 1965. 长江上游河谷地貌. 北京: 科学出版社.

沈韫芬, 章宗涉, 龚循矩, 等. 1990. 微型生物监测新技术. 北京: 中国建筑工业出版社.

沈中源, 俞丹, 高欣, 等. 2020. 基于 2014 世代幼鲟分析的中华鲟种群遗传多样性及个体繁殖策略研究. 动物学研究, 41(4): 423-430.

施白南. 1980. 岩原鲤的生活习性及其资源保护. 西南师范学院学报(自然科学版), (2): 93-103.

施白南. 1990. 四川江河渔业资源和区划. 重庆: 西南师范大学出版社.

舒琥, 刘远波, 魏秋兰, 等. 2014. 珠江野生草鱼、赤眼鳟的核型、银染和 C 带比较研究. 广州大学学报(自然科学版), 13(2): 53-59.

水产辞典编辑委员会. 2007. 水产辞典. 上海: 上海辞书出版社.

水产名词审定委员会. 2002. 水产名词 2002. 北京: 科学出版社.

四川省长江水产资源调查组. 1975. 四川省若干种经济鱼类的产卵期、产卵场及幼鱼索饵场调查简报. 淡水渔业, 5(8): 13-15.

宋君. 2006. 岩原鲤 (*Procypris rabaudi*) 种群遗传多样性研究. 成都: 四川大学硕士学位论文.

宋君, 宋昭彬, 岳碧松, 等. 2005. 长江合江江段岩原鲤种群遗传多样性的 AFLP 分析. 四川动物, 24(4): 495-499.

宋昭彬. 2005. 齐口裂腹鱼和岩原鲤野生种群遗传多样性研究. 成都: 四川大学博士后学位论文.

苏锦祥, 李春生. 2002. 中国动物志 硬骨鱼纲 鲀形目 海蛾鱼目 喉盘鱼目 鮟鱇目. 北京: 科学出版社.

苏琴琴，俞幸池，覃红玲，等. 2020. 三峡水库消落区不同生活史类型植物群落的空间分布格局. 生态学报, 40(13): 4507-4515.

苏映平. 1981. 长江水下三角洲的范围及其形态特征的分析 // 中国地理学会地貌专业委员会. 中国地理学会一九七七年地貌学术讨论会论文集. 北京: 科学出版社: 97-100.

孙龙，卢涛，孙涛，等. 2023. 金沙江下游典型库区消落带植被恢复模式. 生态学报, 43(2): 826-837.

孙庆怡，曹天正，彭文启，等. 2024. 生态补水背景下永定河浮游生物群落结构及其影响因素研究. 环境科学学报, 1-9.

孙玉华，刘思阳，彭智，等. 2003. 中国胭脂鱼种群的遗传分析. 水生生物学报, 27(3): 248-252.

孙玉华，王伟，刘思阳，等. 2002. 中国胭脂鱼线粒体控制区遗传多样性分析. 遗传学报, 29(9): 787-790.

谭国良，刘本祥，蒋明，等. 2005. 岩原鲤人工繁殖技术研究. 淡水渔业, 35(2): 40-41.

谭永丰，景耀先，黄德祥. 2000. 胭脂鱼的移养驯化及开发利用 // 中国水产学会. 迈向 21 世纪的渔业科技创新: 2000 年中国水产学会学术年会论文集. 北京: 海洋出版社: 17.

谭志强，张奇，李云良，等. 2016. 鄱阳湖湿地典型植物群落沿高程分布特征. 湿地科学, 14(4): 506-515.

唐国华. 2017. 鄱阳湖湿地演变、保护及管理研究. 南昌: 南昌大学博士学位论文.

唐首杰，李思发，蔡完其. 2011. 团头鲂野生、驯养、选育 3 类遗传生态群体遗传变异的线粒体 DNA 分析. 中国水产科学, 18(3): 483-492.

陶江平，刘宏高，易燃，等，2023. 长江中游江湖生物通道恢复的关键生物学问题与框架构建: 以武汉市涨渡湖群为例. 水生态学杂志, 44(5): 1-8.

陶江平，温静雅，贺达，等. 2018. 上行过鱼设施过鱼效果监测研究进展. 长江流域资源与环境, 27(10): 2270-2282.

田盼，李亚莉，李莹杰，等. 2022. 三峡水库调度对支流水体叶绿素 a 和环境因子垂向分布的影响. 环境科学, 43(1): 295-305.

童中均. 1982. 汉江丹江口水库下游河道综合调查报告 // 长江流域规划办公室水文局, 汉江丹江口水库下游河床演变分析文集. 武汉: 长江流域规划办公室水文局: 1-16.

庹云. 2006. 岩原鲤胚胎、胚后发育与早期器官分化的研究. 重庆: 西南大学硕士学位论文.

庹云. 2009. 岩原鲤的研究概况和进展. 湖北农业科学, 48(11): 2878-2881.

庹云，张耀光，李萍，等. 2005. 岩原鲤稚鱼期小瓜虫病急性感染与治疗. 水产养殖, 26(6): 34-37.

万全，刘恩生，申德林，等. 2002. 长吻鮠染色体组型分析. 安徽农业大学学报, 29(2): 182-184.

万全，张家男. 2010. 3 种渔药对胭脂鱼幼鱼的急性毒性试验. 安徽农业科学, 38(32): 18227-18228, 18232.

万松良. 2004. 胭脂的生物学特性及养殖技术. 农村养殖技术, (1): 20-22.

汪松，乐佩琦，陈宜瑜. 1998. 中国濒危动物红皮书: 鱼类. 北京: 科学出版社.

王朝明，罗莉，张桂众，等. 2010. 饲料脂肪水平对胭脂鱼生长性能、肠道消化酶活性及脂肪代谢的影响. 动物营养学报, 22(4): 969-976.

王成友. 2012. 长江中华鲟生殖洄游和栖息地选择. 武汉: 华中农业大学博士学位论文.

王丰，张家华，沈玉帮，等. 2019. 青鱼野生与养殖群体遗传变异的微卫星分析. 水生生物学报,

43(5): 939-944.

王恒，危起伟，李伟，等 . 2014. 5 月龄、7 月龄中华鲟子二代光照偏好性研究 . 水产学报，38(7): 929-938.

王红莹，黄文清 . 2011. 应用微卫星标记分析长江流域长吻鮠 4 个群体的遗传多样性 . 河南农业科学，40(2): 146-148, 160.

王洪铸 . 2002. 中国小蚓类研究：附中国南极长城站附近地区两新种 . 北京：高等教育出版社 .

王家楫 . 1961. 中国淡水轮虫志 . 北京：科学出版社 .

王克雄 . 2005. 长江江豚行为和声学观察研究 . 中国科学院水生生物研究所博士学位论文 .

王琳，丁放，曹坤，等 . 2023. 长江流域水域及消落区现状、变迁与渔业资源变动 . 水产学报，47(2): 31-49.

王龙涛 . 2015. 怒江上游水电开发对鱼类栖息环境影响分析及保护 . 武汉：华中农业大学硕士学位论文 .

王明建，刘双全，刘齐德，等 . 2012. 胭脂鱼水库分级网箱养殖技术研究 . 现代农业科技，(9): 335-336, 342.

王丕烈 . 1992. 江豚的形态特征和亚种划分问题 . 水产科学，(11): 4-9.

王庆容，王大忠 . 2009. 南方鲇 16S rRNA 基因片段序列差异及遗传多样性分析 . 贵州农业科学，37(12): 132-135.

王蓉蓉，钱佳铭，刘星雨，等 . 2024. 用宏基因组分析南方鲇 (Silurus meridionalis) 肠道菌群及抗性基因组成 . 水产学杂志，37(3): 22-30.

王鑫，马浩，祝东梅，等 . 2021. 杂交鲌 "先锋 1 号" 染色体组型分析和 DNA 含量测定 . 水产科学，40(3): 347-353.

王友慧 . 2002. 大鳍鱯的生物学特性及养殖技术 . 渔业现代化，29(2): 16-17.

王渊洋，李鸿，柯森繁，等 . 2024. 四大家鱼幼鱼下行行为及流场偏好研究 . 水生态学杂志 . 45(4): 117-124.

危起伟 . 2020. 从中华鲟 (Acipenser sinensis) 生活史剖析其物种保护：困境与突围 . 湖泊科学，32(5): 1297-1319.

危起伟，陈细华，杨德国，等 . 2005. 葛洲坝截流 24 年来中华鲟产卵群体结构的变化 . 中国水产科学，12(4): 452-457.

文永彬，史怡雪，刘良国，等 . 2013. 洞庭湖水系 3 种鲿科鱼的染色体核型分析 . 江苏农业科学，41(12): 235-238.

闻海波，张呈祥，徐钢春，等 . 2009. 长江刀鲚与池塘人工养殖刀鲚性腺发育的初步观察 . 动物学杂志，44(4): 111-117.

吴力钊，王祖熊 . 1992. 长江中游草鱼天然种群的生化遗传结构及变异 . 遗传学报，19(3): 221-227.

吴文涛，冉祥滨，李景喜，等 . 2019. 长江水体常量和微量元素的来源、分布与向海输送 . 环境科学，40(11): 4900-4913.

吴湘香，王银平，张燕，等 . 2023. 长江干流浮游动物群落结构及时空分布格局 . 水产学报，47 (2): 183-192.

吴征镒，武素功 . 1999. 中国自然地理图集：中国植物区系分区 . 北京：中国地图出版社 .

吴志刚，熊文，侯宏伟．2019．长江流域水生植物多样性格局与保护．水生生物学报，43(S1): 27-41.

伍汉霖，钟俊生，等．2008．中国动物志 硬骨鱼纲 鲈形目（五）虾虎鱼亚目．北京：科学出版社．

伍律，等．1989．贵州鱼类志．贵阳：贵州人民出版社．

武云飞，吴翠珍．1992．青藏高原鱼类．成都：四川科学技术出版社．

西藏自治区水产局．1995．西藏鱼类及其资源．北京：中国农业出版社．

向燕，孔杰，周洲，等．2013．鲟鱼养殖亲鱼群体遗传多样性分析．西南农业学报，26(5): 2112-2115.

肖百义，杨健，姜涛，等．2024．基于耳石微化学特征的鄱阳湖刀鲚永修群体的关键栖息地识别．湖泊科学，36(3): 870-880.

肖文，张先锋．2000．截线抽样法用于鄱阳湖江豚种群数量研究初报．生物多样性，8(1): 106-111.

肖文，张先锋．2002．鄱阳湖及其支流长江江豚种群数量及分布．兽类学报，22(1): 7-14.

谢文星，唐会元，黄道明，等．2014．湘江祁阳—衡南江段产漂流性卵鱼类产卵场现状的初步研究．水产科学，33(2): 103-107.

解崇友，牛亚兵，罗德怀，等．2018．三峡库区重要支流鱼类多样性初探．长江流域资源与环境，27(12): 2747-2756.

解焱，李典谟，MacKinnon J．2002．中国生物地理区划研究．生态学报，(10): 1599-1615.

辛苗苗．2015．基于SSR的中华鲟亲子鉴定和遗传特性研究．重庆：西南大学硕士学位论文．

熊美华，邵科，赵修江，等．2018．长江中上游圆口铜鱼群体遗传结构研究．长江流域资源与环境，27(7): 1536-1543.

徐钢春，顾若波，张呈祥，等．2011．一种刀鲚池塘养殖的方法．201110191146.5.

徐晋麟，潘红春，李光敏．1994．采用分裂阻断法研究黄鳝的核型和减数分裂．水生生物学报，18(2): 164-169.

徐跑．2010．一种刀鲚的全人工鲚殖方法．200910034086.9.

徐鹏，许建，李炯棠，等．2013．鲤鱼基因组资源和遗传工具开发与应用 // 中国科学技术协会．中国科学技术协会第264次青年科学家论坛暨中国科学技术协会水产动物育种与生物技术青年科学家论坛论文集．武汉：中国科学技术协会．

徐树英，张燕，汪登强，等．2007．长江宜宾江段圆口铜鱼遗传多样性的微卫星分析．淡水渔业，37(3): 76-79.

徐薇，杨志，陈小娟，等．2020．三峡水库生态调度试验对四大家鱼产卵的影响分析．环境科学研究，33(5): 1129-1139.

许克圣，苏泽古，白国栋．1986．中华鲟染色体组型的研究．动物学研究，7(3): 262.

许世杰，李园园，付官宝，等．2014．刀鲚染色体核型分析．广东农业科学，41(7): 155-157.

颜文斌，朱挺兵，吴兴兵，等．2017．短须裂腹鱼产卵行为观察．淡水渔业，47(3): 9-15.

杨春英，刘良国，刘飞，等．2021．湘云金鲫染色体组型分析．湖南文理学院学报（自然科学版），33(1): 46-50, 89.

杨干荣．1987．湖北鱼类志．武汉：湖北科学技术出版社．

杨海乐，沈丽，何勇凤，等．2023．长江水生生物资源与环境本底状况调查(2017-2021)．水产学报，47(2): 3-30.

杨红, 曹波, 徐强华 . 2009. 中华鲟遗传多样性调查与研究 // 中国水产学会 . 第十届全国水产青年学术年会论文集 . 上海 : 中国水产学会 : 79.

杨利寿, 余多慰, 陆佩洪 . 1988. 白鱀豚和江豚体内几种金属元素和有机氯的研究 . 兽类学报, 8(2): 122-127.

杨星, 杨军峰, 汤明亮, 等 . 2006. 长江中国胭脂鱼群体的遗传分化 . 武汉大学学报 (理学版), 52(4): 503-507.

杨彦平, 许萌原, 马凤娇, 等 . 2021. 基于线粒体 *Cyt b* 基因的长江刀鲚群体遗传结构分析 . 江西农业学报, 33(8): 11-16, 23.

杨钟, 史方, 阙延福, 等 . 2010. 长江胭脂鱼人工放流子一代遗传多样性初步研究 . 水生态学杂志, 31(5): 17-20.

杨宗英, 汪登强, 陈大庆, 等 . 2015. 基于 mtDNA 序列分析青鱼群体遗传结构 . 淡水渔业, 45(2): 3-7.

姚红, 张四明, 曾勇 . 1994. 鲢染色体图象电脑自动核型分析 . 中国水产科学, 1(2): 18-25.

姚磊, 陈盼盼, 胡利利, 等 . 2016. 长江上游流域水电开发现状与存在的问题 . 绵阳师范学院学报, 35(2): 91-97.

易伯鲁, 余志堂, 梁秩燊, 等 . 1988. 水利枢纽建设与渔业生态研究专集 : 葛洲坝水利枢纽与长江四大家鱼 . 武汉 : 湖北科学技术出版社 .

易建华 . 2014. 不同开口饵料对胭脂鱼仔稚鱼成活率的影响 . 重庆 : 西南大学硕士学位论文 .

殷名称 . 1995. 鱼类生态学 . 北京 : 中国农业出版社

游海林, 徐力刚, 刘桂林, 等 . 2016. 鄱阳湖湿地景观类型变化趋势及其对水位变动的响应 . 生态学杂志, 35(9): 2487-2493.

余莉, 何隆华, 张奇, 等 . 2011. 三峡工程蓄水运行对鄱阳湖典型湿地植被的影响 . 地理研究, 30(1): 134-144.

袁传宓 . 1987. 刀鲚的生殖洄游 . 生物学通报, 22(12): 1-3.

袁娟, 张其中, 李飞, 等 . 2010. 铜鱼线粒体控制区的序列变异和遗传多样性 . 水生生物学报, 34(1): 9-19.

袁希平, 严莉, 徐树英, 等 . 2008. 长江流域铜鱼和圆口铜鱼的遗传多样性 . 中国水产科学, 15(3): 377-385.

恽才兴, 蔡孟裔, 王宝全 . 1981. 利用卫星象片分析长江入海悬浮泥沙扩散问题 . 海洋与湖沼, 12(5): 391-401, 479-481.

曾明候 . 1991. 任河上游的鱼类资源及渔业 // 四川省农业区划委员会, 《四川江河鱼类资源与利用保护》编委会 . 四川江河鱼类资源与利用保护 . 成都 : 四川科学技术出版社 .

曾勇, 危起伟, 汪登强 . 2007. 长江中华鲟遗传多样性变化 . 海洋科学, 31(10): 67-69, 76.

张呈祥, 陈平, 郑金良 . 2006. 长江刀鲚灌江纳苗与养殖 . 科学养鱼, (7): 26.

张春光, 等 . 2010. 中国动物志 硬骨鱼纲 鳗鲡目 背棘鱼目 . 北京 : 科学出版社 .

张春光, 赵亚辉, 等 . 2016. 中国内陆鱼类物种与分布 . 北京 : 科学出版社 .

张德春 . 2001. 淤泥湖和梁子湖团头鲂遗传多样性的研究 . 三峡大学学报 (自然科学版), 23(3): 282-284.

张德春, 张锡元, 杨代淑, 等 . 1999. 长江鳙遗传多样性的研究 . 武汉大学学报 (自然科学版),

45(6): 857-860.

张迪，徐薇，吴凡，等 . 2024. 面向产漂流性卵鱼类的三峡水库生态调度效果评价 . 水生态学杂志，
　　45(1): 58-66.

张辉，危起伟，杨德国，等 . 2007. 葛洲坝下中华鲟自然繁殖流速场的初步观测 . 中国水产科学，
　　14(2): 183-191.

张佳佳，张国松，张宏叶，等 . 2017. 黄颡鱼 (♀)× 瓦氏黄颡鱼 (♂) 双亲及其杂交子代核型和营养
　　成分分析 . 海洋渔业，39(2): 149-161.

张金鹏，高淑芳，施永海，等 . 2022. 刀鲚基因家族鉴定及扩张与收缩 . 水产学报，46(6): 897-905.

张觉民，何志辉 . 1991. 内陆水域渔业自然资源调查手册 . 北京 : 农业出版社 .

张陵，郭文献，李泉龙 . 2022. 长江流域珍稀特有物种中华鲟生态保护措施 . 华北水利水电大学学
　　报 (自然科学版), 43(1): 96-102.

张世义 . 2001. 中国动物志 硬骨鱼纲 鲟形目 海鲢目 鲱形目 鼠鱚目 . 北京 : 科学出版社 .

张四明，邓怀，危起伟，等，1999. 中华鲟天然群体蛋白质水平遗传多样性贫乏的初步证据 . 动物
　　学研究，20(2): 95-98.

张四明，邓怀，晏勇，等 . 2000b. 中华鲟随机扩增多态性 DNA 及遗传多样性研究 . 海洋与湖沼，
　　31(1): 1-7.

张四明，汪登强，邓怀，等 . 2002. 长江中游水系鲢和草鱼群体 mtDNA 遗传变异的研究 . 水生生
　　物学报，26(2): 142-147.

张四明，吴清江，张亚平 . 2000a. 中华鲟 (*Acipenser sinensis*) 及相关种类的 mtDNA 控制区串联重
　　复序列及其进化意义 . 中国生物化学与分子生物学报，16(4): 458-461.

张先锋，刘仁俊，赵庆中，等 . 1993. 长江中下游江豚种群现状评价 . 兽类学报，13(4): 260-270.

张新辉，高泽霞，罗伟，等 . 2015. 雌核发育团头鲂的形态和遗传特征分析 . 水生生物学报，39(1):
　　126-132.

张志永，胡晓红，向林，等 . 2020. 三峡水库消落区植物群落结构及其季节性变化规律 . 水生态学
　　杂志，41(6): 37-45.

张志永，向林，万成炎，等 . 2023. 三峡水库消落区植物群落演变趋势及优势植物适应策略 . 湖泊
　　科学，35(2): 553-563.

章宗涉，黄祥飞 . 1991. 淡水浮游生物研究方法 . 北京 : 科学出版社 .

赵继昌，耿冬青，彭建华，等 . 2003. 长江河源区的河水主要元素与 Sr 同位素来源 . 水文地质工程
　　地质，30(2): 89-93, 98.

赵金良，李思发 . 1996. 长江中下游鲢、鳙、草鱼、青鱼种群分化的同工酶分析 . 水产学报，
　　20(2): 104-110.

赵席文 . 1983. 小江流域泥石流输沙及河床演变 //《全国泥石流防治经验交流会论文集》编审组 .
　　全国泥石流防治经验交流会论文集 . 重庆 : 科技文献出版社重庆分社 : 133-138.

郑慈英 . 1989. 珠江鱼类志 . 北京 : 科学出版社 .

郑金良 . 2009. 一种刀鲚灌江纳苗的池塘生态养殖方法 . 200910030354.X.

《中国河湖大典》编纂委员会 . 2010. 中国河湖大典 . 北京 : 中国水利水电出版社 .

中国科学院动物研究所甲壳动物研究组 . 1979. 中国动物志 节肢动物门 甲壳纲 淡水桡足类 . 北

京：科学出版社．

中国科学院青藏高原综合科学考察队．1998．横断山区鱼类．北京：科学出版社．

中国水产科学研究院东海水产研究所，上海市水产研究所．1990．上海鱼类志．上海：上海科学技术出版社．

中国植被编辑委员会．1980．中国植被．北京：科学出版社．

中华人民共和国水利部．2010．中国河湖大典．北京：中国水利水电出版社．

钟立强，刘朋朋，潘建林，等．2013．长江中下游 5 个湖泊黄颡鱼 (*Pelteobagrus fulvidraco*) 种群线粒体细胞色素 b 基因的遗传变异分析．湖泊科学，25(2): 302-308.

钟云芳，王慈生，熊天寿．1994．重庆市江河鱼类饵料生物：水生维管束植物．重庆师范学院学报，11(2): 48-52.

周剑，杜军，陈先均，等．2007．岩原鲤的生物学特性及人工繁殖技术．江苏农业科学，35(6): 241-243.

周剑，杜军，龙治海，等．2006．岩原鲤亲鱼培育与人工繁殖技术研究．水利渔业，26(6): 46-47.

周剑光，杨德国，吴国犀，等．1996．胭脂鱼成鱼池塘养殖技术．淡水渔业，(4): 36-40.

周学金，颜慧，李萍．2015．胭脂鱼人工养殖技术．科学养鱼，(3): 35.

朱道清．2007．中国水系辞典 [修订版]．青岛：青岛出版社．

朱鹏辉．2020．云南小江流域典型泥石流沟中底栖动物对河流地貌的响应研究．西安：西安理工大学硕士学位论文．

朱其广．2011．鄱阳湖通江水道鱼类夏秋季群落结构变化和四大家鱼幼鱼耳石与生长的研究．南昌：南昌大学硕士学位论文．

朱其广，张琪，杨志，等．2023．三峡库区支流磨刀溪产粘沉性卵鱼类早期资源现状．水生态学杂志，44(1): 101-107.

朱松泉．1989．中国条鳅志．南京：江苏科学技术出版社．

朱晓东，耿波，李娇，等．2007．利用 30 个微卫星标记分析长江中下游鲢群体的遗传多样性．遗传，29(6): 705-713.

朱元鼎，张春霖，成庆泰．1963．东海鱼类志．北京：科学出版社．

庄平，王幼槐，李圣法，等．2006．长江口鱼类．上海：上海科学技术出版社．

庄平，章龙珍，张涛，等．1999．中华鲟仔鱼初次摄食时间与存活及生长的关系．水生生物学报，23(6): 560-565.

邹桂伟，潘光碧，梁拥军，等．1997．大口鲇染色体组型和 DNA 含量的研究．中国水产科学，(S1): 97-100.

左书华，杨春松，付桂，等．2022．长江口入海水沙通量变化及其影响分析．海洋地质前沿，38(11): 56-64.

Abell R, Thieme M L, Revenga C, et al. 2008. Freshwater ecoregions of the world: a new map of biogeographic units for freshwater biodiversity conservation. BioScience, 58(5): 403-414.

Bao S C, Xie N, Xu X Y, et al. 2020. Complete mitochondrial genome of gray black carp (*Mylopharyngodon piceus*). Mitochondrial DNA Part B, 5(3): 2076-2077.

Boscari E, Wu J M, Jiang T, et al. 2022. The last giants of the Yangtze River: A multidisciplinary picture of what remains of the endemic Chinese sturgeon. Science of the Total Environment, 843: 157011.

Bounket B, Tabouret H, Gibert P, et al. 2021. Spawning areas and migration patterns in the early life history of *Squalius cephalus* (Linnaeus, 1758): Use of otolith microchemistry for conservation and sustainable management. Aquatic Conservation: Marine and Freshwater Ecosystems, 31(10): 2772-2787.

Carpenter S J, Erickson J M, Holland F D. 2003. Migration of a Late Cretaceous fish. Nature, 423(6935): 70-74.

Carter J L, Resh V H, Hannaford M J. 2017. Macroinvertebrates as biotic indicators of environmental quality//Lamberti G A, Richard Hauer F. Methods in Stream Ecology Volume 2: Ecosystem Function. Third Edition. Amsterdam: Elsevier: 293-318.

Chen D X, Chu W Y, He Y, et al. 2016. Characteristics and phylogenetic studies of complete mitochondrial DNA based on the ricefield eel (*Monopterus albus*) from four different areas. Mitochondrial DNA Part A, 27(4): 2419-2420.

Chen J, Liu H, Gooneratne R, et al. 2022. Population genomics of *Megalobrama* provides insights into evolutionary history and dietary adaptation. Biology, 11(2): 186.

Chen Q W, Li Q Y, Lin Y Q, et al. 2023. River damming impacts on fish habitat and associated conservation measures. Reviews of Geophysics, 61: e2023RG000819.

Chen Q, Zhang J, Chen Y, et al. 2021. Inducing flow velocities to manage fish reproduction in regulated rivers. Engineering, 7(2): 178-186.

Cheng F, Li W, Klopfer M, et al. 2015. Population genetic structure and its implication for conservation of *Coreius guichenoti* in the Upper Yangtze River. Environmental Biology of Fishes, 98(9): 1999-2007.

Dong F, Cheng P L, Sha H, et al. 2024. Genetic diversity and population structure analysis of blunt snout bream (*Megalobrama amblycephala*) in the Yangtze River Basin: implications for conservation and utilization. Aquaculture Reports, 35: 101925.

Dronova I, Gong P, Wang L. 2011. Object-based analysis and change detection of major wetland cover types and their classification uncertainty during the low water period at Poyang Lake, China. Remote Sensing of Environment, 115(12): 3220-3236.

Fang D A, Xue X P, Xu D P, et al. 2021. Ichthyoplankton species composition and assemblages from the estuary to the Hukou section of the Changjiang River. Frontiers in Marine Science, 8: 759429.

Fang D A, Zhou Y F, Ren P, et al. 2022. The status of silver carp resources and their complementary mechanism in the Yangtze River. Frontiers in Marine Science, 8: 790614.

Fryirs K, Brierley G. 2022. Assemblages of geomorphic units: A building block approach to analysis and interpretation of river character, behaviour, condition and recovery. Earth Surface Processes and Landforms, 47(1): 92-108.

Galat D L, Zweimüller I. 2001. Conserving large-river fishes: Is the *highway analogy* an appropriate paradigm? Journal of the North American Benthological Society, 20(2): 266-279.

Gao J, Xu G C, Xu P. 2021. Whole-genome resequencing of three *Coilia nasus* population reveals genetic variations in genes related to immune, vision, migration, and osmoregulation. BMC Genomics, 22(1): 878.

Gregory K J, Walling D E. 1973. Drainage Basin Form and Process: A Geomorphological Approach. London: Edward Arnold.

Guan N N, Nie C H, Geng R J, et al. 2016. The complete mitochondrial genome of the hybrid of *Megalobrama amblycephala* (♀)× *Megalobrama skolkovii* (♂). Mitochondrial DNA Part A, 27(6): 4294-4295.

Han X X, Feng L, Hu C M, et al. 2018. Wetland changes of China's largest freshwater lake and their linkage with the Three Gorges Dam. Remote Sensing of Environment, 204: 799-811.

He W P, Zhou J, Li Z, et al. 2021. Chromosome-level genome assembly of the Chinese longsnout catfish *Leiocassis longirostris*. Zoological Research, 42(4): 417-422.

Hu W, Chen J. 2015. Whole-genome sequencing opens a new era for molecular breeding of grass carp (*Ctenopharyngodon idellus*). Science China Life Sciences, 58(6): 619-620.

Hu Y H, Jiang T, Liu H B, et al. 2022. Otolith microchemistry reveals life history and habitat use of *Coilia nasus* from the dayang river of China. Fishes, 7(6): 306.

Huang J, Mei Z G, Chen M, et al. 2020. Population survey showing hope for population recovery of the critically endangered Yangtze finless porpoise. Biological Conservation, 241: 108315.

Huang Z, Wang L. 2018. Yangtze dams increasingly threaten the survival of the Chinese sturgeon. Current Biology, 28(22): 3640-3647.

Jian J B, Yang L D, Gan X N, et al. 2021. Whole genome sequencing of silver carp (*Hypophthalmichthys molitrix*) and bighead carp (*Hypophthalmichthys nobilis*) provide novel insights into their evolution and speciation. Molecular Ecology Resources, 21(3): 912-923.

Jiang T, Liu H B, Hu Y H, et al. 2022. Revealing population connectivity of the estuarine tapertail anchovy *Coilia nasus* in the Changjiang River Estuary and its adjacent waters using otolith microchemistry. Fishes, 7(4): 147.

Jin Y J, He K, Xiang P, et al. 2022. Temporal genetic variation of the Chinese longsnout catfish (*Leiocassis longirostris*) in the upper Yangtze River with resource decline. Environmental Biology of Fishes, 105(9): 1139-1151.

Li M, Gao X, Yang S, et al. 2013. Effects of environmental factors on natural reproduction of the four major Chinese carps in the Yangtze River, China. Zoological Science, 30(4): 296-303.

Li P, Pan H M, Wang J J, 2020. The complete mitochondrial genome of *Ancherythroculter nigrocauda* (Cypriniformes, Cyprinidae) and its phylogenetic position. Mitochondrial DNA Part B, 5(3): 2742-2743.

Li Q Y, Lai G Y, Devlin A T. 2021. A review on the driving forces of water decline and its impacts on the environment in Poyang Lake, China. Journal of Water and Climate Change, 12(5): 1370-1391.

Li S F, Xu J W, Yang Q L, et al. 2009a. A comparison of complete mitochondrial genomes of silver carp *Hypophthalmichthys molitrix* and bighead carp *Hypophthalmichthys nobilis*: Implications for their taxonomic relationship and phylogeny. Journal of Fish Biology, 74(8): 1787-1803.

Li S F, Xu J W, Yang Q L, et al. 2011. Significant genetic differentiation between native and introduced silver carp (*Hypophthalmichthys molitrix*) inferred from mtDNA analysis. Environmental Biology of Fishes, 92(4): 503-511.

Li S H, Akamatsu T, Wang D, et al. 2009b. Localization and tracking of phonating finless porpoises using towed stereo acoustic data-loggers. The Journal of the Acoustical Society of America, 126(1): 468-475.

Liao X L, Tian H, Zhu B, et al. 2016. The complete mitochondrial genome of Chinese sturgeon (*Acipenser sinensis*). Mitochondrial DNA Part A, 27(1): 328-329.

Liu F, Xia J H, Bai Z Y, et al. 2009. High genetic diversity and substantial population differentiation in grass carp (*Ctenopharyngodon idella*) revealed by microsatellite analysis. Aquaculture, 297(1-4): 51-56.

Liu H, Chen C H, Gao Z X, et al. 2017. The draft genome of blunt snout bream (*Megalobrama amblycephala*) reveals the development of intermuscular bone and adaptation to herbivorous diet. Gigascience, 6: 1-13.

Liu H, Chen C H, Lv M L, et al. 2021. A chromosome-level assembly of blunt snout bream (*Megalobrama amblycephala*) genome reveals an expansion of olfactory receptor genes in freshwater fish. Molecular Biology and Evolution, 38: 4238-4251.

Liu X J, Ye X C, Liang H W, et al. 2019a. Mitochondrial genome sequences reveal the evolutionary relationship among different common carp varieties (*Cyprinus carpino* L.). Meta Gene, 19: 82-90.

Liu Y, Wu P D, Zhang D Z, et al. 2019b. Mitochondrial genome of the yellow catfish *Pelteobagrus fulvidraco* and insights into Bagridae phylogenetics. Genomics, 111(6): 1258-1265.

Ma F J, Wang Y P, Su B X, et al. 2023. Gap-free genome assembly of anadromous *Coilia nasus*. Scientific Data, 10(1): 360.

Mei Z G, Zhang X Q, Huang S L, et al. 2014. The Yangtze finless porpoise: On an accelerating path to extinction? Biological Conservation, 172: 117-123.

Mu S J, Li B, Yao J, et al. 2020. Monitoring the spatio-temporal dynamics of the wetland vegetation in Poyang Lake by Landsat and MODIS observations. Science of the Total Environment, 725: 138096.

Nelson J S. 2006. Fishes of the World, 4th Edition. Hoboken: John Wiley & Sons Inc.

Nelson J S, Grande T C, Wilson M V H. 2016. Fishes of the World, 5th Edition. Hoboken: John Wiley & Sons Inc.

Pan X D, Chen Y, Jiang T, et al. 2024. Otolith biogeochemistry reveals possible impacts of extreme climate events on population connectivity of a highly migratory fish, Japanese Spanish mackerel *Scomberomorus niphonius*. Marine Life Science & Technology, 6: 722-738.

Perera H A C C, Li Z J, De Silva S S, et al. 2014. Effect of the distance from the dam on river fish community structure and compositional trends, with reference to the Three Gorges Dam, Yangtze River, China. Acta Hydrobiologica Sinica, 38(3): 438-445.

Sakamoto T, Takahashi M, Chung M T, et al. 2022. Contrasting life-history responses to climate variability in eastern and western North Pacific sardine populations. Nature Communications, 13(1): 5298.

Sarakinis K G, Taylor M D, Johnson D D, et al. 2022. Determining population structure and connectivity through otolith chemistry of stout whiting, *Sillago robusta*. Fisheries Management and Ecology, 29(6): 760-773.

Sayre R, Karagulle D, Frye C, et al. 2020. An assessment of the representation of ecosystems in global protected areas using new maps of World Climate Regions and World Ecosystems. Global Ecology and Conservation, 21: e00860.

Seehausen O. 2002. Patterns in fish radiation are compatible with Pleistocene desiccation of Lake *Victoria* and 14, 600 year history for its cichlid species flock. Proceedings Biological Sciences, 269(1490): 491-497.

Sha H, Luo X Z, Wang D, et al. 2021. New insights to protection and utilization of silver carp (*Hypophthalmichthys molitrix*) in Yangtze River based on microsatellite analysis. Fisheries Research, 241: 105997.

Shuai F M, Li H Y, Li J, et al. 2023. Unravelling the life-history patterns and habitat preferences of the Japanese eel (*Anguilla japonica*) in the Pearl River, China. Journal of Fish Biology, 104(2): 387-398.

Silva A T, Lucas M C, Castro-Santos T, et al. 2018. The future of fish passage science, engineering, and practice. Fish and Fisheries, 19(2): 340-362.

Song D D, Xiong Y, Jiang T, et al. 2022. Evaluation of spawning- and natal-site fidelity of *Larimichthys polyactis* in the southern Yellow Sea using otolith microchemistry. Frontiers in Marine Science, 8: 820492.

Strahler A. 1964. Quantitative geomorphology of drainage basins and channel networks//Chow V. Handbook of Applied Hydrology. New York: McGraw Hill: 439-476.

Sun Y H, Liu S Y, Zhao G, et al. 2004. Genetic structure of Chinese sucker population *Myxocyprinus asiaticus* in the Yangtze River based on mitochondrial DNA marker. Fisheries Science, 70(3): 412-420.

Tian H F, Hu Q M, Li Z, 2021a. A high-quality *de novo* genome assembly of one swamp eel (*Monopterus albus*) strain with PacBio and Hi-C sequencing data. G3-Genes Genomes Genetics, 11(1): jkaa032.

Tian H F, Hu Q M, Lu H Y, et al. 2021b. The complete mitochondrial genome of one breeding strain of Asian swamp eel (*Monopterus albus*, Zuiew 1793) using PacBio and Illumina sequencing technologies and phylogenetic analysis in Synbranchiformes. Genes, 12(10): 1567.

Turvey S T, Pitman R L, Taylor B L, et al. 2007. First human-caused extinction of a cetacean species? Biology Letters, 3(5): 537-540.

Vannote R L, Minshall G W, Cummins K W, et al. 1980. The river continuum concept. Canadian Journal of Fisheries and Aquatic Sciences, 37(1): 130-137.

Wang B Z, Wu B, Liu X Q, et al. 2024a. Whole-genome sequencing reveals autooctoploidy in Chinese sturgeon and its evolutionary trajectories. Genomics, Proteomics & Bioinformatics, 22(1): qzad002.

Wang C H, Chen Q, Lu G Q, et al. 2008. Complete mitochondrial genome of the grass carp (*Ctenopharyngodon idella*, Teleostei): Insight into its phylogenic position within Cyprinidae. Gene, 424(1-2): 96-101.

Wang C, Yang L D, Lu Y R, et al. 2024b. Genomic features for adaptation and evolutionary dynamics of four major Asian domestic carps. Science China Life Sciences, 67(6): 1308-1310.

Wang D Q, Gao L, Tian H W, et al. 2019. Population genetics and sympatric divergence of the freshwater gudgeon, *Gobiobotia filifer*, in the Yangtze River inferred from mitochondrial DNA. Ecology and Evolution, 10(1): 50-58.

Wang D, Hao Y J, Wang K X, et al. 2005. Aquatic resource conservation. The first Yangtze finless porpoise successfully born in captivity. Environmental Science and Pollution Research International, 12(5): 247-250.

Wang J D, Sheng Y W, Tong T S D. 2014. Monitoring decadal lake dynamics across the Yangtze Basin downstream of Three Gorges Dam. Remote Sensing of Environment, 152: 251-269.

Wang L, Dronova I, Gong P, et al. 2012. A new time series vegetation–water index of phenological–hydrological trait across species and functional types for Poyang Lake wetland ecosystem. Remote Sensing of Environment, 125: 49-63.

Wang Q R, Xu C, Xu C R, et al. 2015a. Complete mitochondrial genome of the southern catfish (*Silurus meridionalis* Chen) and Chinese catfish (*S. asotus* Linnaeus): structure, phylogeny, and intraspecific variation. Genetics and Molecular Research, 14(4): 18198-18209.

Wang Y, Zhang N, Wang D, et al. 2020. Impacts of cascade reservoirs on Yangtze River water temperature: Assessment and ecological implications. Journal of Hydrology, 590: 125240.

Wang Z T, Akamatsu T, Mei Z G, et al. 2015b. Frequent and prolonged nocturnal occupation of port areas by Yangtze finless porpoises (*Neophocaena asiaeorientalis*): Forced choice for feeding? Integrative Zoology, 10(1): 122-132.

Wang Z W, Zhou J F, Ye Y Z, et al. 2006. Genetic structure and low-genetic diversity suggesting the necessity for conservation of the Chinese longsnout catfish, *Leiocassis longirostris* (Pisces: Bagriidae). Environmental Biology of Fishes, 75(4): 455-463.

Ward J V, Stanford J A. 1983. The serial discontinuity concept of logic ecosystems//Fontaine T D, Bartell S M. Dynamics of Lotic Ecosystems. Michigan: Ann Arbor Science: 29-42.

Witte F, van Oijen M J P, Sibbing F A. 2009. Fish fauna of the Nile//Dumont H J. The Nile: Origin, Environments, Limnology and Human Use. Berlin: Springer Science+Business Media: 647-675.

Wolfgang J J, Soares M G M, Bayley P B. 2007. Freshwater fishes of the Amazon River basin: Their biodiversity, fisheries and habitats. Aquatic Ecosystem Health & Management, 10(2): 153-173.

Wu Z Y, Wu S G. 1996. A proposal for a new floristic kingdom (realm): The E. Asiatic Kingdom, its delineation and character-istics//Zhang A L, Wu S G. 1996. Proceedings of the First International Symposium on Floristic Characteristics and Diversity of East Asian Plants. Beijing: Chinese Higher Education Press: 3-24.

Xie Z, Liang Y L, Wang J, et al. 2002. Preliminary studies of macroinvertebrates of the mainstream of the Changjiang (Yangtze) River. Acta Hydrobiologica Sinica, 23(Suppl): 148-157.

Xu G C, Bian C, Nie Z J, et al. 2020. Genome and population sequencing of a chromosome-level genome assembly of the Chinese tapertail anchovy (*Coilia nasus*) provides novel insights into migratory adaptation. GigaScience, 9(1): giz157.

Xu M R X, Liao Z Y, Brock J R, et al. 2023. Maternal dominance contributes to subgenome differentiation in allopolyploid fishes. Nature Communications, 14(1): 8357.

Xu P, Zhang X F, Wang X M, et al. 2014. Genome sequence and genetic diversity of the common carp, *Cyprinus carpio*. Nature Genetics, 46(11): 1212-1219.

Xuan Z Y, Jiang T, Liu H B, et al. 2023. Otolith microchemical evidence revealing multiple spawning site origination of the anadromous tapertail anchovy (*Coilia nasus*) in the Changjiang (Yangtze) River Estuary. Acta Oceanologica Sinica, 42(1): 120-130.

Yan L, Wang D Q, Fang Y L, et al. 2008. Genetic diversity in the bronze gudgeon, *Coreius heterodon*, from the Yangtze River system based on mtDNA sequences of the control region. Environmental Biology of Fishes, 82(1): 35-40.

Yan T M, Wang X Y, Li S, et al. 2020. Genetic analysis of wild *Ancherythroculter nigrocauda* in tributaries and the main stream of the upper Yangtze River basin of China. Mitochondrial DNA Part A, 31(1): 17-24.

Ye H, Fan J H, Hou Y L, et al. 2023. Chromosome-level genome assembly of the largefin longbarbel catfish (*Hemibagrus macropterus*). Frontiers in Genetics, 14: 1297119.

Yi Y J, Wang Z Y, Yang Z F. 2010. Two-dimensional habitat modeling of Chinese sturgeon spawning sites. Ecological Modelling, 221(5): 864-875.

Yu C C, Tang H P, Jiang Y C, et al. 2024. Growth performance and selection signatures revealed by whole-genome resequencing in genetically selected grass carp (*Ctenopharyngodon idella*). Aquaculture, 587: 740885.

Yu L Y, Wang G J. 2017. Complete mitochondrial genome of *Ctenopharyngodon idella* var. Gold grass carp and its intraspecific comparison. Mitochondrial DNA Part A, 28(3): 372-374.

Zeng Q, Ye H, Peng Z G, et al. 2012. Mitochondrial genome of *Hemibagrus macropterus* (Teleostei, Siluriformes). Mitochondrial DNA, 23(5): 355-357.

Zhai D D, Li W J, Liu H Z, et al. 2019a. Genetic diversity and temporal changes of an endemic cyprinid fish species, *Ancherythroculter nigrocauda*, from the upper reaches of Yangtze River. Zoological research, 40: 427-438.

Zhai D D, Zhang Z, Zhang F T, et al. 2019b. Genetic diversity and population structure of a cyprinid fish (*Ancherythroculter nigrocauda*) in a highly fragmented river. Journal of Applied Ichthyology, 35(3): 701-708.

Zhang D Y, Liu X M, Huang W J, et al. 2023. Whole-genome resequencing reveals genetic diversity and signatures of selection in mono-female grass carp (*Ctenopharyngodon idella*). Aquaculture, 575: 739816.

Zhang F T, Duan Y J, Cao S M, et al. 2012. High genetic diversity in population of *Lepturichthys fimbriata* from the Yangtze River revealed by microsatellite DNA analysis. Chinese Science Bulletin, 57(5): 487-491.

Zhang H H, Xu M R X, Wang P L, et al. 2020a. High-quality genome assembly and transcriptome of *Ancherythroculter nigrocauda*, an endemic Chinese cyprinid species. Molecular Ecology Resources, 20(4): 882-891.

Zhang L, Mou C Y, Zhou J, et al. 2022. Genetic diversity of Chinese longsnout catfish (*Leiocassis longirostris*) in four farmed populations based on 20 new microsatellite DNA markers. Diversity, 14(8): 654.

Zhang N, Song N, Han Z Q, et al. 2016. The complete mitochondrial genome of *Coilia nasus* (Clupeiformes: Engraulidae) from the coast of Ningbo in China. Mitochondrial DNA Part A, 27(3): 1660-1661.

Zhang P, Qiao Y, Jin Y, et al. 2020b. Upstream migration of fishes downstream of an under construction hydroelectric dam and implications for the operation of fish passage facilities. Global Ecology and Conservation, 23: e01143.

Zhang S M, Wang D Q, Zhang Y P. 2003. Mitochondrial DNA variation, effective female population size and population history of the endangered Chinese sturgeon, *Acipenser sinensis*. Conservation Genetics, 4(6): 673-683.

Zhang S Y, Li J, Qin Q, et al. 2018. Whole-genome sequencing of Chinese yellow catfish provides a valuable genetic resource for high-throughput identification of toxin genes. Toxins, 10(12): 488.

Zhang Z X, Chen X, Xu C Y, et al. 2015. Examining the influence of river–lake interaction on the drought and water resources in the Poyang Lake basin. Journal of Hydrology, 522: 510-521.

Zhao J L, Cao Y, Li S F, et al. 2010. Population genetic structure and evolutionary history of grass carp *Ctenopharyngodon idella* in the Yangtze River, China. Environmental Biology of Fishes, 90(1): 85-93.

Zhao X J, Barlow J, Taylor B L, et al. 2008. Abundance and conservation status of the Yangtze finless porpoise in the Yangtze River, China. Biological Conservation, 141(12): 3006-3018.

Zheng S Q, Shao F, Tao W J, et al. 2021. Chromosome-level assembly of southern catfish (*Silurus meridionalis*) provides insights into visual adaptation to nocturnal and benthic lifestyles. Molecular Ecology Resources, 21(5): 1575-1592.

Zheng S Q, Tao W J, Yang H W, et al. 2022. Identification of sex chromosome and sex-determining gene of southern catfish (*Silurus meridionalis*) based on XX, XY and YY genome sequencing. Proceedings of the Royal Society B, 289(1971): 20212645.

Zhou H X, Duan G Q, Pan T S, et al. 2022. Development a set of 46 SNP markers for the yellow catfish (*Tachysurus fulvidraco*). Turkish Journal of Fisheries and Aquatic Sciences, 22(12): TRJFAS20976.

Zhou X, Guang X, Sun D, et al. 2018. Population genomics of finless porpoises reveal an incipient cetacean species adapted to freshwater. Nature Communications, 9(1): 1276.

Zhu B, Zhou F, Cao H, et al. 2002. Analysis of genetic variation in the Chinese sturgeon, *Acipenser sinensis*: estimating the contribution of artificially produced larvae in a wild population. Journal of Applied Ichthyology, 18(4-6): 301-306.

Zhu W B, Fu J J, Luo M K, et al. 2022. Genetic diversity and population structure of bighead carp (*Hypophthalmichthys nobilis*) from the middle and lower reaches of the Yangtze River revealed using microsatellite markers. Aquaculture Reports, 27: 101377.

Zong S B, Li Y L, Liu J X. 2021. Genomic architecture of rapid parallel adaptation to fresh water in a wild fish. Molecular Biology and Evolution, 38(4): 1317-1329.

序号	中文名	拉丁名	沱沱河	金沙江	雅砻江	横江	长江上游干流	岷江	大渡河	沱江	赤水河	三峡库区	嘉陵江	乌江	长江中游干流	汉江	洞庭湖	鄱阳湖	长江下游干流	长江口
1	白鲟	*Psephurus gladius*		○			○	○		○	○	○	○	○	○		○	○		○
2	长江鲟☆	*Acipenser dabryanus*		○	○		■	○		○	■	■	○	○	■				■	
3	中华鲟▲	*Acipenser sinensis*		○	○		○	○		○		■	■	○	■			■	●	○
4	史氏鲟△	*Acipenser schrenckii*										●							●	
5	杂交鲟△						●			●	●	●			●	●	■	●		●
6	鳗鲡▲	*Anguilla japonica*		○			○			○		○	○	○	●	○	■	●	■	■
7	花鳗鲡▲	*Anguilla mauritiana*					○								○	○	○	■		○
8	刀鲚▲	*Coilia nasus*													■		○	■	■	■
9	凤鲚▲	*Coilia mystus*							○										■	■
10	短颌鲚	*Coilia brachygnathus*									■	■			●	■	■	■	■	○
11	鲥▲	*Tenualosa reevesii*													■				○	○
12	斑鰶★	*Konosirus punctatus*																		■
13	宽鳍鱲	*Zacco platypus*		■	■	■	■	■	■	■	■	■	■	■	■	■	■	■	■	○
14	成都鱲☆	*Zacco chengtui*		○			○	○	○	○			○	○	○					
15	马口鱼	*Opsariichthys bidens*		○	○		■	○	○	○	■	■	■	○	■	○	○	■	○	○
16	中华细鲫	*Aphyocypris chinensis*		○	○		■	■	■	■	■	■	■	■	■	○	■	■	○	○
17	稀有鮈鲫☆	*Gobiocypris rarus*		■			■	■	■	■										
18	青鱼	*Mylopharyngodon piceus*		■	■		■	■	■	■	■	■	○	○	■	■	■	■	■	○

续表

序号	中文名	拉丁名	沱沱河	金沙江	雅砻江	横江	长江上游干流	岷江	大渡河	沱江	赤水河	三峡库区	嘉陵江	乌江	长江中游干流	汉江	洞庭湖	鄱阳湖	长江下游干流	长江口
19	鳡	*Luciobrama macrocephalus*		○	○			○	○	○	○	○	○	○	○	○	○	○	○	○
20	草鱼	*Ctenopharyngodon idellus*	■	■	■	■	■	■	○	■	■	■	■	■	■	■	■	■	■	■
21	大鳞黑线鳘☆	*Atrilinea macrolepis*														○				
22	黑线	*Atrilinea roulei*																	○	
23	尖头大吻鳔	*Rhynchocypris oxycephalus*									●	■		○				○	○	
24	拉氏大吻鳔△	*Rhynchocypris lagowskii*							○			○				○				
25	丁鳜△	*Tinca tinca*		○	●		●	■		○	■	■	○	○	●					
26	赤眼鳟	*Squaliobarbus curriculus*	○	○	■		■	○		■	■	■	■	■	■	■	■	■	■	○
27	鳡	*Ochetobius elongatus*	○		○		■	○		■	○	■	■	○	■	○	■	■	○	○
28	鳤	*Elopichthys bambusa*	○		○		■	○		○	■	■	■	○	■	■	■	■	■	○
29	飘鱼	*Pseudolaubuca sinensis*	○	○	○		■	■		○	■	■	■	○	■	■	■	■	■	○
30	寡鳞飘鱼	*Pseudolaubuca engraulis*	■	■	■		■	○		○	■	■	■	■	■	■	■	■	■	■
31	大眼华鳊△	*Sinibrama macrops*					■	■		■	■		■		●	■		●		
32	四川华鳊☆	*Sinibrama taeniatus*						○		■			■							
33	伍氏华鳊	*Sinibrama wui*						○				■								
34	长臀华鳊☆	*Sinibrama longianalis*						○						■		■	○			
35	高体近红鲌☆	*Ancherythroculter karematsui*	○				○	○		■	■	○			○					
36	汪氏近红鲌☆	*Ancherythroculter wangi*	○					○		■	■	○			■					
37	黑尾近红鲌☆	*Ancherythroculter nigrocauda*				■		■		■	■	○			■					
38	雅砻白鱼☆	*Anabarilius liui yalongensis*			■															
39	西昌白鱼☆	*Anabarilius liui liui*		○	■															
40	程海白鱼☆	*Anabarilius liui chenghaiensis*		○																

续表

序号	中文名	拉丁名	沱沱河	金沙江	雅砻江	横江	长江上游干流	岷江	大渡河	沱江	赤水河	三峡库区	嘉陵江	乌江	长江中游干流	汉江	洞庭湖	鄱阳湖	长江下游干流	长江口
41	邛海白鱼☆	*Anabarilius qionghaiensis*			○															
42	嵩明白鱼☆	*Anabarilius songmingensis*		■																
43	寻甸白鱼☆	*Anabarilius xundianensis*		○																
44	多鳞白鱼☆	*Anabarilius polylepis*		○																
45	银白鱼☆	*Anabarilius alburnops*		■																
46	短臀白鱼☆	*Anabarilius brevianalis*		○																
47	半䱗☆	*Hemiculterella sauvagei*		○			■	○			■	○	■	■	■					
48	似鱽	*Toxabramis swinhonis*										○			○		○	■	■	○
49	䱗	*Hemiculter leucisculus*		○	○	■	■	■	■	■	●	■	■	●	●	■	■	■	■	■
50	张氏䱗☆	*Hemiculter tchangi*		●	●		●	●	●	●	●	■	■		●				●	●
51	贝氏䱗	*Hemiculter bleekeri*		■	■		■	○	○	■	■		■		■	■	■	■	■	■
52	南方拟䱗△	*Pseudohemiculter dispar*			■		■					○			○		○			
53	海南拟䱗☆	*Pseudohemiculter hainanensis*																		
54	贵州拟䱗☆	*Pseudohemiculter kweichowensis*												○	○					
55	红鳍原鲌	*Cultrichthys erythropterus*		■			●	○	○			■	■	■	■		■	■	■	○
56	翘嘴鲌	*Culter alburnus*						○	■			■				■	■	■	■	■
57	蒙古鲌☆	*Culter mongolicus mongolicus*		○				○	○				○			■	■	■	■	○
58	邛海鲌☆	*Culter mongolicus qionghaiensis*							○											
59	程海鲌☆	*Culter mongolicus elongattus*		○																
60	尖头鲌☆	*Culter oxycephalus*		○			■	■			○	■	■	■	■	■	●	○	■	○
61	达氏鲌	*Culter dabryi*					○								■		■		■	
62	拟尖头鲌☆	*Culter oxycephaloides*		○				■			○		■			■	■	○		

序号	中文名	拉丁名	沱沱河	金沙江	雅砻江	横江	长江上游干流	岷江	大渡河	沱江	赤水河	三峡库区	嘉陵江	乌江	长江中游干流	汉江	洞庭湖	鄱阳湖	长江下游干流	长江口
63	鳊	*Parabramis pekinensis*		○	■		■	○	○		○	■	■	○	■	■	■	■	■	■
64	厚颌鲂☆	*Megalobrama pellegrini*		○	●		■	○	○	■	■	■	■	●	●		■			■
65	长体鲂☆	*Megalobrama elongata*					○				●				●					
66	鲂	*Megalobrama mantschuricus*			■						■	■	○	○	■	○	■	■	■	
67	团头鲂☆	*Megalobrama amblycephala*		●	●		●			●		■	■	■	■	■	■	●	■	○
68	三角鲂△	*Megalobrama terminalis*					■				■	■	■		■	■	■	■	■	■
69	银鲴	*Xenocypris argentea*		○			■	○	○		■	■	■	■	■	■	■	■	■	■
70	黄尾鲴	*Xenocypris davidi*		○			■	○	○		■	■	■	■	■	■	■	■	■	○
71	云南鲴☆	*Xenocypris yunnanensis*		○			○				●				●					
72	方氏鲴☆	*Xenocypris fangi*					●			●					■					
73	细鳞鲴	*Xenocypris microlepis*		○			■				■	■	■		■	■	■	■	■	
74	湖北鲴☆	*Xenocypris hupeinensis*													●		○			
75	圆吻鲴	*Distoechodon tumirostris*					■					■		■				●	●	
76	大眼圆吻鲴☆	*Distoechodon macrophthalmus*													■					○
77	似鳊	*Pseudobrama simoni*					■	■			■	■	■	■	■	■	■	■	■	■
78	鳙	*Aristichthys nobilis*		■	■	■	■	■			■	■	■		■	■	■	■	■	■
79	鲢	*Hypophthalmichthys molitrix*		■	■	■	■	■			■	■	■		■	■	■	■	■	■
80	唇䱻	*Hemibarbus labeo*					■	○			■	■	■	■	■	■	■	■	■	
81	花䱻	*Hemibarbus maculatus*		○		■	■	■			●	■	■		■	■	■	■	○	■
82	晕䱻	*Hemibarbus medius*					■				■		■	○	■	○	■	■	■	■
83	似䱻	*Belligobio nummifer*		○			■			●			○		●			●		
84	彭县似䱻☆	*Belligobio pengxianensis*	○		○		○			○			○					●		

续表

序号	中文名	拉丁名	沱沱河	金沙江	雅砻江	横江	长江上游干流	岷江	大渡河	沱江	赤水河	三峡库区	嘉陵江	乌江	长江中游干流	汉江	洞庭湖	鄱阳湖	长江下游干流	长江口
85	麦穗鱼	*Pseudorasbora parva*		■	■	■	■	■	■	■	■	■	■	■	■	■	■	■	■	■
86	长麦穗鱼	*Pseudorasbora elongata*																○		
87	华鳈	*Sarcocheilichthys sinensis*					■	○	○		■	■	■	○	■	■	■	■	■	○
88	黑鳍鳈	*Sarcocheilichthys nigripinnis*			■		■	○	○	■	■	■	■	○	○	■	■	■	■	○
89	川西鳈☆	*Sarcocheilichthys davidi*					○	○												
90	小鳈	*Sarcocheilichthys parvus*																		
91	江西鳈	*Sarcocheilichthys kiangsiensis*					○								■		■	■		
92	嘉陵颌须鮈☆	*Gnathopogon herzensteini*			○		■	●	○		■	■	■	○	■	■				
93	短须颌须鮈☆	*Gnathopogon imberbis*		○			■	○		■	■	○	■			■				
94	隐须颌须鮈☆	*Gnathopogon nicholsi*																○	○	
95	银鮈	*Squalidus argentatus*		○	○	■	■	○	○		■	■	■	■	■	■	■	■	■	■
96	亮银鮈☆	*Squalidus nitens*				■	■	○			■	■	■	■	■	■	■	■	■	○
97	点纹银鮈☆	*Squalidus wolterstorffi*		○		■	■	■	○		■	■	■	■	■	■	■	■	■	○
98	铜鱼	*Coreius heterodon*		■	■	■	■	○	○		■	■	■	■	■	○	■	■	■	○
99	圆口铜鱼☆	*Coreius guichenoti*		■			■	○	○	■	■	■	■	■	■				○	
100	吻鮈	*Rhinogobio typus*		○	■		■	■	○	■		■	○	○	■	■	○	■	■	
101	圆筒吻鮈☆	*Rhinogobio cylindricus*		■			■	■	○	■		■			■	■	■	○	■	
102	长鳍吻鮈☆	*Rhinogobio ventralis*							○						○		■		○	
103	湖南吻鮈☆	*Rhinogobio hunanensis*		○			■		○						○	■				
104	裸腹片唇鮈☆	*Platysmacheilus nudiventris*																		
105	长须片唇鮈☆	*Platysmacheilus longibarbatus*					○								○					
106	片唇鮈	*Platysmacheilus exiguus*										○	●		○	○				

续表

序号	中文名	拉丁名	沱沱河	金沙江	雅砻江	横江	长江上游干流	岷江	大渡河	沱江	赤水河	三峡库区	嘉陵江	乌江	长江中游干流	汉江	洞庭湖	鄱阳湖	长江下游干流	长江口
107	镇江片唇鮈☆	*Platysmacheilus zhenjiangensis*																	○	
108	棒花鱼	*Abbottina rivularis*		■			■	■	■	■	■	■	■	■	■	■	■	■	■	○
109	钝吻棒花鱼☆	*Abbottina obtusirostris*		■		■	■					○			●					
110	乐山小鳔鮈	*Microphysogobio kiatingensis*		○	■			■	○		■	■	■		○	■	■			
111	福建小鳔鮈☆	*Microphysogobio fukiensis*						○										○	■	
112	小口小鳔鮈☆	*Microphysogobio microstomus*														■			■	
113	洞庭小鳔鮈☆	*Microphysogobio tungtingensis*													●			●		
114	裸腹小鳔鮈☆	*Microphysogobio nudiventris*																		
115	似鮈	*Pseudogobio vaillanti*					■				○		○		●	○		●		
116	似刺鳊鮈☆	*Paracanthobrama guichenoti*					■	○			■	■	■		■	■	■	■	■	○
117	长蛇鮈	*Saurogobio dumerili*			■		■		■	■	■	■	■	■	■	■	■	■	■	■
118	蛇鮈	*Saurogobio dabryi*					■			■	■	■	■		■	■	■	■	○	○
119	光唇蛇鮈☆	*Saurogobio gymnocheilus*								●	●	●	●		■	■	■	■	○	○
120	斑点蛇鮈☆	*Saurogobio punctatus*																		
121	细尾蛇鮈☆	*Saurogobio gracilicaudatus*										●			■	○				
122	湘江蛇鮈	*Saurogobio xiangjiangensis*																		
123	短身鳅鮀☆	*Gobiobotia abbreviata*		○			○	○			■	■			○		○	○		
124	宜昌鳅鮀☆	*Gobiobotia filifer*		■	■	■	■	■	○		■	○			○	■	○	○	○	○
125	南方鳅鮀	*Gobiobotia meridionalis*														○				
126	短吻鳅鮀☆	*Gobiobotia brevirostris*														○				
127	董氏鳅鮀	*Gobiobotia tungi*																	○	
128	异鳔鳅鮀☆	*Xenophysogobio boulengeri*		■							■	■	○							

续表

序号	中文名	拉丁名	沱沱河	金沙江	雅砻江	横江	长江上游干流	岷江	大渡河	沱江	赤水河	三峡库区	嘉陵江	乌江	长江中游干流	汉江	洞庭湖	鄱阳湖	长江下游干流	长江口
129	裸体异鳔鳅鮀☆	*Xenophysogobio nudicorpa*		○	■		■	○			■		■	■	●	■	■	■	■	○
130	中华鳑鲏	*Rhodeus sinensis*		■	■		■	■	●	○	■		■		■	■	■	■	■	○
131	高体鳑鲏	*Rhodeus ocellatus*		■	○	■	■	■	○	○			■		○	■	■	■		○
132	彩石鳑鲏	*Rhodeus lighti*		○	●		■	○	○	○								○		
133	方氏鳑鲏	*Rhodeus fangi*					■			■	■	○		■	■		■		■	
134	白边鳑鲏☆	*Rhodeus albomarginatus*						○										○		
135	大鳍鱊	*Acheilognathus macropterus*		○			■	○			■	○	■	■		■	■		■	○
136	长身鱊☆	*Acheilognathus elongatus*		○											○					
137	峨眉鱊☆	*Acheilognathus omeiensis*					■	○	○		■		○		○	■		○		
138	越南鱊	*Acheilognathus tonkinensis*					○	○	○		●					●				
139	须鱊	*Acheilognathus barbatus*					○								■	○		■		○
140	短须鱊	*Acheilognathus barbatulus*					○				●				■	●		■		
141	箭鳞鱊☆	*Acheilognathus hypselonotus*					■	○		■	■		■	■	■	■	■	■	■	○
142	无须鱊☆	*Acheilognathus gracilis*					○			■	■	■		■	■	■	■	■	■	
143	兴凯鱊	*Acheilognathus chankaensis*		■	■		■	○		■	■	○	■	■	■	●	■	●	■	○
144	斑条鱊	*Acheilognathus taenianalis*			●										○			●		
145	巨口鱊☆	*Acheilognathus tabira*						○												
146	多鳞鱊	*Acheilognathus polylepis*							○						○	○			○	
147	条纹鱊☆	*Acheilognathus striatus*																	○	
148	彩副鱊	*Paracheilognathus imberbis*					○	○							○			■	■	○
149	革条副鱊	*Paracheilognathus himantegus*																■		
150	多鳞四须鲃☆	*Barbodes polylepis*												○						

续表

序号	中文名	拉丁名	沱沱河	金沙江	雅砻江	横江	长江上游干流	岷江	大渡河	沱江	赤水河	三峡库区	嘉陵江	乌江	长江中游干流	汉江	洞庭湖	鄱阳湖	长江下游干流	长江口
151	宽头林鲃	*Linichthys laticeps*												■						
152	大鳞鲃△	*Luciobarbus capito*			●		■				■	●	●							
153	光倒刺鲃	*Spinibarbus hollandi*					○				●		○		○		○	■		
154	中华倒刺鲃☆	*Spinibarbus sinensis*		■	■	■	■	■	○		■	■	■	■	○	○	○			
155	鲈鲤☆	*Percocypris pingi*		■	■		○	○	■		■			■	○					
156	花鲈鲤△	*Percocypris pingi regani*									●			●						
157	多斑金线鲃	*Sinocyclocheilus multipunctatus*												○						
158	滇池金线鲃☆	*Sinocyclocheilus grahami*		○																
159	乌蒙山金线鲃☆	*Sinocyclocheilus wumengshanensis*		○																
160	会泽金线鲃	*Sinocyclocheilus huizeensis*		○																
161	宽口光唇鱼☆	*Acrossocheilus monticolus*		○			■	○	○	○	■	■	○	■	○					
162	云南光唇鱼	*Acrossocheilus yunnanensis*			○	■		○	○	○	■	■	○	■	○					
163	台湾光唇鱼	*Acrossocheilus paradoxus*																○		
164	光唇鱼	*Acrossocheilus fasciatus*												■				○		
165	吉首光唇鱼☆	*Acrossocheilus jishouensis*																		
166	薄颌光唇鱼	*Acrossocheilus kreyenbergi*																		
167	多鳞白甲鱼☆	*Onychostoma macrolepis*		■	■	■	■	■	○		■	■	■							
168	白甲鱼☆	*Onychostoma sima*		○	○		■	■	○	○	■	■	■	■	■	○	■			
169	四川白甲鱼☆	*Onychostoma angustistomata*																		
170	大渡白甲鱼☆	*Onychostoma daduensis*					○		○											
171	短身白甲鱼☆	*Onychostoma brevis*										○								
172	粗须白甲鱼	*Onychostoma barbata*												■						

续表

序号	中文名	拉丁名	沱沱河	金沙江	雅砻江	横江	长江上游干流	岷江	大渡河	沱江	赤水河	三峡库区	嘉陵江	乌江	长江中游干流	汉江	洞庭湖	鄱阳湖	长江下游干流	长江口
173	稀有白甲鱼	*Onychostoma rara*											●							
174	珠江卵形白甲鱼	*Onychostoma ovalis rhomboides*												○			○	○		
175	小口白甲鱼	*Onychostoma lini*													○					
176	台湾白甲鱼	*Onychostoma barbatula*																	○	
177	侧纹白甲鱼☆	*Onychostoma virgulatum*																	○	
178	瓣结鱼	*Folifer brevifilis*		○			■	○			○	○			●			●		
179	赫氏华鲮☆	*Sinilabeo hummeli*			○			○			○		■		●			●		
180	伦氏孟加拉鲮☆	*Bangana rendahli*		○	■		■	○		■	■	■	■	■	○	○				
181	洞庭孟加拉野鲮☆	*Bangana tungting*															○			
182	泸溪直口鲮☆	*Rectoris luxiensis*		○	○		○	○			○	○								
183	变形直口鲮	*Rectoris mutabilis*		○										○						
184	顶鲮☆	*Protolabeo protolabeo*		○																
185	鲮△	*Cirrhinus molitorella*									●	●			●		●	●	■	
186	麦瑞加拉鲮△	*Cirrhina mrigala*					■				■	●	●	■	●			●	■	
187	露斯塔野鲮△	*Labeo rohita*									■	●								
188	条纹异黔鲮	*Paraqianlabeo lineatus*																		
189	泉水鱼☆	*Pseudogyrinocheilus procheilus*		■	■	■	■	■	■		■	■	■		○					
190	华缨鱼☆	*Sinocrossocheilus guizhouensis*						■			■	○								
191	宽唇华缨鱼☆	*Sinocrossocheilus labiata*		■	■	■	■	■			■			○						
192	墨头鱼	*Garra imberba*		■	■	■	■	■	■	■	■	■		○	○			○		
193	云南盘鮈	*Discogobio yunmanensis*		■		■	○					■	■	■	○					
194	短鳔盘鮈	*Discogobio brachyphysallidos*		○								●								

续表

序号	中文名	拉丁名	沱沱河	金沙江	雅砻江	横江	长江上游干流	岷江	大渡河	沱江	赤水河	三峡库区	嘉陵江	乌江	长江中游干流	汉江	洞庭湖	鄱阳湖	长江下游干流	长江口
195	短须裂腹鱼☆	*Schizothorax wangchiachii*		■			○		○			○		○						
196	长丝裂腹鱼☆	*Schizothorax dolichonema*		■	■		○		○		○	○	○	○	○					
197	中华裂腹鱼☆	*Schizothorax sinensis*					○		○			○			○					
198	齐口裂腹鱼☆	*Schizothorax prenanti*		■	■		○	■	■		○	■	○	■	○	○				
199	细鳞裂腹鱼☆	*Schizothorax chongi*		■	■		○	■				○	○							
200	昆明裂腹鱼☆	*Schizothorax grahami*		■	●		○					○	○			○				
201	隐鳞裂腹鱼☆	*Schizothorax cryptolepis*				■			○											
202	异唇裂腹鱼☆	*Schizothorax heterochilus*							○											
203	重口裂腹鱼☆	*Schizothorax davidi*		○	●	■	○	■	■		■	○	○	○						
204	四川裂腹鱼☆	*Schizothorax kozlovi*	■	■	■		○					○								
205	长须裂腹鱼☆	*Schizothorax longibarbus*		●	●		○		○											
206	小裂腹鱼☆	*Schizothorax parvus*		○																
207	厚唇裂腹鱼☆	*Schizothorax labrosus*			○															
208	宁蒗裂腹鱼☆	*Schizothorax ninglangensis*			○															
209	小口裂腹鱼☆	*Schizothorax microstomus*		○	○															
210	灰色裂腹鱼	*Schizothorax griseus*					○					○	○							
211	威宁裂腹鱼☆	*Schizothoraxyunnanensis weiningensis*		○	■									■						
212	裸腹叶须鱼	*Ptychobarbus kaznakovi*		○	■		○													
213	中甸叶须鱼☆	*Ptychobarbus chungtienensis*		○	○															
214	格咱中甸叶须鱼☆	*Ptychobarbus chungtienensis gezaensis*		■	■															
215	厚唇裸重唇鱼	*Gymnodiptychus pachycheilus*		■	●				○				○							
216	松潘裸鲤☆	*Gymnocypris potanini*		■	■			■	○											

续表

序号	中文名	拉丁名	沱沱河	金沙江	雅砻江	横江	长江上游干流	岷江	大渡河	沱江	赤水河	三峡库区	嘉陵江	乌江	长江中游干流	汉江	洞庭湖	鄱阳湖	长江下游干流	长江口
217	硬刺松潘裸鲤 ☆	Gymnocypris potanini firmispinatus		■	●															
218	软刺裸裂尻鱼 ☆	Schizopygopsis malacanthus malacanthus	○	■	■															
219	宝兴裸裂尻鱼 ☆	Schizopygopsis malacanthus baoxingensis					○		○											
220	大渡裸裂尻鱼 ☆	Schizopygopsis malacanthus chengi							■											
221	嘉陵裸裂尻鱼 ☆	Schizopygopsis kialingensis					○						○							
222	小头高原鱼 ☆	Herzensteinia microcephalus	■										○							
223	岩原鲤 ☆	Procypris rabaudi															○			
224	小鲤 ☆	Cyprinus micristius		○				○	○	○	■	■	■	■	○		○			
225	鲤	Cyprinus carpio		■	■	■	■	■	■	■	■	■	■	■	■	■	■	■	■	○
226	散鳞镜鲤 △	Cyprinus carpio var. specularis			●		●	●	●	●	■	●	●		●	●			●	
227	三角鲤 △	Cyprinus multitaeniata												○						
228	锦鲤 △	Cyprinus carpio var. haematopterus						●				●	●						●	
229	杞麓鲤	Cyprinus chilia		○																
230	邛海鲤 ☆	Cyprinus qionghaiensis					○													
231	鲫	Carassius auratus		■	■		■	■	■	■	■	■	■	■	■	■	■	■	■	■
232	须鲫 △	Carassioides acuminatus										●								
233	朋脂鱼	Myxocyprinus asiaticus			○		■	■	■	■	■	■	■	■	■	■	■	■	■	■
234	侧纹云南鳅	Yunnanilus pleurotaenia		○																
235	黑斑云南鳅 ☆	Yunnanilus nigromaculatus		○																
236	长臀云南鳅 ☆	Yunnanilus longibulla		■																
237	草海云南鳅 ☆	Yunnanilus caohaiensis												○						
238	干河云南鳅 ☆	Yunnanilus ganheensis		○																

续表

序号	中文名	拉丁名	沱沱河	金沙江	雅砻江	横江	长江上游干流	岷江	大渡河	沱江	赤水河	三峡库区	嘉陵江	乌江	长江中游干流	汉江	洞庭湖	鄱阳湖	长江下游干流	长江口
239	牛栏云南鳅☆	*Yunnanilus niulanensis*		○																
240	横斑云南鳅☆	*Yunnanilus spanisbripes*		○																
241	四川云南鳅☆	*Yunnanilus sichuanensis*			○											○				
242	红尾副鳅	*Paracobitis variegatus*		■		■	■	■	■	■	■	■	■	■	○	○				
243	短体副鳅☆	*Paracobitis potanini*		■	●	■	■	■	■	■	■	■	■	■	○	●				
244	乌江副鳅☆	*Paracobitis wujiangensis*									■			○						
245	横纹南鳅	*Schistura fasciolata*		○	○	■	○													
246	似横纹南鳅☆	*Schistura pseudofasciolata*		○																
247	牛栏江南鳅☆	*Schistura niulanjiangensis*																		
248	小眼戴氏南鳅	*Schistura dabryi microphthalmus*												○						
249	戴氏南鳅☆	*Schistura dabryi dabryi*		■	■	■	○	■	○	○	○	■	○	●	○					
250	华坪条鳅☆	*Nemacheilus huapingensis*		●																
251	粗壮高原鳅	*Triplophysa robusta*						○	○				○							
252	东方高原鳅	*Triplophysa orientalis*	○	●	●		○	○	○		○		○		○					
253	唐古拉高原鳅☆	*Triplophysa tanggulaensis*	○																	
254	异尾高原鳅	*Triplophysa stewarti*	○						○											
255	小眼高原鳅	*Triplophysa microps*	○																	
256	黑体高原鳅	*Triplophysa obscura*		○			○													
257	昆明高原鳅☆	*Triplophysa grahami*											○							
258	西昌高原鳅☆	*Triplophysa xichangensis*			○															
259	秀丽高原鳅☆	*Triplophysa venusta*			○															
260	大桥高原鳅☆	*Triplophysa daqiaoensis*					●													

序号	中文名	拉丁名	沱沱河	金沙江	雅砻江	横江	长江上游干流	岷江	大渡河	沱江	赤水河	三峡库区	嘉陵江	乌江	长江中游干流	汉江	洞庭湖	鄱阳湖	长江下游干流	长江口
261	短须高原鳅☆	*Triplophysa brevibarba*			○															
262	拟硬刺高原鳅	*Triplophysa pseudoscleroptera*		■				●	●											
263	麻尔柯河高原鳅☆	*Triplophysa markehenensis*		○			○	●	■											
264	安氏高原鳅☆	*Triplophysa angeli*		■	○	■	○					○			○					
265	前鳍高原鳅☆	*Triplophysa anterodorsalis*		■		■	■					●								
266	短尾高原鳅☆	*Triplophysa brevicauda*		■	○		■	○	○				○							
267	贝氏高原鳅☆	*Triplophysa bleekeri*					■	■	■	○	■	■	○		○	○				
268	修长高原鳅☆	*Triplophysa leptosoma*	■				■					○								
269	斯氏高原鳅	*Triplophysa stoliczkae*		○	○		○	○	■				○							
270	粗唇高原鳅☆	*Triplophysa crassilabris*						○	●											
271	细尾高原鳅☆	*Triplophysa stenura*	■	■	■		■													
272	姚氏高原鳅☆	*Triplophysa yaopeizhii*		■																
273	宁蒗高原鳅☆	*Triplophysa ninglangensis*			○															
274	圆腹高原鳅	*Triplophysa rotundiventris*								○										
275	多带高原鳅☆	*Triplophysa polyfasciata*							○											
276	拟细尾高原鳅☆	*Triplophysa pseudostenura*			○															
277	理县高原鳅☆	*Triplophysa lixianensis*						○												
278	西溪高原鳅☆	*Triplophysa xiqiensis*		○																
279	稻城高原鳅☆	*Triplophysa daochengensis*		○																
280	玫瑰高原鳅☆	*Triplophysa rosa*												○						
281	湘西鱊高原鳅☆	*Triplophysa xiangxiensis*															○			
282	巴山高原鳅☆	*Triplophysa bashanensis*											○							

续表

序号	中文名	拉丁名	沱沱河	金沙江	雅砻江	横江	长江上游干流	岷江	大渡河	沱江	赤水河	三峡库区	嘉陵江	乌江	长江中游干流	汉江	洞庭湖	鄱阳湖	长江下游干流	长江口
283	滇池球鳔鳅☆	*Sphaerophysa dianchiensis*		○																
284	中华沙鳅	*Botia superciliaris*		■	■	■	■	■	○	■	■	■	○	■	■				■	
285	宽体沙鳅☆	*Botia reevesae*		○	■	■	■	○	○	■	■	■	■	○	■				■	
286	花斑副沙鳅☆	*Parabotia fasciata*		○	●	●	■	■	○	■	■	■	■			○	■	■	■	
287	双斑副沙鳅☆	*Parabotia bimaculata*		○	●	●	○	○					■				■			
288	点面副沙鳅	*Parabotia maculosa*													○	■	■	■		
289	武昌副沙鳅	*Parabotia banarescui*					■	■	○	■	■	■	■	■	■	●	●	■	■	
290	长薄鳅☆	*Leptobotia elongata*		■	■		■	■	○	■	■	■	■	■	■	■	●	■	●	
291	紫薄鳅☆	*Leptobotia taeniops*		■	●		■				○	■	■	○	■	■	●			○
292	薄鳅	*Leptobotia pellegrini*		■			■													
293	小眼薄鳅☆	*Leptobotia microphthalma*													●				●	
294	红唇薄鳅☆	*Leptobotia rubrilabris*			○			○	○		■	○	○		■	○				
295	东方薄鳅	*Leptobotia orientalis*														○				
296	汉水扁尾薄鳅☆	*Leptobotia tientaiensis hansuiensis*					○					●			○	■				
297	衡阳薄鳅☆	*Leptobotia hengyangensis*													■					
298	中华花鳅	*Cobitis sinensis*		○	■		●	■		○	■	○	■		■	■	■	■	●	○
299	北方花鳅△	*Cobitis sibirica*										●			●			●		
300	大斑花鳅☆	*Cobitis macrostigma*													●			■		
301	稀有花鳅☆	*Cobitis rara*											○							
302	泥鳅	*Misgurnus anguillicaudatus*		■	■		■	■	■	■	■	■	■	■	■	■	■	■	■	■
303	北方泥鳅△	*Misgurnus mohoity*			●													●		
304	大鳞副泥鳅☆	*Paramisgurnus dabryanus*		○			■	■	○	■	■	■	■	■	■	■	■	■	■	○

续表

序号	中文名	拉丁名	沱沱河	金沙江	雅砻江	横江	长江上游干流	岷江	大渡河	沱江	赤水河	三峡库区	嘉陵江	乌江	长江中游干流	汉江	洞庭湖	鄱阳湖	长江下游干流	长江口
305	拟横斑原缨口鳅	*Vanmanenia pseudoatriata*		○																
306	斑纹原缨口鳅☆	*Vanmanenia maculata*													○		○	○		
307	平舟原缨口鳅☆	*Vanmanenia pingchowensis*												■	○		○	○		
308	原缨口鳅	*Vanmanenia stenosoma*					○											○		
309	似原吸鳅	*Paraprotomyzon multifasciattus*					○													
310	牛栏江似原吸鳅☆	*Paraprotomyzon niulanjiangensis*		○																
311	龙口似原吸鳅☆	*Paraprotomyzon lungkowensis*										●			○					
312	珠江拟腹吸鳅	*Pseudogastromyzon fangi*															○	○		
313	侧沟爬岩鳅☆	*Beaufortia liui*		●						○	■									
314	四川爬岩鳅☆	*Beaufortia szechuanensis*			○	■								○	○					
315	牛栏爬岩鳅☆	*Beaufortia niulanensis*		○																
316	犁头鳅☆	*Lepturichthys fimbriata*					■	■		○	■	■	■	○	■	○				
317	窑滩间吸鳅☆	*Hemimyzon yaotanensis*								○										
318	短身金沙鳅☆	*Jinshaia abbreviata*		■	■	■	■	■	○	○	○	○	○	○						
319	中华金沙鳅☆	*Jinshaia sinensis*		■	●	■	■	■	■	○	○	○	■	○	■					
320	西昌华吸鳅☆	*Sinogastromyzon sichangensis*		○			○	■	■	○	■	○	○	○	○	○				
321	四川华吸鳅☆	*Sinogastromyzon szechuanensis*						○		■			■	■						
322	下司华吸鳅☆	*Sinogastromyzon hsiashiensis*															○			
323	德泽华吸鳅☆	*Sinogastromyzon dezeensis*		○																
324	汉水后平鳅☆	*Metahomaloptera omeiensis hangshuiensis*													○					
325	峨眉后平鳅☆	*Metahomaloptera omeiensis*				■		■			■	■	○	■		○				
326	北方须鳅△	*Barbatula nuda*									○									

序号	中文名	拉丁名	沱沱河	金沙江	雅砻江	横江	长江上游干流	岷江	大渡河	沱江	赤水河	三峡库区	嘉陵江	乌江	长江中游干流	汉江	洞庭湖	鄱阳湖	长江下游干流	长江口
327	童氏须鳅△	*Barbatula toni*									●									
328	短盖巨脂鲤△	*Piaractus brachypomus*										●						●		
329	下口鲇△	*Hypostomus plecostomus*										●					●			
330	鲇	*Silurus asotus*		■	■		■	■	■	■	■	■	■	■	■	■	■	■	■	○
331	昆明鲇☆	*Silurus mento*		○																
332	南方鲇	*Silurus meridionalis*		■	■		■	■	■	■	■	■	■	■	■	■	■	■	■	
333	黄颡鱼	*Pelteobagrus fulvidraco*		■	■	■	■	■	■	■	■	■	■	■	■	■	■	■	■	■
334	长须黄颡鱼	*Pelteobagrus eupogon*		■	■	■	■	■	○	■	■	■	■	■	■	■	■	■	■	■
335	瓦氏黄颡鱼	*Pelteobagrus vachelli*		■	■	■	■	○	■	■	■	■	■	■	●	●	■	■	■	■
336	光泽黄颡鱼	*Pelteobagrus nitidus*		■	■	■	■	■	■	■	■	■	■	■	■	■	■	■	■	■
337	长吻鮠	*Leiocassis longirostris*		■	■	■	■	■	■	■	■	■	■	■	■	○	■	■	■	■
338	粗唇鮠	*Leiocassis crassilabris*		■	■	■	■	■	■	○	■	■	■		■	■	○	■	■	
339	长须鮠☆	*Leiocassis longibarbus*		○								●				○		●	●	
340	叉尾鮠	*Leiocassis tenuifurcatus*		○								●								
341	纵带鮠	*Leiocassis argentivittatus*													●					
342	圆尾拟鲿☆	*Pseudobagrus tenuis*					■						■	○	■	○	■		■	○
343	乌苏拟鲿	*Pseudobagrus ussuriensis*		○			■				■	■	■	■	■	○		○		○
344	中臀拟鲿☆	*Pseudobagrus medianalis*		○							■	●	■	■	○	■	■			
345	切尾拟鲿	*Pseudobagrus truncatus*		■	■	■	■	■	○		■	■	■	○	■	■	■	○	■	
346	凹尾拟鲿☆	*Pseudobagrus emarginatus*		■	■		■	○	○		■	■	○	○		○		○	○	○
347	细体拟鲿	*Pseudobagrus pratti*		■	●	■	■	○	○			■	■	○		■		○		○
348	短尾拟鲿	*Pseudobagrus brevicaudatus*		○	●		■	○	○		○	○	■	○	■			○		

续表

序号	中文名	拉丁名	沱沱河	金沙江	雅砻江	横江	长江上游干流	岷江	大渡河	沱江	赤水河	三峡库区	嘉陵江	乌江	长江中游干流	汉江	洞庭湖	鄱阳湖	长江下游干流	长江口
349	长脂拟鲿	*Pseudobagrus adiposalis*										●					○			
350	盎堂拟鲿	*Pseudobagrus ondon*			●											○	○			
351	白边拟鲿☆	*Pseudobagrus albomarginatus*												■			■	■		○
352	长鳍拟鲿☆	*Pseudobagrus analis*																	○	
353	富氏拟鲿☆	*Pseudobagrus fui*		○									○	○						
354	大鳍鳠	*Mystus macropterus*		■	○	■	■	■		○	■	■	■	○	■	■	■	■	■	
355	白缘䱀☆	*Liobagrus marginatus*		○	■	■	■	■		■	■	■	■	○	○	●		■		
356	金氏䱀☆	*Liobagrus kingi*		○																
357	黑尾䱀	*Liobagrus nigricauda*												■	○					
358	拟缘䱀☆	*Liobagrus marginatoides*		■	■		○	○		○	■	■	■		○	○	●			
359	司氏䱀☆	*Liobagrus styani*														○				
360	鳗尾䱀	*Liobagrus anguillicauda*																○		
361	福建纹胸鮡	*Glyptothorax fukiensis*		■	○		■	■		○	○	○	■	○	○			○		
362	中华纹胸鮡	*Glyptothorax sinensis*		■	■	■	■	○	○	○	■	■	■	○	■	○	○	○		
363	黄石爬鮡☆	*Euchiloglanis kishinouyei*		■	■		■	■	○				○		○					
364	青石爬鮡☆	*Euchiloglanis davidi*		■	○		■	■	○			■			○					
365	长须石爬鮡☆	*Euchiloglanis longibarbatus*		■	○		○						○		○					
366	中华鮡☆	*Pareuchiloglanis sinensis*		■		■	○		○			○	○							
367	前臀鮡☆	*Pareuchiloglanis anteanalis*		○			■													
368	四川鮡☆	*Pareuchiloglanis sichuanensis*						○												
369	天全鮡☆	*Pareuchiloglanis tianquanensis*							○											
370	壮体鮡☆	*Pareuchiloglanis robustus*						○	○											

续表

序号	中文名	拉丁名	沱沱河	金沙江	雅砻江	横江	长江上游干流	岷江	大渡河	沱江	赤水河	三峡库区	嘉陵江	乌江	长江中游干流	汉江	洞庭湖	鄱阳湖	长江下游干流	长江口
371	短鳍鮠	*Parenchiloglanis feae*												■						
372	胡子鲇	*Clarias fuscus*					○								○		■	■	○	
373	蟾胡子鲇△	*Clarias batrachus*										○							●	
374	革胡子鲇△	*Clarias gariepinus*			●		○	●			■	●				■	●		●	
375	斑点叉尾鮰△	*Ictalurus punctatus*		●	●		■	●	●		■	■	●	●	●	■	●		●	
376	云斑鮰△	*Ameiurus nebulosus*							●		○									
377	红尾护头鲿△	*Phractocephalus hemioliopterus*								●										
378	川陕哲罗鲑☆	*Hucho bleekeri*							○							■				
379	秦岭细鳞鲑	*Brachymystax lenok tsinlingensis*											●			■				
380	香鱼	*Plecoglossus altivelis*										○			○				○	○
381	大银鱼	*Protosalanx hyalocranius*									○	○			■	○	■	■	■	■
382	短吻间银鱼	*Hemisalanx brachyrostralis*										○			○				■	■
383	陈氏新银鱼	*Neosalanx tangkahkeii*		○								○					○		■	○
384	寡齿新银鱼	*Neosalanx oligodontis*													○			○		○
385	太湖新银鱼	*Neosalanx taihuensis*			●		●				○	■	●		○	●			○	○
386	安氏新银鱼	*Neosalanx anderssoni*																		○
387	前颌间银鱼▲	*Salanx prognathus*																	●	○
388	有明银鱼★	*Salanx ariakensis*					■				■	■			■		■	■	■	○
389	河川沙塘鳢	*Odontobutis potamophila*		■			■	●			■	■	■	■				■	●	■
390	中华乌塘鳢★	*Bostrychus sinensis*																	○	○
391	尖头塘鳢	*Eleotris oxycephala*																	●	○
392	小黄黝鱼	*Micropercops swinhonis*				■	■	○		○	■	■	■	■					■	○

续表

序号	中文名	拉丁名	沱沱河	金沙江	雅砻江	横江	长江上游干流	岷江	大渡河	沱江	赤水河	三峡库区	嘉陵江	乌江	长江中游干流	汉江	洞庭湖	鄱阳湖	长江下游游干流	长江口
393	子陵吻虾虎鱼	*Rhinogobius giurinus*		■	■	■		■	■	■	■	■	■	■	■	■	■	■	■	○
394	褐吻虾虎鱼	*Rhinogobius brunneus*					■						○		○					
395	四川吻虾虎鱼☆	*Rhinogobius szechuanensis*		○	○		○	■			○	■	○		○					
396	波氏吻虾虎鱼	*Rhinogobius cliffordpopei*		■	■				○		■	■	○	■	○	■	○	■	■	○
397	神农吻虾虎鱼	*Rhinogobius shennongensis*														○				
398	刘氏吻虾虎鱼☆	*Rhinogobius liui*					○								○					
399	李氏吻虾虎鱼	*Rhinogobius leavelli*											●				■			
400	粘皮鲻虾虎鱼	*Mugilogobius myxodermus*					○				○	○	■	■	■		○	■	■	■
401	阿部鲻虾虎鱼★	*Mugilogobius abei*																		■
402	长体刺虾虎鱼★	*Acanthogobius elongata*																		■
403	斑尾刺虾虎鱼★	*Acanthogobius ommaturus*																	●	■
404	矛尾虾虎鱼★	*Chaeturichthys stigmatias*																	■	■
405	舌虾虎鱼★	*Glossogobius giuris*																	■	○
406	纹缟虾虎鱼★	*Tridentiger trigonocephalus*																	■	■
407	髭缟虾虎鱼★	*Tridentiger barbatus*																	●	■
408	睛尾蝌蚪虾虎鱼★	*Lophiogobius ocellicauda*																	○	■
409	须鳗虾虎鱼★	*Taenioides cirratus*																	■	○
410	拉氏狼牙虾虎鱼★	*Odontamblyopus lacepedii*																	●	■
411	孔虾虎鱼★	*Trypauchen vagina*																		■
412	大弹涂鱼★	*Boleophthalmus pectinirostris*																		■
413	大鳍弹涂鱼★	*Periophthalmus magnuspinnatus*																		■
414	弹涂鱼★	*Periophthalmus modestus*																		■

续表

序号	中文名	拉丁名	沱沱河	金沙江	雅砻江	横江	长江上游干流	岷江	大渡河	沱江	赤水河	三峡库区	嘉陵江	乌江	长江中游干流	汉江	洞庭湖	鄱阳湖	长江下游干流	长江口
415	青弹涂鱼★	*Scartelaos histophorus*																		■
416	竿虾虎鱼★	*Luciogobius guttatus*																		■
417	鯔★	*Mugil cephalus*													●			●	■	■
418	鮻★	*Liza haematocheila*																	■	■
419	梭鮻★	*Liza carinata*																	○	■
420	尼罗罗非鱼△	*Oreochromis niloticus*		●	●		●			●		●								
421	莫桑比克罗非鱼△	*Oreochromis mossambicus*								●				●						
422	青鳉	*Oryzias latipes*		○			○				○	○	○	○	○				○	○
423	间下鱵	*Hyporhamphus intermedius*					○				■	■	■	■	■	■	●	■	■	■
424	食蚊鱼△	*Gambusia affinis*									■	■	■	■	■	■	●	■	■	■
425	黄鳝	*Monopterus albus*					○	■	■			■		■	■	■	●		○	○
426	中华刺鳅	*Sinobdella sinensis*													■	■	●	■	■	○
427	大刺鳅	*Mastacembelus armatus*										■	■				●	■		
428	圆尾斗鱼	*Macropodus chinensis*		○	○		○					■	○	○	■		●	■	■	○
429	叉尾斗鱼	*Macropodus opercularis*		○			○					■	○		○		■	■		
430	乌鳢	*Channa argus*		○			■	○	○		○	■	■	○	■	■	●	■	■	○
431	月鳢	*Channa asiatica*		○			■	■		●		■	■	■	○	■	●	■	○	
432	斑鳢	*Channa maculata*							■		■	■			○					
433	窄体舌鳎★	*Cynoglossus gracilis*																○	○	○
434	短吻三线舌鳎★	*Cynoglossus abbreviatus*																○	●	■
435	紫斑舌鳎★	*Cynoglossus purpureomaculatus*																	■	■
436	半滑舌鳎★	*Cynoglossus semilaevis*																		■

续表

序号	中文名	拉丁名	沱沱河	金沙江	雅砻江	横江	长江上游干流	岷江	大渡河	沱江	赤水河	三峡库区	嘉陵江	乌江	长江中游干流	汉江	洞庭湖	鄱阳湖	长江下游干流	长江口
437	短吻红舌鳎★	Cynoglossus joyneri																		■
438	宽体舌鳎★	Cynoglossus robustus																		■
439	香斜棘★	Repomucenus olidus																	■	■
440	中国花鲈★	Lateolabrax maculatus																	■	■
441	大口黑鲈△	Micropterus salmoides			●				●		●			●		●			●	
442	鳜	Siniperca chuatsi		○	■		■	■	○	■	■	■	■	■	■	■	■	■	■	○
443	大眼鳜	Siniperca kneri		○			■	■	○	■	■	■	■	■	■	■	■	■	■	
444	斑鳜	Siniperca scherzeri		○	■		■	■	■	■	■	○	■	■	■	■	■	■	■	○
445	波纹鳜	Siniperca undulata												○					○	
446	漓江少鳞鳜	Coreoperca loona					○					○					●			
447	长身鳜	Siniperca roulei					○								■	■	■	■	○	
448	暗鳜	Siniperca obscura					●					○								
449	梭鲈△	Sander lucioperca									■	●							○	
450	四指马鲅★	Eleutheronema tetradactylum																	○	■
451	松江鲈▲	Trachidermus fasciatus																		■
452	弓斑东方鲀★	Takifugu ocellatus																○	○	○
453	暗纹东方鲀▲	Takifugu fasciatus										○			○				■	■
454	菊黄东方鲀★	Takifugu flavidus															○	○	■	■
455	虫纹东方鲀★	Takifugu vermicularis																	○	■
456	黄鳍东方鲀★	Takifugu xanthopterus																	○	■
457	双斑东方鲀★	Takifugu bimaculatus																	○	○
458	暗环东方鲀★	Takifugu coronoidus																		■

注: ☆ - 长江特有种, △ - 外来鱼类, ★ - 河口定居鱼类, ▲ - 江海洄游型鱼类; ○ - 历史有分布但未采集到, ■ - 历史有分布且采集到, ● - 历史无分布而新采集到

附表 2　长江主要经济甲壳动物名录

序号	中文名	拉丁名	长江上游干流	赤水河	沱江	三峡库区	嘉陵江	汉江	洞庭湖	鄱阳湖	长江下游	长江口
1	克氏原螯虾	*Procambarus clarkii*			+	+	+	+	+	+	+	+
2	葛氏长臂虾	*Palaemon gravieri*										+
3	日本沼虾	*Macrobrachium nipponense*	+		+	+	+	+	+	+	+	+
4	无齿沼虾	*Macrobrachium edentatum*				+						+
5	细螯沼虾	*Macrobrachium superbum*				+						+
6	秀丽白虾	*Exopalaemon modestus*				+	+		+	+	+	+
7	脊尾白虾	*Exopalaemon carinicauda*										+
8	安氏白虾	*Exopalaemon annandalei*										+
9	细足米虾	*Caridina nilotica gracilipes*		+								+
10	刀额新对虾	*Metapenaeus ensis*										+
11	哈氏仿对虾	*Parapenaeopsis hardwickii*									+	+
12	巨指长臂虾	*Palaemon macrodactylus*										+
13	口虾蛄	*Oratosquilla oratoria*										+
14	日本鼓虾	*Alpheus japonicus*										+
15	细巧仿对虾	*Parapenaeopsis tenella*										+
16	鲜明鼓虾	*Alpheus distinguendus*										+
17	疣背深额虾	*Latreutes planirostris*										+

续表

序号	中文名	拉丁名	长江上游干流	赤水河	沱江	三峡库区	嘉陵江	汉江	洞庭湖	鄱阳湖	长江下游	长江口
18	中国毛虾	*Acetes chinensis*										+
19	中华管鞭虾	*Solenocera crassicornis*										+
20	周氏新对虾	*Metapenaeus joyneri*										+
21	细螯虾	*Leptochela gracilis*										+
22	中华绒螯蟹	*Eriocheir sinensis*	+		+		+	+	+	+	+	+
23	无齿螳臂相手蟹	*Chiromantes dehaani*									+	+
24	锯齿华溪蟹	*Sinopotamon denticulatum*		+			+					+
25	豆形拳蟹	*Philyra pisum*										+
26	隆线强蟹	*Eucrate crenata*										+
27	红线黎明蟹	*Matuta planipes*										+
28	远海梭子蟹	*Portunus pelagicus*										+
29	日本玉蟹	*Heikea japonica*										+
30	日本蟳	*Charybdis japonica*										+
31	三疣梭子蟹	*Portunus trituberculatus*										+
32	双斑蟳	*Charybdis bimaculata*										+
33	细点圆趾蟹	*Ovalipes punctatus*										+
34	狭颚绒螯蟹	*Eriocheir leptognathus*										+
35	锈斑蟳	*Charybdis feriatus*										+
36	弯螯活额寄居蟹	*Diogenes deflectomanus*										+
37	直螯活额寄居蟹	*Diogenes rectimanus*										+

序号	中文名	拉丁名	长江上游干流	赤水河	沱江	三峡库区	嘉陵江	汉江	洞庭湖	鄱阳湖	长江下游	长江口
38	中华虎头蟹	*Orithyia sinica*										+
39	拟曼赛因青蟹	*Scylla paramamosain*										+
40	颗粒六足蟹	*Hexapus granuliferus*										+
41	绒毛细足蟹	*Raphidopus ciliatus*										+
	汇总		2	3	3	6	5	3	4	4	6	41

注："+"表示在该水域中采集到甲壳动物样本

附表 3 长江流域浮游植物名录

序号		中文名	拉丁名	沱沱河	金沙江干流	长江上游干流	三峡库区	长江中游干流	长江下游干流	长江江口	雅砻江	横江	岷江	大渡河	沱江	赤水河	嘉陵江	乌江	汉江	洞庭湖	鄱阳湖
1		短柄曲壳藻	*Achnanthes breuipes*																+		
2		链状曲壳藻	*Achnanthes catenata*				+														
3		波缘曲壳藻	*Achnanthes crenulata*				+														
4		短小曲壳藻	*Achnanthes exigua*		+	+			+						+	+		+			
5		短小曲壳藻异壳变种	*Achnanthes exigua* var. *heterovalvata*				+														
6		膨大曲壳藻	*Achnanthes javanica*													+				+	
7		披针曲壳藻	*Achnanthes lanceolata*													+		+	+		+
8		曲壳藻	*Achnanthes* sp.	+	+	+		+			+	+	+	+			+	+			+
9		爱氏辐环藻	*Actinocyclus ehrenbergii*							+											
10	硅藻门	翼茧形藻	*Amphiprora alata*													+					
11		茧形藻	*Amphiprora* sp.			+						+					+				
12		卵圆双眉藻	*Amphora ovalis*		+		+												+		
13		双眉藻	*Amphora* sp.	+																	
14		美丽星杆藻	*Asterionella formosa*		+			+	+	+	+	+	+				+	+	+	+	+
15		星杆藻	*Asterionella* sp.										+	+			+	+	+		
16		四棘藻	*Attheya* sp.		+								+	+			+	+	+		+
17		扎卡四棘藻	*Attheya zachariasi*			+					+						+				

序号		中文名	拉丁名	沱沱河	金沙江干流	长江上游干流	三峡库区	长江中游干流	长江下游干流	长江江口	雅砻江	横江	岷江	大渡河	沱江	赤水河	嘉陵江	乌江	汉江	洞庭湖	鄱阳湖
18		模糊沟链藻	*Aulacoseira ambigua*			+	+				+										
19		颗粒沟链藻	*Aulacoseira granulata*								+										
20		颗粒沟链藻极狭变种	*Aulacoseira granulata* var. *angustissima*				+				+										
21		颗粒沟链藻极狭变种螺旋变型	*Aulacoseira granulata* var. *angustissima* f. *spiralis*				+				+										
22		地中海辐杆藻	*Bacteriastrum mediterraneum*							+											
23		美丽盒形藻	*Biddulphia pulchella*						+	+											
24		高盒形藻	*Biddulphia regia*							+											
25		菱状盒形藻	*Biddulphia rhombus*							+											
26		中华盒形藻	*Biddulphia sinensis*							+											
27		盒形藻	*Biddulphia* sp.					+													
28	硅藻门	舒曼美壁藻	*Caloneis schumanniana*																	+	
29		美壁藻	*Caloneis* sp.								+										
30		波形马鞍藻	*Campylodiscus undulates*					+													
31		峨眉藻	*Ceratoneis* sp.										+	+							
32		弧形峨眉藻	*Ceratoneis arcus*		+		+				+										
33		弧形峨眉藻线形变种	*Ceratoneis arcus* var. *linearis*									+									
34		弧形峨眉藻线形变种直变型	*Ceratoneis arcus* var. *linearis* f. *recta*																+		
35		角毛藻	*Chaetoceros* sp.						+												
36		透明卵形藻	*Cocconeis pellucida*																		+
37		柄卵形藻	*Cocconeis pediculus*														+	+			
38		扁圆卵形藻	*Cocconeis placentula*		+		+										+	+	+	+	+

续表

序号	中文名	拉丁名	沱沱河	金沙江干流	长江上游干流	三峡库区	长江中游干流	长江下游干流	长江口	雅砻江	横江	岷江	大渡河	沱江	赤水河	嘉陵江	乌江	汉江	洞庭湖	鄱阳湖
39	卵形藻	*Cocconeis* sp.	+													+				
40	棘冠藻	*Corethron criophilum*							+											
41	豪猪环毛藻	*Corethron hystrix*							+											
42	蛇目圆筛藻	*Coscinodiscus argus*							+											
43	星脐圆筛藻	*Coscinodiscus asteromphalus*							+											
44	有翼圆筛藻	*Coscinodiscus bipartitus*							+											
45	中心圆筛藻	*Coscinodiscus centralis*							+											
46	弓束圆筛藻	*Coscinodiscus curvatulus*							+											
47	巨圆筛藻	*Coscinodiscus gigas*							+											
48	格氏圆筛藻	*Coscinodiscus granii*							+											
49	琼氏圆筛藻	*Coscinodiscus jonesianus*							+											
50	硅藻门　湖沼圆筛藻	*Coscinodiscus lacustris*				+														
51	小眼圆筛藻	*Coscinodiscus oculatus*							+											
52	虹彩圆筛藻	*Coscinodiscus oculus-iridis*							+											
53	辐射圆筛藻	*Coscinodiscus radiatus*							+											
54	圆筛藻	*Coscinodiscus* sp.	+		+	+			+											
55	细弱圆筛藻	*Coscinodiscus subtilis*							+											
56	威氏圆筛藻	*Coscinodiscus wailesii*																		
57	广缘小环藻	*Cyclotella bodanica*									+							+		
58	链形小环藻	*Cyclotella catenata*									+							+		
59	科曼小环藻	*Cyclotella comensis*		+											+					

续表

序号	中文名	拉丁名	沱沱河	金沙江干流	长江上游干流	三峡库区	长江中游干流	长江下游干流	长江口	雅砻江	横江	岷江	大渡河	沱江	赤水河	嘉陵江	乌江	汉江	洞庭湖	鄱阳湖
60	同心扭曲小环藻	Cyclotella comta														+				
61	梅尼小环藻	Cyclotella meneghiniana		+		+		+							+	+	+	+	+	
62	花环小环藻	Cyclotella operculata				+									+	+	+	+		
63	小环藻	Cyclotella sp.	+	+	+	+	+						+		+	+	+	+		+
64	具星小环藻	Cyclotella stelligera															+			
65	椭圆形波缘藻	Cymatopleura elliptica													+					
66	草鞋形波缘藻	Cymatopleura solea						+				+			+					
67	波缘藻	Cymatopleura sp.		+																
68	椭圆波缘藻	Cymatopleura elliptica		+		+										+	+			
69	近缘桥弯藻	Cymbella affinis				+				+	+		+		+	+	+		+	
70	澳大利亚桥弯藻	Cymbella austriaca													+					
71	箱形桥弯藻	Cymbella cistula		+		+	+			+						+	+			
72	箱形桥弯藻驼背变种	Cymbella cistula var. gibbosa					+													
73	新月桥弯藻	Cymbella cymbiformis		+		+				+							+			
74	优美桥弯藻	Cymbella delicatula		+		+					+							+		
75	埃伦桥弯藻	Cymbella ehrenbergii				+														
76	切断桥弯藻	Cymbella excisa				+														
77	纤细桥弯藻	Cymbella gracillis		+											+					
78	平滑桥弯藻	Cymbella laevis		+																
79	小桥弯藻	Cymbella minuta								+							+			
80	舟形桥弯藻	Cymbella naviculiformis		+																

硅藻门

续表

序号	门	中文名	拉丁名	沱沱河	金沙江干流	长江上游干流	三峡库区	长江中游干流	长江下游干流	长江江口	雅砻江	横江	岷江	大渡河	沱江	赤水河	嘉陵江	乌江	汉江	洞庭湖	鄱阳湖
81		微细桥弯藻	Cymbella parva								+										
82		极小桥弯藻	Cymbella perpusilla			+	+	+									+	+		+	
83		平卧桥弯藻	Cymbella prostrate		+	+	+														
84		细小桥弯藻	Cymbella pusilla		+	+		+			+							+			
85		桥弯藻	Cymbella sp.	+	+	+			+	+	+	+	+	+	+		+				
86		肿胀桥弯藻	Cymbella tumida		+			+	+				+			+			+	+	
87		肿大桥弯藻	Cymbella tumidula									+									
88		胀大桥弯藻	Cymbella turgidula					+											+		
89		偏肿桥弯藻	Cymbella ventricosa					+				+						+			
90		长等片藻	Diatoma elongatum								+										
91	硅藻门	等片藻	Diatoma sp.		+				+		+	+		+	+						
92		纤细等片藻	Diatoma tenue		+									+					+		
93		普通等片藻	Diatoma vulgare		+							+				+	+				
94		双生双楔藻	Didymosphenia geminata		+						+										
95		卵圆双壁藻	Diploneis ovalis		+			+													
96		美丽双壁藻	Diploneis purlla																	+	
97		双壁藻	Diploneis sp.				+														
98		椭圆双壁藻	Diploneis elliptica																		+
99		双尾藻	Ditylum sp.							+											
100		布氏双尾藻	Ditylum brightwellii							+											
101		隐内丝藻	Encyonema latens														+				

序号		中文名	拉丁名	沱沱河	金沙江干流	长江上游干流	三峡库区	长江中游干流	长江下游干流	长江口	横江	岷江	大渡河	沱江	赤水河	嘉陵江	乌江	汉江	洞庭湖	鄱阳湖
102		中型内丝藻	*Encyonema mesianum*								+									
103		平卧内丝藻	*Encyonema prostratum*								+									
104		窗纹藻	*Epithemia sp.*	+								+								
105		短缝藻	*Eunotia sp.*		+		+					+						+		
106		蓖形短缝藻	*Eunotia factinalis*		+						+									
107		月形短缝藻	*Eunotia lunaris*								+					+			+	
108		粗壮短缝藻大形变种	*Eunotia robusta var. grandis*								+									
109		矩形短缝藻	*Eunotia serra*								+									
110		二头脆杆藻	*Fragilaria biceps*		+	+												+		
111		短线脆杆藻	*Fragilaria brevistriata*		+				+										+	
112	硅藻门	钝脆杆藻	*Fragilaria capucina*	+	+	+					+				+	+	+		+	
113		连接脆杆藻	*Fragilaria comstruens*					+		+										
114		腹脆杆藻	*Fragilaria construens*				+			+										
115		克洛顿脆杆藻	*Fragilaria crotonensis*			+	+	+								+				
116		十字形脆杆藻	*Fragilaria harrissnii*							+										
117		中型脆杆藻	*Fragilaria intermedia*		+											+		+	+	
118		长脆杆藻	*Fragilaria longissima*	+	+															
119		脆杆藻	*Fragilaria sp.*	+	+	+									+	+	+	+	+	+
120		变异脆杆藻	*Fragilaria virescens*												+		+			+
121		菱形肋缝藻	*Frustulia rhomboids*				+								+	+				
122		微绿肋缝藻	*Frustulia viridula*	+							+									

续表

序号	中文名	拉丁名	沱沱河	金沙江干流	长江上游干流	三峡库区	长江中游干流	长江下游干流	长江口	雅砻江	横江	岷江	大渡河	沱江	赤水河	嘉陵江	乌江	汉江	洞庭湖	鄱阳湖
123	普通肋缝藻	*Frustulia vulgaris*				+														
124	尖异极藻	*Gomphonema acuminatum*	+	+	+															
125	尖异极藻布雷变种	*Gomphonema acuminatum* var. *brebissonii*									+									+
126	尖顶异极藻	*Gomphonema acuminatum*				+									+					+
127	窄异极藻延长变种	*Gomphonema angustatum* var. *productum*		+																+
128	窄异极藻	*Gomphonema angulatum*		+	+		+	+				+			+		+		+	
129	缢缩异极藻	*Gomphonema constrictum*							+								+	+	+	
130	异极藻头状变种	*Gomphonema constrictum* var. *capitatum*	+																	
131	纤细异极藻	*Gomphonema gracile*	+	+	+			+				+				+	+		+	
132	郝迪异极藻	*Gomphonema hedinii*	+																	
133	中间异极藻	*Gomphonema intricatum*	+	+					+			+								
134	缠结异极藻	*Gomphonema intricatum*	+	+		+					+				+					
135	卡兹那科夫异极藻十字形变种	*Gomphonema kaznakowi* var. *cruciatum*										+								
136	橄榄形异极藻	*Gomphonema olivaceum*	+	+															+	
137	微细异极藻	*Gomphonema parvulum*	+										+							
138	小型异极藻	*Gomphonema parvulum*				+	+										+			
139	小型异极藻具颈变种	*Gomphonema parvulum* var. *lagenula*	+								+		+							
140	缢缩异极藻头状变种	*Gomphonema parvulum* var. *capitatum*	+	+			+				+		+	+						
141	异极藻	*Gomphonema* sp.	+	+	+				+				+	+			+			
142	近棒形异极藻	*Gomphonema subclavatum*	+	+	+			+	+					+		+		+		
143	塔形异极藻	*Gomphonema turris*						+												

序号	中文名	拉丁名	沱沱河	金沙江干流	长江上游干流	三峡库区	长江中游干流	长江下游干流	长江口	雅砻江	横荟江	岷江	大渡河	沱江	赤水河	嘉陵江	乌江	汉江	洞庭湖	鄱阳湖
144	尖布纹藻	*Gyrosigma acuminatum*				+	+			+	+				+	+			+	
145	渐狭布纹藻	*Gyrosigma attenuatum*								+					+	+				+
146	波罗的海布纹藻	*Gyrosigma balticum*							+											
147	库津布纹藻	*Gyrosigma kuetzingii*		+	+	+	+			+	+	+			+				+	
148	锉刀状布纹藻	*Gyrosigma scalproides*									+	+								
149	布纹藻	*Gyrosigma* sp.	+	+	+	+	+	+			+							+		+
150	斯潘塞布纹藻	*Gyrosigma spencerii*				+		+												
151	粗糙布纹藻	*Gyrosigma strigile*					+											+		
152	双尖菱板藻	*Hantzschia amphioxys*		+							+									
153	双尖菱板藻小头变型	*Hantzschia amphioxys* f. *capitata*																		
154	长菱板藻	*Hantzschia elongata*								+										
155	头端蹄状藻	*Hippodonta capitata*			+		+	+									+			
156	黄埔水链藻	*Hydrosera whampoensis*		+		+					+					+		+		
157	短纹楔形藻	*Licmophora abbreviata*										+				+				
158	楔形藻	*Licmophora* sp.								+										
159	钝泥栖藻	*Luticola mutica*	+					+												+
160	胸膈藻	*Mastogloia* sp.						+												
161	模糊直链藻	*Melosira ambigua*		+										+			+			
162	远距直链藻	*Melosira distans*				+			+									+		
163	颗粒直链藻	*Melosira granulata*		+							+				+		+	+	+	
164	颗粒直链藻原变种	*Melosira granulata* var. *granulata*														+				

硅藻门

—296—

续表

序号	中文名	拉丁名	沱沱河	金沙江干流	长江上游干流	三峡库区	长江中游干流	长江下游干流	长江江口	雅砻江	横江	岷江	大渡河	沱江	赤水河	嘉陵江	乌江	汉江	洞庭湖	鄱阳湖
165	颗粒直链藻极狭变种	*Melosira granulata* var. *angustissima*		+	+	+	+	+			+				+			+	+	+
166	颗粒直链藻极狭变种螺旋变型	*Melosira granulata* var. *angustissima* f. *spiralis*		+	+	+	+	+							+				+	
167	岛直链藻	*Melosira islandica*																	+	
168	意大利直链藻	*Melosira italica*															+		+	
169	拟货币直链藻	*Melosira nummuloides*						+								+				
170	直链藻	*Melosira* sp.		+	+	+			+											+
171	具槽直链藻	*Melosira sulcata*	+							+			+							
172	变异直链藻	*Melosira varians*		+		+	+	+		+	+				+	+	+		+	
173	环状扇形藻	*Meridion circulare*		+										+						
174	双球舟形藻	*Navicula amphibola*			+	+							+							
175	英吉利舟形藻	*Navicula anglica*							+										+	
硅藻门 176	急尖舟形藻	*Navicula bicapitellata*			+															
177	头端舟形藻	*Navicula capitata*	+																	
178	卡里舟形藻	*Navicula cari*		+										+						
179	系带舟形藻	*Navicula cincta*		+			+			+	+	+			+		+		+	
180	隐头舟形藻	*Navicula cryptocephala*				+				+		+			+		+	+		
181	尖头舟形藻	*Navicula cuspidata*		+		+		+											+	
182	急尖舟形藻赫里堡变种	*Navicula cuspidata* var. *heribaudii*									+	+								
183	双头舟形藻	*Navicula dicephala*			+					+					+	+	+	+		
184	短小舟形藻	*Navicula exigua*													+				+	
185	胃形舟形藻	*Navicula gastrum*				+													+	

续表

序号		中文名	拉丁名	沱沱河	金沙江干流	长江上游干流	三峡库区	长江中游干流	长江下游干流	长江江口	淮砻江	横江	岷江	大渡河	沱江	赤水河	嘉陵江	乌江	汉江	洞庭湖	鄱阳湖
186		线形舟形藻	*Navicula graciloides*		+	+	+									+					
187		嗜盐舟形藻	*Navicula halophila*				+														
188		劣味舟形藻	*Navicula ingrata*																+		
189		披针形舟形藻	*Navicula lanceolata*																	+	
190		最小舟形藻	*Navicula minima*		+							+									
191		小型舟形藻	*Navicula minuscula*																	+	
192		雪生舟形藻	*Navicula placentula*			+	+														
193		凸出舟形藻	*Navicula protracta*				+														
194		瞳孔舟形藻	*Navicula pupula*	+		+	+					+				+	+				
195		瞳孔舟形藻头端变种	*Navicula pupula* var. *capitata*					+													
196		瞳孔舟形藻矩形变种	*Navicula pupula* var. *rectangularis*		+		+					+									
197	硅藻门	弱小舟形藻	*Navicula pusilla*														+				
198		放射舟形藻	*Navicula radiosa*		+	+				+							+				
199		喙头舟形藻	*Navicula rhynchocephala*						+			+							+	+	
200		罗塔舟形藻	*Navicula rotaeana*		+																
201		盐生舟形藻	*Navicula salinarum*				+											+	+	+	
202		盐生舟形藻中型变种	*Navicula salinarum* var. *intermedia*										+							+	
203		椭圆舟形藻	*Navicula schonfeldii*		+		+										+	+	+	+	
204		简单舟形藻	*Navicula simplex*	+	+	+		+						+		+	+	+	+	+	
205		舟形藻 sp. 1	*Navicula* sp. 1	+	+	+	+	+			+		+	+	+		+	+	+		+
206		舟形藻 sp. 2	*Navicilu* sp. 2			+		+						+			+	+	+		

续表

序号	中文名	拉丁名	沱沱河	金沙江干流	长江上游干流	三峡库区	长江中游干流	长江下游干流	长江口	雅砻江	横江	岷江	大渡河	沱江	赤水河	嘉陵江	乌江	汉江	洞庭湖	鄱阳湖
207	范赫尔克舟形藻	*Navicula vanheurekii*	+																	
208	狭轴舟形藻	*Navicula verecunda*				+														
209	微绿舟形藻	*Navicula viridula*		+	+															
210	长篦藻	*Neidium* sp.	+			+														
211	针形菱形藻	*Nitzschia acicularis*				+	+	+						+			+			
212	双头菱形藻	*Nitzschia amphibia*		+			+										+			
213	窄菱形藻	*Nitzschia angustata*													+					
214	小头端菱形藻	*Nitzschia apiculata*			+		+													
215	帽形菱形藻	*Nitzschia cap*																		
216	小头端菱形藻	*Nitzschia capitellata*															+			
217 硅藻门	莱维迪菱形藻维多利亚变种	*Nitzschia cevidensis* var. *victorase*				+														
218	细齿菱形藻	*Nitzschia denticula*						+									+			
219	分散菱形藻	*Nitzschia dissipata*			+										+		+			
220	小片菱形藻	*Nitzschia frustulum*		+													+			
221	细长菱形藻	*Nitzschia gracilis*															+			
222	中型菱形藻	*Nitzschia intermedia*			+				+											
223	莱维迪菱形藻	*Nitzschia levidensis*				+		+										+		
224	线形菱形藻	*Nitzschia linearis*		+								+				+	+			
225	长菱形藻	*Nitzschia longissima*						+	+											
226	洛伦菱形藻	*Nitzschia lorenziana*		+					+								+		+	
227	钝端菱形藻	*Nitzschia obtusa*			+												+			

续表

序号		中文名	拉丁名	沱沱河	金沙江干流	长江上游干流	三峡库区	长江中游干流	长江下游干流	长江江口	雅砻江	横江	岷江	大渡河	沱江	赤水河	嘉陵江	乌江	汉江	洞庭湖	鄱阳湖
228		谷皮菱形藻	*Nitzschia palea*		+	+	+	+	+	+	+		+			+		+		+	
229		奇异菱形藻	*Nitzschia paradoxa*		+	+	+		+	+							+				
230		弯菱形藻	*Nitzschia sigma*				+		+	+							+	+			
231		类 S 状菱形藻	*Nitzschia sigmoidea*	+					+	+			+					+			
232		菱形藻 sp.	*Nitzschia* sp.	+	+	+		+	+	+	+		+	+			+	+			+
233		池生菱形藻	*Nitzschia stagnorum*																	+	
234		近线形菱形藻	*Nitzschia sublinearis*		+	+	+													+	
235		盘状菱形藻	*Nitzschia tryblionella*										+								
236		布列毕松羽纹藻	*Pinnularia brebissonii*																+		
237		弯羽纹藻	*Pinnularia gibba*		+																
238	硅藻门	纤细羽纹藻	*Pinnularia gracillima*		+																
239		间断羽纹藻	*Pinnularia interrupta*				+														
240		大羽纹藻	*Pinnularia major*										+								
241		中型羽纹藻	*Pinnularia mesolepta*				+				+		+							+	
242		著名羽纹藻	*Pinnularia nobilis*				+				+									+	
243		羽纹藻 sp.	*Pinnularia* sp.	+		+				+				+	+			+		+	
244		近小头羽纹藻	*Pinnularia subcapitata*													+					+
245		微绿羽纹藻	*Pinnularia viridis*		+											+			+		
246		美丽漂流藻	*Planktoniella formosa*							+											
247		太阳漂流藻	*Planktoniella sol*							+											
248		近缘斜纹藻	*Pleurosigma affine*							+											

续表

序号		中文名	拉丁名	沱沱河	金沙江干流	长江上游干流	三峡库区	长江中游干流	长江下游干流	长江口	横江	岷江	大渡河	沱江	赤水河	嘉陵江	乌江	汉江	洞庭湖	鄱阳湖
249		宽角斜纹藻	*Pleurosigma angulatum*							+										
250		美丽斜纹藻	*Pleurosigma formosum*							+										
251		斜纹藻	*Pleurosigma* sp.							+										
252		拟菱形藻	*Pseudo-nitzschia* sp.							+										
253		根管藻	*Rhizosolenia* sp.					+		+						+				
254		厚刺根管藻	*Rhizosolenia crassospina*		+	+	+													
255		圆柱根管藻	*Rhizosolenia cylindrus*			+				+										
256		长刺根管藻	*Rhizosolenia longiseta*						+											
257		刚毛根管藻	*Rhizosolenia setigera*							+										
258		弯楔藻	*Rhoicosphenia* sp.										+			+				
259	硅藻门	弯形弯楔藻	*Rhoicosphenia curvata*	+																
260		棒杆藻	*Rhopalodia* sp.		+						+						+			
261		弯棒杆藻	*Rhopalodia gibba*				+													
262		中肋骨条藻	*Skeletonema costatum*							+										
263		尖辐节藻	*Stauroneis acuta*			+	+											+		
264		双头辐节藻	*Stauroneis anceps*			+	+					+						+	+	
265		双头辐节藻纤细变型	*Stauroneis anceps* f. *gracilis*								+								+	
266		矮小辐节藻	*Stauroneis pygmaea*						+											+
267		施密斯辐节藻	*Stauroneis smithii*	+	+		+							+						
268		辐节藻	*Stauroneis* sp.																	
269		冠盘藻	*Stephanodisus* sp.							+										

序号	门	中文名	拉丁名	沱沱河	金沙江干流	长江上游干流	三峡库区	长江中游干流	长江下游干流	长江口	雅砻江	横江	岷江	大渡河	沱江	赤水河	嘉陵江	乌江	汉江	洞庭湖	鄱阳湖
270		二列双菱藻	Surirella biseriata						+										+		
271		布列双菱藻	Surirella brebissonii			+	+											+			
272		端毛双菱藻	Surirella capronii		+	+							+			+					+
273		美丽双菱藻	Surirella elegans							+									+		
274		线形双菱藻	Surirella linearis		+	+	+						+								
275		卵圆双菱藻	Surirella ovalis										+								
276		卵形双菱藻	Surirella ovata				+								+			+			
277		粗壮双菱藻	Surirella robusta		+	+		+								+	+	+	+		
278		粗壮双菱藻华彩变种	Surirella robusta var. splendida			+		+	+		+					+		+	+		+
279		双菱藻	Surirella sp.		+	+		+		+	+					+	+	+	+		+
280	硅藻门	螺旋双菱藻	Surirella spiralis		+	+					+					+	+	+	+		+
281		尖针杆藻	Synedra acus	+	+	+					+					+	+	+	+		
282		近缘针杆藻	Synedra affinis			+					+					+	+	+	+		
283		双头针杆藻	Synedra amphicephala		+	+										+					
284		头状针杆藻	Synedra capitata		+	+					+					+					
285		放射针杆藻	Synedra radians		+	+					+					+					
286		针杆藻	Synedra sp.	+	+	+										+	+	+			
287		平片针杆藻	Synedra tabulata							+		+		+							+
288		肘状针杆藻	Synedra ulna		+	+		+	+	+	+					+	+	+	+		+
289		肘状针杆藻丹麦变种	Synedra ulna var. danica		+	+		+	+	+	+					+	+	+	+		+
290		肘状针杆藻尖喙变种	Synedra ulna var. oxyrhynchus									+									

续表

序号	中文名	拉丁名	沱沱河	金沙江干流	长江上游干流	三峡库区	长江中游干流	长江下游干流	雅砻江	横江	岷江	大渡河	沱江	赤水河	嘉陵江	乌江	汉江	洞庭湖	鄱阳湖
291	肘状针杆藻二头变种	*Synedra ulna* var. *biceps*	+		+	+												+	
292	肘状针杆藻缢缩变种	*Synedra ulna* var. *constracta*	+	+	+	+	+												
293	偏凸针杆藻	*Synedra vaucheriae*	+		+									+					
294	窗格平板藻	*Tabellaria fenestrata*	+												+				
295	绒毛平板藻	*Tabellaria flocculosa*			+	+													
296	布拉马海链藻	*Thalassiosira bramaputrae*				+													
297	海毛藻	*Thalassiothrix* sp.						+											
298	蜂窝三角藻	*Triceratium favus*						+									+		
299	粗刺藻	*Acanthosphaera zachariasi*														+			
300	汉斯集星藻	*Actinastrum hantzschii*					+									+			
301	汉斯集星藻溪流变种	*Actinastrum hantzschii* var. *fluviatile*									+					+			
302	集星藻	*Actinastrum* sp.		+		+				+									
303	河生集星藻	*Actinastrum fluviatile*						+										+	
304	辐射鼓藻	*Actinotaenium* sp.															+		
305	尖细链带藻	*Acutodesmus acuminatus*												+					
306	被甲链带藻	*Acutodesmus armatus*												+					
307	纤维藻	*Ankistrodesmus* sp.	+									+						+	
308	针形纤维藻	*Ankistrodesmus acicularis*				+	+								+			+	+
309	狭形纤维藻	*Ankistrodesmus angustus*		+					+						+	+	+	+	+
310	卷曲纤维藻	*Ankistrodesmus convolutus*					+									+	+	+	
311	密集纤维藻	*Ankistrodesmus densus*														+	+		+

续表

序号	中文名	拉丁名	沱沱河	金沙江干流	长江上游干流	三峡库区	长江中游干流	长江下游干流	长江口	雅砻江	横江	岷江	大渡河	沱江	赤水河	嘉陵江	乌江	汉江	洞庭湖	鄱阳湖
312	镰形纤维藻	*Ankistrodesmus falcatus*			+	+											+	+	+	
313	镰形纤维藻奇异变种	*Ankistrodesmus falcatus* var. *mirabilis*							+									+		
314	螺旋纤维藻	*Ankistrodesmus spiralis*		+					+										+	
315	基枝藻	*Basicladia crassa*																		
316	葡萄藻	*Botryocladia* sp.		+														+		
317	毛鞘藻	*Bulbochaete* sp.				+														
318	四鞭藻	*Carteria* sp.	+	+																
319	棘球藻	*Centriractus* sp.				+														
320	优美胶毛藻	*Chaetophora elegans*															+		+	
321	湖生小桩藻	*Characium limneticum*				+												+	+	
322	小桩藻	*Characium* sp.			+															
323	基片衣藻	*Chlamydomonas basimaculata*			+	+														
324	球衣藻	*Chlamydomonas globosa*		+	+	+					+					+		+	+	
325	逗点衣藻	*Chlamydomonas komma*				+												+		
326	小球衣藻	*Chlamydomonas microsphaella*														+			+	
327	卵形衣藻	*Chlamydomonas ovalis*			+															
328	似月形衣藻	*Chlamydomonas pseudolunata*				+														
329	简单衣藻	*Chlamydomonas simplex*		+																
330	衣藻	*Chlamydomonas* sp.	+			+		+			+		+	+	+	+	+			
331	椭圆小球藻	*Chlorella ellipsoidea*											+			+	+			
332	蛋白核小球藻	*Chlorella pyrenoidosa*				+														

绿藻门（序号 322）

续表

序号	中文名	拉丁名	沱沱河	金沙江干流	长江上游干流	三峡库区	长江中游干流	长江下游干流	长江口	雅砻江	横江	岷江	大渡河	沱江	赤水河	嘉陵江	乌江	汉江	洞庭湖	鄱阳湖
333	小球藻	*Chlorella vulgaris*	+	+		+								+		+		+	+	+
334	绿梭藻	*Chlorogonium* sp.			+															
335	顶棘藻	*Chodatella* sp.				+										+				
336	乔顶棘藻	*Chodatella chodatii*				+						+				+		+		
337	纤毛顶棘藻	*Chodatella ciliata*						+												
338	四刺顶棘藻	*Chodatella quadriseta*						+									+			
339	疏枝刚毛藻	*Cladophora insignis*														+				
340	刚毛藻	*Cladophora* sp.				+			+		+	+							+	
341	拟新月藻	*Closteriopsis* sp.	+		+				+						+					
342	锐新月藻	*Closterium acerosum*		+	+	+										+				
	绿藻门																			
343	锐新月藻长形变种	*Closterium acerosum* var. *elongatum*																		+
344	尖新月藻	*Closterium acutum*	+					+										+		
345	尖新月藻变异变种	*Closterium acutum* var. *variabile*																+		
346	厚顶新月藻	*Closterium dianae*		+																
347	詹纳新月藻	*Closterium jenneri*							+											
348	库氏新月藻	*Closterium kuetzingii*					+													
349	别针新月藻	*Closterium lanceolatum*					+													
350	瘦新月藻	*Closterium macilentum*					+													
351	项圈新月藻	*Closterium moniliferum*					+													
352	微小新月藻	*Closterium parvulum*		+												+		+		
353	微小新月藻狭变种	*Closterium parvulum* var. *angustum*									+									

续表

序号	中文名	拉丁名	沱沱河	金沙江干流	长江上游干流	三峡库区	长江中游干流	长江下游干流	雅砻江	横江	岷江	大渡河	沱江	赤水河	嘉陵江	乌江	汉江	洞庭湖	鄱阳湖
354	微小新月藻极狭变种	*Closterium parvulum* var. *angustissimum*															+		
355	反曲新月藻	*Closterium sigmoideum*		+															
356	新月藻	*Closterium* sp.					+												
357	膨胀新月藻	*Closterium tumidum*		+															
358	小新月藻	*Closterium venus*						+										+	
359	空星藻	*Coelastrum* sp.		+	+	+	+					+							
360	星状空星藻	*Coelastrum astroideum*			+							+							
361	小空星藻	*Coelastrum microporum*			+	+										+		+	
362	网状空星藻	*Coelastrum reticulatum*			+	+		+											
363	具角鼓藻	*Cosmarium angulosum*				+									+			+	
绿藻门																			
364	圆形鼓藻	*Cosmarium circulare*												+					
365	球辐射鼓藻	*Cosmarium globosum*		+															
366	凹凸鼓藻	*Cosmarium impressulum*															+		
367	光滑鼓藻	*Cosmarium laeve*								+									
368	项圈鼓藻	*Cosmarium moniliforme*		+															
369	钝角鼓藻	*Cosmarium obtusatum*				+		+							+				
370	方鼓藻	*Cosmarium quadrum*				+					+						+		
371	肾形鼓藻	*Cosmarium renifoeme*							+										
372	鼓藻	*Cosmarium* sp.									+				+				+
373	美丽鼓藻	*Cosmerarium formosulum*		+			+									+			
374	顶锥十字藻	*Crucigenia apiculata*																	+

—306—

门：绿藻门（位于序号 385 附近，贯穿本段各属）

序号	中文名	拉丁名	沱沱河	金沙江干流	长江上游干流	三峡库区	长江中游干流	长江下游干流	长江口	雅砻江	横江	岷江	大渡河	沱江	赤水河	嘉陵江	乌江	汉江	洞庭湖	鄱阳湖
375	十字形十字藻	*Crucigenia crucifera*																		+
376	窗格十字藻	*Crucigenia fenestrata*																		+
377	华美十字藻	*Crucigenia lauterbornii*																	+	
378	四角十字藻	*Crucigenia quadrata*					+	+										+		
379	直角十字藻	*Crucigenia rectangularis*					+											+		
380	十字藻	*Crucigenia* sp.			+												+			+
381	四足十字藻	*Crucigenia tetrapedia*				+									+			+		
382	链带藻	*Desmodesmus gutwin*				+								+						
383	四尾链带藻	*Desmodesmus quadricauda*			+												+			
384	网球藻	*Dictyosphaerium* sp.			+			+												
385	网球藻	*Dictyosphaerium elegans*																		+
386	美丽网球藻	*Dictyosphaerium pulchellum*						+												
387	纺锤藻	*Elakatothrix* sp.								+						+				
388	小刺凹顶鼓藻	*Euastrum spinulosum*									+									
389	空球藻	*Eudorina elegans*								+										
390	空球藻	*Eudorina* sp.		+																
391	被刺藻	*Franceia ovalis*					+	+		+						+	+	+		
392	胶囊藻	*Gloeocystis*											+							
393	巨型胶囊藻	*Gloeocystis gigas*														+				
394	多芒藻	*Golenkinia* sp.														+	+			
395	放射多芒藻	*Golenkinia radiata*							+									+		

续表

序号	中文名	拉丁名	沱沱河	金沙江干流	长江上游干流	三峡库区	长江中游干流	长江下游干流	雅砻江	横江	岷江	大渡河	沱江	赤水河	嘉陵江	乌江	汉江	洞庭湖	鄱阳湖
396	美丽盘藻	*Gonium formosum*		+															
397	盘藻	*Gonium pectorale*													+		+		+
398	细链丝藻	*Hormidiumsubtile*								+					+				
399	水网藻	*Hydrodictyon reticulatum*													+			+	
400	扭曲蹄形藻	*Kirchneriella contorta*																	+
401	蹄形藻	*Kirchneriella lunaris*																	
402	蹄形藻	*Kirchneriella* sp.		+	+	+									+				
403	平壁克里藻	*Klebsormidium scopulinum*				+													
404	克里藻	*Klebsormidium* sp.				+													
405	叶衣藻	*Lobomonas* sp.				+											+		
406	绿藻门 中带鼓藻	*Mesotaenium* sp.				+													
407	转板藻	*Mougeotia* sp.	+		+		+		+		+						+		
408	小转板藻	*Mougeotia parvula*										+						+	
409	粗肾形藻	*Nephrocytium obesum*		+											+				
410	肾形藻	*Nephrocytium* sp.					+												
411	梭形鼓藻	*Netrium digitus*					+											+	
412	粗鞘藻	*Oedogonium crissum*																	+
413	卵囊藻	*Oocystis* sp.	+		+	+			+										+
414	波吉卵囊藻	*Oocystis borgei*						+				+			+				
415	湖生卵囊藻	*Oocystis lacustris*		+				+									+		
416	小型卵囊藻	*Oocystis parva*				+						+							

—308—

序号	中文名	拉丁名	沱沱河	金沙江干流	长江上游干流	三峡库区	长江中游干流	长江下游干流	长江口	雅砻江	横江	岷江	大渡河	沱江	赤水河	嘉陵江	乌江	汉江	洞庭湖	鄱阳湖
417	绿色掌网藻	*Palmadictyon* sp.											+							
418	粘四集藻	*Palmella mucosa*																	+	
419	集球藻	*Palmellococcus* sp.		+																
420	哈尔科夫实球藻	*Pandorina charkowiensis*														+				+
421	实球藻	*Pandorina morum*																		
422	实球藻	*Pandorina* sp.				+												+	+	
423	盘星藻	*Pediastrum* sp.			+		+									+				
424	双射盘星藻	*Pediastrum biradiatum*		+	+	+	+		+		+						+			
425	二角盘星藻	*Pediastrum duplex*		+	+		+		+		+							+		
426	二角盘星藻纤细变种	*Pediastrum duplex* var. *gracillimum*			+	+	+	+	+											
427	整齐盘星藻	*Pediastrum integrum*		+							+									
428	单角盘星藻	*Pediastrum simplex*	+	+	+	+	+		+		+					+	+		+	
429	单角盘星藻具孔变种	*Pediastrum simplex* var. *duodenarium*							+		+					+	+			
430	斯氏盘星藻	*Pediastrum sturmii*					+	+										+		
431	四角盘星藻	*Pediastrum tetras*																		
432	二角盘星藻大孔变种	*Pediatrum duples* var. *clathratum*			+	+														
433	壳衣藻	*Phacotus* sp.														+				
434	游丝藻	*Planctonema* sp.						+								+				
435	浮球藻	*Planktosphaeria gelatinase*								+									+	
436	杂球藻	*Pleodorina californica*		+			+									+				
437	拟绿球藻	*Pseudochlorococcum* sp.														+				+

绿藻门（Chlorophyta）

续表

序号	中文名	拉丁名	金沙江干流 沱沱河	长江上游干流	三峡库区	长江中游干流	长江下游干流	长江口	雅砻江	横江	岷江	大渡河	沱江	赤水河	嘉陵江	乌江	汉江	洞庭湖	鄱阳湖
438	翼膜藻	*Pteremonas* sp.			+										+				
439	尖角翼膜藻	*Pteromonas aculeata*					+										+		
440	塔胞藻	*Pyramidomonas* sp.		+									+		+				
441	娇柔塔胞藻	*Pyramimonas delicatula*					+				+	+	+		+				
442	塔胞藻	*Pyramimonas schmarda*		+			+												
443	四粒藻	*Quadricoccus* sp.							+										
444	并联藻	*Quadrigula* sp.													+		+		
445	针丝藻	*Raphidonema nivale*																+	
446	四尾栅藻小型变种	*Scenedemus quadricauda* var. *parvus*			+												+		
447	四尾栅藻四棘变种	*Scenedemus quadricauda* var. *quadrispina*			+		+												
448	绿藻门 丰富栅藻	*Scenedesmus abundans*					+				+								
449	纤细栅藻	*Scenedesmus acuminatus*				+													
450	弯曲栅藻	*Scenedesmus arcuatus*				+										+			
451	被甲栅藻	*Scenedesmus armatus*				+											+		
452	被甲栅藻博格变种双尾变型	*Scenedesmus armatus* var. *boglariensis* f. *bicaudatus*			+			+											
453	双尾栅藻	*Scenedesmus bicaudatus*					+								+		+		
454	双尾栅藻四棘变种	*Scenedesmus bicaudatus* var. *quadrispina*					+										+		
455	双对栅藻	*Scenedesmus bijuga*	+		+	+	+		+							+	+		
456	巴西栅藻	*Scenedesmus brasiliensis*			+													+	
457	龙骨栅藻	*Scenedesmus carinatus*	+																
458	齿牙栅藻	*Scenedesmus denticulatus*			+		+												

续表

序号	中文名	拉丁名	沱沱河	金沙江干流	长江上游干流	三峡库区	长江中游干流	长江下游干流	长江口	雅砻江	岷江	大渡河	沱江	赤水河	嘉陵江	乌江	汉江	洞庭湖	鄱阳湖
459	二形栅藻	*Scenedesmus dimorphus*		+		+	+	+								+		+	
460	颗粒栅藻	*Scenedesmus granulatus*					+												+
461	厚顶栅藻	*Scenedesmus incrassatulus*				+													
462	爪哇栅藻	*Scenedesmus javaensis*		+							+						+	+	
463	扁盘栅藻	*Scenedesmus platydiscus*				+	+	+								+	+		
464	隆顶栅藻	*Scenedesmus protuberans*														+			+
465	四尾栅藻	*Scenedesmus quadricauda*			+						+				+				
466	四尾栅藻大形变种	*Scenedesmus quadricauda var. maximus*		+											+				
467	栅藻	*Scenedesmus* sp.																+	+
468	武汉栅藻	*Scenedesmus wuhanensis*					+												
469	绿藻门　拟菱形弓形藻	*Schroederia nitzschioides*				+													
470	硬弓形藻	*Schroederia robusta*				+													
471	弓形藻	*Schroederia setigera*															+	+	+
472	弓形藻	*Schroederia* sp.		+	+									+					
473	螺旋弓形藻	*Schroederia spiralis*				+									+	+			+
474	纤细新月藻	*Selenastrum gracile*		+	+	+	+									+		+	
475	小形月牙藻	*Selenastrum minutum*						+											
476	月牙藻	*Selenastrum* sp.				+		+											
477	端尖月芽藻	*Selenastrum westii*						+	+										+
478	四胞藻	*Tetraspora* sp.													+				
479	球囊藻	*Sphaerocystis* sp.								+									

续表

序号	中文名	拉丁名	沱沱河	金沙江干流	长江上游干流	三峡库区	长江中游干流	长江下游干流	长江口	雅砻江	横江	岷江	大渡河	沱江	赤水河	嘉陵江	乌江	汉江	洞庭湖	鄱阳湖
480	普通水绵	*Spirogyra communis*																	+	
481	膨胀水绵	*Spirogyra inflata*														+				
482	长形水绵	*Spirogyra longata*														+				
483	假颗粒水绵	*Spirogyra pseudogranulata*														+				
484	水绵	*Spirogyra* sp.			+				+							+				
485	异形水绵	*Spirogyra varians*		+	+															
486	角星鼓藻	*Staurastrum* sp.			+		+													
487	纤细角星鼓藻	*Staurastrum gracile*				+				+										
488	费曼角星鼓藻	*Staurastrum manfeldtii*				+														
489	星形角星鼓藻	*Staurastrum asterioideum* var. *nanum*					+											+		
490	叉星鼓藻	*Staurodesmus* sp.																		+
491	杆裂丝藻	*Stichococcus bacillaris*																		+
492	毛枝藻	*Stigsoclonium* sp.			+						+									
493	绿柄球藻	*Stylosphaeridium stipitatum*				+				+										
494	简单四豆藻	*Tetrabaena socialis*																		+
495	四链藻	*Tetradesmus* sp.				+														
496	二叉四角藻	*Tetraedron bifurcatum*													+					
497	具尾四角藻	*Tetraedron caudatum*		+										+						
498	截形四角藻	*Tetraedron hastatum*															+			
499	四角藻某种	*Tetraedron incus*		+																+
500	微小四角藻	*Tetraedron minimum*					+					+							+	+

绿藻门

—312—

序号	中文名	拉丁名	沱沱河	金沙江干流	长江上游干流	三峡库区	长江中游干流	长江下游干流	长江江口	雅砻江	横江	岷江	大渡河	沱江	赤水河	嘉陵江	乌江	汉江	洞庭湖	鄱阳湖
501	整齐四角藻	*Tetraedron rugulare*																	+	+
502	四角藻	*Tetraedron* sp.		+									+			+				+
503	三角四角藻纤细变种	*Tetraedron trigonum* var. *gracile*						+												
504	三叶四角藻	*Tetraedron trilobulatum*				+		+				+	+					+		
505	三角四角藻	*Tetraedron trigonum*				+	+			+								+	+	
506	深叶四爿藻	*Tetraselmis incisa*																	+	
507	胶四胞藻	*Tetraspora gelatinosa*																		+
508	四星藻	*Tetrastrum* sp.					+													
509	平滑四星藻	*Tetrastrum glabrum*														+				
510	异刺四星藻	*Tetrastrum heterocanthum*						+												
511	孔纹四星藻（绿藻门）	*Tetrastrum punctatum*																		
512	短刺四星藻	*Tetrastrum staurogeniaeforme*				+	+	+			+							+		
513	粗刺四棘藻	*Treubaria crassispina*					+													+
514	四刺四棘藻	*Treubaria quadrispina*					+													
515	单形丝藻	*Ulothrix aequalis*			+															+
516	颤丝藻	*Ulothrix oscillatoria*	+		+	+		+							+	+				
517	丝藻	*Ulothrix* sp.	+		+											+				
518	细丝藻	*Ulothrix tenerrima*																		+
519	最细丝藻	*Ulothrix tenuissima*	+			+														
520	多形丝藻	*Ulothrix variabilis*		+	+														+	
521	环丝藻	*Ulothrix zonata*																	+	

续表

序号	中文名	拉丁名	沱沱河	金沙江干流	长江上游干流	三峡库区	长江中游干流	长江下游干流	长江口	雅砻江	横江	岷江	大渡河	沱江	赤水河	嘉陵江	乌江	汉江	洞庭湖	鄱阳湖
522	尾丝藻	*Uronema confervicolum*					+												+	
523	美丽团藻	*Volvox aureus*														+				
524	绿藻门 团藻	*Volvox* sp.					+													
525	丛球韦氏藻	*Westella botryoides*																	+	
526	韦氏藻	*Westella* sp.																+		
527	线形拟韦斯藻	*Westellopsis linearis*																		+
528	近亲鱼腥藻	*Anabaena affinis*														+				
529	圆柱鱼腥藻	*Anabaena cylindrica*																	+	
530	水华鱼腥藻	*Anabaena flos-aquae*		+		+														+
531	类颤鱼腥藻	*Anabaena oscillarioides*				+					+							+		
532	螺旋鱼腥藻	*Anabaena spiroides*		+														+		
533	多变鱼腥藻	*Anabaena variabilis*					+													
534	拟鱼腥藻	*Anabaenopsis* sp.			+				+								+		+		
535	蓝藻门 卷曲鱼腥藻	*Anabaenopsis circinalis*		+	+				+				+				+				+
536	鱼腥藻	*Anabaena* sp.		+	+			+				+					+				
537	水华束丝藻	*Aphanizomenon flos-aquae*		+		+						+					+				+
538	束丝藻	*Aphanizomenon* sp.		+																	
539	细小隐球藻	*Aphanocapsa elachista*		+															+		
540	隐球藻	*Aphanocapsa* sp.					+										+				
541	极大节旋藻	*Arthrospira maxima*													+				+		
542	节旋藻	*Arthrospira* sp.		+															+		

续表

序号	中文名	拉丁名	沱沱河	金沙江干流	长江上游干流	三峡库区	长江中游干流	长江下游干流	长江口	雅砻江	横江	岷江	大渡河	沱江	赤水河	乌江	嘉陵江	汉江	洞庭湖	鄱阳湖
543	小形色球藻	*Chroococcales minor*																+		
544	湖沼色球藻	*Chroococcus limneticus*																+	+	
545	微小色球藻	*Chroococcus minutus*		+													+	+	+	+
546	色球藻	*Chroococcus* sp.			+		+				+				+		+			+
547	束缚色球藻	*Chroococcus tenax*						+												
548	膨胀色球藻	*Chroococcus turgidus*						+												
549	腔球藻	*Coelosphaerium* sp.															+			
550	不定腔球藻	*Coelosphaerium dubium*		+																
551	拟柱孢藻	*Cylindrospermopsis* sp.											+				+			
552	针状蓝纤维藻	*Dactylococcopsis acicularis*																+	+	
553	针晶蓝纤维藻	*Dactylococcopsis rhaphidioides*	+										+		+					
554	无常蓝纤维藻	*Datylococcopsis irregularis*						+												
555	石囊藻	*Entophysalis* sp.				+														
556	线性粘杆藻	*Gleothece linearis*							+											
557	须藻	*Homoeothrix* sp.				+														
558	细鞘丝藻	*Leptolyngbya* sp.			+				+											
559	泽丝藻	*Limnothrix* sp.							+						+					
560	湖泊鞘丝藻	*Lyndbya limnetica*		+								+								
561	马氏鞘丝藻	*Lyngbya martensiana*		+								+								
562	鞘丝藻	*Lyngbya* sp.		+	+				+		+					+	+			+
563	旋折平裂藻	*Merismopedia convoluta*						+												

蓝藻门（553行）

续表

序号	门	中文名	拉丁名	沱沱河	金沙江干流	长江上游干流	三峡库区	长江中游干流	长江下游干流	长江口	雅砻江	横江	岷江	大渡河	沱江	赤水河	嘉陵江	乌江	汉江	洞庭湖	鄱阳湖
564		优美平裂藻	*Merismopedia elegans*													+	+	+			
565		银灰平裂藻	*Merismopedia glauca*				+														
566		微小平裂藻	*Merismopedia minima*					+	+												
567		点形平裂藻	*Merismopedia punciata*				+		+										+		
568		平裂藻	*Merismopedia* sp.	+			+										+				+
569		细小平裂藻	*Merismopedia tenuissima*					+	+										+	+	+
570		铜绿微囊藻	*Microcystis aeruginosa*			+				+									+		+
571		水华微囊藻	*Microcystis flos-aquae*							+											+
572		不定微囊藻	*Microcystis incerta*																	+	+
573		具缘微囊藻	*Microcystis marginata*		+																
574	蓝藻门	布纹微囊藻	*Microcystis natans*																		+
575		粗大微囊藻	*Microcystis robusta*																+		
576		微囊藻	*Microcystis* sp.			+	+	+	+												
577		绿色微囊藻	*Microcystis viridis*																		+
578		惠氏微囊藻	*Microcystis wesenbergii*							+								+			
579		念珠藻	*Nostoc* sp.	+		+			+	+							+		+		
580		普通念珠藻	*Nostoc commune*															+			
581		溪生念珠藻	*Nostoc rivulare*																+	+	
582		颤藻	*Oscillatoria* sp.		+	+				+		+	+	+				+	+	+	
583		尖细颤藻	*Oscillatoria acuminata*		+							+								+	
584		阿氏颤藻	*Oscillatoria agardhii*		+																

序号	门	中文名	拉丁名	沱沱河	金沙江干流	长江上游干流	三峡库区	长江中游干流	长江下游干流	长江口	雅砻江	横江	岷江	大渡河	沱江	赤水河	嘉陵江	乌江	汉江	洞庭湖	鄱阳湖
585		绿色颤藻	*Oscillatoria chlorina*							+											
586		颗粒颤藻	*Oscillatoria granulata*			+					+						+				
587		沼泽颤藻	*Oscillatoria limnetica*							+											
588		泥泞颤藻	*Oscillatoria limosa*																	+	
589		巨颤藻	*Oscillatoria princeps*		+			+		+		+					+	+		+	
590		红色颤藻	*Oscillatoria rubescens*							+											
591		镰头颤藻	*Oscillatoria rwi tenuis*							+											
592		清静颤藻	*Oscillatoria sancta*															+			
593		蛇形颤藻	*Oscillatoria serpentina*									+									
594		小颤藻	*Oscillatoria tenuis*		+	+					+						+	+		+	
595	蓝藻门	威利颤藻	*Oscillatoria willei*																	+	+
596		皮状席藻	*Phormidium corium*		+																
597		窝形席藻	*Phormidium foveolarum*		+							+						+			
598		纳水席藻	*Phormidium irriguum*																		
599		奥克席藻	*Phormidium okenii*																	+	
600		席藻	*Phormidium* sp.				+					+					+	+	+		
601		小席藻	*Phormidium tenue*		+			+			+						+	+	+	+	+
602		细浮鞘丝藻	*Planktolyngbya subtilis*													+					
603		拉氏拟浮丝藻	*Planktothricoides raciborskii*													+					
604		拟浮丝藻	*Planktothricoides* sp.								+										
605		浮丝藻	*Planktothrix* sp.							+						+					+

序号		中文名	拉丁名	沱沱河	金沙江干流	长江上游干流	三峡库区	长江中游干流	长江下游干流	长江口	雅砻江	横江	岷江	大渡河	沱江	赤水河	嘉陵江	乌江	汉江	洞庭湖	鄱阳湖
606		假鱼腥藻	Pseudanabaena sp.		+	+	+		+	+	+				+	+	+		+		
607		湖泊假鱼腥藻	Pseudoanabaena limnetica															+			
608		弯形尖头藻	Raphidiopsis curvata				+									+	+	+	+		
609		中华尖头藻	Raphidiopsis sinensia		+													+		+	+
610		尖头藻	Raphidiopsis sp.		+		+	+									+		+		+
611	蓝藻门	线性棒胶藻	Rhabdoderma lineare																		
612		极大螺旋藻	Spirulina maxima		+															+	
613		钝顶螺旋藻	Spirulina platensis					+												+	
614		为首螺旋藻	Spirulina princeps																		
615		螺旋藻	Spirulina sp.								+		+		+				+		+
616		最细螺旋藻	Spirulina subtilissima														+				
617		隐藻	Cryptoglena sp.																	+	
618		梭形裸藻	Euglena acus		+			+									+				
619		尾裸藻	Euglena caudata								+										
620		带形裸藻	Euglena ehrenbergii		+	+	+									+	+		+		+
621	裸藻门	尖尾裸藻	Euglena gasterosteus			+				+							+		+	+	
622		膝曲裸藻	Euglena geniculata														+				
623		纤细裸藻	Euglena gracilis						+							+	+				+
624		鱼形裸藻	Euglena pisciformis											+	+	+	+	+			
625		裸藻	Euglena sp.	+	+	+		+						+							
626		三棱裸藻	Euglena tripteris			+								+							

续表

序号	门	中文名	拉丁名	沱沱河	金沙江干流	长江上游干流	三峡库区	长江中游干流	长江下游干流	长江口	雅砻江	横江	岷江	大渡河	沱江	赤水河	嘉陵江	乌江	汉江	洞庭湖	鄱阳湖
627		绿色裸藻	Euglena viridis				+			+					+				+		
628		尖尾卡克藻	Khawkinea acutecaudata																+		
629		鳞孔藻	Lepocinclis sp.														+				
630		纺锤鳞孔藻	Lepocinclis fusiformis				+							+							
631		尖尾扁裸藻	Phacus acuminatus				+														+
632		钩状扁裸藻	Phacus hamatus		+																
633		旋形扁裸藻	Phacus helicoides		+																
634		曲尾扁裸藻	Phacus lismorensis				+	+												+	
635		长尾扁裸藻	Phacus longicauda																	+	
636		圆形扁裸藻	Phacus orbicularis	+																	
637	裸藻门	觅形扁裸藻	Phacus pleuronectes																+		
638		梨形扁裸藻	Phacus pyrum				+												+		
639		扁裸藻	Phacus sp.					+										+			
640		桃形扁裸藻	Phacus stokesii						+					+				+			
641		扭曲扁裸藻	Phacus tortus					+									+				
642		波形扁裸藻	Phacus undulatus						+										+		
643		陀螺藻	Strombomonas sp.				+										+		+		
644		剑尾陀螺藻	Strombomonas ensifera																	+	
645		河生陀螺藻	Strombomonas fluviatilis																		+
646		截头囊裸藻	Trachelomonas abrupta		+																+
647		棘刺囊裸藻	Trachelomonas granulosa		+																

续表

序号		中文名	拉丁名	沱沱河	金沙江干流	长江上游干流	三峡库区	长江中游干流	长江下游干流	长江口	雅砻江	横江	岷江	大渡河	沱江	赤水河	嘉陵江	乌江	汉江	洞庭湖	鄱阳湖
648		长梭囊裸藻	*Trachelomonas nodosoni*																	+	
649		浮游囊裸藻	*Trachelomonas planctonica*															+	+		
650	裸藻门	囊裸藻	*Trachelomonas* sp.	+		+	+	+									+	+		+	+
651		芒刺囊裸藻	*Trachelomonas spinulosa*		+		+												+		
652		旋转囊裸藻	*Trachelomonas volvocina*		+																
653		链状亚历历山大藻	*Alexandrium catenella*							+											
654		飞燕角甲藻	*Ceratium hirundinella*		+	+	+	+			+								+		
655		角甲藻	*Ceratium* sp.				+										+	+		+	
656		三角角藻	*Ceratium tripos*						+												
657		薄甲藻	*Glenodinium pulvisculus*						+								+	+			
658		具刺膝沟藻	*Gonyaulax spinifera*							+											
659		铜绿裸甲藻	*Gymnodinium aeruginosum*					+										+			
660		钟形裸甲藻	*Gymnodinium mitratum*								+								+		
661	甲藻门	裸甲藻	*Gymnodinium* sp.			+												+			
662		埃尔拟多甲藻	*Peridiniopsis elpatiewskyi*								+										
663		拟多甲藻	*Peridiniopsis* sp.				+				+						+				
664		多甲藻	*Peridinium* sp.	+		+	+						+	+			+	+		+	
665		具刺多甲藻	*Peridinium aciculiferum*												+						
666		二角多甲藻	*Peridinium bipes*				+											+			
667		坎宁顿多甲藻	*Peridinium cunningtonnii*																+		
668		埃尔多甲藻	*Peridinium elpatiewskyi*																+		
669		楯形多甲藻	*Peridinium gatunense*														+		+		

序号	门	中文名	拉丁名	沱沱河	金沙江干流	长江上游干流	三峡库区	长江中游干流	长江下游干流	长江口	雅砻江	横江	岷江	大渡河	沱江	赤水河	嘉陵江	乌江	汉江	洞庭湖	鄱阳湖
670		微小多甲藻	*Peridinium pusillum*				+											+			
671		埃尔多甲藻	*Peridinium umbonatum*																+		+
672	甲藻门	威氏多甲藻	*Peridinium willei*																	+	+
673		加顿多甲藻	*Peridinium zonatum*									+									
674		锥状斯氏藻	*Scrippsiella trochoidea*							+											
675		绿囊藻	*Chlorobotrys sp.*																		+
676		树状黄管藻	*Ophiocytium arbuscula*		+															+	+
677		头状黄管藻	*Ophiocytium capitatum*																	+	+
678		小型黄管藻	*Ophiocytium parvulum*		+																
679	黄藻门	近缘黄丝藻	*Tribonema affine*							+										+	+
680		小型黄丝藻	*Tribonema minus*		+					+	+										
681		硬壁黄丝藻	*Tribonema siderophilum*																		+
682		黄丝藻	*Tribonema sp.*	+				+													
683		拟丝状黄丝藻	*Tribonema ulothrichoides*																	+	+
684		绿色黄丝藻	*Tribonema viride*																	+	+
685		反曲弯隐藻	*Campylomonas reflexa*						+						+						+
686		蓝隐藻	*Chroomonas sp.*										+	+			+				
687		尖尾蓝隐藻	*Chroomonas acuta*		+	+		+	+		+		+	+	+			+	+	+	+
688	隐藻门	啮蚀隐藻	*Cryptomonas erosa*		+	+		+	+		+	+						+	+	+	+
689		马索隐藻	*Cryptomonas marssonii*	+												+				+	
690		倒卵形隐藻	*Cryptomonas obovata*													+					+
691		卵形隐藻	*Cryptomonas ovata*		+	+		+	+	+	+							+	+	+	+

续表

序号		中文名	拉丁名	沱沱河	金沙江干流	长江上游干流	三峡库区	长江中游干流	长江下游干流	长江口	雅砻江	横江	岷江	大渡河	沱江	赤水河	嘉陵江	乌江	汉江	洞庭湖	鄱阳湖
692		隐藻	*Cryptomonas* sp.			+							+		+		+				+
693	隐藻门	具尾逗隐藻	*Komma caudata*		+																
694		逗隐藻	*Komma* sp.	+																	
695		微小斜结隐藻	*Plagioselmis nannoplanctica*								+					+				+	
696		卵形色金藻	*Chromulina ovalis*																	+	
697		伪暗色金藻	*Chromulina pseudonebulosa*																+		
698		色金藻	*Chromulinaceae*					+													
699		锥囊藻	*Dinobryon* sp.				+	+							+		+				
700		长锥形锥囊藻	*Dinobryon bavaricum*				+									+					
701		圆筒锥囊藻	*Dinobryon cylindricum*						+		+			+			+		+		
702		分歧锥囊藻	*Dinobryon divergens*		+	+					+						+		+		
703	金藻门	金杯藻	*Kephyrion* sp.											+							
704		具尾鱼鳞藻	*Mallomonas caudata*															+			
705		延长鱼鳞藻	*Mallomonas elongata*												+	+		+		
706		鱼鳞藻	*Mallomonas* sp.						+												
707		棕鞭藻	*Ochromonas* sp.																+		
708		变形棕鞭藻	*Ochromonas mutabilis*											+							
709		简单棕鞭藻	*Ochromonas simplex*																	+	
710		黄群藻	*Synura* sp.	+																	
711		黄团藻	*Uroglena* sp.				+														

注："+"表示在该水域中采集到浮游植物样本

附表 4 长江流域浮游动物名录

序号		中文名	拉丁名或英文名	河源至金沙江	长江上游干流	三峡库区	长江中游干流	长江下游干流	长江口	雅砻江	横江	岷江	大渡河	沱江	赤水河	嘉陵江	乌江	汉江	洞庭湖	鄱阳湖
1		短棘剌胞虫	*Acanthocustis brevicirrhis*																	
2		针棘剌胞虫	*Acanthocystis aculeata*				+									+				
3		月形剌胞虫	*Acanthocystis erinaceus*											+						
4		全棘剌胞虫	*Acanthocystis pantopoda*					+												
5		剌胞虫	*Acanthocystis* sp.		+	+												+		
6		结节壳吸管虫	*Acineta tuberosa*												+					
7		放射太阳虫	*Actinophrys sol*												+					
8		辐射变形虫	*Amoeba radiosa*				+													
9	原生动物	泥生变形虫	*Amoeba limicola*							+										
10		盘状表壳虫	*Arcella discodes*	+																
11		弯凸表壳虫	*Arcella gibbosa*	+												+				
12		大口表壳虫	*Arcella megastoma*								+				+			+		
13		表壳虫	*Arcella* sp.			+	+	+			+					+				
14		普通表壳虫	*Arcella vulgaris*		+	+					+							+		
15		滚动裸毛虫	*Askenasia volvox*					+												
16		透明螺足虫	*Cachliopodium bilimbosum*												+				+	
17		针棘匣壳虫	*Centropyxis aculeata*	+	+	+	+													
18		匣壳虫	*Centropyxis* sp.							+										

续表

序号		中文名	拉丁名或英文名	河源至金沙江	长江上游干流	三峡库区	长江中游干流	长江下游干流	长江口	雅砻江	横江	岷江	大渡河	沱江	赤水河	嘉陵江	乌江	汉江	洞庭湖	鄱阳湖
19		旋匣壳虫	*Centropyxis aerophila*				+				+					+				
20		无棘匣壳虫	*Centropyxis ecornis*								+							+		
21		泥生纤口虫	*Chaenea limicola*				+	+	+									+		
22		斜管虫	*Chilodonella sp.*					+												
23		钩刺斜管虫	*Chilodonella uncineta*			+														
24		纤毛虫一种	Ciliate sp.	+			+	+								+			+	
25		毛板壳虫	*Coleps hirtus*												+					
26		板壳虫	*Coleps sp.*			+												+	+	
27		弹跳虫	*Collembola sp.*													+		+		
28		前突肾形虫	*Colpoda penardi*	+										+						
29	原生动物	杂葫芦虫	*Cucurbitella mespiliformis*	+										+						
30		葫芦虫	*Cucurbitella sp.*					+												
31		苔藓膜袋虫	*Cyclidium muscicola*					+										+		
32		膜袋虫	*Cyclidium sp.*																	
33		坛状曲颈虫	*Cyphoderia ampulla*												+					
34		曲颈虫	*Cyphoderia sp.*																	+
35		小单环栉毛虫	*Didinium balbianii namum*					+		+				+						
36		栉毛虫	*Didinium sp.*					+	+											
37		尖顶砂壳虫	*Difflugia acuminata*	+										+				+		
38		小澳砂壳虫	*Difflugia australis minor*					+						+						
39		褐砂壳虫	*Difflugia avellana*	+										+						
40		琵琶砂壳虫	*Difflugia biwae*	+			+	+	+					+						

	序号	中文名	拉丁名或英文名	河源至金沙江	长江上游干流	三峡库区	长江中游干流	长江下游干流	长江口	雅砻江	横江	岷江	大渡河	沱江	赤水河	嘉陵江	乌江	汉江	洞庭湖	鄱阳湖
	41	冠砂壳虫	*Difflugia corona*												+	+				
	42	橡子砂壳虫	*Difflugia glans*					+												
	43	球形砂壳虫	*Difflugia globulosa*				+	+								+		+		
	44	叉口砂壳虫	*Difflugia gramen*	+																
	45	球形叉口砂壳虫	*Difflugia gramen globulosa*					+												
	46	壶形砂壳虫	*Difflugia lebes*							+										
	47	湖沼砂壳虫	*Difflugia limnetica*	+											+					
	48	明亮砂壳虫	*Difflugia lucida*								+									
	49	木兰砂壳虫	*Difflugia mulanensis*	+														+		
	50	长圆砂壳虫	*Difflugia oblonga*					+												
原生动物	51	砂壳虫	*Difflugia sp.*		+	+	+		+		+									
	52	瘤棘砂壳虫	*Difflugia tuberspifera*	+			+								+			+		
	53	瓶形砂壳虫	*Difflugia urceolata*				+											+		
	54	鹅长颈虫	*Dileptus anser*					+												
	55	长颈虫	*Dileptus sp.*													+				
	56	胃形斜口虫	*Enchelys gasterosteus*				+													
	57	蛹形斜口虫	*Enchelys pupa*												+					
	58	浮游累枝虫	*Epistylis rotans*												+	+				
	59	累枝虫	*Epistylis sp.*				+													
	60	瓶累枝虫	*Epistylis urceolata*		+										+					
	61	有棘鳞壳虫	*Euglypha acanthophora*												+					
	62	茅状鳞壳虫	*Euglypha laevis*						+											

续表

序号		中文名	拉丁名或英文名	河源至金沙江	长江上游干流	三峡库区	长江中游干流	长江下游干流	长江口	雅砻江	横江	岷江	大渡河	沱江	赤水河	嘉陵江	乌江	汉江	洞庭湖	鄱阳湖
63		鳞壳虫	Euglypha sp.													+				
64		结节鳞壳虫	Euglypha tuberculata					+										+		
65		阔口游仆虫	Euplotes eurystomus															+		
66		前口虫	Frontonia sp.												+					
67		瞬目虫	Glaucoma sp.					+												
68		大弹跳虫	Halteria grandinella														+	+		
69		栉状半眉虫	Hemiophrys pectinata												+					+
70		半眉虫	Hemiophrys sp.												+					
71		腔裸口虫	Holophrya atra							+					+					
72		茄壳虫	Hyalosphenia sp.		+										+					
73	原生动物	天鹅长吻虫	Lacrymaria olor					+								+				
74		淡水麻铃虫	Leprotintinnus fluviatile	+				+							+				+	
75		天鹅漫游虫	Litonotus cygnus					+												
76		片状漫游虫	Litonotus fasciola														+			
77		漫游虫	Litonotus sp.					+												
78		缘纤虫	Loxodes sp.													+				
79		蚤状中缢虫	Mesodinium pulex							+										
80		球吸管虫	Metacineta sp.											+						
81		胡梨壳虫	Nebela barbata					+												
82		梨壳虫	Nebela sp.						+											
83		夜光虫	Noctiluca												+					
84		水藓尖毛虫	Oxytricha sphagni				+													

续表

序号		中文名	拉丁名或英文名	河源至金沙江	长江上游干流	三峡库区	长江中游干流	长江下游干流	长江口	雅砻江	横江	岷江	大渡河	沱江	赤水河	嘉陵江	乌江	汉江	洞庭湖	鄱阳湖
85		绿草履虫	*Paramecium bursaria*												+					
86		尾草履虫	*Paramecium caudatum*	+														+		
87		多核草履虫	*Paramecium multimicronucleatum*								+				+			+		
88		草履虫	*Paramecium* sp.														+			
89		长斜板虫	*Peronopora declivis*												+					
90		多态喇叭虫	*Polyarthra vulgaris*	+																
91		圆柱前管虫	*Prorodon teres*						+											
92		变形虫	*Proteus* sp.															+		
93		原生动物一种	*Protozoa* sp.		+					+					+			+		
94	原生动物	盖厢壳虫	*Pyxidicula operculata*																	
95		方壳虫	*Quadrulella* sp.															+		
96		明显长颈虫	*Schmackeria poplesia*					+												
97		太阳球吸管虫	*Sphaerophrya soliformis*												+			+		
98		球吸管虫	*Sphaerophrya* sp.				+													
99		水棉	*Spirogyra communis*						+											
100		紫晶喇叭虫	*Stentor amethysinus*												+					
101		喇叭虫	*Stentor* sp.	+	+	+				+										
102		旋回侠盗虫	*Stribilidium gyrans*											+						+
103		帽形侠盗虫	*Stribilidium mvelix*												+	+				
104		侠盗虫	*Stribilidium* sp.	+	+	+		+							+			+		
105		急游虫	*Strombidium* sp.												+				+	
106		绿急游虫	*Strombidium viride*			+									+	+				

续表

序号		中文名	拉丁名或英文名	河源至金沙江	长江上游干流	三峡库区	长江中游干流	长江下游干流	长江口	雅砻江	横江	岷江	大渡河	沱江	赤水河	嘉陵江	乌江	汉江	洞庭湖	鄱阳湖
107		棘尾虫	*Stylonchia* sp.			+														
108		贻贝棘尾虫	*Stylonychia mytilus*	+										+						
109		急纤虫	*Tachysoma* sp.											+						
110		梨形四膜虫	*Tetrahymena pyriformis*	+			+		+									+		
111		恩茨筒壳虫	*Tintinnidium entzii*	+			+								+					
112		淡水筒壳虫	*Tintinnidium fluviatile*		+	+		+										+		
113		小筒壳虫	*Tintinnidium pusillum*					+		+								+		
114		筒壳虫	*Tintinnidium* sp.					+										+		
115		锥形似铃壳虫	*Tintinnopsis conus*					+												
116	原生动物	恩茨拟铃壳虫	*Tintinnidium entzii*												+					
117		江苏拟铃壳虫	*Tintinnopsis kiangsuensis*	+			+	+								+				
118		雷殿似铃壳虫	*Tintinnopsis leidyi*					+							+					
119		鳞形似铃壳虫	*Tintinnopsis potiformis*					+												
120		似铃壳虫	*Tintinnopsis* sp.				+	+										+		
121		钵杆似铃壳虫	*Tintinnopsis subpistillum*					+												
122		王氏拟铃虫	*Tintinnopsis wangi*	+	+	+	+			+					+			+		
123		中华拟铃壳虫	*Tintinnopsis sinensis*	+					+						+	+				
124		车轮虫	*Trichodina* sp.				+								+					
125		斜口三足虫	*Trinema enchetys*								+									
126		线条三足虫	*Trinema lineare*							+										
127		活泼尾毛虫	*Urotricha agilis*						+									+		
128		尾毛虫	*Urotricha* sp.							+										+

序号	类别	中文名	拉丁名或英文名	河源至金沙江	长江上游干流	三峡库区	长江中游干流	长江下游干流	长江口	雅砻江	横江	岷江	大渡河	沱江	赤水河	嘉陵江	乌江	汉江	洞庭湖	鄱阳湖
129	原生动物	钟形钟虫	*Vorticella campanula*				+													
130		似钟虫	*Vorticella similis*						+											
131		钟虫	*Vorticella* sp.		+	+														
132		树状聚缩虫	*Zoothaminium arbuscula*	+	+										+					
133		裂痕龟纹轮虫	*Anuraeopsis fissa*			+		+												
134		一种龟纹轮虫	*Anuraeopsis navicula*					+												+
135		叶状卿叶轮虫	*Argonotholca foliacea*		+									+						
136		舞跃无柄轮虫	*Ascimorpha saktans*			+									+					
137	轮虫类	前节晶囊轮虫	*Asplachnopus priodonta* Gosse	+						+				+		+				
138		卜氏晶囊轮虫	*Asplanchna brightwel*		+															
139		盖氏晶囊轮虫	*Asplanchna girodi*	+			+								+					
140		晶囊轮虫	*Asplanchna* sp.						+									+		
141		多突囊足轮虫	*Asplanchnopus multiceps*	+																
142		角突臂尾轮虫	*Brachionus angularis*														+			
143		蒲达臂尾轮虫	*Brachionus budapestinensis*	+												+				
144		萼花臂尾轮虫	*Brachionus calyciflorus*	+		+	+	+			+				+	+		+		
145		尾突臂尾轮虫	*Brachionus caudatus*	+			+								+		+			
146		裂足臂尾轮虫	*Brachionus diversicornis*				+	+							+					
147		镰形臂尾轮虫	*Brachionus falcatus*				+	+							+					
148		剪形臂尾轮虫	*Brachionus forficula*				+	+							+			+		
149		方形臂尾轮虫	*Brachionus quadridentatus*				+									+		+		
150		圆形臂尾轮虫	*Brachionus rotundiformis*													+	+	+		

续表

序号	中文名	拉丁名或英文名	河源至金沙江	长江上游干流	三峡库区	长江中游干流	长江下游干流	长江口	雅砻江	横江	岷江	大渡河	沱江	赤水河	嘉陵江	乌江	汉江	洞庭湖	番阳湖
151	臂尾轮虫	*Brachionus* sp.	+						+								+		
152	壶状臂尾轮虫	*Brachionus urceus*			+		+								+	+	+		
153	小链巨头轮虫	*Cephalodella catellina*											+				+		+
154	小巨头轮虫	*Cephalodella exigna*		+					+				+				+	+	+
155	凸背巨头轮虫	*Cephalodella gibba*												+			+		
156	大头巨头轮虫	*Cephalodella megalocephala*			+									+					
157	巨头轮虫	*Cephalodella* sp.														+	+		
158	尾棘巨头轮虫	*Cephalodella sterea*														+	+		
159	彩胃轮虫	*Chromogaster* sp.							+							+			
160	多态胶鞘轮虫	*Collotheca ambigua*				+													
161	胶鞘轮虫	*Collotheca* sp.							+								+		
162	爱德里亚狭甲轮虫	*Colurella adriatica*	+												+				
163	钝角狭甲轮虫	*Colurella obtusa*					+												
164	钩状狭甲轮虫	*Colurella uncinata*						+											
165	叉角拟聚花轮虫	*Conochilus dossnarius*													+				
166	独角聚花轮虫	*Conochilus unicornis*					+										+		
167	尾猪吻轮虫	*dicranophorus caudatus*								+									
168	猪吻轮虫	*Dicranophorus* sp.												+					
169	合式合甲轮虫	*Diplois daviesiae*					+												+
170	沟痕同尾轮虫	*Diurella sulcata*																	
171	田奈同尾轮虫	*Diurelladixon nuttalli*												+		+	+		+
172	臂尾水轮虫	*Epiphanes brachionus*												+					

轮虫类

续表

序号		中文名	拉丁名或英文名	河源至金沙江	长江上游干流	三峡库区	长江中游干流	长江下游干流	长江口	雅砻江	横江	岷江	大渡河	沱江	赤水河	嘉陵江	乌江	汉江	洞庭湖	鄱阳湖
173		大肚须足轮虫	Euchlanis dilatata	+	+	+	+								+	+				
174		长三肢轮虫	Filinia longiseta				+	+							+					
175		迈氏三肢轮虫	Filinia major	+					+						+				+	
176		脾状三肢轮虫	Filinia opoliensis					+										+		
177		腹足腹尾轮虫	Gastropus hyplopus															+		
178		腹尾轮虫	Gastropus sp.											+	+			+		
179		卵形皱甲轮虫	Gepadella ovalis			+												+		
180		奇异六腕轮虫	Hexarthra mira					+							+		+	+	+	
181		缘板龟甲轮虫	Keratella ticinensis															+		
182	轮虫类	曲腿龟甲轮虫	Keratella valga	+	+		+	+	+		+				+			+		
183		龟甲轮虫 1	Keratella sp. 1								+									
184		龟甲轮虫 2	Keratella sp. 2							+										
185		螺形龟甲轮虫	Keratella cochlearis	+	+	+	+	+						+		+				
186		矩形龟甲轮虫	Keratewa quadrata	+				+	+									+		
187		囊形腔轮虫	Lecane bulla	+																
188		月形腔轮虫	Lecane buna	+							+				+				+	
189		真胫腔轮虫	Lecane eutarsa	+																
190		计伸腔轮虫	Lecane gissensis																	+
191		无甲腔轮虫	Lecane inermis															+		
192		罗氏腔轮虫	Lecane ludwigii																+	
193		圆皱腔轮虫	Lecane niothis														+	+		
194		瘤甲腔轮虫	Lecane nodosa			+									+			+		

续表

序号		中文名	拉丁名或英文名	河源至金沙江	长江上游干流	三峡库区	长江中游干流	长江下游干流	长江口	雅砻江	横江	岷江	大渡河	沱江	赤水河	嘉陵江	乌江	汉江	洞庭湖	鄱阳湖
195		凹顶腔轮虫	*Lecane papuana*	+																
196		梨形腔轮虫	*Lecane pyriformis*	+														+	+	
197		腔轮虫	*Lecane* sp.											+						
198		共趾腔轮虫	*Lecane sympoda*	+		+														
199		蹄形腔轮虫	*Lecane ungulate*				+							+						
200		尖爪腔轮虫	*Lecanidae cornuta*												+					+
201		尖角腔轮虫	*Lecanidae hamata*					+												
202		半圆鞍甲轮虫	*Lepadella apsida*		+															+
203		隐居鞍甲轮虫	*Lepadella cryphaea*			+									+					
204		盘状鞍甲轮虫	*Lepadella patella*																+	
205	轮虫类	囊形单趾轮虫	*Monostyla bulla*		+	+														
206		尖趾单趾轮虫	*Monostyla closterocerca*														+	+		
207		尖角单趾轮虫	*Monostyla hamata*				+								+		+			
208		月形单趾轮虫	*Monostyla lunaris*								+			+		+		+		
209		文饰单趾轮虫	*Monostyla ornate*								+							+		
210		单趾轮虫 1	*Monostyla* sp. 1														+			
211		单趾轮虫 2	*Monostyla* sp. 2						+											
212		腹棘管轮虫	*Mytilina ventralis*													+				+
213		鳞状叶轮虫	*Notholca squamula*								+									
214		唇形叶轮虫	*Notholon labis*														+	+		
215		红眼旋轮虫	*Philodina roseol*														+		+	
216		十指平甲轮虫	*Platyias militaris*			+											+			

续表

序号	中文名	拉丁名或英文名	河源至金沙江	长江上游干流	三峡库区	长江中游干流	长江下游干流	长江口	雅砻江	横江	岷江	大渡河	沱江	赤水河	嘉陵江	乌江	汉江	洞庭湖	鄱阳湖
	轮虫类																		
217	四角平甲轮虫	*Platyias quadricornis*				+								+					
218	郝氏敏甲轮虫	*Ploesma hudsoni*		+										+					
219	截头敏甲轮虫	*Ploesoma truncatum*	+										+						
220	长肢多肢轮虫	*Polyarthra dolichoptera*					+										+		
221	真翅多肢轮虫	*Polyarthra euryptera*												+			+		
222	小多肢轮虫	*Polyarthra minor*					+										+		
223	多肢轮虫	*Polyarthra sp.*					+										+		
224	针簇多肢轮虫	*Polyarthra trigla*	+		+	+	+	+	+					+	+				
225	广布多肢轮虫	*Polyarthra vulgaris*	+		+	+	+	+						+	+		+		
226	扁平炮炮轮虫	*Pompholyx complanata*			+														
227	沟痕炮炮轮虫	*Pompholyx sulcata*					+												
228	黑斑索轮虫	*Resticula melandocus*						+		+			+						
229	橘色轮虫	*Rotaria citrina*	+					+		+									
230	长足轮虫	*Rotaria neptunia*						+											
231	转轮虫	*Rotaria rotatoria*				+													
232	轮虫未定种	*Rotaria spp.*		+	+			+											
233	懒轮虫	*Rotaria tardijyrgdad*			+									+					
234	轮虫	*Rotifer sp.*	+							+			+	+		+			
235	尖头班毛轮虫	*Synchacta atylata*												+					
236	长足班毛轮虫	*Synchaeta longipes*							+						+		+		
237	长圆班毛轮虫	*Synchaeta oblonga*								+						+	+		
238	梳状班毛轮虫	*Synchaeta pectinata*	+							+			+	+			+		

续表

序号	中文名	拉丁名或英文名	洞源至金沙江	长江上游干流	三峡库区	长江中游干流	长江下游干流	长江口	雅砻江	横江	岷江	大渡河	沱江	赤水河	嘉陵江	乌江	汉江	洞庭湖	鄱阳湖
239	斑毛轮虫	*Synchaeta sp.*	+	+	+				+	+					+		+		
240	尖尾斑毛轮虫	*Synchaeta stylata*															+		
241	脚状四肢轮虫	*Tetramastix opoliensis*	+																
242	中华拟壳虫	*Tintinopsis sinensis*	+																
243	二突异尾轮虫	*Trichocerca bicristata*											+					+	+
244	双尖异尾轮虫	*Trichocerca bicuspes*					+												
245	双齿异尾轮虫	*Trichocerca bidens*					+												
246	刺盖异尾轮虫	*Trichocerca capucina*	+	+													+		
247	圆筒异尾轮虫	*Trichocerca cylindrica*					+												
248	纵长异尾轮虫	*Trichocerca elongata*					+								+		+		
249	细异尾轮虫	*Trichocerca gracilis*					+												
250	长刺异尾轮虫	*Trichocerca longiseta*				+			+										
251	冠筛异尾轮虫	*Trichocerca lophoessa*	+							+			+				+		
252	暗小异尾轮虫	*Trichocerca pusilla*			+	+	+	+		+				+	+	+	+	+	
253	鼠异尾轮虫	*Trichocerca rattus*					+	+						+					
254	等刺异尾轮虫	*Trichocerca similis*	+			+	+	+	+						+	+	+		
255	异尾轮虫	*Trichocerca sp.*					+												
256	纤巧异尾轮虫	*Trichocerca tenuior*												+					
257	对棘异尾轮虫	*Trichocerea stylata*											+						
258	方块轮虫	*Trichotria tetractis*			+					+									
259	截头巢轮虫	*Trichotria truncata*															+		
260	龟甲晴尾轮虫							+											

轮虫类

续表

序号		中文名	拉丁名或英文名	洞源至金沙江	长江上游干流	三峡库区	长江中游干流	长江下游干流	长江口	雅砻江	横江	岷江	大渡河	沱江	赤水河	嘉陵江	乌江	汉江	洞庭湖	鄱阳湖
261		镰形顶冠溞	*Acroperus harpae*	+												+				
262		顶冠溞	*Acroperus sp.*												+					
263		肋形尖额溞	*Alona costata*												+					
264		奇异尖额溞	*Alona eximia*			+									+		+			
265		点滴尖额溞	*Alona guttata*		+	+									+					
266		中型尖额溞	*Alona intermedia*		+			+											+	
267		方形尖额溞	*Alona quadrongularia*														+			
268		矩形尖额溞	*Alona rectangula*				+										+			
269		具毛尖额溞	*Alona setigera*												+	+				
270		尖额溞	*Alona sp.*	+				+								+				
271	枝角类	镰角锐额溞	*Alonella excisa*																	
272		矮小锐额溞	*Alonella nana*																	
273		简弧象鼻溞	*Bosmina coregoni*	+	+	+										+				
274		脆弱象鼻溞	*Bosmina fatalis*	+	+	+	+								+	+				
275		长额象鼻溞	*Bosmina longirostris*	+	+		+	+												+
276		象鼻溞	*Bosmina sp.*						+											
277		颈沟基合溞	*Bosminida deitersi*	+			+													
278		基合溞	*Bosminopsis*													+				
279		颈沟基合溞	*Bosminopsis deitersi*	+		+									+					
280		直额弯尾溞	*Camptocercus rectirostris*												+		+			
281		锯爪弯尾溞	*Camptocercus serratunguis*			+														
282		角突网纹溞	*Ceriodaphnia cornuta*				+													

—335—

续表

序号		中文名	拉丁名或英文名	河源至金沙江	长江上游干流	三峡库区	长江中游干流	长江下游干流	长江口	雅砻江	横江	岷江	大渡河	沱江	赤水河	嘉陵江	乌江	汉江	洞庭湖	鄱阳湖
283		美丽网纹溞	*Ceriodaphnia pulchella*													+	+			+
284		方形网纹溞	*Ceriodaphnia quadrangula*			+									+					
285		棘体网纹溞	*Ceriodaphnia setosa*					+									+	+		
286		网纹溞	*Ceriodaphnia* sp.	+																
287		宽肯盘肠溞	*Chydorus eruyrvtus*														+			
288		赫尔曼盘肠溞	*Chydorus herrmanni*									+			+	+				
289		卵形盘肠溞	*Chydorus ovalis*												+	+				
290		盘肠溞	*Chydorus* sp.		+															
291		圆形盘肠溞	*Chydorus sphaericus*			+													+	
292		隆线溞	*Daphnia carinata*																	
293	枝角类	小栉溞	*Daphnia cristata*				+	+							+					
294		僧帽溞	*Daphnia cucullata*	+	+					+						+				
295		盔形透明溞	*Daphnia galeata*																	
296		透明溞	*Daphnia hyalina*	+					+						+					
297		长刺溞	*Daphnia longispina*	+				+								+				
298		大型溞	*Daphnia magna*	+				+						+	+					
299		蚤状溞	*Daphnia pulex*	+	+			+						+	+					
300		溞	*Daphnia* sp.	+				+						+						
301		短尾秀体溞	*Diaphanosoma brachyurum*				+	+						+						
302		长肢秀体溞	*Diaphanosoma leuchtenbergianum*	+	+			+										+	+	+
303		戎装秀体溞	*Diaphanosoma perarmatum*	+																
304		秀体溞	*Diaphanosoma* sp.											+					+	

续表

序号	中文名	拉丁名或英文名	河源至金沙江	长江上游干流	三峡库区	长江中游干流	长江下游干流	长江口	雅砻江	横江	岷江	大渡河	沱江	赤水河	嘉陵江	乌江	汉江	洞庭湖	鄱阳湖
305	吻状异尖额溞	*Disparalina rostrata*													+				
306	棘突靴尾溞	*Dunhevedia crassa*														+			
307	薄片宽尾溞	*Eurycercus lamellatus*												+		+			
308	诺氏三角溞	*Evadne nordmanni*	+																
309	无刺大尾溞	*Leydigia acanthocercoides*	+											+					
310	透明薄皮溞	*Leptodora kindtii*	+					+						+					
311	多刺粗毛溞	*Macrothrix triserialis*														+			
312	微型裸腹溞	*Mnina micrura*	+											+		+	+	+	
313	近亲裸腹溞	*Moina affinis*					+												
314	多刺裸腹溞	*Moina macrocopa*					+							+					
315	裸腹溞	*Moina* sp.				+					+								
316	异形单眼溞	*Monospilus dispar*												+				+	+
317	华莱士细额溞	*Oxyurella wallecina*												+					
318	鸟喙尖头溞	*Penilia avirostris*						+											
319	尖头溞	*Penilia* sp.														+			
320	短腹平直溞	*Pleuroxus aduncus*			+														
321	光滑平直溞	*Pleuroxus laevis*					+									+		+	
322	三角平直溞	*Pleuroxus trigorellus*												+		+			
323	大眼溞科一种	Polyphemidae sp.													+	+			
324	虱形大眼溞	*Polyphemus pediculus*													+				
325	球形伪盘肠溞	*Pseudochydorus globosus*												+		+			
326	平突船卵溞	*Scapholeberis mucronata*							+										

枝角类

续表

序号	类别	中文名	拉丁名或英文名	河源至金沙江	长江上游干流	三峡库区	长江中游干流	长江下游干流	长江口	淮蓉江	横江	岷江	大渡河	沱江	赤水河	嘉陵江	乌江	汉江	洞庭湖	鄱阳湖
327		船卵溞	*Scapholeberis* sp.																	+
328		晶莹仙达溞	*Side crystallina*				+	+										+	+	+
329	枝角类	低额溞	*Simocephalus* sp.				+	+									+			+
330		拟老年低额溞	*Simocephalus vetuloides*				+	+												
331		老年低额溞	*Simocephalus vetulus*	+																
332		壳纹船卵溞	*Spapholeberis kingi*													+				
333		棘尾刺剑水蚤	*Acanthocyclops bicuspidatus*						+											
334		草绿刺剑水蚤	*Acanthocyclops viridis*												+		+			
335		太平洋纺锤水蚤	*Acartia pacifica*						+	+										
336		哲水蚤幼体	Calanoida larva						+	+										
337		中华哲水蚤	*Calamus sinensis*	+					+	+						+				
338		哲水蚤	*Calamus* sp.						+											
339		微刺哲水蚤	*Canthocalamus pauper*						+											
340	桡足类	隆脊异足猛水蚤	*Canthocamptus carinatus*						+								+	+		
341		异足猛水蚤	*Canthocamptus* sp.					+								+				
342		沟渠异足猛水蚤	*Canthocamptus staphylinus*		+															
343		背胸刺水蚤	*Centropages dorsispinatus*			+														
344		桡足幼体	Copepodite	+																
345		剑水蚤	*Cyclops* sp.		+			+												
346		英勇剑水蚤	*Cyclops strenuus*														+			+
347		近邻剑水蚤	*Cyclops vicinus*	+												+			+	
348		幼溞	*Daphnia* larva				+													

续表

序号		中文名	拉丁名或英文名	洞源至金沙江	长江上游干流	三峡库区	长江中游干流	长江下游干流	长江口	雅砻江	横江	岷江	大渡河	沱江	赤水河	嘉陵江	乌江	汉江	洞庭湖	鄱阳湖
349		胸饰外剑水蚤	Ectocyclops phaleratus												+					
350		长肢水生猛水蚤	Enthydrosoma longum											+	+			+	+	+
351		精致真刺水蚤	Euchaeta concinna	+					+											
352		大尾真剑水蚤	Eucyclops macruroides					+												
353		锯缘真剑水蚤	Eucyclops serrulatus	+		+											+		+	
354		真剑水蚤	Eucyclops sp.																+	
355		如愿真剑水蚤	Eucyclops speratus					+				+	+	+		+	+			
356		异足水蚤	Heterocope sp.									+								
357		真刺唇角水蚤	Labidocera euchacta						+	+										
358		圆唇角水蚤	Labidocera rotunda						+											
359	桡足类	窄腹剑水蚤幼体	Limnoithona larva						+											
360		华哲水蚤幼体	Sinocalamus larva			+			+											
361		歪水蚤	Tortanus larva						+											
362		透明薄皮溞	Leptodora kindti						+											
363		中华窄腹剑水蚤	Limnoithona sinensis					+								+	+		+	
364		中华窄腹水蚤	Limnoithona sinensis						+											
365		窄腹剑水蚤	Limnoithona sp.			+				+					+	+			+	
366		四刺窄腹剑水蚤	Limnoithona tetraspina				+													
367		圆名大剑水蚤	Macrocyclops distinctus			+		+								+				
368		大剑水蚤	Macrocyclops sp.	+																
369		广布中剑水蚤	Mesocyclops leuckarti				+		+						+					
370		北碚中剑水蚤	Mesocyclops pehpeiensis									+					+	+	+	+

续表

序号		中文名	拉丁名或英文名	河源至金沙江	长江上游干流	三峡库区	长江中游干流	长江下游干流	长江口	雅砻江	横江	岷江	大渡河	沱江	赤水河	嘉陵江	乌江	汉江	洞庭湖	鄱阳湖
371		中剑水蚤	*Mesocylops* sp.													+				
372		小剑水蚤	*Microcyclops* sp.												+					
373		跨立小剑水蚤	*Microcyclops varicans*			+		+							+					
374		小毛猛水蚤	*Microsetella norvegica*						+											
375		剑水蚤幼体	Nauplii of Cyclops						+											
376		温剑水幼体	Nauplii of *Thermocyclops*						+											
377		无节幼体	Nauplius	+	+	+	+	+	+						+	+			+	+
378		右突新镖水蚤	*Neodiaptomus schmackeri*	+		+	+	+	+	+					+	+	+		+	
379		长江新镖水蚤	*Neodiatomus yangtsekiangenssia*	+																
380		腹突荡镖水蚤	*Neurodiaptomus genogibbosus*									+				+				
381		特异荡镖水蚤	*Neurodiaptomus incongruens*	+				+												
382	桡足类	湖泊美丽猛水蚤	*Nitocra lacustris*	+		+							+		+		+	+	+	+
383		美丽猛水蚤 1	*Nitocra* sp. 1		+		+										+	+	+	+
384		美丽猛水蚤 2	*Nitocra* sp. 2						+											
385		模式有爪猛水蚤	*Onychocamptus mohammed*	+								+								
386		针刺拟哲水蚤	*Paracalanu aculeatu*						+						+					
387		强额孔雀哲水蚤	*Paracalanus crassirostris*						+									+		
388		小拟哲水蚤	*Paracalanus Parvus*						+						+					
389		拟哲水蚤	*Paracalanus* sp.														+			
390		毛饰拟剑水蚤	*Paracyclops fimbriatus*															+		
391		镖水蚤	*Phyllodiaptomus* sp.														+			
392		舌状叶镖水蚤	*Phyllodiaptomus tunguidus*			+						+				+				+

续表

序号	类别	中文名	拉丁名或英文名	洞源至金沙江	长江上游干流	三峡库区	长江中游干流	长江下游干流	长江口	雅砻江	横江	岷江	大渡河	沱江	赤水河	嘉陵江	乌江	汉江	洞庭湖	鄱阳湖
393		沙居剑水蚤	*Psammophilocyclops* sp.							+											
394		球状伪镖水蚤	*Pseudodiaptomus forbesi*				+														
395		球状许水蚤	*Schmackeria forbesi*			+	+	+	+												
396		指状许水蚤	*Schmackeria inopinus*	+												+					
397		火腿许水蚤	*Schmackeria poplesia*	+		+		+	+	+											
398		许水蚤	*Schmackeria* sp.			+	+								+						
399		汤匙华哲水蚤	*Sinocalanus dorrii*	+	+	+	+	+	+												
400		中华华哲水蚤	*Sinocalanus sinensis*	+				+	+						+						
401		华哲水蚤	*Sinocalanus* sp.												+						
402		大型中镖水蚤	*Sinodiaptomus sarsi*					+							+	+					
403	桡足类	中镖水蚤	*Sinodiaptomus* sp.					+													
404		短尾温剑水蚤	*Thermocyclops brevifurcatus*	+																	
405		粗壮温剑水蚤	*Thermocyclops dybowskii*	+																	
406		透明温剑水蚤	*Thermocyclops hyalinus*	+	+	+	+	+													
407		等刺温剑水蚤	*Thermocyclops kawamurai*														+				
408		温剑水蚤	*Thermocyclops* sp.			+				+											
409		台湾温剑水蚤	*Thermocyclops taihokuensis*	+		+	+	+	+												
410		虫宿温剑水蚤	*Thermocyclops vermifer*	+																	
411		刺尾歪水蚤	*Tortanus spinicaudatus*						+												
412		虫肢歪水蚤	*Tortanus vermiculus*						+									+			
413		短刺近剑水蚤	*Tropocyclops brevispinus*						+												
414		微小近剑水蚤	*Tropocyclops parvus*												+		+				

续表

序号		中文名	拉丁名或英文名	河源至金沙江	长江上游干流	三峡库区	长江中游干流	长江下游干流	长江口	雅砻江	横江	岷江	大渡河	沱江	赤水河	嘉陵江	乌江	汉江	洞庭湖	鄱阳湖
415	桡足类	近剑水蚤	*Tropocyclops* sp.																	
416		长腹近剑水蚤															+			
417		短额刺糠虾	*Acanthomysis brevirostris*						+											
418		长额刺糠虾	*Acanthomysis longirostris*						+											
419		冈山刺糠虾	*Acanthomysis okayamaensis*						+											
420		日本毛虾	*Acetes japonicus*						+											
421		双手水母	*Amphinema dinema*						+											
422		瓜水母	*Beroe cucumis*						+											
423		弗洲指突水母	*Blackfordia virginica*						+											
424		鳞茎高手水母	*Bougainvilla muscus*						+											
425		短尾类大眼幼虫	Brachyura larva						+											
426	其他类	短尾类溞状幼体	Brachyura zoea						+											
427		圆柱水虱	*Cirolana* sp.						+											
428		蔓足类无节幼虫	Cirripedia larva						+											
429		涟虫类	Cumacea						+											
430		双生水母	*Diphyes chamissonis*						+											
431		长腕幼虫	Echinopluteus larva						+											
432		鱼卵	Fish eggs						+											
433		仔鱼	Fish larvae						+											
434		钩虾	*Gammarus* sp.						+											
435		漂浮小井伊糠虾	*Iiella pelagica*						+											
436		幼蟹	Juvenile crab						+											

续表

序号	中文名	拉丁名或英文名	河源至金沙江	长江上游干流	三峡库区	长江中游干流	长江下游干流	长江口	雅砻江	横江	岷江	大渡河	沱江	赤水河	嘉陵江	乌江	汉江	洞庭湖	鄱阳湖
437	拟细拟茎水母	*Lensia subtiloides*						+											
438	细螯虾	*Leptochela gracilis*						+											
439	马蹄虫虎螺	*Limacina trochiformis*						+											
440	长尾类幼虫	Macrura larvae						+											
441	卡玛拉水母	*Malagazzia carolinae*						+											
442	中华绒螯蟹大眼幼体	Megalopa of *Eriocheir sinensis*						+											
443	江湖独眼钩虾	*Monoculodes limnophilus*						+											
444	其他类	糠虾幼体	Mysidacea larve						+											
445	贝氏拟线水母	*Nemopsis bachei*						+											
446	黑褐新糠虾	*Neomysis awatschensis*						+											
447	八杈杯水母	*Octophialucium* sp.						+											
448	球型侧腕水母	*Pleurobrachia globosa*						+											
449	百陶箭虫	*Sagitta bedoti*						+											
450	箭虫幼体	*Sagitta* larvae						+											
451	嵊山秀氏水母	*Sugiura chengshanense*						+											
452	多毛类幼体	Trochophore larva						+											

注："+"表示在该水域中采集到浮游动物样本

附表 5　长江流域底栖动物名录

序号	中文名和拉丁名	河源	金沙江	长江上游	长江中游	长江下游	三峡库区	长江口	洞庭湖	鄱阳湖	岷江（含大渡河）	嘉陵江	赤水河	沱江	乌江	汉江	雅砻江	横江
	环节动物门 Annelida																	
	多毛纲 Polychaeta																	
	沙蚕目 Nereidida																	
	沙蚕科 Nereididae																	
1	疣吻沙蚕 *Tylorrhynchus heterochaetus*							+										
2	日本刺沙蚕 *Nereis japonica*							+										
	齿吻沙蚕科 Nephtyidae																	
3	圆锯齿吻沙蚕 *Dentinephtys glabra*							+										
4	齿吻沙蚕 *Nephtys* sp.					+												
5	寡鳃齿吻沙蚕 *Nephtys oligobanchia*									+								
	小头虫科 Capitellidae																	
6	丝异须虫 *Heteromastus filiforms*							+										
7	小头虫 *Capitella capitata*							+										
8	背蚓虫 *Notomastus* sp.					+												
9	背蚓虫 *Notomastus latericeus*							+										
10	多毛纲一种 Polychaeta sp.					+												
	寡毛纲 Oligochaeta																	
	颤蚓目 Tubificida																	
	颤蚓科 Tubificidae																	
11	颤蚓亚科一种 Tubificinae sp.				+								+					
12	颤蚓 *Tubifex* sp.	+	+	+	+	+					+		+				+	+
13	正颤蚓 *Tubifex tubifex*				+	+		+					+			+		
14	厚唇嫩丝蚓 *Teneridrilus mastix*				+	+								+	+			
15	巨毛水丝蚓 *Limnodrilus grandisetosus*			+	+	+							+			+		
16	拟钝毛水丝蚓 *Limnodrilus paramblysetus*				+	+												
17	简明水丝蚓 *limnodrilus simplex n.sp.*				+													
18	水丝蚓 *Limnodrilus* sp.	+	+	+	+	+		+				+	+	+	+	+		

续表

序号	中文名和拉丁名	河源	金沙江	长江上游	长江中游	长江下游	三峡库区	长江口	洞庭湖	鄱阳湖	岷江（含大渡河）	嘉陵江	赤水河	沱江	乌江	汉江	雅砻江	横江
19	霍甫水丝蚓 *Limnodrilus hoffmeisteri*	+	+	+	+		+		+	+		+	+	+		+		
20	克拉泊水丝蚓 *Limnodrilus claparedianus*				+								+					
21	奥特开水丝蚓 *Limnodrilus udekemianus*												+					
22	中华拟颤蚓 *Rhyacodrilus sinicus*													+				
23	日本管水蚓 *Aulodrilus japonicus*																	
24	Tasserkidrilus kessleri									+								
25	坦氏泥蚓 *Llyodrilus templetoni*																	
26	维窦夫盘丝蚓 *Bothrioneurum vejdovskyanum*																	
27	多毛管水蚓 *Aulodrilus pluriseta*		+		+	+			+				+	+				
28	皮氏管水蚓 *Aulodrilus pigseti*												+	+				
29	有栉管水蚓 *Aulodrilus pectinatus*								+									
30	湖沼管水蚓 *Aulodrilus limnobius*								+									
	河蚓亚科 Rhyacodrilinae																	
31	Rhyacodrilus brevidentatus												+					
32	苏氏尾鳃蚓 *Branchiura sowerbyi*		+	+	+	+		+	+			+	+	+		+		
33	淡水单孔蚓 *Monopylephorus limosus*												+					
	仙女虫科 Naididae																	
	仙女虫亚科 Naidinae																	
34	仙女虫 *Nais* sp.					+					+		+					
35	肥满仙女虫 *Nais inflata*								+				+	+				
36	贝氏仙女虫 *Nais bretscheri*												+					
37	参差仙女虫 *Nais variabilis*												+					
38	普通仙女虫 *Nais communis*	+																
39	长叉仙女虫 *Nais longidentatus*	+																
40	费氏拟仙女虫 *Paranais frici*								+				+	+				
41	皮氏虫 *Piguetiella* sp.												+					
42	有齿皮氏虫 *Pigutiella denticulata*												+					
43	指鳃尾盘虫 *Dero digitata*												+					
44	钝缘尾盘虫 *Dero obtusa*												+					
45	多突癞皮虫 *Slavina appendiculata*												+					
46	印西头鳃虫 *Branchiodrilus nortensis*												+					

序号	中文名和拉丁名	河源	金沙江	长江上游	长江中游	长江下游	三峡库区	长江口	洞庭湖	鄱阳湖	岷江（含大渡河）	嘉陵江	赤水河	沱江	乌江	汉江	雅砻江	横江
47	特城史氏虫 *Stephensoniana trivandrana*												+					
48	吻盲虫 *Pristina* sp.						+						+					
49	毛腹虫 *Chaetogaster* sp.												+					
	带丝蚓科 Lumbriculidae																	
50	夹杂带丝蚓 *Lumbriculus variegatus*																+	
	线蚓目 Enchytraeida																	
	线蚓科 Enchytraeidae																	
51	线蚓科一种 Enchytraeidae sp.		+										+					
52	白线蚓 *Fridericia* sp.												+					
53	中线蚓 *Mesenchytraeus* sp.												+					
54	短囊半线蚓 *Hemienchytraeus brevithecus*												+					
	蛭纲 Hirudinea																	
55	蛭纲一种 Hirudinea sp.												+					
	无吻蛭目 Arhynchobdellida																	
	医蛭科 Hirudinidae																	
56	医蛭 *Hirudo* sp.			+		+												
	石蛭科 Hrpobdellidae																	
57	八目石蛭 *Erpobdella octoculata*								+	+				+	+			
58	石蛭 *Herpobdella* sp.									+				+	+			
59	喀什米亚拟扁蛭 *Batracobdella kasmiana*												+					
	吻蛭目 Rhynchobdellida																	
	舌蛭科 Glossiphoniidae																	
60	舌蛭 Glossiphonidae spp.				+	+		+								+		
61	宽身舌蛭 *Glossiphonia lata*								+	+								
62	扁舌蛭 *Glossiphonia complanata*					+				+					+			
63	多突舌蛭 *Glossiphonia multipapillata*									+								
64	淡色舌蛭 *Glossiphonia weberi*									+								
65	泽蛭 *Helobdella* sp.									+								
66	裸泽蛭 *Helobdella nuda*									+								
67	水蛭 *Hirudinaria* sp.															+		
	黄蛭科 Heamopidae																	

续表

序号	中文名和拉丁名	河源	金沙江	长江上游	长江中游	长江下游	三峡库区	长江口	洞庭湖	鄱阳湖	岷江（含大渡河）	嘉陵江	赤水河	沱江	乌江	汉江	雅砻江	横江
68	宽体金线蛭 *Whitmania pigra*								+	+								
	软体动物门 Mollusca																	
	腹足纲 Gastropoda																	
	基眼目 Basommatophore																	
	椎实螺科 Lymnaeidae																	
69	凸旋螺 *Gyraulus convexiuseculus*								+	+				+				
70	白旋螺 *Gyraulus albus*													+				
71	扁旋螺 *Gyraulus compressus*								+							+		
72	旋螺 *Gyraulus* sp.												+					
73	萝卜螺 *Radix* sp.			+			+											
74	小土蜗 *Galba pervia*											+	+		+	+		
75	截口土蜗 *Galba truncatula*												+	+				
76	耳萝卜螺 *Radix auricularia*								+				+			+		
77	椭圆萝卜螺 *Radix acuminata*				+				+	+								
78	狭萝卜螺 *Radix lagotis*											+	+	+	+			
79	卵萝卜螺 *Radix ovata*											+	+		+	+		+
80	折叠萝卜螺 *Radix plicatula*													+				
81	静水锥实螺 *Lymnaea stagnalis*												+					
	烟管螺科 Clausiliidae																	
82	烟管螺科一种 Clausiliidae sp.													+				
83	尖真管螺 *Euphaedusa aculus*											+						
	扁卷螺科 Planorbidae																	
84	扁卷螺 *Planorbis caenosus*											+						
85	大脐圆扁螺 *Hippeutis umbilicalis*			+		+			+			+			+			
86	圆扁螺 *Hippeutis* sp.				+							+	+			+		
87	尖口圆扁螺 *Hippeutis cantori*															+		
	膀胱螺科 Physidae																	
88	膀胱螺科一种 Physidae sp.												+					
89	泉膀胱螺 *Physa foncinalis*											+			+			
90	尖膀胱螺 *Physa acuta*			+									+				+	+
91	膀胱螺 *Physa* sp.			+		+												

续表

序号	中文名和拉丁名	河源	金沙江	长江上游	长江中游	长江下游	三峡库区	长江口	洞庭湖	鄱阳湖	岷江（含大渡河）	嘉陵江	赤水河	沱江	乌江	汉江	雅砻江	横江
	中腹足目 Mesogastropoda																	
	拟沼螺科 Assimineidae																	
92	董拟沼螺 *Assimima violacea*							+										
93	绯拟沼螺 *Assimima latericea*							+										
94	拟沼螺 *Assiminea* sp.						+	+										
	微小螺科 Elachisinidae																	
95	微小螺 *Elachisina* sp.							+										
96	锯齿小菜仔螺 *Elachisina ziczac*							+										
	田螺科 Viviparidae																	
97	中国圆田螺 *Cipangopaludina chinesis*		+	+				+	+			+			+			
98	中华圆田螺 *Cipangopaludina cahayensis*						+	+							+			
99	方形环棱螺 *Bellamya quadrata*							+	+	+						+		
100	铜锈环棱螺 *Bellamya aeruginosa*				+		+	+	+			+		+	+	+		
101	梨形环棱螺 *Bellamya purificata*							+	+		+	+		+		+		
102	绘环棱螺 *Bellamya limnophila*							+										
103	角环棱螺 *Bellamya angularis*							+										
104	环棱螺 *Bellamya* sp.								+									
105	多棱角螺 *Angulyagro polyzonata*							+										
106	耳河螺 *Rivularia auriculata*							+	+									
107	双龙骨河螺 *Rivularia bicarinata*							+										
108	河螺 *Rivularia* sp.		+			+		+										
109	长河螺 *Rivularia elongate*							+										
	觿螺科 Hydrobiidae																	
110	泥泞拟钉螺 *Tricula humida*													+	+			
111	湖北钉螺 *Onconelania hupensis*														+			
112	钉螺指名亚种 *Oncomelania hupensis hupensis*								+									
113	长角涵螺 *Alocinma longicornis*							+	+						+		+	
114	卵圆仿雕石螺 *Lithoglyphopsis ovatus*		+			+												
	瓶螺科 Pilaidae																	
115	光瓶螺 *Pila polita*		+			+												
116	福寿螺（大瓶螺）*Pomacea canaliculata*		+					+										

续表

序号	中文名和拉丁名	河源	金沙江	长江上游	长江中游	长江下游	三峡库区	长江口	洞庭湖	鄱阳湖	岷江（含大渡河）	嘉陵江	赤水河	沱江	乌江	汉江	雅砻江	横江
	豆螺科 Bithynidae																	
117	纹沼螺 *Parafossarulus stratulus*				+				+	+		+				+		
118	大沼螺 *Parafossarulus eximius*				+				+	+						+		
119	中华沼螺 *Parafossarulus sinensis*								+	+						+		
120	曲旋沼螺 *Parafossatulus anomalospiralis*								+									
121	赤豆螺 *Bithynia fuchsiana*		+		+				+						+	+		
	肋蜷科 Plenroseridae																	
122	放逸短沟蜷 *Semisulcospira libertine*								+					+				
123	黑龙江短沟蜷 *Semisulcospira amurensis*													+				
124	方格短沟蜷 *Semisulcospira cancellata*				+				+	+		+		+		+		
125	色带短沟蜷 *Semisulcospira mandarina*							+										
126	腊皮短沟蜷 *Semisulcospira pleuroseoides*							+										
127	华蜷 *Hua* sp.																	+
	狭口螺科 Stenothyridae																	
128	光滑狭口螺 *Stenothyra glabra*				+			+	+				+			+		
129	云南沼蜷 *Paludomus yunnanensis*																	+
	盘足目 Discopoda																	
	汇螺科 Potamididae																	
130	中华拟蟹守螺 *Cerithidea sinensis*							+										
131	尖锥拟蟹守螺 *Cerithidea largillierli*							+										
	新腹足目 Neogastropoda																	
	织纹螺科 Nassariidae																	
132	红带织纹螺 *Nassarius succinctus*							+										
	旋螺科 Fasciolariidae																	
133	赤旋螺 *Pleuroploca filamentosa*														+			
	头楯目 Cephalaspidae																	
	捻螺科 Acteonidae																	
134	希氏捻螺 *Acteon siebaldii*							+										
	阿地螺科 Atyidae																	
135	泥螺 *Bullacta exarata*							+										
	蜒螺科 Neritidae																	

续表

序号	中文名和拉丁名	河源	金沙江	长江上游	长江中游	长江下游	三峡库区	长江口	洞庭湖	鄱阳湖	岷江(含大渡河)	嘉陵江	赤水河	沱江	乌江	汉江	雅砻江	横江
136	锦蜒螺 *Nerita polita*							+										
137	齿纹蜒螺 *Nerita yoldi*							+										
	双壳纲 Bivalvia																	
	真瓣鳃目 Eulamellibilbranchia																	
	蚌科 Unionidae																	
138	圆顶珠蚌 *Unio douglasiae*								+	+		+		+		+		
139	背角无齿蚌 *Anodonta woodiana*								+	+				+		+		
140	圆背角无齿蚌 *Anodonta woodiana pacifica*								+	+								
141	椭圆背角无齿蚌 *Anodonta elliptica*								+	+					+			
142	具背角无齿蚌 *Anodonta angula*								+									
143	舟形无齿蚌 *Anodonta euscaphys*								+									
144	蚶形无齿蚌 *Anodonta arcaeformis*								+									
145	皱纹冠蚌 *Cristaria plicata*								+									
146	中国尖嵴蚌 *Acutiocosta chinensis*								+	+								
147	射线裂脊蚌 *Schistodesmus lampreyanus*								+									
148	扭蚌 *Arconaia lanceolata*								+	+								
149	巨首楔蚌 *Cuneopsis capitata*									+								
150	鱼尾楔蚌 *Cuneopsis piscisulus*								+									
151	矛形楔蚌 *Cuneopsis celtiformis*								+	+								
152	圆头楔蚌 *Cuneopsis heudei*								+						+			
153	三角帆蚌 *Hyiopsis cumingii*								+	+								
154	背瘤丽蚌 *Lanprotula leai*								+	+								
155	洞穴丽蚌 *Lanprotula caveata*								+	+								
156	丽蚌 1 *Lanprotula* sp.1									+								
157	丽蚌 2 *Lanprotula* sp.2									+								
158	角月丽蚌 *lanprotula cornumlunae*									+								
159	短褶矛蚌 *Lancelaria grayana*								+									
160	高顶鳞皮蚌 *Lepidodesma languliati*								+									
161	橄榄蛏蚌 *Solenaia oleivora*								+									
	截蛏科 Solecurtidae																	
162	中国淡水蛏 *Novaculina chinensis*									+								

续表

序号	中文名和拉丁名	河源	金沙江	长江上游	长江中游	长江下游	三峡库区	长江口	洞庭湖	鄱阳湖	岷江（含大渡河）	嘉陵江	赤水河	沱江	乌江	汉江	雅砻江	横江
	绿螂科 Glauconcomidae																	
163	中国绿螂 *Glauconome chinensis*							+										
	竹蛏科 Solenidae																	
164	缢蛏 *Sinonovacula constricta*							+										
	樱蛤科 Tellinidae																	
165	彩虹明樱蛤 *Moerella iridescens*							+										
	抱蛤科 Corbulidae																	
166	焦河蓝蛤 *Potamocorbula ustulata*							+										
	帘蛤目 Veneroida																	
	蚬科 Corbiculidae																	
167	刻纹蚬 *Corbicula largillierti*					+			+	+								
168	河蚬 *Corbicula fluminea*				+	+	+	+	+	+	+	+	+	+	+	+		
169	闪蚬 *Corbicula nitens*								+	+					+			
	球蚬科 Sphaeriidae																	
170	湖球蚬 *Sphaerium lacustre*								+			+		+	+	+		
	异柱目 Anisomyaria																	
	贻贝科 Mytilidae																	
171	淡水壳菜 *Limnoperna Lacustris*		+	+		+			+	+		+	+	+	+			+
	节肢动物门 Arthropoda																	
	昆虫纲 Insecta																	
172	昆虫纲一种 *Insecta* sp.							+										
	蜉蝣目 Ephemeroptera																	
	四节蜉科 Baetidae																	
173	原二翅蜉 *Procloeon* sp.										+						+	
174	假二翅蜉 *Pseudocloeon* sp.		+															
175	二翼蜉 *Cloeon dipterum*												+					
176	花翅蜉 *Baetiella* sp.		+									+				+		+
177	四节蜉 1 *Baetis* sp.1	+	+	+	+							+	+			+		+
178	四节蜉 2 *Baetis* sp.2												+					
179	四节蜉 3 *Baetis* sp.3												+					
180	二翅蜉 *Cloeon* sp.												+					

序号	中文名和拉丁名	河源	金沙江	长江上游	长江中游	长江下游	三峡库区	长江口	洞庭湖	鄱阳湖	岷江（含大渡河）	嘉陵江	赤水河	沱江	乌江	汉江	雅砻江	横江
181	长爪蜉 *Metretopus* sp.																+	
	细蜉科 Caenidae																	
182	细蜉 1 *Caenis* sp.1			+	+					+			+		+	+		
183	细蜉 2 *Caenis* sp.2												+					
	细裳蜉科 Leptophlebiidae																	
184	宽基蜉 *Choroterpes* sp.									+					+			
185	细裳蜉 *Leptophlebia* sp.												+					
186	柔裳蜉 *Habrophlebiodes* sp.												+					
187	拟细裳蜉 *Paraleptophlebia* sp.																	
	蜉蝣科 Ephemeridae																	
188	蜉蝣 1 *Ephemera* sp.1		+						+	+			+			+	+	
189	蜉蝣 2 *Ephemera* sp.2										+		+					
190	徐氏蜉 *Ephemera hsui*												+					
191	梧州蜉 *Ephemera wuchowensis*												+					
	小蜉科 Ephemerellidae																	
192	小蜉 *Ephemerella* sp.		+										+		+			+
193	天角蜉 *Uracanthella* sp.												+					
194	弯握蜉 *Drunella* sp.												+					
195	大鳃蜉 *Torleya* sp.												+					
196	锯形蜉 *Serratella* sp.		+										+					
	扁蜉科 Heptageniidae																	
197	扁蜉科一种 Heptageniidae sp.										+							
198	动扁蜉 *Cinygma* sp.										+		+					
199	似动蜉 *Cinygmina* sp.																+	+
200	微动蜉 *Cinygmula* sp.												+					
201	假蜉 *Iron* sp.		+															
202	扁蜉 *Heptagenia* sp.	+	+	+	+		+				+		+			+	+	+
203	扁蚴蜉 *Ecdyonurus* sp.					+							+					
204	高翔蜉 *Epeorus* sp.		+										+					+
205	溪颏蜉 *Rhithrogena* sp.		+															+
206	宽基蜉 *Choroterpes* sp.												+					

续表

序号	中文名和拉丁名	河源	金沙江	长江上游	长江中游	长江下游	三峡库区	长江口	洞庭湖	鄱阳湖	岷江（含大渡河）	嘉陵江	赤水河	沱江	乌江	汉江	雅砻江	横江
	河花蜉科 Potamanthidae																	
207	美丽河花蜉 *Potamanthus formosus*												+					
208	大眼河花蜉 *Potamanthus macrophthalmus*												+					
209	花鳃蜉 *Potamanthus* sp.						+						+					
	越南蜉科 Vietnamellidae																	
210	越南蜉科一种 Vietnamellidae sp.												+					
	短丝蜉科 Siphlonuridae																	
211	短丝蜉 1 *Siphlonurus* sp.1										+	+						
212	短丝蜉 2 *Siphlonurus* sp.2												+				+	+
	等蜉科 Isonychiidae																	
213	等蜉 *Isonychia* sp.												+			+		
	襀翅目 Plecoptera																	
	黑襀科 Capniidae																	
214	*Mesolapnia* sp.										+							
	绿襀科 Chloroperlidae																	
215	绿襀科一种 Chloroperlidae sp.												+					
216	长绿石蝇 *Sweltsa* sp.										+							
	叉襀科 Nemouridae																	
217	倍叉襀 *Amphinemura* sp.										+		+					
218	襟襀 *Togoperla* sp.																+	
	襀科 Perlidae																	
219	石蝇 *Perle* sp.										+	+					+	
220	剑襀 *Agnetina* sp.										+							
221	大山石蝇 *Oyamia* sp.										+							
222	新襀 *Neoperla* sp.		+															
223	珐襀 *Phanoperla* sp.												+					
224	杵襀 *Tetropina* sp.												+					
	网襀科 Perlodidae																	
225	*Megarcys* sp.												+					
226	同襀 *Isoperia* sp.	+																
	大襀科 Pteronarcyidae																	

序号	中文名和拉丁名	河源	金沙江	长江上游	长江中游	长江下游	三峡库区	长江口	洞庭湖	鄱阳湖	岷江（含大渡河）	嘉陵江	赤水河	沱江	乌江	汉江	雅砻江	横江
227	大石蝇 *Pteronarcys* sp.												+					
	带襀科 Taeniopterygidae																	
228	*Taenionema* sp.												+					
	毛翅目 Trichoptera																	
	短石蛾科 Brachycentridae																	
229	短石蛾 *Brachycentrus* sp.	+	+										+					
230	小短石蛾 *Micrasema* sp.												+					
	舌石蛾科 Glossosomatidae																	
231	魔舌石蛾 *Agapetus* sp.												+					
232	舌石蛾 *Glossosoma* sp.	+											+					+
	小石蛾科 Hydroptilidae																	
233	小石蛾科一种 Hydroptilidae sp.											+	+					+
	纹石蛾科 Hydropsychidae																	
234	低头石蛾 *Neureclipsis* sp.								+				+					
235	纹石蛾 *Hydropsyche* sp.		+	+								+	+					
236	大纹石蛾 *Macronema* sp.														+			
237	短脉纹石蛾 *Cheumatopsyche* sp.												+					
238	侧枝纹石蛾 *Ceratopsyche* sp.												+					+
239	*Phryganeina* sp.														+			
240	缺纹石蛾 *Potamyia* sp.												+					
241	异纹石蛾 1 *Aethalopsyche* sp.1												+					+
242	异纹石蛾 2 *Aethalopsyche* sp.2												+					
243	弓石蛾 *Arctopsyche* sp.												+					
244	长角纹石蛾 *Macrostemum* sp.												+					+
	管石蛾科 Psychomyiidae																	
245	*Lype* sp.												+					
246	管石蛾 *Psychomyia* sp.												+					
	剑石蛾科 Xiphocentronidae																	
247	剑石蛾 *Xiphocentron* sp.								+									
248	黑毛石蛾 *Melanotrichia* sp.												+					
	瘤石蛾科 Goeridae																	

续表

序号	中文名和拉丁名	河源	金沙江	长江上游	长江中游	长江下游	三峡库区	长江口	洞庭湖	鄱阳湖	岷江（含大渡河）	嘉陵江	赤水河	沱江	乌江	汉江	雅砻江	横江
249	瘤石蛾 *Goera* sp.												+					
	长角石蛾科 Leptoceridae																	
250	长角石蛾科一种 Leptoceridae sp.						+						+					
251	*Potania* sp.												+					
252	长角石蛾 *Setodes* sp.												+					
253	栖长角石蛾 *Oecetis* sp.												+					
254	多突石蛾 *Ceraclea* sp.												+					
	沼石蛾科 Limnephilidae																	
255	沼石蛾亚科一种 Ecclisomyia sp.												+					
256	幻沼石蛾 *Apatania* sp.		+															
257	伪突沼石蛾 *Pseudostenophylax* sp.																+	
	多距石蛾科 Polycentropodidae																	
258	多距石蛾科一种 Polycentropodidae sp.										+		+					
259	多距石蛾 *Polycentropus* sp.		+															
260	缘脉多距石蛾 *Plectrocnemia* sp.									+								
261	*Stetodes* sp.									+								
262	*Ecnomus* sp.									+								
263	径石蛾 *Economus* sp.												+					
	鳌石蛾科 Hydrobiosidae																	
264	竖毛鳌石蛾 *Apsilochorema* sp.												+					
	等翅石蛾科 Philopotamidae																	
265	缺叉等翅石蛾 *Chimarra* sp.												+					
266	*Dolophiodes* sp.												+					
267	短室等翅石蛾 *Dolophilodes* sp.						+											
	原石蛾科 Rhyacophilidae																	
268	原石蛾 *Rhyacophila* sp.										+		+					
	角石蛾科 Stenopsychidae																	
269	角石蛾 *Stenopsyche* sp.		+															
	姬石蛾科 Hydroptilidae																	
270	Hydroptila thua									+								
271	姬石蛾 *Hydroptila* sp.										+							

续表

序号	中文名和拉丁名	河源	金沙江	长江上游	长江中游	长江下游	三峡库区	长江口	洞庭湖	鄱阳湖	岷江（含大渡河）	嘉陵江	赤水河	沱江	乌江	汉江	雅砻江	横江
272	直毛小石蛾 *Orthotrichia* sp.												+					
273	拟滴石蛾 *Stactobiella* sp.												+					
274	*Ithytrichia* sp.												+					
275	尖毛小石蛾 *Oxyethira* sp.												+					
	蜻蜓目 Odonata																	
	蜓科 Aeshnidae																	
276	碧伟蜓 *Anax parthenope julius*										+							
277	黑额蜓 *Planaeschna* sp.												+					
278	伟蜓 *Anax* sp.												+			+		
279	蜓科一种 Aeshnidae sp.															+		
	色蟌科 Calopterygidae																	
280	色蟌科一种 Calopterygidae sp.												+					
281	黑河蟌 *Agrion atratum*														+			
282	尾蟌 *Cercion* sp.									+								
283	豆娘 *Pyrrhosoma* sp.									+								
284	色蟌 *Calopteryx* sp.									+								
285	青纹痩蟌 *Ischnura senegalensis*															+		
286	尾蟌 *Paracercion* sp.															+		
287	*Sympecama* sp.															+		
288	绿综蟌 *Megalestes* sp.															+		
	丝蟌科 Lestidae																	
289	丝蟌科一种 Lestidae sp.				+					+						+		
	蜻科 Libellulidae																	
290	蜻科一种 Libellulidae sp.									+						+		
291	灰蜻 *Orthetrum* sp.															+		
292	弓蜻 *Macromia* sp.															+	+	
293	华斜痣蜻 *Tramea virginia*															+		
294	赤蜻 *Sympetrum* sp.															+		
295	小蜻 *Nannophya* sp.															+		
	细蟌科 Coenagrionidae																	
296	细蟌科一种 Coenagrionidae sp.									+								

续表

序号	中文名和拉丁名	河源	金沙江	长江上游	长江中游	长江下游	三峡库区	长江口	洞庭湖	鄱阳湖	岷江（含大渡河）	嘉陵江	赤水河	沱江	乌江	汉江	雅砻江	横江
297	亚东细蟌 *Ischnura asiatica*									+			+		+			
	溪蟌科 Euphaeidae																	
298	溪蟌科一种 *Euphaeidae* sp.												+					
	弓蜓科 Corduliidae																	
299	弓蜓科一种 *Corduliidae* sp.									+						+		
300	大伪蜻 *Calopteryx* sp.												+					
	春蜓科 Gomphidae																	
301	春蜓科一种 *Gomphidae* sp.						+		+				+					
302	春蜓 *Gomphus* sp.									+								
303	亚春蜓 *Asiagomphus* sp.									+								
304	长腹春蜓 *Gastrogomphus abdominalis*									+								
305	长腹春蜓 *Gastrogomphus* sp.						+											
306	弯尾春蜓 *Melligomphus* sp.												+					
307	显春蜓 *Phaenandrogomphus* sp.																	
308	长足春蜓 *Merogomphus* sp.				+				+									
309	纤春蜓 *Leptogomphus* sp.												+					
310	曦春蜓 *Heliogomphus* sp.												+		+			
311	大春蜓 *Macrogomphus* sp.												+					
312	华春蜓 *Sinogomphus* sp.				+		+						+		+			
313	蛇纹春蜓 *Ophiogomphus* sp.												+				+	
314	马奇异春蜓 *Anisogomphus maacki*											+						
315	戴春蜓 *Davidius* sp.											+						
316	新叶春蜓 *Sinictinogomphus* sp.		+										+					
317	小叶春蜓 *Gomphidia* sp.												+		+			
	扇蟌科 Platycnemididae																	
318	狭扇蟌 *Copera* sp.												+					
	广翅目 Megaloptera																	
	齿蛉科 Corydalidae																	
319	鱼蛉 *Corydalus* sp.			+														
320	小碎斑鱼蛉幼虫 *Neochauliodes sparsus* larvae											+						
321	普通齿蛉 *Neoneuromus ignobilis*												+					

序号	中文名和拉丁名	河源	金沙江	长江上游	长江中游	长江下游	三峡库区	长江口	洞庭湖	鄱阳湖	岷江（含大渡河）	嘉陵江	赤水河	沱江	乌江	汉江	雅砻江	横江
322	原鱼岭 *Protochauliodes* sp.												+					
323	准鱼蛉 *Parachauliodes* sp.												+					
324	斑鱼蛉 *Neochauliodes* sp.												+					
325	星齿蛉 *Protohermes* sp.												+			+		+
	半翅目 Hemiptera																	
326	半翅目一种 Hemiptera sp.												+					
	黾蝽科 Gerridae																	
327	水黾蝽 *Gerris paludum*											+						
	跳蝽科 Saldidae																	
328	黑跳蝽 *Saldula saltatoria*															+		
329	跳蝽科一种 Saldidae sp.												+					
	划蝽科 Corixidae																	
330	划蝽科一种 Corixidae sp.	+								+						+		
331	斑点小划蝽 *Micronecta guttata*															+		
	仰蝽科 Notonectidae																	
332	仰蝽科一种 Notonectidae sp.									+								
333	田鳖 *Lethocerus deyrollei*									+								
334	水黾 *Aquarlus elongatus*									+								
	负子蝽科 Belostomatidae																	
335	负子蝽 Belostomatidae spp.								+							+		
	蝎蝽科 Nepidae																	
336	中华堂蝎蝽 *Ranatra chinensis*															+		
337	蝎蝽 Nepidae spp.															+		
	鞘翅目 Coleoptera																	
338	鞘翅目一种 Coleoptera sp.1											+						
339	鞘翅目一种 Coleoptera sp.2											+						
340	鞘翅目一种 Coleoptera sp.3											+						
	叶甲科 Chrysomelidae																	
341	叶甲科一种 Chrysomelidae sp.											+						
	龙虱科 Dytiscidae																	
342	龙虱科成虫 Dytiscidae adult											+				+		

续表

序号	中文名和拉丁名	河源	金沙江	长江上游	长江中游	长江下游	三峡库区	长江口	洞庭湖	鄱阳湖	岷江（含大渡河）	嘉陵江	赤水河	沱江	乌江	汉江	雅砻江	横江
343	日本真龙虱 *Cybister japonicus*															+		
344	细带斑孔龙虱 *Nebrioporus hostilis*															+		
	小粒龙虱科 Noteridae																	
345	小粒龙虱科 Noteridae spp.															+		
	泥甲科 Dryopidae																	
346	泥甲科一种 Dryopidae sp.												+					
	溪泥甲科 Elmididae																	
347	圆溪泥甲 *Optioservus* sp.												+					
348	狭溪泥甲 *Stenelmis* sp.												+					+
349	溪泥甲 *Macronychus* sp.												+					
350	溪泥甲科一种 Elmididae sp.			+			+											
	豉甲科 Gyrinidae																	
351	豉甲科一种 Gyrinidae sp.												+					
352	沼甲 *Scirtes* sp.		+															
	沼梭科 Haliplidae																	
353	沼梭科一种 Haliplidae sp.												+					
	水龟甲科 Hydrophilidae																	
354	*Helocombus* sp.			+									+					
355	水龟甲科成虫 Hydrophilidae adult												+					
356	*Hydrophilus* sp.									+						+		
357	*Stemolophus* sp.								+									
358	*Ochthebius* sp.								+									
359	苍白牙甲 *Enochrus* sp.															+		
	扁泥甲科 Psephenidae																	
360	扁泥甲科一种 Psephenidae sp.												+			+		
	隐翅甲科 Staphylinidae																	
361	隐翅甲科 Staphylinidae spp.															+		
	萤科 Lampyridae																	
362	*Labropomghus* sp.							+										
	双翅目 Diptera																	
	蚊科 Culicidae																	

序号	中文名和拉丁名	河源	金沙江	长江上游	长江中游	长江下游	三峡库区	长江口	洞庭湖	鄱阳湖	岷江（含大渡河）	嘉陵江	赤水河	沱江	乌江	汉江	雅砻江	横江
363	蚊科一种 Culicidae sp.									+								
	网蚊科 Blopharicoridae																	
364	网蚊科一种 Blepharicoridae sp.												+					
365	Philorus sp.												+					
366	幽蚊 Chaoborus sp.															+		
	蠓科 Ceratopogonidae																	
367	蠓科一种 Ceratopogonidae sp.					+				+							+	
368	库蠓 Culicoides sp.												+	+				
369	贝蠓 Bezzia sp.		+													+		
370	Paradasyhela sp.												+					
	毛蠓科 Psychodidae																	
371	毛蠓科一种 Psychodidae sp.												+					
	细腰蚊科 Ptychopteridae																	
372	细腰蚊科一种 Ptychopteridae sp.												+					
	缨翅蚊科 Nymphomyiidae																	
373	缨翅蚊科一种 Nymphomyiidae sp.												+					
	蝇科 Muscidae																	
374	蝇科一种 Muscidae sp.									+			+					
	蚋科 Simuliidae																	
375	蚋科幼虫 Simuliidae larva									+			+					
376	蚋 Simulium sp.		+													+		
377	原蚋 Prosimulium sp.												+					
378	吞蚋 Twinnia sp.												+					
	虻科 Tabanidae																	
379	虻科一种 Tabanidae sp.									+			+					
380	虻 Tabanus sp.												+					
381	水虻 Stratiomys sp.												+			+		
	舞虻科 Empididae																	
382	猎舞虻 Rhamphomyia sp.									+	+		+					+
	伪蚊科 Tanyderidae																	
383	伪蚊科一种 Tanyderidae sp.												+					

续表

序号	中文名和拉丁名	河源	金沙江	长江上游	长江中游	长江下游	三峡库区	长江口	洞庭湖	鄱阳湖	岷江（含大渡河）	嘉陵江	赤水河	沱江	乌江	汉江	雅砻江	横江
384	拟沼大蚊 *Paradelphomyia* sp.												+					
	大蚊科 Tipulidae																	
385	大蚊 *Tipula* sp.		+									+	+					
386	朝大蚊 *Antocha* sp.	+	+	+									+					+
387	花翅大蚊 *Hexatoma* sp.												+				+	
388	沼大蚊亚科一种 Cheilotrichia sp.									+								
	鹬虻科 Rhagionidae																	
389	鹬虻科一种 Rhagionidae sp.			+									+					
	摇蚊科 Chironomidae																	
	摇蚊亚科 Chironominae																	
390	摇蚊亚科一种 Chironominae sp.									+			+				+	
391	摇蚊 1 *Chironomus* sp.1			+	+	+	+			+		+	+	+	+	+		
392	摇蚊 2 *Chironomus* sp.2									+			+					
393	摇蚊 3 *Chironomus* sp.3									+			+					
394	Chironomus ochreatus												+					
395	Chironomus stigmaterus												+					
396	细长摇蚊 *Chironomus decorus*												+					
397	羽摇蚊 *Chironomus plumosus*				+												+	
398	阿克西摇蚊 *Axarus* sp.												+					
399	凯氏摇蚊 *Kiefferulus* sp.												+					
400	弯铗摇蚊 *Cryptotendipes* sp.			+						+								
401	隐摇蚊 1 *Cryptochironomus* sp.1			+	+	+	+			+								
402	隐摇蚊 2 *Cryptochironomus* sp.2												+					
403	喙隐摇蚊 *Cryptochironomus rostratus*				+													
404	指突隐摇蚊 *Cryptochironomus digitatus*												+					
405	拟隐摇蚊 *Demicryptochironomus* sp.							+										
406	克鲁斯摇蚊 *Kloosia* sp.							+										
407	褐跗隐摇蚊 *Cryptochironomus fuscimahus*												+					
408	Cryptochironomus monstrosus												+					
409	异足摇蚊 1 *Apedilum* sp.1												+					
410	异足摇蚊 2 *Apedilum* sp.2												+					

序号	中文名和拉丁名	河源	金沙江	长江上游	长江中游	长江下游	三峡库区	长江口	洞庭湖	鄱阳湖	岷江（含大渡河）	嘉陵江	赤水河	沱江	乌江	汉江	雅砻江	横江
411	雕翅摇蚊 *Glyptotendipes* sp.			+	+					+			+			+		
412	球附器摇蚊 *Kiefferulus* sp.												+					
413	倒毛摇蚊 *Microtendipes* sp.				+								+					
414	小摇蚊 *Microchironomus* sp.					+	+			+			+					
415	间摇蚊 *Paratendipes* sp.					+												
416	小突摇蚊 *Micropsectra* sp.	+	+										+					
417	毛突摇蚊 *Chaetocladius* sp.		+															
418	双突摇蚊 *Diplocladius* sp.		+															
419	恩非摇蚊 *Einfeldia* sp.				+											+		
420	分齿恩非摇蚊 *Einfeldia dissidens*									+								
421	伸展内摇蚊 *Endochironomus tendens*									+								
422	内摇蚊 *Endochironomus* sp.				+											+		
423	平铗枝角摇蚊 *Cladopelma edwardsi*									+								
424	单寡角摇蚊 *Monodimesa* sp.	+															+	
425	假寡角摇蚊 *Pseudodiamesa* sp.	+																
426	寡角摇蚊 *Diamesa* sp.	+	+															
427	帕摇蚊 *Pagastia* sp.	+															+	
428	枝角摇蚊 *Cladopelma* sp.												+					
429	拟枝角摇蚊 *Paracladopelma* sp.				+					+			+					
430	白角多足摇蚊 *Polypedilum albicorne*	+			+								+					
431	黄色多足摇蚊 *Polypedilum flavum*									+								
432	梯形多足摇蚊 *Polypedilum scalaenum*				+													
433	多足摇蚊 1 *Polypedilum* sp.1			+		+	+			+			+			+	+	+
434	多足摇蚊 *Polypedilum* sp.2				+													
435	多足摇蚊 *Polypedilum tritum*												+					
436	鲜艳多足摇蚊 *Polypedilum laetum*		+															
437	云集多足摇蚊 *Polypedilum nubifer*				+											+		
438	齿斑摇蚊属 *Stictochironomus* sp.					+	+	+								+		
439	二叉摇蚊 1 *Dicrotendipes* sp.1			+		+				+			+	+		+		
440	二叉摇蚊 2 *Dicrotendipes* sp.2									+								
441	二叉摇蚊 3 *Dicrotendipes* sp.3									+								

续表

序号	中文名和拉丁名	河源	金沙江	长江上游	长江中游	长江下游	三峡库区	长江口	洞庭湖	鄱阳湖	岷江（含大渡河）	嘉陵江	赤水河	沱江	乌江	汉江	雅砻江	横江
442	长跗摇蚊 1 *Tanytarsus* sp.1				+					+			+	+		+		
443	长跗摇蚊 2 *Tanytarsus* sp.2									+			+					
444	下凸长跗摇蚊 *Tanytarsus chinyensis*		+															
445	渐变长跗摇蚊 *Tanytarsus mendax*	+																
446	裂片长跗摇蚊 *Tanytarsus lobatifrons*												+					
447	习见长跗摇蚊 *Tanytarsus trivials*												+					
448	长跗摇蚊 *Tanytarsus sexdentatus*												+					
449	短小流水长跗摇蚊 *Rheotanytarsus exigwus*												+					
450	长跗摇蚊族一种 Subletta sp.												+					
451	异腹鳃摇蚊 *Einfeldia* sp.												+					
452	红裸须摇蚊 *Propsilocerus akamusi*				+				+									
453	矮突摇蚊 *Nanocladius* sp.																+	
	长足摇蚊亚科 Tanypodinae																	
454	长足摇蚊 1 *Tanypus* sp.1				+	+				+			+					
455	长足摇蚊 2 *Tanypus* sp.2									+			+					
456	*Tanypus carinatus*												+					
457	中国长足摇蚊 *Tanypus chinensis*				+													
458	刺铗长足摇蚊 *Tanypus punctipennis*				+											+		
459	无突摇蚊 1 *Ablabesmyia* sp.1								+	+			+				+	
460	无突摇蚊 2 *Ablabesmyia* sp.2												+					
461	亮无突摇蚊 *Ablabesmyia phatta*												+					
462	菱跗摇蚊 *Clinotanypus* sp.				+	+							+	+				
463	大粗腹摇蚊 *Macropelopia* sp.	+							+	+								
464	斑点流粗腹摇蚊 *Rheopelopia maculipennis*												+					+
465	流粗腹摇蚊 *Rheopelopia* sp.		+										+					
466	拉多长足摇蚊 *Radotanypus* sp.												+					
467	三叉粗腹摇蚊 *Trissopelopia* sp.												+					
468	拟麦氏摇蚊 *Paramerina* sp.												+					
469	纳塔摇蚊 *Natarsia* sp.												+					
470	雷欧长足摇蚊 *Reomyia* sp.												+					
471	壳粗腹摇蚊 *Conchapelopia* sp.		+	+			+						+					

序号	中文名和拉丁名	河源	金沙江	长江上游	长江中游	长江下游	三峡库区	长江口	洞庭湖	鄱阳湖	岷江(含大渡河)	嘉陵江	赤水河	沱江	乌江	汉江	雅砻江	横江
472	腔摇蚊 *Coelotanypus* sp.												+					
473	前突摇蚊 *Procladius* sp.			+	+	+		+	+				+	+				
	直突摇蚊亚科 Orthocladiinae																	
474	直突摇蚊亚科一种 Orthocladiinae sp.1						+						+					
475	直突摇蚊亚科一种 Orthocladiinae sp.2												+					
476	直突摇蚊亚科一种 Orthocladiinae sp.3												+					
477	直突摇蚊 1 *Orthocladius* sp.1		+										+					+
478	直突摇蚊 2 *Orthocladius* sp.2												+					+
479	直突摇蚊 3 *Orthocladius* sp.3																	
480	瓦莱直突摇蚊 *Orthocladius vaillanti*		+										+					
481	趋流摇蚊 *Rheocricotopus* sp.		+										+					
482	拟麦锤摇蚊 *Parametrionemus* sp.		+															
483	直突摇蚊 *Platysmittia* sp.												+					
484	特氏直突摇蚊 *Orthocladius thienemanni*		+															
485	水摇蚊 *Hydrobaenus* sp.												+					
486	环足摇蚊 *Cricotopus* sp.		+	+	+		+						+					
487	异环足摇蚊 *Acricotopus* sp.												+					
488	骑蜉摇蚊 *Epoicocladius* sp.												+					
489	伪直突摇蚊 *Pseudorthocladius* sp.												+					
490	异三突摇蚊 *Heterotrissocladius* sp.												+					
491	拟矩摇蚊 *Paraphaenocladius* sp.												+					
492	长指波摇蚊 *Potthastia longimana*												+					
493	波摇蚊 *Potthastia* sp.		+															
494	布摇蚊 *Brillia* sp.		+															
495	细真开氏摇蚊 *Eukiefferiella gracei*		+															
496	真开氏摇 *Eukiefferiella* sp.		+										+					
497	毛胸摇蚊 *Heleniella* sp.												+					
498	拟环足摇蚊 *Paracricotopus* sp.								+									
499	拟突摇蚊 *Paracladius* sp.												+					
500	拟中足摇蚊 *Parametriocnemus* sp.												+					
501	弯拟摇蚊 *Parachironomus arcuatus*									+			+					

续表

序号	中文名和拉丁名	河源	金沙江	长江上游	长江中游	长江下游	三峡库区	长江口	洞庭湖	鄱阳湖	岷江（含大渡河）	嘉陵江	赤水河	沱江	乌江	汉江	雅砻江	横江
502	特维摇蚊 *Tvetenia* sp.						+											
503	摇蚊蛹 Chironomidae pupa										+							
	鳞翅目 Lepidoptera																	
	螟蛾科 Pyralidae																	
504	黑点筒水螟 *Parapoynx diminutalis*									+								
	甲壳纲 Malacostraca																	
	十足目 Decapoda																	
	匙指虾科 Atyidae																	
505	中华新米虾 *Neocaridina denticulata sinensis*								+		+	+		+				
506	多齿新米虾 *Neocaridina denticulata*													+				
507	米虾 *Caridina* sp.			+	+		+		+	+						+		+
	长臂虾科 Palaemonidae																	
508	安氏白虾 *Exopalaemon annandalei*							+										
509	秀丽白虾 *Palaemon modestus*										+		+	+				
510	中华小长臂虾 *Palaemonetes sinensis*												+					
511	小长臂虾 *Palaemonetes* sp.				+													
512	日本沼虾 *Macrobrachium nipponense*								+	+					+			
513	沼虾 *Macrobrachium* sp.		+	+												+		
514	长臂虾科一种 Palaemonidae sp.								+				+					
	螯虾科 Astacidae																	
515	克氏原螯虾 *Procambarus clarkii*				+								+	+		+		
	方蟹科 Grapsidae																	
516	中华绒螯蟹 *Eriocheir sinensis*				+			+					+					
517	绒螯蟹 *Eriocheir* sp.				+													
518	长足长方蟹 *Metaplax longipes*							+										
519	天津厚蟹 *Helice tientsinensis*							+										
520	方蟹科一种 Grapsidae sp.									+								
	相手蟹科 Sesarmidae																	
521	无齿螳臂相手蟹 *Chinomantes dehaani*							+										
522	红螯相手蟹 *Chiromantes haematocheir*							+										
	溪蟹科 Potamidae																	

续表

序号	中文名和拉丁名	河源	金沙江	长江上游	长江中游	长江下游	三峡库区	长江口	洞庭湖	鄱阳湖	岷江(含大渡河)	嘉陵江	赤水河	沱江	乌江	汉江	雅砻江	横江
523	溪蟹科一种 Potamidae sp.						+											
524	龙溪蟹 Longpotamon sp.															+		
	华溪蟹科 Sinopotamidae																	
525	华溪蟹 Sinopotamon sp.								+			+	+	+				
	沙蟹科 Ocypodidae																	
526	隆线脊背蟹 Deiratonotus cristatum							+										
527	谭氏泥蟹 Ilyoplax deschampsi							+										
528	短身大眼蟹 Macrophthalmus abbreviatus							+										
529	弧边招潮蟹 Uca arcuata							+										
	端足目 Amphipoda																	
	钩虾科 Gammaridae																	
530	钩虾 Gammarus sp.	+	+	+	+	+	+			+	+	+				+		+
	跳钩虾科 Orchestidae																	
531	板跳钩虾 Orchestia platensis							+										
	仿美钩虾科 Paracalliopiidae																	
532	仿美钩虾科一种 Paracalliopiidae sp.							+										
	击钩虾科 Talitridae																	
533	击钩虾科一种 Talitridae sp.												+					
	畸钩虾科 Aoridae																	
534	大螯蜚 Grandidierella sp.				+													
	蜾蠃蜚科 Corophiidae																	
535	日本旋卷蜾蠃蜚 Corophium volutator							+										
	等足目 Isopoda																	
	栉水虱科 Asellusdae																	
536	栉水虱科一种 Asellusdae sp.						+											
537	栉水虱 Asellus sp.				+													
	纺锤水虱科 Aegidae																	
538	罗司水虱 Rocinela sp.							+										
	团水虱科 Sphaeromadae																	
539	雷伊著名团水虱 Gnorimosphaeroma rayi							+										
	全颚水虱科 Holognathida																	

序号	中文名和拉丁名	河源	金沙江	长江上游	长江中游	长江下游	三峡库区	长江口	洞庭湖	鄱阳湖	岷江（含大渡河）	嘉陵江	赤水河	沱江	乌江	汉江	雅砻江	横江
540	类闭尾水虱 *Cleantioides* sp.							+										
	浪漂水虱科 Cirolanidae																	
541	浪漂水虱科一种 Cirolanidae sp.								+									
	潮虫科 Oniscidae																	
542	鼠妇 *Porcellio* sp.			+							+							
	蛛形纲 Arachnida																	
	真螨目 Acariformes																	
	水螨科 Hydrachnellae																	
543	水螨 *Hydracarina* sp.	+															+	
	扁形动物门 Platyhelminthes																	
	涡虫纲 Turbellaria																	
	三肠目 Tricladida																	
	三角涡虫科 Dugesiidae																	
544	日本三角涡虫 *Dugesia japonica*											+	+					
545	三角涡虫 *Dugesia* sp.	+		+									+					+
	涡虫科 Planardae																	
546	真涡虫 *Planaria* sp.						+											
	线虫动物门 Aschelminthes																	
	线虫纲 Nematoda																	
547	线虫纲一种 Nematode sp.	+				+	+		+					+	+			+
	纽形动物门 Nemertea																	
	无针纲 Anopla																	
548	纽虫一种 Nemertea sp.							+										

注："+"表示在该水域中采集到底栖动物样本